CH复合碳化改性再生骨料混凝土
——力学性能与耐久性——

丁亚红　张美香　张良奇　段珍华　贺智勇◎著

中国建筑工业出版社

图书在版编目（CIP）数据

CH 复合碳化改性再生骨料混凝土力学性能与耐久性 / 丁亚红等著. -- 北京 : 中国建筑工业出版社, 2025. 5.

ISBN 978-7-112-30954-2

Ⅰ. TU528.59

中国国家版本馆 CIP 数据核字第 2025127AX3 号

责任编辑：辛海丽

文字编辑：王　磊

责任校对：张惠雯

CH 复合碳化改性再生骨料混凝土力学性能与耐久性

丁亚红　张美香　张良奇　段珍华　贺智勇◎著

*

中国建筑工业出版社出版、发行（北京海淀三里河路 9 号）

各地新华书店、建筑书店经销

国排高科（北京）人工智能科技有限公司制版

建工社（河北）印刷有限公司印刷

*

开本：787 毫米 × 1092 毫米　1/16　印张：16½　字数：391 千字

2025 年 3 月第一版　　2025 年 3 月第一次印刷

定价：**88.00** 元

ISBN 978-7-112-30954-2

（44694）

前　言

FOREWORD

随着我国城市基础设施建设不断推进，建筑垃圾排放量与日俱增，仅 2022 年我国建筑垃圾排放量高达 35 亿吨，约占城市垃圾总量的 30%～40%，且其中 40%左右为废弃混凝土。再生骨料混凝土的提出，不仅可以从源头解决建筑垃圾占用耕地、污染环境问题，还可以弥补基础建设对天然砂石的巨量需求，必将有利于土木工程建设的可持续发展，符合节能环保和可持续发展国家战略需求。但由废弃混凝土制成的再生骨料表面附着一层旧水泥砂浆以及在再生过程中内部产生许多微裂缝损伤，导致再生骨料孔隙率大、表观密度小、粘结性差、强度低，由再生骨料制备的再生混凝土就存在易开裂、强度低、力学性能差等缺陷。因此，再生混凝土在实际工程结构中的应用受到限制，导致废弃混凝土资源化利用率低，建筑垃圾再生利用率低。

近年来，为改善再生骨料及再生混凝土性能，推进再生混凝土在工程中的应用，国内外学者及作者团队在再生骨料强化、骨料强化对再生混凝土材料及力学性能等方面开展了一系列研究工作，再生骨料强化方法主要包括以下四个方面：（1）清除表面黏附旧砂浆。采用化学酸剂（HCl、H_2SO_4、H_3PO_4 等）溶解再生骨料表面黏附的旧砂浆，或采用微波清洗、机械力等手段进一步处理经简单破碎的再生骨料，通过再生骨料间相互碰撞、磨削等机械作用去除再生骨料表面黏附的旧砂浆，并对颗粒进行整形。（2）再生骨料浸渍处理。该技术方法主要是利用有机或无机材料浸渍和包裹废弃混凝土再生骨料，以此达到增强和降低其孔隙的目的。（3）改进再生混凝土搅拌工艺。可与火山灰活性外掺物一起进行二次或多次搅拌，达到改善再生混凝土性能的目的。（4）再生骨料碳化。主要利用二氧化碳溶于水泥浆基体内的孔溶液，并与氢氧化钙、硅酸钙水合物、铝酸钙水合物发生化学反应，这些碳化反应能够在一定程度上减少再生骨料孔隙率，提高再生骨料密实度，改善再生骨料强度。研究表明，采用二氧化碳强化再生骨料，能够在一定程度上改善再生骨料孔隙率和压碎指标等物理性能。同时，利用二氧化碳强化再生骨料还可以收集工业废气中的二氧化碳，减少碳排放，降低环境污染。可见，对再生骨料进行碳化强化，符合节能环保和可持续发展国家战略需求。但随着碳化反应进行，再生骨料表面微观结构致密的同时，也阻碍了 CO_2 进一步向内的渗透，影响再生骨料整体碳化程度。为此，作者提出 $Ca(OH)_2$（简称 CH）复合碳化再生骨料及再生微粉的思想，并利用自行研发的碳化压力釜开展了 CH 复合碳化再生骨料及再生微粉与 CH 复合碳化改性再生混凝土力学性能及耐久性相关宏微观试验研究。

本书是作者对近几年来在 CH 复合碳化再生骨料/再生微粉及其改性再生混凝土方面研究成果的总结，主要包括 4 篇共 13 章：第 1 篇 不同碳化方法对再生粗骨料及混凝土材料力学性能影响；第 2 篇 CH 复合碳化改性再生骨料/再生微粉；第 3 篇 CH 复合碳化改性再生骨料混凝土/砂浆力学性能；第 4 篇 CH 复合碳化改性再生骨料混凝土/砂浆耐久性。4 篇内容主要包括碳化对再生粗骨料宏观物理性能影响、碳化对再生粗骨料混凝土基本力学性能影响、碳化对再生混凝土单轴受压损伤本构模型影响、CH 复合碳化改性再生粗骨料、CH 复合碳化改性再生细骨料、CH 复合碳化改性再生微粉、CH 复合碳化再生粗骨料混凝土力学性能、CH 复合碳化再生砂浆力学性能、CH 复合碳化再生微粉胶砂力学性能、CH 复合碳化改性再生骨料混凝土耐久性能、CH 复合碳化改性再生砂浆耐久性能等。

本书由河南理工大学丁亚红教授、河南理工大学博士后张美香、德通智能科技股份有限公司张良奇、同济大学段珍华副教授和河南省科学院高级工程师贺智勇撰写。作者团队成员张春生教授，新乡学院武军讲师，硕士研究生李雅婧、宁威、吕秀文等参与了不同章节的整理工作，谨此致以衷心的感谢！同时，感谢本书引用文献的作者所做的前期研究工作。

本书的出版得到了国家自然科学基金资助项目（项目编号：U1904188）资助，在此表示感谢。

本书只是作者近几年来开展 CH 复合碳化改性再生混凝土研究成果的汇总及浅陋之见，由于知识结构、认识水平与工程实践条件的限制，难免有差错和不妥之处，恳请各位同行专家、学者不吝批评指正，望提出宝贵意见，以便作者及时修订、更正和完善。联系邮箱：dingyahong@hpu.edu.cn。

丁亚红

2024 年 12 月

目　录
CONTENTS

第 1 章 绪论

1.1 研究背景及意义

水泥工业作为国民经济基础行业，其产品（混凝土等）因具备较高的强度和较低的成本而成为世界上应用最广泛的建筑材料之一。从 2016 年到 2020 年，全球水泥产量从每年 47 亿吨增长到 50 亿吨，到 2027 年，这一数字可能会增长到 80 亿吨，如此大量的水泥产量反映了建筑业的蓬勃发展。据统计，我国每年新增建筑面积约 20 亿平方米，这意味着建筑产业在迅速发展的同时对混凝土的需求量显著增加。混凝土的大规模使用反映了优质天然骨料被快速消耗并逐渐面临短缺的现状，我国作为全球砂石骨料最大的生产国和消费国，每年砂石骨料用量约 200 亿吨，河砂及碎石作为不可再生自然资源被过度开采，将会对自然、生态和社会产生严重影响。

近年来，城市化进程的快速发展，使得建设规模不断扩大，同时每年产生的建筑垃圾高达 24 亿吨[1]，其中废弃混凝土约占 45%[2]，并且其产生量还在不断增长。然而，废弃混凝土的利用率很低，仅有一小部分作为建筑物的垫层，未被使用的往往采取简单填埋或露天堆置的方式进行处理。数据显示，1 万吨的废弃混凝土约需要 667 平方米的土地来填埋，因此，对建筑垃圾采取粗犷的处理方式不仅占用大量土地资源，而且在填埋和堆置过程中产生的污染物会对水资源或土壤环境造成不利影响。《〈中华人民共和国固体废物污染环境防治法〉实施情况的报告》显示，我国固体废物产量持续增长，建筑垃圾总体资源化率不足 10%[3]。目前，天然石料资源的短缺和大量建筑垃圾是严重影响我国建筑行业可持续发展的重要因素。因此，有效利用建筑固废对该行业的可持续发展具有重要意义，既能缓解天然骨料的使用量，又能达到节能减排的社会综合效益。

将建筑固废回收制成再生资源，并在新的建设项目中加以利用，是提高资源化利用的有效途径之一，将废弃混凝土回收加工为再生骨料并制成再生混凝土（Recycled Aggregate Concrete，RAC）已经被世界上许多国家推广[4]。然而，根据研究，目前全球范围内再生骨料只占总骨料需求的 3%，这是由于再生骨料的品质劣于天然骨料，直接采用再生骨料制备的混凝土，会出现混凝土工作性能、力学性能、耐久性能较为明显的降低[5-7]。一方面，由于再生骨料棱角多、内部产生大量孔隙和微裂纹、表面附着硬化的旧砂浆[8]，使得再生骨料的物理性能较差，且在粒型和强度上产生严重损失；另一方面，再生混凝土中新、旧砂浆的存在会形成多个界面过渡区（Interfacial Transition Zone，ITZ）[9]，其突出的薄弱部位可分为以下三个部分：一是旧界面过渡区，老旧砂浆与天然骨料之间存在大约 30μm 宽的旧界面过渡区[10]，此处的孔隙率比砂浆基体高 10%，而且此区域存在大量定向排列的氢氧化钙晶体[11]，致使此区域局部强度相对较弱；二是老旧砂浆，骨料表面附着的老旧砂浆是造成再生骨料品质较差的主要原因[12]；三是新界面过渡区，再生混凝土拌和过程中，骨料与新拌水泥基体接触后会形成新 ITZ，由于再生骨料吸水率较高，会吸收基质周围间的水分，使得该区域的水灰比升高，孔隙率增多，导致该区域成为最薄弱的界面[13]。因此，再生骨料的强化研究对有效提高再生混凝土的性能尤为重要。

近年来，国内外研究人员对再生骨料的强化进行了广泛的研究，再生骨料的强化方式主要分为两种：一是强化再生骨料附着砂浆，如火山灰溶液浸泡[14]、裹浆法[15]、硅酸钠溶液（水玻璃）浸泡[16]、添加纳米 SiO_2 材料[17]、碳酸钙生物沉积[18]等；二是去除再生骨料附着砂浆，如加热研磨法[19]、超声波清洗法[20]、酸溶液浸泡[21]等。以上方法均能较好地改善再生骨料品质，然而考虑到机械法会消耗大量的能源，化学溶液可能会对环境造成未知的影响，因此碳化法因其绿色、高效的特点表现出更大的优势。当前，温室气体过度排放导致的全球气候变化是人类面临最严峻的挑战之一，其中二氧化碳占温室气体排放的 74%。水泥和混凝土作为使用最广泛的建筑材料，排放的二氧化碳量占全球二氧化碳总量的 5%～8%。用再生骨料替代天然骨料不仅可节省 61%的石灰石资源，而且能减少 15%～20%的二氧化碳排放量。由此，碳化强化再生骨料既能改善骨料品质，又有利于减少二氧化碳的产生量，对推动废弃混凝土的循环利用，发展绿色混凝土，实现“碳达峰、碳中和”目标具有重要意义[22]。

1.2 再生骨料改性研究现状

由于再生骨料含有大量旧砂浆，导致其物理力学性能劣于天然骨料，因此再生混凝土的力学性能和耐久性能均劣于普通混凝土。为促进再生骨料在工程领域的推广应用，世界各地学者做了大量的研究来提升其性能。目前，根据已有文献，再生骨料性能提升处理方法可以分为四大类，分别为去除旧砂浆、强化旧砂浆、多阶段搅拌法和组合方法，如表 1-1 所示。

再生骨料性能提升处理方法分类　　表 1-1

分类	处理方法
去除旧砂浆	超声波清洗[20]
	重介质分选工艺[23]
	多阶段破碎工艺[24-26]
	机械研磨[27-29]
	酸液浸泡[30-31]
强化旧砂浆	硅酸盐溶液浸渍[32]
	聚合物溶液浸渍[33-35]
	改性剂溶液浸渍[36,232]
	火山灰材料浆体浸渍[37-38]

续表

分类	处理方法
强化旧砂浆	纳米材料浆体浸渍[39-41]
	微生物诱导碳酸盐沉淀[42-44]
	碳化处理[45-47]
多阶段搅拌法	两阶段搅拌法[48-50]
	三阶段搅拌法[37]
组合方法	加热-机械研磨[51-53]
	加热-酸液浸泡[54-55]
	酸液浸泡-机械研磨[56-57]
	酸液浸泡-硅酸盐溶液浸渍[32,58]
	火山灰材料浆体浸渍-硅酸盐溶液浸渍[59]
	碳化处理-多阶段搅拌法[47,60]
	火山灰材料浆体浸渍-多阶段搅拌法[61]

本节首先对各种处理方法的改善机理和重要结论分别进行了阐述与总结，对各种处理方法的效果进行了比较，然后对各种处理方法的优缺点进行了归纳，最后根据再生骨料性能的改善程度、处理成本、能耗、生产周期、工艺复杂程度、再生骨料回收率等因素，提出了再生骨料处理方法的选择建议。

1.2.1　去除旧砂浆

1. 超声波清洗

超声波清洗对再生骨料性能的改善机理为：通过将再生骨料浸没于水中，利用超声波技术产生机械振动来去除再生骨料表面附着的尘土、碎屑以及松动颗粒，从而达到改善其性能的目的。

Katz[20]采用超声波清洗来去除再生骨料表面的松动颗粒，但是再生骨料经过处理后，其制备的再生混凝土 28d 抗压强度仅提高 7%。Dimitriou 等[62]将再生骨料和水加入经过改进的混凝土搅拌器，以 10r/min 的速率搅拌 5h，再生骨料旧砂浆含量下降 62.5%，吸水率下降 48.6%，再生混凝土 28d 抗压强度提高 32.1%。因此，与超声波清洗相比，机械搅拌清洗的改善效果更加明显，因为在搅拌过程中再生骨料相互摩擦，不仅去除了更多的旧砂浆，而且其颗粒形状得到了改善。

2. 重介质分选工艺

重介质分选工艺对再生骨料性能的改善机理为：利用再生骨料和重介质悬浮液之间的密度差异来实现再生骨料的分选。旧砂浆含量较少的再生骨料，其密度较大，下沉到重介质悬浮液下部，而旧砂浆含量较多的再生骨料以及其他杂质，其密度较小，上浮到重介质悬浮液上部。

Kang 等[23]采用重介质分选工艺来处理再生骨料，研究发现，随磁铁矿悬浮液密度从

2.40g/cm^{3}增大到2.65g/cm^3，位于悬浮液下部再生骨料的密度、吸水率、洛杉矶磨耗值、硫酸钠安定性都得到了改善，其值分别为2.51～2.69g/cm^3、2.69%～1.88%、18.9%～12.1%、9.24%～4.33%。另外，下沉再生骨料制备的再生混凝土，其28d抗压强度达到普通混凝土的95%～99%，但再生骨料回收率从42%下降到14%。

3. 多阶段破碎工艺

多阶段破碎工艺对再生骨料性能的改善机理为：利用不同形式的破碎机对混凝土进行多次破碎，以此来减少再生骨料中旧砂浆的含量并改善其颗粒形状，从而改善其性能。第一破碎阶段一般采用颚式破碎机，后续破碎阶段主要采用螺旋式破碎机、冲击式破碎机、圆锥式破碎机、锤式破碎机等。

Nagataki等[63]采用颚式破碎机-冲击式破碎机对再生骨料进行了两阶段破碎，接着又进行了两次机械研磨，结果表明，再生骨料的旧砂浆含量、密度、吸水率等性能都得到了改善。Tsujino等[64]发现，与采用螺旋式破碎机的一阶段破碎相比较，采用颚式破碎机-圆锥式破碎机-螺旋式破碎机三阶段破碎获得的再生骨料，其水泥浆含量、旧砂浆含量、吸水率分别降低了62.6%、49.5%、12.7%。研究发现，与采用颚式破碎机的一阶段破碎相比较，采用颚式破碎机-冲击式破碎机两阶段破碎获得的再生骨料，其针状含量减小，颗粒形状得到改善，吸水率降低了47.1%。Pedro等[26]也发现，与采用颚式破碎机的一阶段破碎相比较，采用颚式破碎机-锤式破碎机两阶段破碎获得的再生骨料，其密度和吸水率都有所改善，并且制备的再生混凝土其力学性能和耐久性能也都得到了改善。

另外，Akbarnezhad等[24]采用颚式破碎机-颚式破碎机两阶段破碎工艺对再生骨料进行破碎后发现，再生骨料的尺寸越大，旧砂浆含量降低越明显；当再生骨料的尺寸与普通混凝土中天然骨料的尺寸相接近时，旧砂浆含量最小；普通混凝土的强度等级越高，旧砂浆含量越高，但是旧砂浆的高强粘结力会抵消旧砂浆含量高的负面效应。Ulsen等[25]采用冲击式破碎机和颚式破碎机对混凝土进行了两阶段破碎，发现再生骨料各指标之间的差异很小，这意味着冲击式破碎机和颚式破碎机的两阶段破碎效果并没有较大差异。

4. 机械研磨

目前，机械研磨改善再生骨料性能的机械主要有偏心研磨机、洛杉矶磨耗机和螺旋研磨机，它们的改善机理如下：偏心研磨机使再生骨料处于偏心转子和外筒之间，通过偏心转子转动使得再生骨料相互挤压摩擦和振动，从而剥离旧砂浆并改善其颗粒形状[27]；洛杉矶磨耗机利用钢球作为介质，在滚筒内对再生骨料形成冲击和研磨，从而剥离旧砂浆并改善其颗粒形状[28]；螺旋研磨机利用螺旋叶片转动使得再生骨料相互摩擦，从而剥离旧砂浆并改善其颗粒形状[29]。

Pandurangan等[65]对再生骨料进行了洛杉矶磨耗处理，采用12个钢球并让转筒转动300圈，处理后再生骨料的旧砂浆含量为5%，吸水率下降32.3%，比重增加3.5%，再生混凝土的28d抗压强度提高15.0%。Purushothaman等[66]采用洛杉矶磨耗试验机对再生骨料处理5min后发现，再生骨料的吸水率、表观密度和压碎值分别改善40.4%、18.0%和13.9%，再生混凝土的28d抗压强度提高15.3%。

另外，研究表明，洛杉矶磨耗机使得再生骨料颗粒形状变圆且表面规则，而偏心研磨机使得再生骨料颗粒形状变圆但保持原来的表面规则程度；增加机械研磨处理次数可以进一步改善再生骨料的性能，但会增加 CO_2 释放量，且 2 次处理后再生砂浆抗压强度不再明显提升。因此，机械研磨处理次数不宜过多，2 次即可[28]。

5. 酸液浸泡

酸液浸泡对再生骨料性能的改善机理为：利用酸液与旧砂浆中的主要成分如氢氧化钙、氧化钙、氧化铁、氧化铝进行化学反应，以此来弱化和去除旧砂浆。常用的酸液有 HCl、H_2SO_4、HNO_3、CH_3COOH，反应机理如下所示[30-31,54]。

$$Ca(OH)_2 + 2H^+ \longrightarrow Ca^{2+} + 2H_2O \tag{1-1}$$

$$CaO + 2H^+ \longrightarrow Ca^{2+} + H_2O \tag{1-2}$$

$$Fe_2O_3 + 6H^+ \longrightarrow 2Fe^{3+} + 3H_2O \tag{1-3}$$

$$Al_2O_3 + 6H^+ \longrightarrow 2Al^{3+} + 3H_2O \tag{1-4}$$

Tam 等[30]发现 H_3PO_4 与 CaO 及 Fe_2O_3 的反应产物不稳定，因此不能大量去除再生骨料中的旧砂浆。Kim 等[67]发现硫酸根离子和钙离子反应生成的石膏会进一步与铝酸三钙反应生成钙矾石，从而增加更多的空洞。因此，采用 H_2SO_4 处理再生骨料制备的再生砂浆，其 28d 抗压强度低于 HCl。与此相反，Saravanakumar[21]发现酸液处理对于再生骨料性能的改善程度由大到小依次为 H_2SO_4、HNO_3、HCl。

研究表明，低浓度的酸液能够去除再生骨料表面的松动颗粒和碎屑，使其表面变得更加均匀干净，但是浓度过高会对再生骨料造成损伤，使再生骨料表面变得脆弱多孔。Güneyisi 等[68]和 Zhao 等[69]采用扫描电镜证实了这一观点，并认为采用 0.1mol 的 HCl 来处理再生骨料是足够的。Radević[70]采用扫描电镜也发现，采用 0.1mol 的 HCl 来处理再生骨料，其表面的空洞尺寸为 5～23μm，比未处理的再生骨料高出 3 倍左右。

另外，酸液处理不会破坏再生骨料及再生混凝土的碱性环境，且氯化物和硫化物的含量保持在标准要求的范围内。Tam 等[30]发现，再生骨料经过 HCl 和 H_2SO_4 处理后，氯化物和硫酸盐的含量虽有上升，但依旧保持在标准要求的 0.05%和 1%范围内，并且再生骨料的 pH 值大于 8.5，也依旧保持在碱性范围内，Ismail 等[12,58]得到了类似的结果。Saravanakumar[21]也发现，采用当量浓度 10%的 H_2SO_4、HNO_3、HCl 把再生骨料浸泡 24h 后，其制备的再生混凝土的 pH 值都保持在 12 以上。

此外，Wang 等[31]发现，浓度 1%的 CH_3COOH 处理再生骨料在初始阶段没有激发快速反应，因此溶液的 pH 值较低，但 24h 之后趋于平缓，说明 24h 的处理时间已足够。浓度 5%的 CH_3COOH 对再生骨料造成了损伤，引入了新的孔隙，再生混凝土抗压强度降低，因此建议 CH_3COOH 浓度不超过 3%。值得注意的是，采用浓度 3%的 CH_3COOH 废液来制备再生混凝土，其 28d 抗压强度增加了 13.8%。

1.2.2 强化旧砂浆

1. 硅酸盐溶液浸渍

硅酸盐对再生骨料性能的改善机理为：利用硅酸盐填充再生骨料的孔隙、空洞和微裂缝，以此减小再生骨料的吸水率。同时，硅酸盐还能作为成核场所加速水泥水化，从而形成更加密实的水化硅酸钙（Calcium Silicate Hydrate, C-S-H），增强再生混凝土 ITZ-3 的性能[32,58]。目前，常用的硅酸盐主要有硅酸钠和偏硅酸钙，其中硅酸钠还能与 ITZ-3 中的 $Ca(OH)_2$ 反应生成 C-S-H，其反应公式如下所示[16]：

$$Na_2SiO_3 + Ca(OH)_2 + \mu H_2O \longrightarrow CaOSiO_2 \cdot \mu H_2O + 2NaOH \tag{1-5}$$

研究表明，采用硅酸钠对再生骨料进行处理后，其吸水率和再生混凝土 28d 抗压强度的改善程度优于 HCl 处理以及水泥 + 硅灰处理[68]。另外，采用硅酸钠处理及水灰比为 1.2 的硫铝酸盐水泥 + 粉煤灰浆体处理再生骨料，再生砂浆 28d 抗压强度比未处理再生骨料制备的再生砂浆分别提高 32.4%和 34.8%[69]。此外，由于硅酸钠不是防水聚合物，其并不具备疏水效果，因此在降低再生骨料吸水率方面不如聚合物。例如：采用浓度 30%的硅酸钠处理再生骨料，其吸水率降低 55.6%，而浓度 40%的硅烷降低 60.0%，但两者组合处理后效果反而下降。与硅烷相反，浓度 30%的硅酸钠 + 30%的硅氧烷组合处理，再生骨料吸水率降低 84.4%[71-72]。

2. 聚合物溶液浸渍

聚合物溶液对再生骨料性能的改善机理为：利用聚合物扩散进再生骨料的孔隙、空洞和微裂缝，之后发生聚合反应，在再生骨料表面形成聚合物薄膜，从而降低再生骨料的吸水率[34,71-72]。目前，改善再生骨料性能常用的聚合物主要有聚乙烯醇、硅烷、硅氧烷、苯乙烯-丁二烯橡胶、聚丙烯酸酯等。

研究表明，再生骨料表面的聚乙烯醇薄膜能减小 ITZ-3 的局部水灰比，从而减小 ITZ-3 的厚度，增加 ITZ-3 的显微硬度[34,73]。然而，聚乙烯醇是一种水溶性聚合物，在混凝土搅拌过程中会发生部分溶解，这会改变水泥的絮凝凝结状态并延迟水泥的水化过程，降低再生混凝土的早期抗压强度[74]。随着时间推移，聚乙烯醇在碱性环境中逐渐溶解，对后期强度发展的影响逐渐下降[75]。因此，处理再生骨料的聚乙烯醇浓度不宜过大，最佳浓度约为 10%[34]。

另外，当分别采用浓度 40%的硅烷和浓度 40%的硅氧烷处理再生骨料时，其吸水率的改善程度都明显高于浓度 10%的聚乙烯醇。这是因为，硅烷和硅氧烷作为有效的防水剂，1～2nm 的硅烷和 5～10nm 的硅氧烷聚合物颗粒可以有效地渗透进再生骨料的孔隙中[71]，然后硅烷和硅氧烷水解脱醇并且和烷氧基基团反应形成硅烷醇，硅烷醇和水泥中的硅酸盐羟基基团反应粘结在基层表面，水分进一步蒸发后硅烷醇之间相互反应形成硅氧烷交联，使得再生骨料疏水[64,232]。

总之，聚合物的聚合成膜作用可以有效降低再生骨料的吸水率，但是也会延迟水泥的水化过程，降低再生混凝土的抗压强度。Yaowarat 等[74]发现，聚乙烯醇降低了再生混凝土的抗压强度。Zhu 等[232]发现，硅烷可以改善再生混凝土的耐久性能，但掺入浓度 0.5%硅烷的再生混凝土，其 28d 抗压强度降低 38%，Tsujino 等[64]也证实了这一观点。Hwang 等[76]也发现，在再生砂浆中掺入苯乙烯-丁二烯橡胶和聚丙烯酸酯，其抗压强度反而降低。

3. 改性剂溶液浸渍

改性剂对再生骨料性能的改善机理为：利用改性剂填充再生骨料的孔隙、空洞和微裂缝并在再生骨料表面形成防水薄膜，从而降低再生骨料的吸水率。常用的改性剂有油基改性剂、混凝土抗冻剂、聚羧酸系分散剂、石蜡等。

Ryou 等[77]采用浓度 1%的聚羧酸系分散剂对再生骨料进行了改性处理，当再生骨料取代率为 100%时，再生混凝土的 28d 抗压强度提高了 21.3%。Huiwen 等[75]发现，对于降低再生骨料的孔隙率而言，抗冻剂比聚乙烯醇更加有效。另外，抗冻剂在再生骨料表面形成不溶于水的薄层甲基硅酮，其增强了新拌再生混凝土的流动性，但是却损害了再生骨料与新砂浆之间的界面粘结性能，因此再生混凝土的抗压强度降低。Tsujino 等[64]对再生骨料进行了 4 遍改性剂喷涂处理，结果表明，油基改性剂使低性能及高性能再生骨料的吸水率分别降低 35.6%和 21.3%，硅烷基改性剂分别降低 79.0%和 77.7%。但是，对于再生混凝土耐久性能的改善效果，油基改性剂优于硅烷基改性剂。此外，当再生混凝土的水灰比为 0.6 时，油基改性剂使抗压强度和弹性模量都有所提高，而当水灰比为 0.4 时，抗压强度和弹性模量都降低。硅烷基改性剂使所有水灰比再生混凝土的抗压强度和弹性模量都降低。Santos 等[36]发现，石蜡使再生骨料表面粗糙度降低，大于 100nm 的孔隙几乎被完全填充，孔隙率降低约 70%，吸水率降低约 80%，处理效果优于硅烷。

4. 火山灰材料浆体浸渍

火山灰材料对再生骨料性能的改善机理为：利用火山灰材料所具有的形态效应、填充效应、火山灰效应、成核效应等[33,69,75]，对再生骨料的孔隙、空洞和微裂缝进行填充和强化，从而改善再生骨料的性能，增强再生混凝土的 ITZ-3。常用的火山灰材料主要有水泥、硅灰、粉煤灰、矿渣、地聚合物、偏高岭土等。

火山灰材料浆体浸渍再生骨料可以有效提高再生混凝土的抗压强度，但是对于再生骨料吸水率、密度和压碎值而言，不同文献的结果并不一致。例如：Zhao 等[69]采用水灰比为 0.5、0.6、0.7、0.8、1.0 的波特兰水泥浆体浸渍再生骨料后发现，当水灰比为 0.8 时，再生骨料的性能改善程度最高；Junak 等[78]采用地聚合物浸渍再生骨料后发现，再生骨料的吸水率和密度减小、空洞率增大。然而，与上述吸水率减小的研究结果相反，一些学者研究发现采用火山灰材料浆体浸渍再生骨料之后，其吸水率反而增大。例如：Ting 等[79]采用纯水泥浆体、水泥浆体 + Kim 粉、水泥浆体 + 粉煤灰浸渍再生骨料后发现，这三种浆体浸渍处理使得再生骨料的吸水率和密度增大、压碎值减小；Lee 等[80]采用水胶比为 0.45 的矿渣水泥浆体将再生骨料分别涂层 0.25mm、0.45mm、0.65mm，养护 28d 后发现，再生骨料的吸水率增大、密度减小、洛杉矶磨耗值增大，并且再生骨料的性能随着涂层厚度增加而变差。

5. 纳米材料浆体浸渍

纳米材料对再生骨料性能的改善机理为：利用纳米材料颗粒尺寸优势对再生骨料的孔隙、空洞和微裂缝进行填充，从而强化再生骨料和 ITZ-3[81,252]。此外，纳米材料还可以发挥火山灰效应[82]、加速水泥水化效应、水化产物成核效应[39,41,83]。常用的纳米材料主要有纳米 SiO_2、纳米 $CaCO_3$ 等。

Zhang[39]采用含纳米 SiO_2 和纳米 $CaCO_3$ 的浆体分别对再生骨料进行了浸渍改性处理，比较了改性处理前后再生骨料性能的变化，并研究了改性处理再生骨料对再生混凝土微观结构和宏观力学性能的影响。纳米压痕试验发现，纳米材料浸渍再生骨料强化了旧砂浆的表面以及邻近旧砂浆表面的那一部分 ITZ-3，但是远离旧砂浆的另外一部分 ITZ-3 以及

ITZ-2 并没有得到强化。Singh[40]采用纳米 SiO_2、尿素细菌和非尿素细菌对再生骨料进行了浸渍改性处理，结果表明，浸渍改性后再生骨料的吸水率降低（纳米 SiO_2 为 21%，尿素细菌为 64%，非尿素细菌为 43%），密度增加（纳米 SiO_2 为 18%，尿素细菌为 30%，非尿素细菌为 29%）。另外，再生骨料表面的纳米 SiO_2 以及尿素细菌和非尿素细菌诱导生成的方解石，使再生混凝土中 ITZ-2 以及 ITZ-3 处的水化产物变得更加致密，因此再生混凝土的宏观性能到了提升。此外，浸渍法改性再生骨料对再生混凝土宏观性能的改善程度高于直接搅拌加入法。

6. 微生物诱导碳酸盐沉淀

微生物诱导碳酸盐沉淀是一种环境友好的表面处理方法，最早应用于装饰性石料和石灰岩纪念碑裂缝修补[84]，目前在自愈合混凝土中应用广泛[85-86]。根据代谢途径不同主要分为自养和异养[85]，异养代谢途径主要有硫循环和氮循环，而氮循环中通过尿素水解来诱导碳酸盐沉淀被广泛地应用[87]，其所用细菌主要来自杆菌属，包括巴氏杆菌、球形芽孢杆菌、枯草芽孢杆菌[88]、巨大芽孢杆菌、假性芽孢杆菌[89]等。目前，由于巴氏杆菌可以产生更多的尿素酶[90]，相比其他细菌更为活跃[91]，并且在极端环境下缺乏致病性[92]，因此得到广泛应用。

尿素水解细菌诱导碳酸盐沉淀的反应机理如下所示[85-87]，其通过新陈代谢产生尿素酶，催化尿素水解成碳酸和氨，这导致细菌环境中的碳酸浓度和 pH 值上升，然后碳酸和氨进一步水解成碳酸根离子和铵根离子[85]。细菌的细胞壁带负电荷[89]，作为沉淀成核场所，把钙离子吸引在细胞壁表面并与碳酸根离子反应生成 $CaCO_3$ 沉淀。如图 1-1 所示，$CaCO_3$ 填充在再生骨料的表面和内部孔隙，从而减小了再生骨料的吸水率[89,93]。

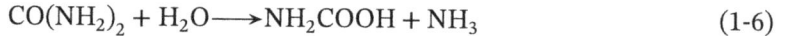

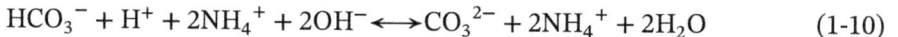

$$CO(NH_2)_2 + H_2O \longrightarrow NH_2COOH + NH_3 \tag{1-6}$$

$$NH_2COOH + H_2O \longrightarrow NH_3 + H_2CO_3 \tag{1-7}$$

$$H_2CO_3 \longleftrightarrow HCO_3^- + H^+ \tag{1-8}$$

$$2NH_3 + 2H_2O \longleftrightarrow 2NH_4^+ + 2OH^- \tag{1-9}$$

$$HCO_3^- + H^+ + 2NH_4^+ + 2OH^- \longleftrightarrow CO_3^{2-} + 2NH_4^+ + 2H_2O \tag{1-10}$$

$$Ca^{2+} + Cell \longrightarrow Cell\text{-}Ca^{2+} \tag{1-11}$$

$$Cell - Ca^{2+} + CO_3^{2-} \longrightarrow Cell\text{-}CaCO_3 \downarrow \tag{1-12}$$

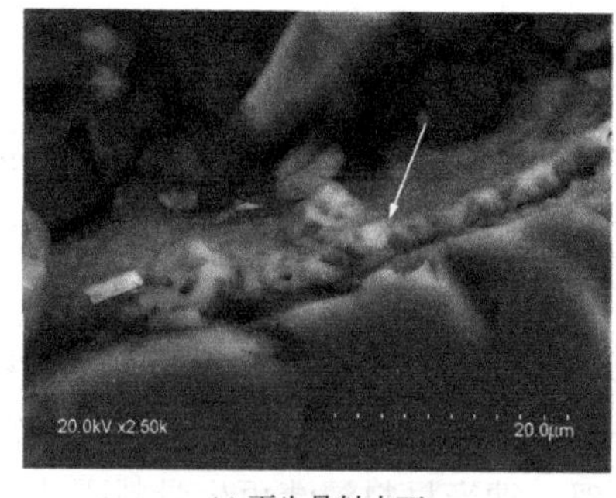

(a) 再生骨料表面

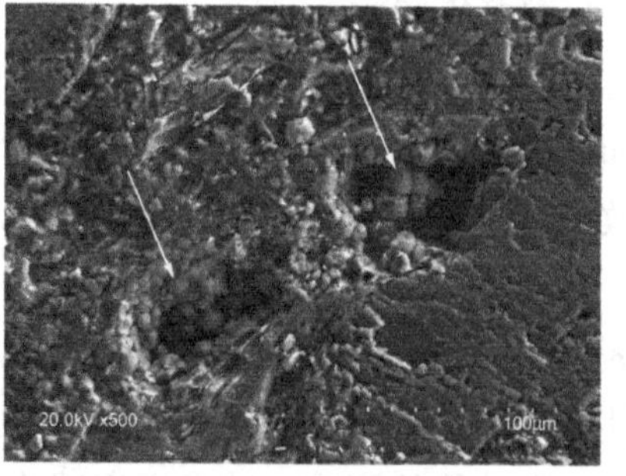

(b) 再生骨料孔隙

图 1-1 $CaCO_3$ 沉淀

相关研究表明，再生骨料的颗粒尺寸越小，其吸水率、质量、密度等指标的改善程度越好,这归因于再生骨料颗粒尺寸越小,其比表面积越大,使得 $CaCO_3$ 的沉淀量越大[89,94-95]。此外，再生骨料中旧砂浆的孔隙尺寸分布也会影响微生物诱导碳酸盐沉淀的改善效果。实际上，细菌的尺寸一般大于 1μm，因此，微生物诱导碳酸盐沉淀主要发生在再生骨料的较大尺寸孔隙中[84,90]。然而，由于大于 1μm 的毛细孔在水泥基材料中所占比例有限，因此，微生物诱导碳酸盐沉淀通常被认为是一种表面处理方法。

另外，研究表明，矿化作用的多样性以及各种饱和水平导致产生不同的 $CaCO_3$ 多晶型物，包括三种无水形式结晶相（方解石、球霰石和文石)，两个水合结晶相（一水方解石、六水方解石）以及各种非晶相 $CaCO_3$[86]。其中，方解石、文石、球霰石是常见的无水形式的 $CaCO_3$ 晶体，它们的扫描电镜微观图像如图 1-2 所示。此外，热力学相关研究表明，菱形六面体方解石是最稳定的多晶型物，针状文石亚稳定，球状球霰石最不稳定，并且当它暴露于水中时，在高温下迅速转变为文石，在较低温度时转变为方解石[90]。

此外，微生物诱导碳酸盐沉淀产生多晶型物的类型和产量受到细菌种类及浓度、培养基成分及浓度、pH 值、温度等因素的影响[89,91,95]。例如：细菌浓度显著影响尿素水解率，而尿素浓度和钙离子浓度不会增加 $CaCO_3$ 沉淀量；方解石和球霰石被细菌活动和钙离子初始浓度所控制，在相对低过饱和状态下形成方解石，在相对高过饱和状态下形成球霰石；当钙源采用有机酸（乳酸钙）时产生方解石，而当采用氯化钙时产生球霰石[84,86,90]；$CaCO_3$ 产量随 pH 值和温度的升高而增加，但超过阈值会抑制细菌的活力，导致 $CaCO_3$ 产量下降[18]。

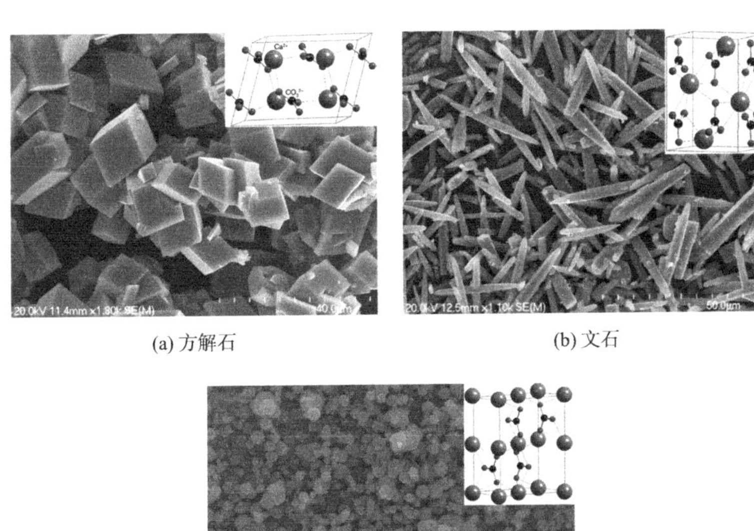

(a) 方解石　　(b) 文石

(c) 球霰石

图 1-2　无水形式 $CaCO_3$ 多晶型物扫描电镜微观图像

7. 碳化处理

碳化处理对再生骨料性能的改善机理为：利用 CO_2 与水泥浆体中的水化产物以及未水化水泥成分发生化学反应，生成 $CaCO_3$ 和硅胶，反应后碳化产物的固相体积比反应产物有所增大，从而旧砂浆的孔隙、空洞以及微裂缝得到填充，同时 ITZ-2 也得到密实强化。因此，再生骨料的孔隙率、吸水率、压碎值降低，表观密度增大[230]。碳化处理的主要反应机理如下所示，碳化后反应产物固相体积分别增加 11.5%、23.1%、92.5%、108.7%[96-97]。

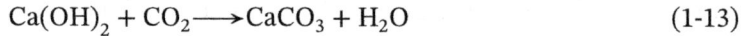

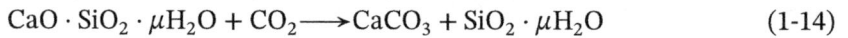

$$Ca(OH)_2 + CO_2 \longrightarrow CaCO_3 + H_2O \tag{1-13}$$

$$CaO \cdot SiO_2 \cdot \mu H_2O + CO_2 \longrightarrow CaCO_3 + SiO_2 \cdot \mu H_2O \tag{1-14}$$

$$2CaO \cdot SiO_2 + 2CO_2 + \mu H_2O \longrightarrow 2CaCO_3 + SiO_2 \cdot \mu H_2O \tag{1-15}$$

$$3CaO \cdot SiO_2 + 3CO_2 + \mu H_2O \longrightarrow 3CaCO_3 + SiO_2 \cdot \mu H_2O \tag{1-16}$$

研究表明，完全水化的水泥浆体包含大约 70%的 C-S-H，20%的 $Ca(OH)_2$，7%的钙矾石和单硫铝酸钙。碳化后，水泥浆体积大约增加 13%[96]。其中，$Ca(OH)_2$ 和 C-S-H 是碳化反应的主要反应物[98]。加速碳化使得再生骨料的旧砂浆、ITZ-2 以及再生混凝土的 ITZ-3 都得到了强化[97,99-100]。再生骨料碳化前后对 ITZ-2 和 ITZ-3 维氏硬度的影响如图 1-3 所示。

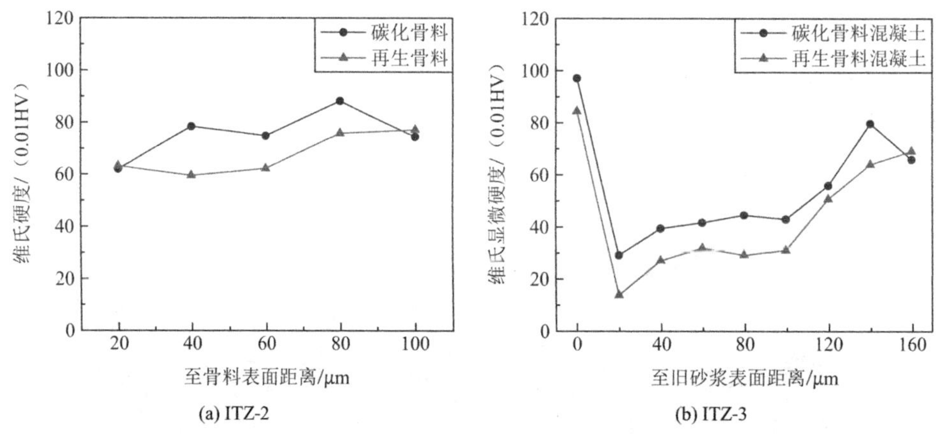

(a) ITZ-2　　(b) ITZ-3

图 1-3　ITZ-2 和 ITZ-3 的维氏硬度

研究表明，碳化效果受到再生骨料性能的影响，包括再生骨料的原始混凝土强度等级、原始水灰比、尺寸、存放时间等。例如：再生骨料原始混凝土的强度等级越低[101]，水灰比越高[100]，其碳化效果越明显；再生骨料的尺寸越小，比表面积越大，其碳化程度越高[102]；另外，存放时间较长的再生骨料已经与空气中的 CO_2 发生了碳化反应，可碳化成分较少，碳化改善效果不如存放时间较短的再生骨料[47,99]，因此可以将其浸泡石灰水后再进行碳化，以此提升其碳化效果[46,98]。

另外，碳化效果还受到碳化条件的影响，包括 CO_2 浓度、压力、温度、相对湿度、时间等。例如：碳化效果随 CO_2 浓度先升后降，70%时效果最佳[46,231]；碳化压力过大会导致碳化效果降低[103-104]，一般采用 0.01MPa[47,99,102]；在 20～80°C温度范围内，碳化效果和抗压强度的变化不明显[103]；相对湿度对碳化效果的影响比较明显，相对湿度过高导致孔隙溶液过饱和会阻碍 CO_2 扩散，相对湿度过低也会阻碍碳化反应[102,105]，最佳相对湿度范围为 50%～70%[103]；另外，温度和湿度曲线变化趋势表明，碳化在初始 2h 内反应最快，温度上升大约 3～6℃，此后曲线开始下降，反应速度减慢[102-103,106]，碳化 24h 后，改善效果不再发生明显变化[97]。

压汞法测试表明，碳化生成的 $CaCO_3$ 主要填充再生骨料中 0.1～1μm 的中等孔隙，而小于 0.1μm 的细孔隙分布变化不大，这是因为碳化生成的 $CaCO_3$ 直径一般大于 0.1μm[98]。X 射线衍射分析表明，随着碳化时间增加，$Ca(OH)_2$ 的峰值越来越低，而 $CaCO_3$ 的峰值越来越高，但是在碳化 72h 后，依然存在 $Ca(OH)_2$[97]，因为碳化反应生产 $CaCO_3$ 覆盖在 $Ca(OH)_2$ 表面，阻碍了进一步的碳化反应[98]。

总之，碳化处理不仅使得旧砂浆和 ITZ-2 得到了强化，同时 ITZ-3 也得到了强化[99-101]。因此，经过 2h 碳化养护后的再生砂浆，其抗压强度和正常养护 28d 的抗压强度相当[103,105]。经过 24h 碳化养护后的再生砂浆，其抗压强度高达蒸汽养护的 1.5 倍[106]。但是，对于储存时间较长的再生骨料，常规碳化效果不明显，因为其已与空气中的 CO_2 发生化学反应，缺乏可碳化的成分，因此需要通过浸泡石灰水来提高其碳化效果[46,98]。然而，随着生成的 $CaCO_3$ 覆盖在再生骨料表面，微观结构变得密实阻碍了 CO_2 在其内部扩散，这阻碍了进一步的碳化反应[98]。

1.2.3 多阶段搅拌法

多阶段搅拌法对再生骨料性能的改善机理为：将拌合水分成两个部分分阶段加入混凝土搅拌机，以此在再生骨料表面形成低水胶比的火山灰材料涂层，从而填充再生骨料的孔隙、空洞和微裂缝，达到强化再生骨料的目的。另外，低水胶比的火山灰材料涂层还可以减小 ITZ-3 的宽度，从而提高再生混凝土的力学性能和耐久性能。多阶段搅拌法包括两阶段搅拌法[48-49]、三阶段搅拌法[37,96]、砂浆搅拌法和裹砂搅拌法[61]。多阶段搅拌法的搅拌流程如图 1-4 所示。

研究表明，当水胶比较大时，ITZ-3 的显微硬度小于 ITZ-2，因此再生混凝土的抗压强度由 ITZ-3 决定。当水胶比较小时，ITZ-3 的显微硬度大于 ITZ-2，因此再生混凝土的抗压强度由 ITZ-2 决定[48,107-108]。两阶段搅拌法和三阶段搅拌法可以减小 ITZ-3 的厚度并提高其显微硬度，从而改善再生混凝土的力学性能和耐久性能。但是，与两阶段搅拌法相比较，三阶段搅拌法的改善效果更为明显，其原因在于三阶段搅拌法使用的是火山灰材料涂层，而两阶段搅拌法使用的是水泥涂层。火山灰材料比水泥颗粒尺寸更小，具有更加明显的填充效应[109]。此外，火山灰材料的火山灰效应会消耗 ITZ-3 中水泥水化生成的 $Ca(OH)_2$[37,110-111]。但是，Urban 等[96]采用三阶段搅拌法对不同火山灰材料涂层进行了对比研究。结果表明，采用水泥涂层制备的再生混凝土和普通混凝土，其 28d 抗压强度基本相等，并且都高于粉煤灰和再生混凝土粉末涂层制备的再生混凝土和普通混凝土。

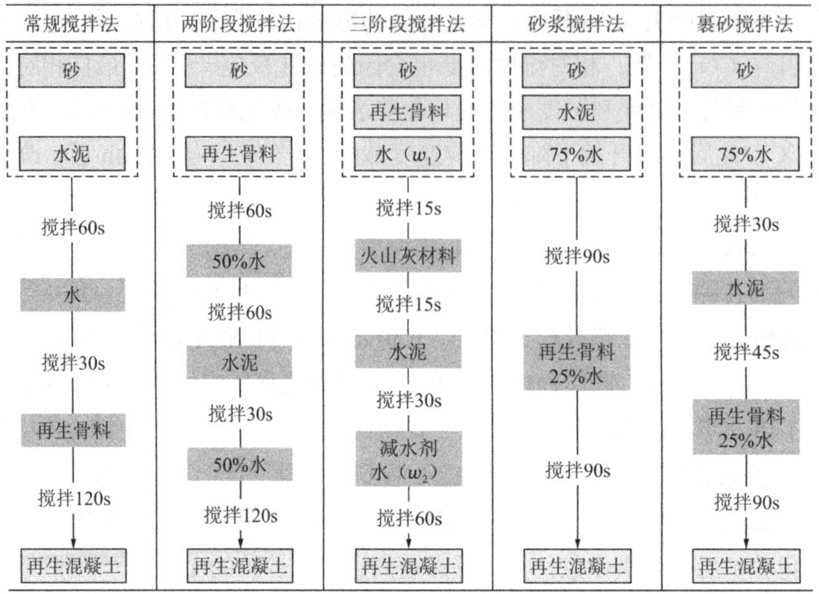

图 1-4　多阶段搅拌法搅拌流程

另外，Tam 等[15,49,112]发现，两阶段搅拌法对再生混凝土力学性能的改善程度随再生骨料取代率变化而发生波动变化。当再生骨料取代率为 24.2%时，再生混凝土的 28d 抗压强度改善程度达到最大值 17.7%。当再生骨料取代率为 31.3%时，再生混凝土的 28d 抗拉强度和弹性模量改善程度达到最大值 7.6%和 14.4%。Liang 等[61]发现，对于再生混凝土的 28d 抗压强度而言，砂浆搅拌法和裹砂搅拌法比两阶段搅拌法分别提高 28.3%和 6.4%。然而，Liu 等[113]发现两阶段搅拌法可以改善再生混凝土的力学性能，但是对再生混凝土的抗冻融性能几乎没有影响。

1.2.4　组合方法

组合方法是将两种或两种以上单个处理方法组合在一起，对再生骨料进行多次处理，以此达到进一步增强再生骨料和再生混凝土性能的改善效果。单个处理方法可采用去除旧砂浆法、强化旧砂浆法、多阶段搅拌法等。

目前，在已有文献中，常用的组合方法主要包括加热-机械研磨[19,51,53]、加热-酸液浸泡[54-55]、酸液浸泡-机械研磨[56-57]、酸液浸泡-硅酸盐溶液浸渍[32,58]、火山灰材料浆体浸渍-硅酸盐溶液浸渍[59]、碳化处理-多阶段搅拌法[47]、火山灰材料浆体浸渍-多阶段搅拌法[68]。

在以上组合方法中，除了加热-机械研磨和加热-酸液浸泡中的加热方法外，其他组合方法中的单个处理方法在前面已经做了详细介绍，因此只对加热方法关于再生骨料性能的强化机理和重要结论进行阐述和总结。在已有文献中，加热机械研磨常用的加热方式主要有常规加热、微波加热和电脉冲加热，它们之间的加热原理有所不同，因此对于再生骨料的处理效率和性能改善程度有所差别。

常规加热原理是利用再生骨料中各成分热膨胀性质不同，高温产生内应力使得旧砂浆发生脆化破碎，尤其在ITZ处更为明显[51,66]；微波加热原理是利用再生骨料中各成分所具有的热力学、介电、拉伸强度等差异来产生高温梯度，从而产生高应力梯度，尤其在ITZ处更为明显。此外，材料中水分快速蒸发产生显著的孔隙压力，这些应力使得再生骨料的旧砂浆发生脆化[114-116]；电脉冲加热原理如图1-5所示，其利用高压电场使得再生骨料的不同成分发生极化，而极化的烈度和位置依赖于再生骨料中不同成分的电性能。在ITZ处因电荷不平衡形成局部等离子流放电通道，引起热膨胀和辐射冲击波，从而使得旧砂浆发生脆化破碎[53,114,242]。

微波加热和电脉冲加热处理再生骨料的解离度如图1-6所示，其中横坐标1～6对应的参考文献分别为[19]、[52]、[53]、[114]、[115]、[242]。可以看出，微波加热和电脉冲加热处理都可以有效去除再生骨料中的旧砂浆，并且再生骨料的解离度基本相当，都可以达到50%以上。

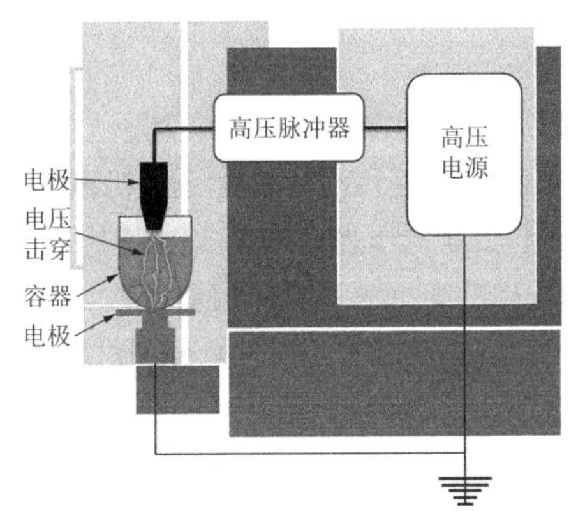

图1-5 电脉冲加热原理

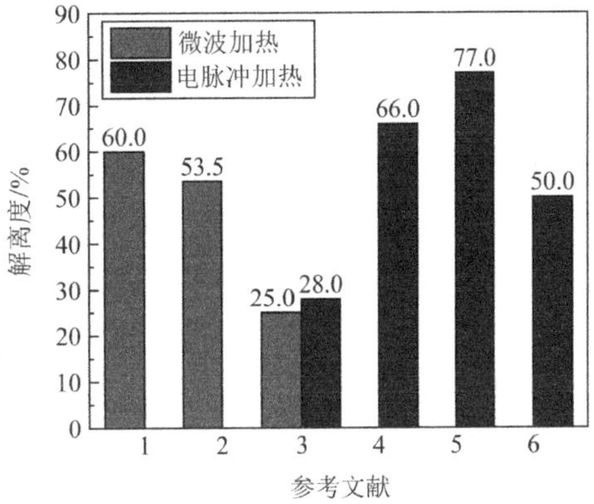

图1-6 微波加热和电脉冲加热处理再生骨料的解离度

对于微波加热和电脉冲加热而言，原始骨料尺寸越大，ITZ的宽度越大，因此再生骨料的断裂能越小，解离度越大；原始骨料的矿物性质和施加的能量水平对再生骨料解离度的影响较小，即使采用较低的能量水平都是有效的，但是较高的能量水平对混凝土的破碎程度产生一定影响[19,53]；对于机械研磨而言，微波预加热使得再生骨料的解离度明显提高，但是对电脉冲加热而言基本没有影响[52]；电脉冲加热的破碎程度随混凝土强度增加先降低后升高，并且制作混凝土时所用水泥中的$Ca(OH)_2$含量越低，混凝土的破碎程度越高[242]。

对于常规加热和微波加热而言，在加热前后将再生骨料浸入冷水中，利用再生骨料在加热时水分快速蒸发产生的孔隙压力以及热胀冷缩产生的收缩应力，以此来提高旧砂浆的去除效率[62,97,116]。

热重分析表明，小于105℃时，再生骨料的自由水蒸发；105～200℃时，水化程度较差的C-S-H的结合水脱水；200～420℃时，水化程度较好的C-S-H的结合水脱水；420～550℃时，$Ca(OH)_2$分解；550～720℃时，结晶程度较差的$CaCO_3$分解；720～950℃时，结晶程度较好的$CaCO_3$分解[9,98,243]。因此，常规加热的温度大约在300～600℃时效果最佳。此外，粒径小于4mm的细粉经过600℃的高温处理后重新获得了活性，因此可以作为火山灰材料来代替水泥[29,51]。

另外，为达到提高普通混凝土强度以及微波加热解离度的双重目的，在制备混凝土前，Tsujino[244-246]和 Noguchi[29]采用环氧树脂粘结火山灰材料和氧化亚铁对天然骨料进行了涂层改性，而 Choi[247-248]采用含氧化铁的水泥浆涂层对天然骨料进行了改性。他们发现，微波加热后采用洛杉矶磨耗机来去除旧砂浆，天然骨料的回收率可达 90%以上。该研究包含了混凝土增强技术和骨料回收技术，同时解决了普通混凝土强度与天然骨料回收率以及能量消耗与骨料性能之间的权衡关系。

1.2.5 处理方法的比较和选择

目前，对于现有的再生骨料性能提升处理方法而言，它们都存在各自的优点和缺点。因此，对于再生骨料性能提升处理方法的选择，不仅要考虑再生骨料及再生混凝土性能的改善程度，还应该从设备、能耗、成本、周期、工艺复杂程度、再生骨料回收率等多个方面进行综合考虑。

1. 改善程度比较

从图 1-7 可以看出，再生骨料吸水率改善 60%以上的处理方法包括硅酸盐溶液浸渍、聚合物溶液浸渍、改性剂溶液浸渍、加热-机械研磨、加热-酸液浸泡、酸液浸泡-机械研磨，横坐标分别对应于 5、6、7、13、14、15。再生混凝土 28d 抗压强度提升 25%以上的处理方法包括机械研磨、火山灰材料浆体浸渍、微生物诱导碳酸盐沉淀、多阶段搅拌法、加热-酸液浸泡、酸液浸泡-机械研磨、火山灰材料浆体浸渍-硅酸盐溶液浸渍，横坐标分别对应于 3、8、11、12、14、15、17。可以看出，对于再生骨料的吸水率以及再生混凝土的 28d 抗压强度来说，上述处理方法的改善效果是比较明显的。

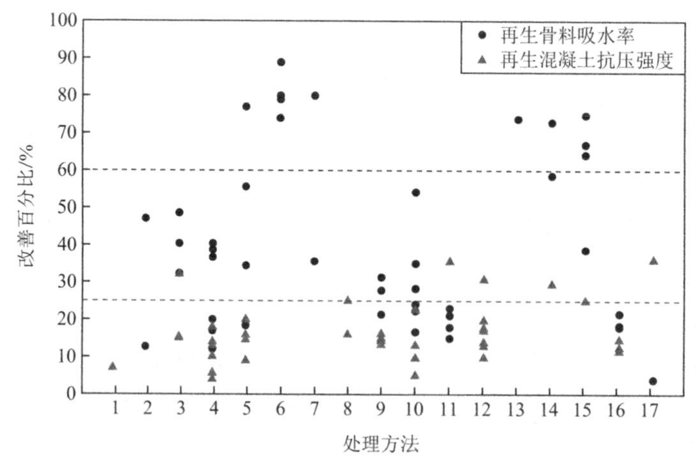

1—超声波清洗；2—多阶段破碎工艺；3—机械研磨；4—酸液浸泡；5—硅酸盐溶液浸渍；6—聚合物溶液浸渍；7—改性剂溶液浸渍；8—火山灰材料浆体浸渍；9—纳米材料浆体浸渍；10—碳化处理；11—微生物诱导碳酸盐沉淀；12—多阶段搅拌法；13—加热-机械研磨；14—加热-酸液浸泡；15—酸液浸泡-机械研磨；16—酸液浸泡-硅酸盐溶液浸渍；17—火山灰材料浆体浸渍-硅酸盐溶液浸渍

图 1-7 再生骨料的吸水率和再生混凝土的 28d 抗压强度改善程度

2. 处理方法的优缺点

对于去除旧砂浆而言，超声波清洗需要消耗额外能量并且产生大量废水，但是改善效果并不明显。重介质分选工艺由再生骨料分选系统、重介质循环系统、水循环系统等组成，其工艺组成较为复杂。重介质悬浮液密度越大，下沉再生骨料性能越好，但是回收率却下降，因此需要综合考虑下沉再生骨料性能和回收率之间的问题。HCl 和 H_2SO_4 浸泡再生骨料可以改善其性能，但是引入的氯离子以及硫酸根离子与水泥成分反应会加速水泥凝结[67]。此外，氯离子会侵蚀钢筋，而硫酸根离子会引起再生混凝土膨胀，从而降低再生混凝土的耐久性能。然而，CH_3COOH 作为一种弱酸，与 HCl 和 H_2SO_4 等强酸相比较，其处理再生骨料更为安全、清洁和节约成本，而且处理后的废液制备再生混凝土还可以提高其抗压强度[9,31]。因此，推荐采用弱酸 CH_3COOH 对再生骨料进行处理。此外，还推荐采用多阶段破碎工艺和机械研磨工艺，因为它们可以有效地降低旧砂浆的含量并改善再生骨料的颗粒形状。但是，过度破碎和研磨不仅消耗大量能量，而且会对再生骨料造成损伤并增加细粉含量，降低再生骨料的回收率。

对于强化旧砂浆而言，聚合物和改性剂的成膜作用可以在再生骨料的表面形成疏水膜，因此能够有效地降低再生骨料的吸水率。但是，疏水膜会阻碍水泥的水化，影响再生骨料与新砂浆之间的粘结，从而降低再生混凝土的力学性能。火山灰材料和纳米材料可以在一定程度上改善再生骨料的力学性能和耐久性能，但前者会导致再生骨料吸水率的增加，从而使得再生混凝土的工作性能变差，而后者的成本相对比较昂贵。微生物诱导碳酸盐沉淀是一种环境友好的表面处理方法，但一些因素限制了其大规模商业化应用。例如：当 $CaCO_3$ 过度饱和沉淀时，营养成分传输被限制，细菌被包裹，从而导致细菌死亡[90]；控制形成 $CaCO_3$ 晶体类型和产量的影响因素比较复杂；培养基中钙源为氯化钙时，氯离子会侵蚀钢筋，影响混凝土的耐久性能，因此推荐采用醋酸钙或乳酸钙；培养基成分的经济成本高达运行成本的 60%；微生物诱导碳酸盐沉淀是一种表面处理，其在裂缝深部的沉淀需进一步研究[87]。因此，建议采用硅酸钠来处理再生骨料，因为它可以与 $Ca(OH)_2$ 反应生成 C-S-H，有效改善 ITZ 的性能，但反应产物 NaOH 可能导致再生混凝土发生碱-骨料反应。因此可以采用硅酸钠-火山灰材料组合方法，利用火山灰材料来消耗生成的 NaOH，从而抑制碱-骨料反应，避免再生混凝土发生膨胀。此外，碳化处理不仅可以强化再生骨料中的旧砂浆和 ITZ-2，而且能够强化再生混凝土的 ITZ-3，因此也推荐采用碳化处理来强化再生骨料。值得注意的是，碳化处理前采用 CH 浸渍再生骨料还可以提高其碳化程度。

对于多阶段搅拌法而言，与去除旧砂浆和强化旧砂浆相比较，其不用投入额外的处理设备和其他特殊处理材料，也不用投入额外的处理时间和成本。另外，再生骨料的回收率比去除旧砂浆的回收率高。因此，多阶段搅拌法是一种比较有应用前景再生骨料性能提升处理方法。

对于组合方法而言，建议采用微波加热-机械研磨，原因如下：对于再生骨料的不同成分而言，常规加热没有选择性，并且通常加热几个小时以上，这消耗了大量能量。相比之下，微波加热和电脉冲加热具有选择性，加热更快更集中，仅需几分钟和几毫秒，消耗的能量较低[116]。对于解离度而言，电脉冲加热比微波加热更加有效，但是，电脉冲加热的试样需要放置在水中，后期需要排水、过滤、干燥等程序，这会消耗额外能量[114]。此外，还推荐采用弱酸溶液浸渍-机械研磨、碳化处理-多阶段搅拌法、火山灰材料浆体浸渍-硅酸盐溶液浸渍等组合方法[249-251,253-255]。

3. 处理方法的选择

目前，关于再生骨料性能提升已经做了大量研究，但是不同的再生骨料处理方法都具有一定的局限性。因此，根据再生骨料性能改善程度、处理成本、能耗、生产周期、工艺复杂程度及再生骨料回收率等因素，提出了再生骨料处理方法的选择建议，如表 1-2 所示。其中，再生混凝土的 28d 抗压强度的改善百分比为图 1-7 所示数据的平均值。另外，建议可以选择表 1-2 推荐的两种或两种以上的处理方法进行组合，对再生骨料进行多次处理，从而提高再生骨料的改善程度。

此外，通常情况下，对于不同来源的建筑垃圾而言，其混凝土强度等级一般不同。因此，可以根据建筑垃圾的混凝土强度等级来进行处理方法的选择。当强度等级较低时，ITZ-2 的性能较差，旧砂浆比较容易去除，可以选择去除旧砂浆的方法来获得高质量的再生骨料。当强度等级较高时，ITZ-2 的性能较好，旧砂浆不容易去除，可以选择强化旧砂浆的方法来获得较高的再生骨料回收率。

处理方法的选择　　表 1-2

处理方法	再生混凝土抗压强度	处理成本	能耗	生产周期	特点与建议
超声波清洗	↑7.0%	低	低	短	效果不明显
重介质分选工艺	↑	高	高	短	系统复杂
多阶段破碎工艺	↑	高	高	短	推荐
机械研磨	↑20.8%	高	高	短	推荐
酸液浸泡	↑10.1%	高	低	长	引入有害离子
硅酸盐溶液浸渍	↑14.9%	低	低	长	推荐
聚合物溶液浸渍	↓	低	低	长	抗压强度降低
改性剂溶液浸渍	↓	低	低	长	抗压强度降低
火山灰材料浆体浸渍	↑19.0%	低	低	长	推荐
纳米材料浆体浸渍	↑14.7%	高	低	长	成本昂贵
碳化处理	↑12.6%	低	低	长	推荐
微生物诱导碳酸盐沉淀	↑35.5%	高	低	长	成本昂贵
两阶段搅拌法	↑15.2%	低	低	短	推荐
三阶段搅拌法	↑30.7%	低	低	短	推荐
常规加热-机械研磨	↑	低	高	长	加热无选择性
微波加热-机械研磨	↑	低	低	短	推荐
电脉冲加热-机械研磨	↑	高	高	短	增加额外工作

1.3 碳化改性再生骨料研究现状

与天然骨料相比，因表面附着旧砂浆，RCA 存在吸水率高、压碎值大、表观密度小等性能缺陷，由其制备的 RAC 力学性能及耐久性差，限制其推广应用。而 RCA 品质和取代率是影响再生混凝土性能的关键因素，因此，RCA 品质提升技术一直是国内外研究人员关注的热点问题。然而目前 RCA 强化方法[117-118]主要包括物理方法（机械研磨、多阶段破碎、颗粒整形、加热处理、超声波清洗等）及化学方法（浸泡有机乳液、水泥基浆体、酸剂溶液等），其主要原理是通过技术手段去除或强化再生骨料表面附着旧砂浆。综合国内外研究结果表明，这些方法虽然能在一定程度上改善再生骨料的性能，但往往需要比较复杂的设备，或消耗大量能源，或产生较高的 CO_2 排放，或产生更多的废粉导致二次污染，酸性溶液还会导致再生骨料中氯化物和硫酸盐含量增加，不符合绿色节能减排的理念。

近几年国内外学者开展了 RCA 碳化强化技术[119-121]，其强化机理是 RCA 表面附着旧砂浆中水化产物（约 70%的水化硅酸钙 C-S-H、20%的氢氧化钙 $Ca(OH)_2$、10%的钙矾石 AFt 及单硫型水化硫铝酸钙 AFm）及未水化颗粒（C_3S、C_2S 等）均与 CO_2 发生化学反应生成化学稳定性高的 $CaCO_3$ 和凝胶物质，反应公式如式(1-17)～式(1-22)所示，其中式(1-17)～式(1-20)固体体积分别增加 11.5%、23.1%、108.7%、92.5%，而式(1-21)、式(1-22)固体体积分别减少 44.9%、31.8%，对强化再生骨料性能起到负面影响，碳化反应后旧砂浆固体体积增加 13%左右[122]。

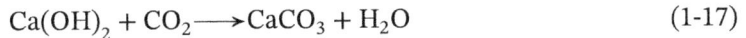

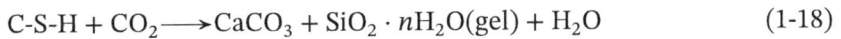

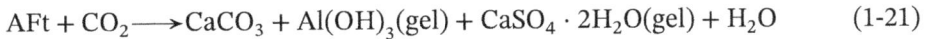

$$Ca(OH)_2 + CO_2 \longrightarrow CaCO_3 + H_2O \tag{1-17}$$

$$C\text{-}S\text{-}H + CO_2 \longrightarrow CaCO_3 + SiO_2 \cdot nH_2O(gel) + H_2O \tag{1-18}$$

$$C_3S + nH_2O + 3CO_2 \longrightarrow 3CaCO_3 + SiO_2 \cdot nH_2O(gel) \tag{1-19}$$

$$C_2S + nH_2O + 2CO_2 \longrightarrow 2CaCO_3 + SiO_2 \cdot nH_2O(gel) \tag{1-20}$$

$$AFt + CO_2 \longrightarrow CaCO_3 + Al(OH)_3(gel) + CaSO_4 \cdot 2H_2O(gel) + H_2O \tag{1-21}$$

$$AFm + CO_2 \longrightarrow CaCO_3 + Al(OH)_3(gel) + CaSO_4 \cdot 2H_2O(gel) + H_2O \tag{1-22}$$

综上，再生骨料碳化强化机理可表述为：再生骨料表面附着旧砂浆的水化产物及未水化水泥熟料矿物与 CO_2 发生化学反应，生成固体体积增加且热力学稳定的 $CaCO_3$ 和胶凝物质，填充细化旧砂浆孔隙及微裂纹，且碳化反应生成的 $CaCO_3$ 强度高于 $Ca(OH)_2$，从而达到再生骨料强化的目的，其强化机理如图 1-8 所示。与此同时，CO_2 最终以 $CaCO_3$ 晶体形态稳定储存，成为一种可行的 CO_2 隔离技术。因此，再生骨料碳化强化是一种高效环保的再生骨料强化处理方法。

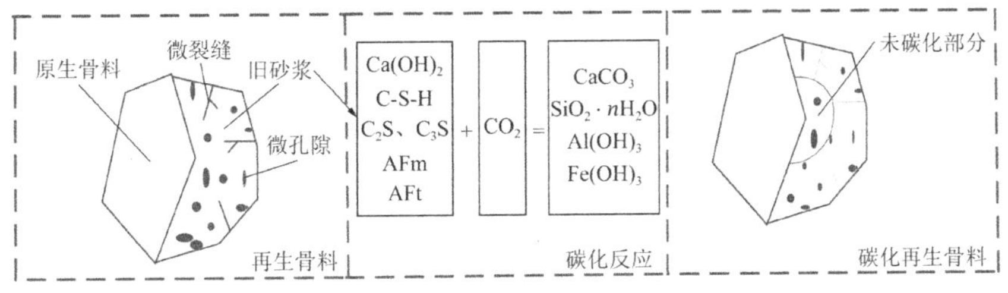

图 1-8 再生骨料碳化强化机理

1.3.1 碳化改性方法

空气中存在大量 CO_2，水相状态下 RCA 也会发生碳化反应，RCA 碳化根据碳化速度分自然碳化和加速碳化两类。由于大气中 CO_2 的分压较低（只有 0.03%～0.06%kPa），CO_2 向砂浆的扩散速度缓慢，自然碳化速度约为 $10^{-8}cm^2/s$[117]，C30 混凝土在 100 年后的自然碳化深度仅为 15mm，且硬化水泥强度发展缓慢的同时兼具不均匀性，因此 RCA 自然碳化改性效果有限。而通过改善碳化条件（如加压、提高 CO_2 浓度、合适的相对湿度（RH）和温度等方法）可提高 RCA 的碳化速率，即加速碳化，RCA 最快可在几个小时内实现快速碳化。此外，自然碳化与加速碳化之间存在良好的相关性[123]，其碳化深度x均符合公式$x = K\sqrt{t}$，其中K为碳化速率系数，t为碳化时间。目前常用的 RCA 加速碳化方法主要有四种，即标准碳化、压力碳化、流通式碳化和湿法碳化，如图 1-9 所示。

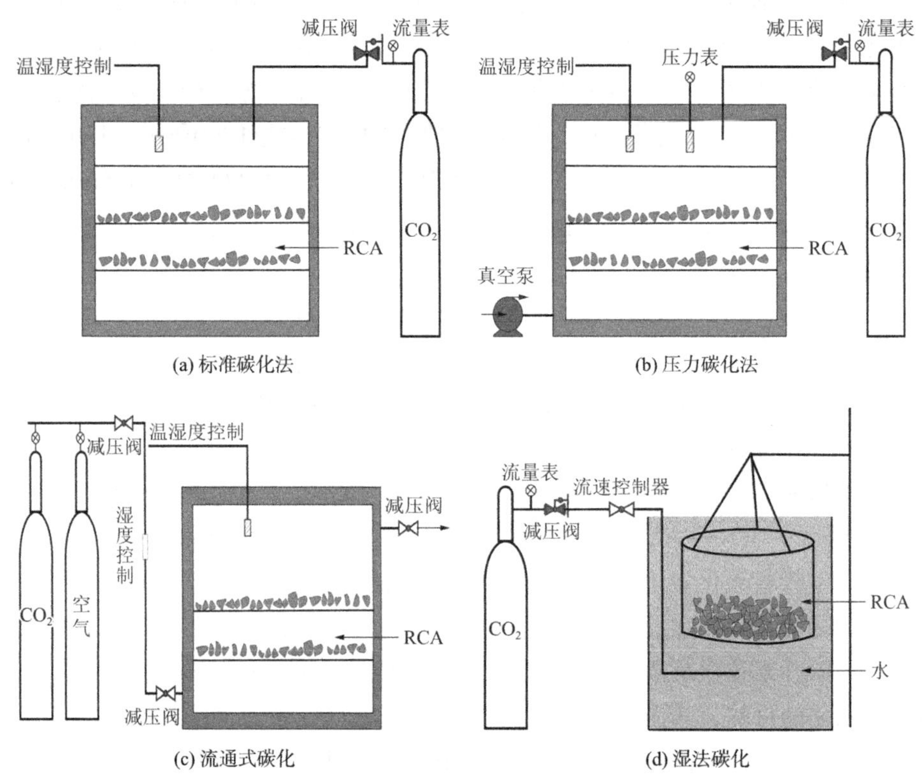

图 1-9　RCA 加速碳化方法

1. 标准碳化

标准碳化是按照《混凝土长期性能和耐久性能试验方法标准》GB/T 50082—2024[124] 碳化试验测试方法进行，碳化条件为：CO_2 浓度保持在(20 ± 3)%、温度在(20 ± 2)℃、相对湿度控制在(70 ± 5)%。由于 CO_2 浓度低，其在 RCA 中渗透速率较低，碳化速度相对较慢，因此要达到预期的碳化效果，采用标准碳化改性 RCA 需要较长的碳化时间，RCA 碳化程度达到 90%至少需要 28d[125]。

2. 压力碳化

适当增加正压力，RCA 碳化效果会显著增加[103]，这是因为不很高的压力下，CO_2 水中的溶解度符合亨利定律[126]，即 CO_2 在水中的溶解度随压力上升而增加，如下式所示。

$$C_{CO_2} = H \times P \tag{1-23}$$

式中：C_{CO_2}——CO_2 在水中的溶解度（$N \cdot m^3/m^3$）；

H——CO_2 的亨利系数 [$N \cdot m^3/(m^3 \cdot MPa)$]；

P——气体中 CO_2 组分的分压（MPa）。

研究表明，过高的碳化压力会加剧 RCA 薄弱部位破坏，降低其碳化效果，而较低碳化压力下，其碳化产物晶体小且致密，最佳碳化压力在 0.3～0.5MPa[117,119]之间。

恒定压力下，CO_2 在水中溶解度随温度升高而降低，而 $Ca(OH)_2$ 溶解加快，但过高的温度会影响 $CaCO_3$ 粒径、晶形的成长，如表 1-3 所示[126]。因此，碳化反应温度不宜过高，且碳化反应本身是一种放热反应，温度越低，CO_2 在水中的溶解度也越大，同时有利于粒径小而稳定的立方方解石晶形成长控制，压力碳化温度在 20～60℃范围内效果最佳。

碳化反应温度与 $CaCO_3$ 粒径、晶形关系 表 1-3

起始温度/℃	结束温度/℃	$CaCO_3$ 粒径/μm	$CaCO_3$ 晶形
9	16	0.023	立方（方解石）
15	25	0.024	立方（方解石）
20	30	0.06	立方（方解石）
25	60	0.2 × 0.5	文长石

RCA 碳化程度随 CO_2 浓度增加而提高，但 CO_2 浓度过高条件下，RCA 快速产生碳化产物，致密结构同时也降低了 CO_2 扩散率，从而影响 RCA 碳化效果。结合能效与碳化效果综合分析，CO_2 浓度在 20%～50%范围最佳[127]。

相对湿度过低时，RCA 孔隙中没有足够的水溶液能溶解 CO_2 和 $Ca(OH)_2$，而影响碳化反应进行，进而影响 RCA 碳化效果；而相对湿度过高时，RCA 孔隙被水溶液填满，水分在 RCA 表面形成径流，与此同时 Ca^{2+} 也会随水分流出，增加了 Ca^{2+} 浸出率，减小了 RCA 空隙率，不利于 CO_2 扩散。已有研究表明，相对湿度 50%～70%的 RCA 碳化改性效果最佳[119,127-128]，可通过饱和 $Mg(NO_3)_2$ 溶液或硅胶实现。

RCA 碳化程度随碳化时长增加而提高，以 RCA 吸水率降低率表征其碳化程度，图 1-10 为 RCA 吸水率降低率与碳化时长关系[129]，由图可知，RCA 碳化过程分三阶段：快速增长阶段、缓慢增长阶段及稳定增长阶段。随着碳化反应进行，RCA 及附着旧砂浆微观结构不断致密，孔隙率降低同时也阻碍了 CO_2 气体向内渗透，因此，碳化反应主要在前 0.5h，随后碳化反应速度不断减慢，1～7d 碳化反应 $CaCO_3$ 含量与 $Ca(OH)_2$ 含量仅有轻微变化，如图 1-11 所示。因此 RCA 碳化时间不必太长，在 24～72h 最佳。

压力碳化是目前 RCA 碳化改性方法中应用最多、最简单且效果较佳的方式，而再生骨料在制备及储存阶段已经发生了部分自然碳化，直接碳化使再生骨料性能改善不佳，需在碳化改性前进行预处理以增强 RCA 加速碳化效果，如饱和 CH 预处理压力碳化[46,98]、混凝土搅拌站废水预处理压力碳化[130-131]、循环压力碳化[132-133]及压力碳化结合纳米处理方式[134]等。

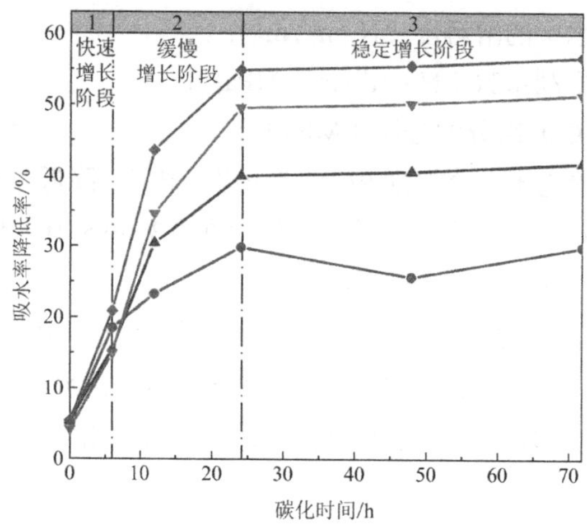

图 1-10　RCA 碳化程度与碳化时长关系

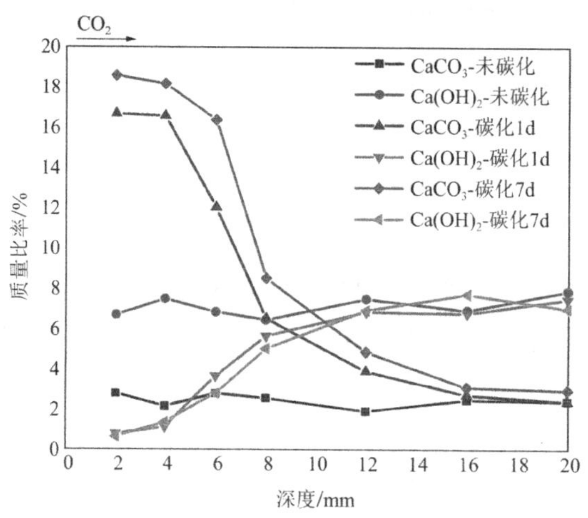

图 1-11　$CaCO_3$ 与 $Ca(OH)_2$ 含量随深度变化

3. 流通式碳化

Kashef-Haghighi 等[135]提出了一种流通式反应器以加速 RCA 碳化，结果表明，20%浓度的 CO_2 流通式碳化 RCA 获得的最佳碳化效率为 18%，可与压力碳化效率相当，且流通式反应器所需的能量较压力碳化更少。Xuan 等[136]采用 100%浓度的 CO_2、相对湿度 50%、0.1bar 压力下对 RCA 进行 48h 流通式碳化，由其制备的再生混凝土砌块具有较高的抗压强度。Pu 等[128]将水泥厂烟气处理得到(20 ± 1.3)%浓度的 CO_2 混合气体并将其作为碳化源，结果表明，温度(25 ± 3)℃、相对湿度(50 ± 2)%、气体流速 5L/min 的 RCA 碳化程度最佳，碳化再生骨料制备的再生混凝土抗压强度和抗折强度均明显提高，且与 100%浓度 CO_2 碳化处理效果相当。Fang 等[131]采用预拌混凝土工厂的废水结合流通式碳化改性 RCA，结果表明，富含 Ca^{2+} 废水预处理 RCA 可进一步提高流通式碳化 RCA 的改性效果，其表面附着旧砂浆的孔隙率降低、显微硬度增加，同时 RAC 抗压强度、孔隙率及新旧砂浆 ITZ 显微硬度性能均得到改善。

4. 湿法碳化

Liu 等[137]开发了一种湿法碳化 RCA 工艺，将 CO_2 连续注入含有 RCA 的溶液中，并与压力碳化相对比，结果表明，湿法碳化可实现RCA快速碳化，10min碳化效果最佳，碳化改性RCA孔隙率、物理指标及其再生混凝土力学性能显著提高，可与24h气-固压力碳化相当。Zajac等[138]在常温常压下采用湿法碳化再生微粉，结果表明，再生微粉湿法碳化2h的碳化程度可达90%，6h可实现再生微粉完全碳化。Fang等[139]采用湿法碳化粒径 < 5mm的再生细骨料，将浓度 > 98%CO_2以0.2L/min速率注入含有再生细骨料溶液，并与相同碳化时间的压力碳化（0.1bar）及流通式碳化（0.2L/min气体流速）对比，结果表明，10min的湿法碳化效果最佳，碳化再生细骨料中孔径 < 10nm 的孔隙显著减少，碳化产物增加2.6%～3.5%，碳化改性后再生砂浆抗压强度提高了32.6%，干燥收缩率降低了6.4%，碳化再生细骨料取代率可提高至50%。

四种RCA加速碳化方法对比如表1-4所示。

RCA加速碳化方法对比 表1-4

碳化方法	碳化条件	RCA性能提高幅度	RAC力学性能提高幅度	参考文献	缺点	整体效果
标准碳化	温度(20 ± 2)°C、RH(70 ± 5)%、CO_2浓度(20 ± 3)%，碳化14d	吸水率降低21.85%，表观密度提高1.18%	水灰比0.45的再生混凝土抗压强度提高10.5%	[140]	碳化时间长、碳化程度低	不好
压力碳化	温度(25 ± 3)°C，RH(75 ± 5)%，CO_2浓度20%，碳化24h，压力0.4MPa	吸水率、压碎值分别降低27.07%、4.77%，表观密度提高0.53%	100%取代率再生混凝土抗压强度提高13.05%，抗折强度提高14.45%，弹性模量提高5.76%	[97]	需要专门设备、不连续	较好
流通式碳化	温度(25 ± 3)°C，RH(50 ± 2)%，CO_2浓度99.9%，碳化7d，流通速率5L/min	吸水率、压碎值分别降低25.92%、27.34%，表观密度提高1.06%	100%取代率再生混凝土抗压强度提高22.3%	[128]	碳化时间长(> 7d)、碳化速度慢	好
湿法碳化	CO_2浓度 > 98%，碳化10min，流通速度0.2L/min	吸水率降低22%，10min碳化效果最佳	100%砂浆抗压强度提高32.6%	[139]	具有尺寸效应，适合小粒径再生细骨料及再生微粉	较好

本书采用应用最广泛的压力碳化，同时为提高再生骨料碳化效果，碳化改性前将再生骨料预浸泡自制纳米材料溶液（纳米SiO_2溶液及纳米$CaCO_3$溶液）24h，即采用纳米复合压力碳化改性再生骨料。

1.3.2 碳化再生骨料物理性能

再生骨料物理性能主要包括表观密度、吸水率及压碎值等，图1-12为近几年碳化改性再生骨料物理性能研究部分成果，结果表明，碳化使再生骨料表观密度略有提高，提高幅度在0.04%～4.86%之间；再生骨料吸水率显著降低，降低幅度可达30.87%；再生骨料压碎值显著降低，降低幅度可达31.47%。研究也表明，虽然再生骨料来源不同，其表观密度、吸水率和压碎值有所差别，但碳化改性可有效改善再生骨料的基本物理性能。这是由于CO_2与再生骨料表面附着旧砂浆中的水化产物和未水化的水泥熟料颗粒等反应生成碳酸钙及无定形硅胶，固相体积增加并填充再生骨料内部孔隙，使其微观结构更加致密，碳化RCA的

物理性能得以明显改善。再生细骨料表面裹有更多数量的旧砂浆，CO_2 与其水化产物和未水化的颗粒等反应更充分，生成更多的碳酸钙晶体沉淀填充于孔隙中，使其性能得以明显改善，因此碳化再生细骨料改善效果更显著。

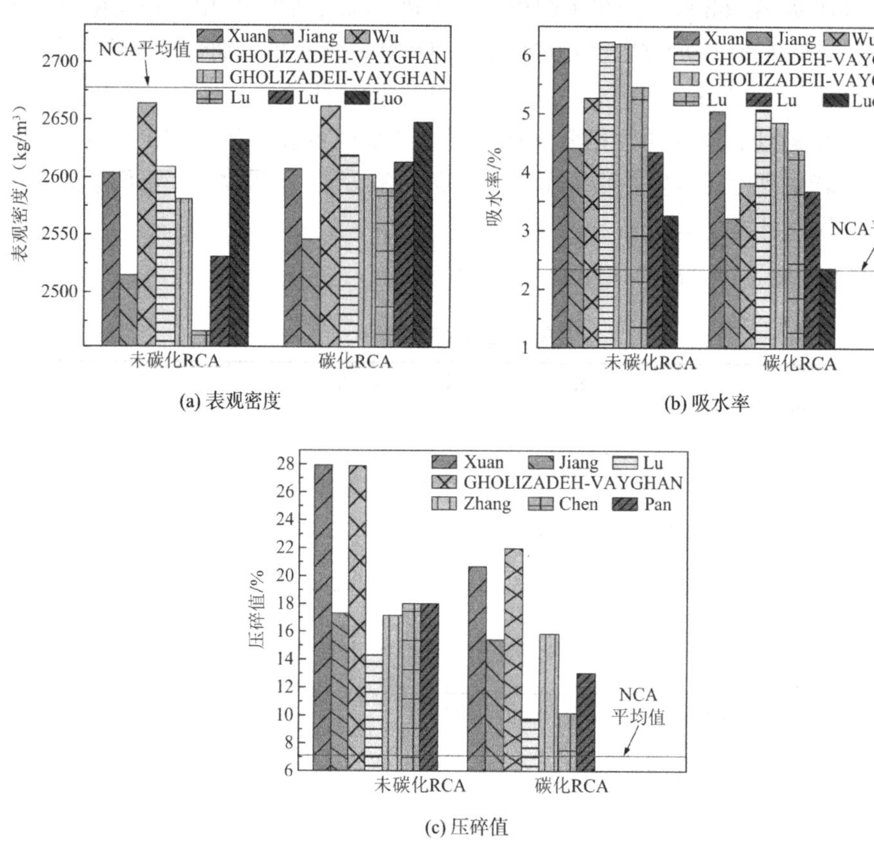

图 1-12 碳化再生骨料物理性能研究

1.4 碳化改性再生骨料混凝土力学性能及耐久性研究现状

混凝土的力学性能是衡量其是否能在工程实际中应用的主要指标，建筑材料在保证力学性能可行的前提下，才能确保其安全性。目前研究最多的是强度和弹性模量[141-142]，其中静力学包括立方体抗压、劈裂抗拉和抗折强度，弹性模量可以通过单轴受压测试得出。

1.4.1 抗压强度

抗压强度是混凝土最基本，也是最重要的力学性能，与普通混凝土相比，再生混凝土的力学性能明显降低，这是因为再生混凝土中存在的多重界面导致其力学性能劣化[143]。在普通混凝土中只存在一个界面：骨料与水泥浆体之间的 ITZ。而再生混凝土中存在三个界面，分别为：骨料与旧砂浆间的旧 ITZ、骨料与新砂浆间的新 ITZ 以及旧砂浆和新砂浆之间的新 ITZ，其中，新、旧砂浆间的界面是最薄弱的界面。研究发现，将碳化骨料制备成再生混凝土时，抗压强度得到显著提升，当养护至 90d 时，再生混凝土的抗压强度与普通混凝土的抗压强度相当[120]。林桂华[144]研究表明，当再生粗骨料的碳化时间为 24h，压力设置为 0.4MPa，碳化再生粗骨料 100%取代天然骨料时，28d 立方体抗压强度提高了 13.1%。Lu 等[10]通过试验发现，碳化后再生粗骨料的取代率为 50%和 100%时，28d 的再生混凝土抗压强度分别提高 24.1%和 32.9%。此外，碳化后再生混凝土的抗压强度提升幅度随骨料取代率的增大而增大，这说明碳化有效改善了较高取代率对再生混凝土抗压强度的不利影响。

1.4.2 劈裂抗拉强度

劈裂抗拉强度是衡量混凝土抗裂能力的主要参数，在一定程度上也是判断混凝土与钢筋间粘结力强弱的重要指标。劈裂抗拉破坏主要发生在混凝土的界面处，因此，试件界面间的粘结强度是混凝土是否发生劈拉破坏的主要因素。Tam 等[104]指出，当取代率为 30%时，与未经处理的再生混凝土相比，碳化再生骨料混凝土在 28d 的劈裂抗拉强度提高了 21%，这说明碳化对界面粘结力起到了增强作用，碳化产物 $CaCO_3$ 和硅胶对再生骨料的孔隙和裂缝进行填充，同时使疏松多孔的附着砂浆变得更加密实，增强了骨料与旧砂浆以及旧砂浆与新砂浆的粘结性，从而提高了再生混凝土的劈裂抗拉强度。Kou 等[120]试验发现，养护龄期达到 90d，取代率为 100%时，碳化再生混凝土与普通混凝土的劈裂抗拉强度相当，甚至高出 5%～10%。

1.4.3 抗折强度

抗折强度为材料单位面积承受弯矩时的极限折断应力，是衡量建筑结构安全与否的重要参数。再生骨料表面的旧砂浆是再生混凝土抗折强度劣于普通混凝土的主要因素。抗折强度与劈裂抗拉强度的影响因素一致，均与砂浆间的粘结强度有关，因此，对再生骨料附着砂浆的强化尤为重要。Kazmi 等[145]试验数据表明，碳化后再生骨料制备的再生混凝土抗弯强度比未经处理的再生混凝土高出 22%～27%。研究发现，当碳化再生粗骨料的取代率高于 50%时，再生混凝土的抗折强度呈现明显的下降趋势，当碳化再生骨料取代率达到 100%时，碳化再生骨料混凝土的抗弯强度比未经处理的再生混凝土提高 28.7%[99]。以上试验数据表明，碳化有利于增强砂浆间的粘结性，对抗折强度的提升起到了一定的促进作用。

1.4.4 单轴受压应力-应变全曲线

混凝土单轴受压应力-应变曲线是分析试件的横纵向变形、延性以及承载力等关键指标的主要载体，也是权衡工程结构设计安全性的重要参数。大量研究表明[97,144-145]，再生混凝土和普通混凝土的应力-应变全曲线变化趋势及形状基本相似。Luo 等[97]研究发现，随着取代率的增加，峰值应力和曲线上升斜率减小，峰值应变增大，这一现象表明骨料取代率是影响再生混凝土应力-应变全曲线发生变化的主要因素。与未处理的再生混凝土相比，碳化骨料制备的再生混凝土应力-应变曲线的上升斜率和峰值应力较高，峰值应变较低，说明碳化有效提升了再生混凝土的承载力，增强了其变形性能和延性。

1.4.5 弹性模量

弹性模量是表征混凝土变形能力的主要指标，是衡量构件温度应力和裂缝扩展的重要参数，是工程应用中建筑材料性能可行性的主要评判依据。普通混凝土的弹性模量主要受基体孔隙率和密度的影响，对于再生混凝土而言，除了受上述两种因素的影响外，再生骨料取代率、粒形及粒径等对再生混凝土弹性模量起着重要作用。Xiao 等[187]研究发现，再生粗骨料取代率为 100%时，弹性模量下降 20%～40%。Kazmi 等[145]试验发现，碳化骨料制备的再生混凝土弹性模量值比未经处理的再生混凝土高 8%～27%，说明碳化不仅能够有效改善再生骨料的品质，而且碳化后的再生混凝土比未经处理的更加密实。研究表明，与未经处理的再生混凝土相比，碳化再生骨料制备的再生混凝土 28d 弹性模量提升了 5%；当碳化骨料取代率为 30%、50%、70%和 100%时，28d 弹性模量分别提高了 0.7%、3.4%、4.0%和 5.8%[144]。同时可以发现，再生骨料取代率越高，碳化处理对再生混凝土弹性模量的提升效果越明显。

1.4.6 再生混凝土界面过渡区力学行为

目前，对于再生混凝土 ITZ 力学行为而言，研究方法可分为试验研究和数值模拟研究。试验研究包括宏观力学试验和微观力学试验，宏观力学试验通过制作模型 ITZ 试样，然后进行推出、斜剪、弯曲、拉伸等试验，测试 ITZ 的粘结强度来间接反映其性能。微观力学试验利用纳米压痕仪和维氏硬度计测试 ITZ 的显微硬度和弹性模量，是直接测试 ITZ 微观性能的方法。数值模拟可研究不同形状骨料对 ITZ 力学行为的影响，分单骨料模型和多骨料模型两种形式。

1. 宏观试验研究

（1）推出试验

Wang 等[146]基于推出试验研究了碳化骨料以及不同水灰比的旧砂浆和新砂浆对 ITZ 性能的影响，采用的推出试样示意图如图 1-13 所示，推出试验装置示意图如图 1-14 所示。结果表明，碳化处理提升了再生骨料的性能，模型再生混凝土的峰值载荷增大、峰值位移减小，当水灰比较高时，碳化处理效果更为明显。随着旧砂浆和新砂浆水灰比增大，模型再生混凝土的峰值荷载减小，峰值位移先增大后减小。Zhang 等[101]采用相同的试验发现，碳化处理使得再生骨料与新砂浆之间的粘结强度得到了增强。

（2）斜剪试验

Choi 等[147]采用无机细粉对再生骨料进行了表面改性，并对表面改性再生骨料制备的模型 ITZ 进行了压缩斜剪试验和拉伸斜剪试验，采用的斜剪试样示意图如图 1-15 所示。试验结果表明，无机细粉改性再生骨料制作的模型 ITZ，其斜剪粘结强度得到了提高。这是因为无机细粉使 ITZ 的结构变得更加致密，抑制了微裂缝的发生，因此其力学性能得到提升。

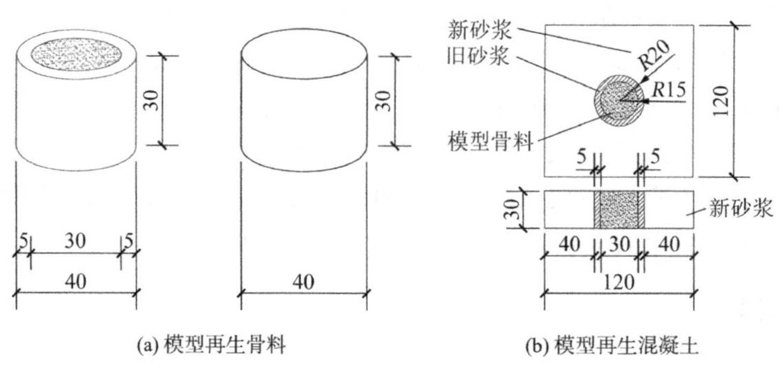

(a) 模型再生骨料　　(b) 模型再生混凝土

图 1-13　推出试样示意图

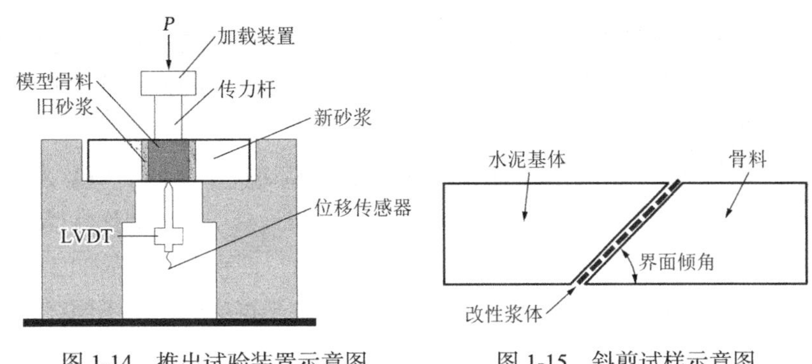

图 1-14 推出试验装置示意图

图 1-15 斜剪试样示意图

（3）弯曲试验

Ren 等[256]采用四点弯曲试验研究了地聚合物和普通硅酸盐水泥与天然骨料和再生骨料之间的粘结强度，采用的水灰比为 0.30、0.35、0.40，养护龄期为 7d 和 14d。四点弯曲试样示意图如图 1-16 所示。试验结果表明，对于天然骨料而言，随着水灰比增大，ITZ 的粘结强度逐渐降低，这是因为高水灰比导致 ITZ 的微观结构变得疏松多孔。对于再生骨料而言，由于其具有较高的吸水率，因此当水灰比较高时，普通硅酸盐水泥与再生骨料之间的粘结强度高于地聚合物。

（4）拉伸试验

Zhang 等[101]采用拉伸试验测试了碳化骨料对 ITZ 性能的影响，再生骨料采用水泥浆体来代替，其水灰比为 0.25 和 0.40，采用的拉伸试验装置如图 1-17 所示。试验结果表明，碳化骨料与新砂浆之间的粘结强度得到了增强，同时拉伸试件并没有沿着 ITZ 的位置发生断裂，而是发生在 ITZ 之外的更远处。

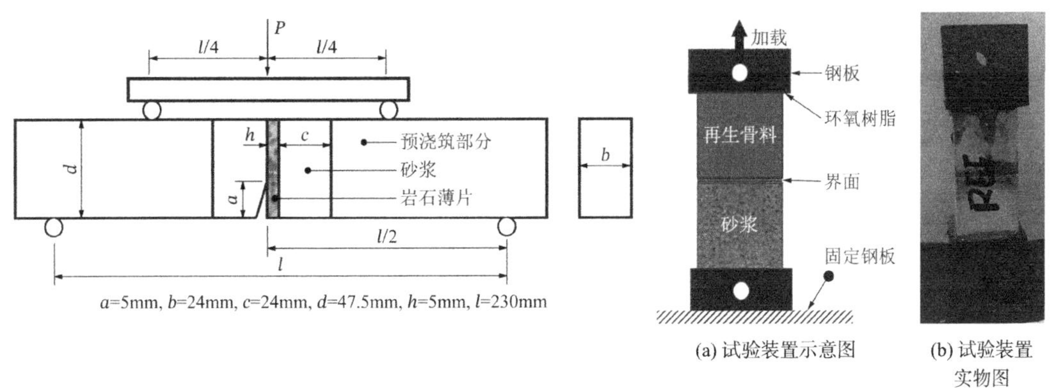

图 1-16 四点弯曲试样示意图

图 1-17 拉伸试验装置

2. 微观试验研究

（1）纳米压痕测试

Li 等[148]利用纳米压痕仪对再生混凝土试样进行了测试，采用的最大测试荷载为 1200μN。对于 ITZ-2 和 ITZ-3 的测点分布网格分别设置为 21 × 11 和 31 × 11，每个试样随机测试 4 个区域。试验记录了加载-卸载曲线，并使用 Oliver[149]提出的方法从弹性卸载曲线中获得了弹性模量和显微硬度。Xiao 等[150]采用相同的方法对再生混凝土进行了研究，结果表明，ITZ-2 的弹性模量大约为旧砂浆的 70%～80%，ITZ-3 的弹性模量大约为新砂浆的 80%～90%，如图 1-18 所示。

Del Bosque 等[151]利用纳米压痕测试技术和扫描电镜研究了不同类型 ITZ 的性能，并分析了 ITZ 性能对再生混凝土力学性能的影响规律。结果发现，ITZ 的弹性模量随再生骨料的组成成分发生变化，与无机成分（例如：木头、塑料、沥青）相关的 ITZ 其弹性模量最低。另外，ITZ 性能对再生混凝土力学性能的影响取决于再生骨料中不同组成成分的相对含量以及相关 ITZ 的力学性能。Medina 等[152]对掺入 20%和 25%陶瓷再生骨料的再生混凝土宏观力学性能及 ITZ 微观性能进行了研究，采用纳米压痕测试技术和扫描电镜探讨了 ITZ 厚度及弹性模量的变化。试验结果表明，ITZ 弹性模量和厚度的最小值和平均值对再生混凝土宏观力学性能产生一定程度的影响。纳米压痕测试技术为研究和评估再生骨料对 ITZ 微观力学性能以及对再生混凝土工程性能的影响（抗压强度、劈裂抗拉强度和弹性模量），提供了不可或缺的工具。Wilbert 等[153]采用纳米压痕测试技术分析了再生混凝土的 ITZ 性能，其中新砂浆采用不同的成分进行制备。由于再生骨料从水泥基体中吸收大量水分，因此采用干燥状态的再生骨料来提高 ITZ 的性能。试验把掺入玄武岩纤维和稻壳灰的试样与对照试样进行了对比研究，纳米压痕测试发现，采用干燥状态的再生骨料可以提高 ITZ 的性能，并且掺入稻壳灰可以增加 ITZ 的显微硬度。

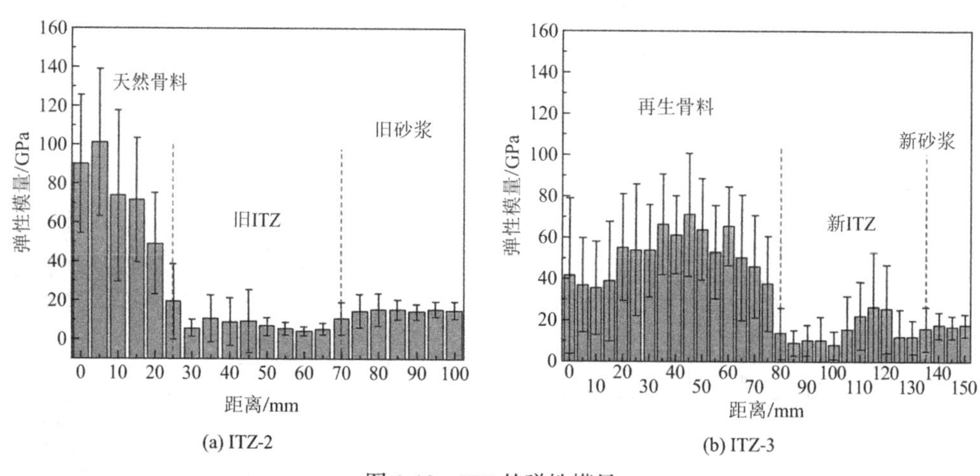

图 1-18　ITZ 的弹性模量

（2）维氏硬度测试

Lee 等[154]采用维氏硬度计测试了再生混凝土的 ITZ 力学性能变化，采用的测试荷载为 10g，持续时间为 10s。定义距离骨料表面 10～50μm 范围内的维氏硬度平均值作为 ITZ 的维氏硬度。对于 ITZ-2，因为无法辨别混凝土的浇筑方向，随机选取部位进行测试。对于 ITZ-3，测试混凝土浇筑时位于骨料下方的位置，因为骨料微区泌水效应导致此位置的 ITZ 最弱。试验结果表明，再生混凝土与普通混凝土的破坏模式不同，其破坏形式主要表现为 ITZ-3 破坏和再生骨料内部开裂。对于 ITZ 性能而言，ITZ-2 的维氏硬度最低，而 ITZ-3 的维氏硬度略高。对于砂浆性能而言，旧砂浆的维氏硬度与新砂浆相近或略低于新砂浆。

Du 等[155]采用 HXS-1000 数字维氏硬度计测试了 5 种强度等级再生混凝土的 ITZ 维氏硬度，测试荷载为 10g，得出 ITZ 的维氏硬度变化规律与再生混凝土的强度变化规律相一致的结论。Yue 等[156]基于再生混凝土的 ITZ 结构特征，建立了多相 ITZ 重构模型。为了研究加速碳化处理对 ITZ 微观结构的影响，采用维氏硬度计和扫描电镜对强度等级为 C30、C40、C50 的再生混凝土进行了研究。结果表明，碳化处理后 ITZ 存在大量颗粒状 $CaCO_3$，孔隙被细化。ITZ 和砂浆的维氏硬度明显增加并且 ITZ 的宽度减小，而 C50 试样没有明显变化。Wang 等[157]对比研究了 5 种处理方法对再生混凝土抗压强度、动弹性模量、干缩率和氯离子迁移系数的影响，并对 ITZ-2 和 ITZ-3 的维氏硬度和微观形貌进行了分析。结果表明，不同处理方法强化 ITZ 的机理不同。加速碳化处理对 ITZ-2 的影响比对 ITZ-3 更加明显。泥浆包裹处理对 ITZ-2 和 ITZ-3 的影响表现出相反的结果。ITZ-2 对再生混凝土的抗压强度和动弹性模量具有明显影响，而不同处理方法形成的 ITZ-3 对抗氯离子渗透性能有着不可忽略的影响。

3. 数值模拟研究

（1）单骨料模型

Wang 等[146]采用 ABAQUS 建立了模型再生混凝土有限元单骨料模型，考虑到模型再生混凝土试样具有对称性，因此将其简化为 1/4 模型，以便在保证计算精度的前提下减少计算机的运算工作量。另外，考虑到骨料形状的影响，建立了立方形骨料模型和圆柱形骨料模型。模拟结果表明，有限元法能够正确地模拟试验得到的推出荷载-位移曲线、塑性应变分布及破坏模式。试件破坏产生的裂缝首先在 ITZ 处出现，然后逐渐扩展到砂浆中。模型再生混凝土的单骨料模型如图 1-19 所示。

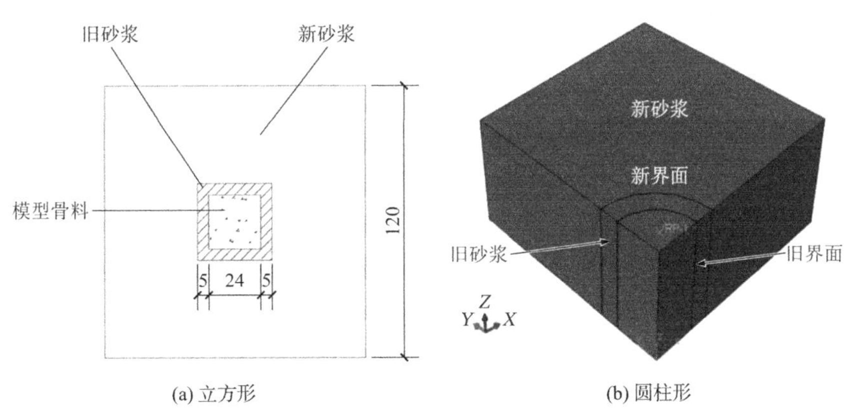

(a) 立方形　　(b) 圆柱形

图 1-19　模型再生混凝土的单骨料模型

Liu 等[158]基于代表性体积单元，建立了单个粗骨料二维有限元模型，研究了骨料形状效应对 ITZ 力学性能的影响。模拟共建立了 4 种骨料形状，分别为圆形、矩形、五边形、六边形，采用单轴压缩方法模拟分析了 ITZ 处的弹性应力分布，并且分析了杨氏模量和边界条件对 ITZ 力学性能的影响。结果表明，骨料形状效应对 ITZ-2 处应力分布的影响比 ITZ-3 更为明显，这是因为旧水泥浆体减弱了骨料的形状效应。模型再生混凝土的单骨料模型如图 1-20 所示。

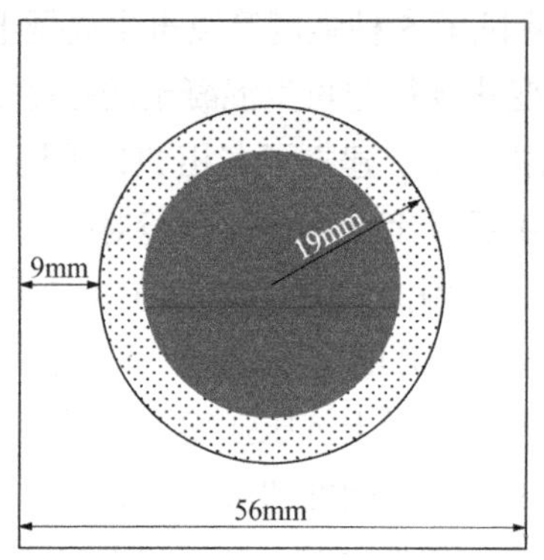

图 1-20　模型再生混凝土的单骨料模型

（2）多骨料模型

Xiao 等[159]采用纳米压痕测试技术，提出了再生混凝土的 ITZ 本构关系。基于模型再生混凝土各相的微观/细观力学性能和塑性损伤本构模型，采用 ABAQUS 6.11 数值分析软件研究了 ITZ 和砂浆基体不同参数对模型再生混凝土单轴压缩和单轴拉伸全应力-应变关系的影响。结果表明，新砂浆的力学性能以及 ITZ 与砂浆之间的相对力学性能，对模型再生混凝土在单轴压缩和单轴拉伸下的全应力-应变关系和破坏模式发挥了重要影响。模型再生混凝土的多骨料模型如图 1-21 所示。

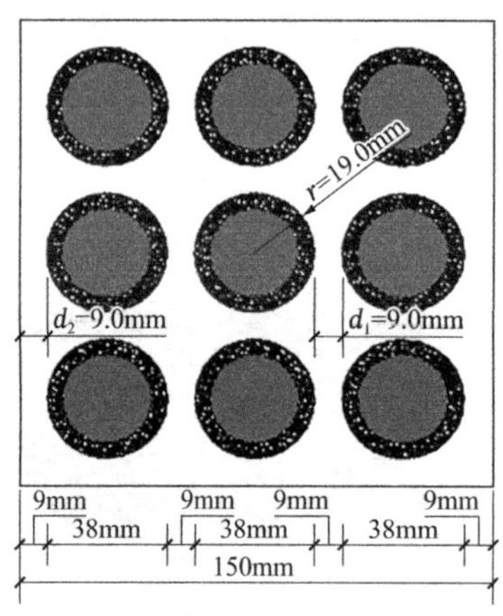

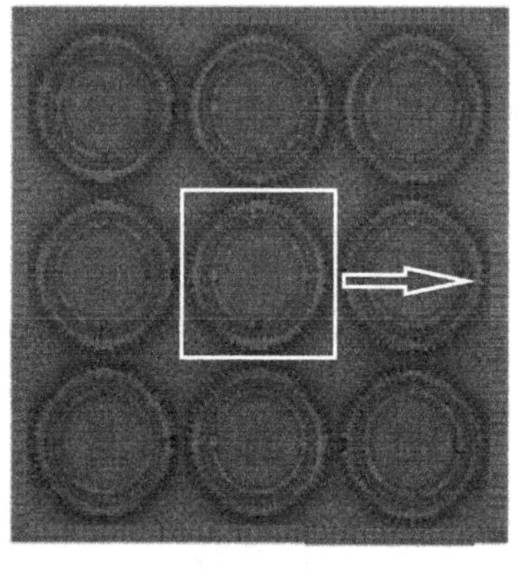

图 1-21　模型再生混凝土的多骨料模型

1.4.7　氯离子渗透性

混凝土氯离子渗透性是表示外部环境中的氯离子入侵到混凝土内部难易程度的性能。氯离子渗透性是混凝土的一个重要指标，混凝土耐久性的研究和设计长期以来都是建立在对混凝土渗透性进行评价的基础上。

再生骨料取代率、水灰比及养护龄期对全再生混凝土抗氯离子渗透性能有较大的影响。在龄期一定时，再生骨料的掺入量越大，再生混凝土的氯离子导电率越高，再生骨料对其抗氯离子渗透性能有重要影响[160]。在相同的再生骨料用量下，随着水化龄期的增加，再生混凝土的抗氯离子渗透性能得到改善，并且不受原始混凝土强度等级的影响。金立兵等[161]以 Monte Carlo 理论为基础，用再生骨料混凝土特征因子对氯离子渗透的影响进行了定量分析。在再生粗骨料体积百分比由 0%上升到 50%时，氯离子扩散系数增加 102.0%，扩散深度增加 23.9%，旧砂浆粘结率从 10%上升到 40%，氯离子扩散系数增加 18.2%；新、旧界面过渡区和旧粘结砂浆是影响再生混凝土抗氯离子渗透能力的根本原因。陈春红等[162]通过对试验结果的分析发现，随着附着砂浆含量的增加，再生混凝土中的氯离子扩散系数、自由氯离子含量以及结合氯离子含量都在不断地变大。肖开涛[163]通过试验，结果表明，随着再生骨料掺入量的增加，其耐氯盐渗透性有所下降，且与粗骨料相比，再生细骨料的掺入对再生混凝土耐氯盐渗透性的变化更为明显。

学者高嵩等[164]研究发现，硅灰能够对再生混凝土的多种界面过渡区进行改进，同时还能够减少孔隙率，进而提高再生混凝土的抗氯离子渗透能力，并且伴随着硅灰的加入，其提高效果先增后减；魏康等[165]发现玄武岩纤维能够改变再生混凝土水化产物 C-S-H 的聚合度和 $CaCO_3$ 的生成，当玄武岩纤维掺量为 0.2%，再生粗骨料取代率为 50%时，改善效果最好且优于普通混凝土。

1.4.8 抗碳化性能

众多学者通过试验分析，再生混凝土抗碳化性能的下降主要与再生骨料的取代率有关，当水灰比一致时，随着再生骨料用量的增加，再生混凝土的抗碳化能力有所下降[160,166]。这是因为在骨料破碎时，受到机械咬合力和外力的作用，造成了再生粗/细骨料内部出现大量细小裂纹，而再生骨料表面粘结着的老旧水泥砂浆，造成了再生骨料的密实度和耐碳性降低，并且，其降低的程度随再生骨料取代率的增加变得更大。

Levy 等[167]研究发现，在不同龄期，再生混凝土中粗骨料的掺入量越多，其碳化深度越深，其中再生粗骨料取代率为 20%、50%时相较于 0%、100%表现出更好的抗碳化性能。这是由于制备同等强度的混凝土时，再生混凝土所需水泥用量相较于天然混凝土更大，水泥本身营造的碱性环境能够阻止混凝土碳化的深入，有利于提高再生混凝土的抗碳化性能；随着再生粗骨料取代率的提高，再生骨料表面粘结更多的砂浆，使其具有更多孔隙，导致其抗碳化能力下降；如 Silva 等[168]的研究结果表明，再生粗骨料取代率为 100%时再生混凝土的抗碳化性能相较于天然混凝土降低 29%。再生骨料的粒径效应对其抗碳化能力有较大的影响，再生细骨料混凝土的碳化深度比再生粗骨料混凝土更高。Evangelista 等[166]对再生砖骨料进行研究，其中再生砖骨料由于其较高的吸水率，与火山灰效应，致使再生混凝土抗碳化性能减弱。

加入矿渣、钢渣、粉煤灰等活性掺合料，能够提高再生混凝土的抗碳化性能，在这些材料中，钢渣的用量不应超过 10%，矿渣的用量不应超过 30%，粉煤灰的用量不应超过 10%[167,169]。Shayan 等[170]试验表明，使用碳酸钠溶液浸泡再生骨料制备的再生混凝土，它的抗碳化能力比天然混凝土要差，原因在于，在再生粗骨料的周围，会有大量的碳酸钠被吸附，从而使得空气中的二氧化碳更容易进入。

1.4.9 抗冻性能

常温下，再生骨料混凝土是气-液-固三相平衡体系，当遭遇北方严寒天气时，混凝土孔隙中的水凝结为固态的冰。而引起混凝土冻融破坏的主要因素是连接贯通的毛细孔。在冻融循环的条件下液态水与固态水相互转变，所造成的冻胀压力与渗透压力使再生混凝土内部承受了类似于循环荷载的作用，毛细孔与微裂纹不断扩展致使再生混凝土的性能不断劣化[171]。

全再生混凝土的吸水性与混凝土内部孔隙结构有关，孔隙尺寸越小则吸水速率越大，并且吸水率随着再生粗骨料取代率的增加不断提升[172-173]，因此再生混凝土相较于天然混凝土更容易发生破坏。王晨霞等[174]研究发现普通混凝土与再生混凝土在冻融循环过程中的宏观形貌变化趋势相同，但由于再生骨料与胶凝材料之间的连接比较薄弱，致使再生混凝土的冻融损伤更加严重。王建刚等[175]研究指出，在经过 100 次冻融循环后，再生骨料取代率为 50%、100%的再生混凝土，其相对动态弹性模量损失是天然混凝土的 3.75 和 6.41 倍。周宇等[176]研究发现随着再生粗骨料取代率的增加再生混凝土的破坏现象逐渐显著，而在 200 个周期的冻融循环后，其相对动弹性模量在 60%以上，仍然能够达到设计的耐久性要求。邓祥辉[177]的试验结果显示，0%、25%、50%、75%、100%再生骨料掺入率的再生混凝土在进行了 150 个冻融循环后，其相对动弹模量值降低到了 58.5%、50.9%、53.85%、45.5%、41.35%、41.35%。而李卫宁[178]的试验研究表明，为确保抗冻性能满足要求，在路面中使用的再生粗骨料取代率尽量不超过 50%。

赵飞等[179]探究活性掺合料对再生混凝土抗冻性能影响，当硅灰掺量为 5%、钢渣掺量为 15%时改善效果最佳。但 20%粉煤灰的掺入量能够提高再生混凝土的抗冻融能力[180-182]。Ismail 等[12]研究表明，利用化学浆改进再生骨料的性能，能够得到具有较高耐久性的再生混凝土。

1.5 碳化改性再生砂浆力学性能及耐久性研究现状

通过对再生骨料进行碳化处理，可显著减小其吸水率和压碎值，提高其表观密度，使再生骨料得到强化，而其性能上的改善有利于再生混凝土及再生砂浆工作性能、力学性能和耐久性能的提升。

1.5.1 流动性能

新拌砂浆、新拌混凝土的工作性能，特别是流动性的大小，将对水泥基材料的质量和施工难度起到重大影响。由于再生骨料含有附着砂浆和内部微裂缝，具有较高的吸水率，致使再生混凝土流动性能较差。但是，通过对再生骨料进行碳化处理，可使再生骨料孔隙结构得到细化，显著减少吸水率，从而强化了再生混凝土的流动性。

Zhang 等[101]发现，经碳化处理制备的再生混凝土流动性优于未经处理的再生混凝土。Tam 等[104]也得出了类似的结论，并认为是碳化处理降低了吸水率，使得新拌混凝土中存在更多的自由水，使得流动性增加。同样的现象在新拌砂浆中也有出现。Pan 等[46]发现经过与未经处理配制得到的再生砂浆相比，由经 $Ca(OH)_2$ 溶液预处理后碳化得到的再生细骨料制备的再生砂浆，稠度损失有明显降低，流动性能大幅增强。

然而，Shi 等[186]采用在自然碳化压力下碳化得到的再生粗骨料配制再生砂浆，发现相较未处理的再生砂浆而言，其流动性能提升并不明显。这是因为一方面二者采取的碳化条件不同，导致再生骨料碳化程度出现差异，由此制得的混凝土材料流动性能存在差异；另一方面，碳化反应存在两种主要产物，由于再生骨料含量存在差别，致使碳化产物中 $CaCO_3$ 与硅胶的含量存在差异，而硅胶的亲水性极强，导致混凝土材料的流动性能下降。这在 Ouyang 等[201]的研究中有体现，他们采用碳化微粉配制水泥浆体，研究结果表明碳化再生微粉会大幅降低水泥浆体的流动性能。

1.5.2 力学性能

由前面综述可知，碳化处理通过碳化产物的堆积使得再生骨料的孔隙结构得到优化，界面过渡区与附着砂浆微观硬度得到增强。与未处理的再生混凝土相比较，碳化再生骨料的拌入，使抗压强度显著提高，且提高幅度随碳化骨料取代率的增大而增大[99]。Lu 等[10]发现与未经处理的再生混凝土相比，碳化再生骨料取代率为 100%的再生混凝土抗压强度增加 32%。Zhan 等[183]采用不同钙源溶液对再生细骨料预处理后再进行碳化，发现再生砂浆抗压强度最大提升 56%，类似的结果在其他研究[46,186]中也有出现。这是由于经过碳化处理后，再生骨料压碎值的降低与表观密度的提升均有利于抗压强度的提升，此外，由于吸水率的降低，使得再生混凝土局部水灰比出现降低，同样有助于提高抗压强度[157]。原始混凝土的强度也对碳化再生混凝土抗压强度的提高有十分显著的影响，研究结果表明，原始混凝土强度的越低，碳化再生混凝土的抗压强度越高[101]。这是因为原始混凝土强度越低，再生骨料孔隙越大，有利于 CO_2 的渗入，从而提高再生骨料碳化程度。此外，养护龄期的延长同样有利于碳化再生混凝土抗压强度的提高。Lu 等[10]研究发现，取代率为 100%时由碳化再生骨料制备的再生混凝土相较于未经处理的再生混凝土，在 90d 龄期时依然存在较大增幅。这是因为 CO_2 和 C-S-H 反应生成的硅胶在养护后期参与水化反应，进一步生成硅酸钙水合物，从而提高抗压强度[186]。

1.5.3 耐久性能

氯离子渗透经常导致钢筋混凝土中的钢筋腐蚀，不仅会降低混凝土结构的安全性还会缩短其使用寿命，是影响混凝土耐久性的重要因素，而碳化再生骨料的使用可以有效改善其抗氯离子渗透能力[189]。

Kou 等[120]研究发现，与再生混凝土相比，碳化再生混凝土氯离子扩散系数减小了 41%～46%。Xuan 等[47]也得到了类似的结果，随着碳化再生骨料取代率的增大，再生混凝土的氯离子扩散系数逐渐降低，当取代率为 100%时，氯离子扩散系数降低了 36.4%。这是因为再生骨料中的附着砂浆提供了更多的氯离子渗透路径，导致再生混凝土更易被氯离子渗透。然而，碳化产物能够填充再生骨料中的孔隙和裂缝，并使其孔隙结构细化降低孔隙率，阻塞氯离子渗透通道。Shi 等[186]的研究中也有类似的结论，研究结果表明碳化再生骨料可大幅提升再生砂浆的抗氯离子渗透能力，但是与抗压强度结果不同，养护龄期对抗氯离子渗透能力的影响不大。

1.6 现有研究的不足

在众多的再生骨料性能提升处理方法中，从再生骨料性能改善程度、再生骨料回收率、处理成本以及能耗等多个方面进行比较，加速碳化被认为是一种有效可行的再生骨料性能提升处理方法，同时加速碳化也是一种环境友好的 CO_2 封存技术。这是因为加速碳化利用 CO_2 和水泥水化产物发生化学反应，生成的碳化产物不仅可以提升再生骨料自身旧砂浆和 ITZ-2 的性能，而且采用碳化骨料制作再生混凝土时，ITZ-3 的性能也可以得到进一步提升。

目前，提升再生骨料性能的加速碳化方式主要有四种，分别为标准碳化、压力碳化、流通式碳化、水-CO_2结合式碳化[121]，其中压力碳化应用较多。例如：Zhan 等[102]采用 0.01MPa 的压力研究了碳化时间、再生骨料粒径、再生骨料含水率等因素对再生骨料碳化程度的影响，发现碳化骨料的吸水率降低、密度增加。Li 等[100]发现再生骨料经过压力为 0.01MPa 的加速碳化处理后，碳化骨料的 ITZ-2 及旧砂浆的显微硬度均高于未碳化的再生骨料，且 ITZ-2 的增强作用比旧砂浆更加明显。Luo 等[97]发现再生骨料经过压力为 0.40MPa 的加速碳化处理后，其物理性能和 ITZ 的性能都得到了提升。以上研究结果表明，加速碳化可以提升再生骨料的性能。但是，目前已有文献中采用的碳化压力并不一致。因此，加速碳化压力对再生骨料性能的影响值得进一步研究。

另外，对于存放时间比较长久的再生骨料而言，其与空气中的 CO_2 发生了部分碳化，剩余的可碳化成分较少，导致加速碳化处理再生骨料的碳化程度较低。为了进一步增强再生骨料的碳化程度，在加速碳化前可以将再生骨料浸泡在富钙离子溶液中进行预处理。例如：Pan 等[46]发现预先浸泡 $Ca(OH)_2$ 溶液的再生细骨料在碳化后其吸水率、压碎值、粉末含量比单独碳化再生细骨料更低，并且再生砂浆的流动性和抗压强度得到提升。Zhan 等[98]发现在经过 3 个循环的浸泡石灰水和碳化处理后，水泥砂浆的密度增加了 5.7%，而吸水率下降超过一半。另外，抗压和弯曲强度分别增加了 22.8%和 42.4%，总孔隙率降低了约 33%。碳化后水泥砂浆的微观结构变得致密，从而具有更高的显微硬度。Fang 等[131]发现预浸泡富钙离子废水的再生骨料可以增强流通式碳化的效果，并且再生混凝土的抗压强度和抗氯离子渗透性得到提高，这归因于旧砂浆孔隙率的降低和显微硬度的增加。以上文献表明，碳化能够有效改善骨料品质，但随着碳化反应的进行，由于沉积碳酸盐的包覆作用，水化水泥浆中的 $Ca(OH)_2$ 碳化反应速率逐渐降低。采用外加钙源结合碳化法能够提高碳化反应程度，然而，关于外加钙源结合碳化法对再生粗骨料宏-细观性能影响的研究不够系统。此外，尽管在骨料碳化对再生混凝土力学性能影响方面进行了部分研究，但骨料碳化强化对再生混凝土力学性能的影响规律及改善机理尚不清楚。因此，关于外加钙源结合碳化强化对再生混凝土力学性能影响的研究亟待深入系统地开展。

因此，综合以上存在的问题，以下几个方面仍需进一步开展深入研究：

（1）尽管碳化能够有效改善骨料品质，但随着碳化反应的进行，由于沉积碳酸盐的包覆作用，水化水泥浆中的 $Ca(OH)_2$ 碳化反应速率逐渐降低。采用外加钙源结合碳化法能够提高碳化反应程度，然而，关于外加钙源结合碳化法对再生粗骨料宏-细观性能影响的研究不够系统。此外，尽管在骨料碳化对再生混凝土力学性能影响方面进行了部分研究，但骨料碳化强化对再生混凝土力学性能的影响规律及改善机理尚不清楚。因此，关于外加钙源结合碳化强化对再生混凝土力学性能影响的研究亟待深入系统开展。

（2）加速碳化在不同压力条件下生成的碳化产物晶体种类与形态可能有所差别，其对再生骨料性能的提升程度会产生一定影响，尤其对引入钙离子的再生骨料进行不同压力的加速碳化研究还比较缺乏。因此，不同压力加速碳化对预浸泡富钙离子溶液再生骨料性能的影响规律以及强化机理需要进一步研究和揭示。

（3）预浸泡富钙离子溶液再生骨料经过加速碳化处理后，再生骨料表面生成的碳化产物晶体种类与形态可能对水泥水化反应及产物产生一定影响，从而影响 ITZ 的微观性能。因此，预浸泡富钙离子溶液再生骨料经过加速碳化处理后，其对 ITZ 微观性能的影响规律以及强化机理需要进一步研究和揭示。

（4）再生混凝土是一种六相非均质复合材料，其包含的三种 ITZ 是决定其力学性能的关键性因素。再生骨料经过碳化处理后对 ITZ 的性能产生一定影响，因此，三种 ITZ 微观性能与再生混凝土力学性能的关联机制需要进一步研究和揭示。

（5）不同取代率下再生细骨料对再生砂浆物理性能的影响。由于原始混凝土存在差异及再生砂浆拌制过程中添加不同的外加剂，导致不同研究者针对不同取代率下再生细骨料对再生砂浆物理性能的研究结论离散性较大，而再生细骨料取代率是影响再生细骨料推广利用的重要因素。

（6）骨料粒径对再生细骨料物理性能及碳化强化效果的影响。骨料粒径是影响再生细骨料附着砂浆含量的重要因素，而附着砂浆含量不仅制约再生细骨料的物理性能，还会影响其碳化强化改善幅度，目前有关碳化强化对不同粒径再生细骨料物理性能影响的研究未见报道。

（7）不同取代率下碳化再生细骨料对再生砂浆物理性能的影响。现有的研究主要集中于 100%取代率下碳化再生砂浆的物理性能，而不同取代率下的再生细骨料由于碳化产物碳酸钙与硅胶的含量不同，致使其与新浆体之间的二次反应及后续水化受到限制，使得有关碳化再生砂浆性能的研究结论存在较大差异，因此有关碳化再生细骨料取代率对再生砂浆物理性能的影响有待于补充完善。

（8）当前研究主要集中于再生骨料混凝土的强度、耐久性等相关性能。研究内容主要针对单替代（仅单一取代再生粗骨料或再生细骨料）以及取代率较低的双替代，对 100%再生骨料取代率的全再生混凝土缺乏系统的研究。

（9）废弃再生骨料长时间的堆放，较多已进行自然碳化，直接碳化再生骨料效果不理想，为提高其碳化效果可将再生骨料在碳化前预先浸泡石灰水溶液。但是，目前研究对象大多采用再生骨料直接碳化。作者团队已对预浸泡碳化强化再生混凝土以及砂浆的基本力学性能进行了系统的试验研究，针对预浸泡碳化强化对全再生混凝土耐久性能亟待进一步开展研究。

（10）目前有关碳化强化再生骨料混凝土耐久性能的研究较多，但主要集中于氯离子渗透试验，对于碳化处理再生骨料对再生混凝土抗碳化性能以及抗冻性能研究较少，亟待进一步补充。

1.7 本书主要内容

针对目前存在的问题，本书的主要研究内容如下。

1. 直接碳化和预浸泡 CH 碳化改性再生粗/骨料方法研究

通过直接碳化和预浸泡 CH 碳化两种强化方式，探索碳化前后再生粗骨料的物理性能、微观性能以及再生粗骨料混凝土的力学性能和微观结构变化规律，分析碳化对再生粗骨料混凝土的强化机理。同时对碳化再生粗骨料混凝土的单轴受压应力-应变全曲线进行试验分析，探究再生粗骨料的碳化处理对再生混凝土应力-应变关系的影响，建立碳化再生粗骨料混凝土损伤本构关系，揭示其损伤演化规律。系统地研究碳化处理前后再生细骨料的性能及其配制的再生砂浆的性能，探究碳化处理对不同粒径再生细骨料吸水率、压碎值、表观密度、物相组成和微观形貌的影响，以及碳化处理再生细骨料、取代率、水化龄期等因素对再生砂浆稠度、抗压强度、抗折强度、抗氯离子迁移系数、抗冻性能、物相组成和微观形貌的影响。

2. 不同压力对预浸泡 CH 再生混凝土骨料性能影响研究

研究不同压力（0.05MPa、0.15MPa、0.30MPa）的加速碳化处理对预浸泡 CH 再生骨料宏观性能和 ITZ-2 微观性能的影响规律，揭示它们的强化机理。再生骨料在碳化前浸泡 CH 的时间为 24h，然后置于恒温恒湿箱（温度 20℃、湿度 70%）中 24h。宏观性能试验包括再生骨料的碳化效果、表观密度、吸水率、压碎值。微观测试技术包括扫描电镜-能谱仪、X 射线衍射仪、热重-差式扫描量热仪、维氏硬度计。采用扫描电镜观察再生骨料中旧砂浆以及 ITZ-2 微观形貌的变化，采用能谱仪分析矿物晶体所包含的化学元素，采用 X 射线衍射仪分析再生骨料碳化前后矿物物相的变化，采用热重-差式扫描量热仪分析再生骨料碳化前后化学成分含量的变化，采用维氏硬度计测试再生骨料碳化前后维氏硬度的变化。

3. 碳化骨料再生混凝土力学性能及界面过渡区微观性能研究

研究碳化骨料对再生混凝土力学性能和 ITZ-3 微观性能的影响规律，揭示它们的强化机理。试验采用 0.30MPa 的压力碳化处理再生骨料，再生骨料在碳化前浸泡 CH 的时间为 24h，然后置于恒温恒湿箱（温度 20℃、湿度 70%）中 24h。骨料取代率为 0%、30%、70%、100%。再生混凝土力学性能试验包括 7d 和 28d 的抗压强度、劈裂抗拉强度、抗折强度。ITZ 微观测试技术包括扫描电镜-能谱仪、X 射线衍射仪、维氏硬度计。采用扫描电镜观察再生混凝土中 ITZ-3 微观形貌的变化，采用能谱仪分析 ITZ-3 中矿物晶体所包含的化学元素，采用 X 射线衍射仪分析 ITZ-3 中水化产物的变化，采用维氏硬度计测试 ITZ-3 的维氏硬度变化。

4. 碳化骨料再生混凝土单轴受压应力-应变行为研究

研究碳化骨料对再生混凝土应力-应变行为的影响规律，并提出应力-应变曲线指标预测模型以及再生混凝土单轴受压本构模型。采用 0.30MPa 的压力碳化处理再生骨料，再生骨料在碳化前浸泡 CH 时间为 24h，然后置于恒温恒湿箱（温度 20℃、湿度 70%）中 24h。骨料取代率为 0%、30%、70%、100%。采用 RMT-150C 岩石力学测试系统（框架刚度 5MN/mm，加载速率 0.005mm/s）进行再生混凝土单轴受压应力-应变行为测试。应力-应变曲线指标包括单轴受压破坏模式、峰值应力、弹性模量、峰值应变、极限应变、韧度、比韧度。

5. 碳化骨料模型再生混凝土界面过渡区断裂行为研究

研究水灰比和碳化骨料对模型 ITZ-3 断裂行为的影响规律，并提出模型 ITZ-3 断裂行为荷载-位移曲线方程。新砂浆的水灰比分别为 0.40、0.45、0.50，旧砂浆采用 0.30MPa 的压力碳化进行处理，在碳化前浸泡 CH 时间为 24h，然后置于恒温恒湿箱（温度 20℃、湿度 70%）中 24h。采用瑞格尔 20kN 微机控制电子万能试验机测试模型 ITZ-3 的断裂行为。模型 ITZ-3 宏观试验指标包括断裂行为荷载-位移曲线、最大荷载、临界位移、失稳韧度。模型 ITZ-3 微观测试技术包括扫描电镜-能谱仪、X 射线衍射仪、维氏硬度计。采用扫描电镜观察模型 ITZ-3 微观形貌的变化，采用能谱仪分析模型 ITZ-3 中矿物晶体所包含的化学元素，采用 X 射线衍射仪分析模型 ITZ-3 中水化产物的变化，采用维氏硬度计测试旧砂浆碳化前后维氏硬度的变化。

6. 预浸泡 CH 再生粗细骨料对全再生骨料混凝土性能影响研究

系统研究预浸泡 CH 复合碳化强化再生骨料以及再生骨料取代率对全再生混凝土耐久性能影响，对比分析全再生混凝土试块的氯离子迁移系数、碳化深度与冻融损伤，通过转靶 X 射线衍射（XRD）、热重分析（TG）、扫描电镜（SEM）等试验对全再生混凝土微观结构进行分析，揭示预浸泡碳化强化再生骨料对全再生混凝土物相组成、微观结构的影响机理。根据试验数据建立碳化强化全再生混凝土耐久性损伤模型，为后续预浸泡复合碳化强化全再生混凝土的研究提供参考。

第 1 篇

不同碳化方法对再生粗骨料及混凝土材料力学性能影响

第 2 章

试验原材料及测试方法

2.1 试验原材料

本试验采用的主要原材料为 P·O 42.5 普通硅酸盐水泥、细度模数为 3 的河砂、聚羧酸减水剂、自来水、CH 及 CO_2 气体等。试验中所用再生粗骨料来源于试验室的废弃混凝土梁，破碎并筛选 5～10mm 和 10～20mm 范围内颗粒，再生粗骨料颗粒级配如图 2-1 所示。将相同粒径范围的连续级配碎石作为天然骨料，再生粗骨料和天然骨料的物理性质如表 2-1 所示。

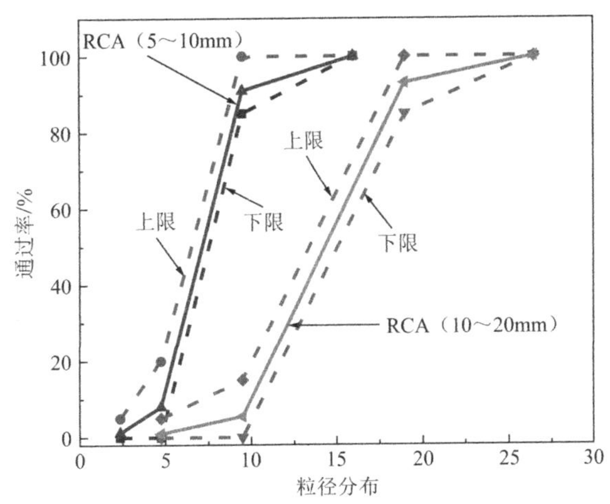

图 2-1　再生粗骨料级配曲线

再生粗骨料和天然骨料物理性能　　表 2-1

物理性能	再生粗骨料		天然骨料	
	5～10mm	10～20mm	5～10mm	10～20mm
吸水率/%	4.8	4.6	0.6	0.6
表观密度/（kg/m³）	2583	2549	2703	2703
压碎值/%	18.6	15.8	10.4	8.1

1. 再生粗骨料

对河南理工大学工程试验中浇筑的梁（图 2-2）进行破碎筛分，获得粒径为 5～10mm

和 10～20mm 的再生粗骨料（图 2-3）。

图 2-2　筛分前骨料形态

(a) 5～10mm　　(b) 10～20mm

图 2-3　筛分后两种粒径骨料形态

2. 天然骨料

天然骨料为河南省焦作市本地碎石，粗骨料为连续级配，粒径为 5～20mm，如图 2-4 所示。

图 2-4　天然骨料

3. 水泥

本试验所用水泥为焦作市生产的 P · O 42.5 普通硅酸盐水泥，表观密度为 3120kg/m^3。

4. 砂

试验所采用的细骨料为河南省焦作市生产的细度模数为 3.0 的中砂。

5. 水

试验用水为当地自来水。

6. 减水剂

试验所用减水剂为中国建筑材料科学研究院生产的聚羧酸减水剂母液，外观为透明液体。

7. CO_2 气体

本试验所采用 CO_2 由气体厂生产。

2.2 再生粗骨料强化

2.2.1 石灰水预浸泡处理

采用 CH 预浸泡再生粗骨料。将再生粗骨料置于容器中，浸入石灰水并稳定搅拌，24h 后将再生粗骨料沥出移至温度为(22 ± 2)℃，相对湿度为 60%～70%的恒温恒湿箱中，以确保再生粗骨料达到最佳含水率。为保证对照组与石灰水浸泡后的再生粗骨料含水率保持一致，将对照组再生粗骨料洗涤后在清水中浸泡 24h 后放入相同条件的恒温恒湿箱中。

2.2.2 碳化强化

试验采用的碳化反应釜示意图如图 2-5（a）所示，体积为 50L，最大可承载 50kg 再生粗骨料。将处理后的再生粗骨料倒入加速碳化箱进行碳化，然后注入浓度超过 99.9%的 CO_2，直至压力达到 0.3MPa，碳化时间为 24h。碳化完成后，向骨料上喷涂 1%的酚酞指示剂，看其是否变红，不变色表明完全碳化，碳化处理前后再生粗骨料如图 2-5（b）所示。

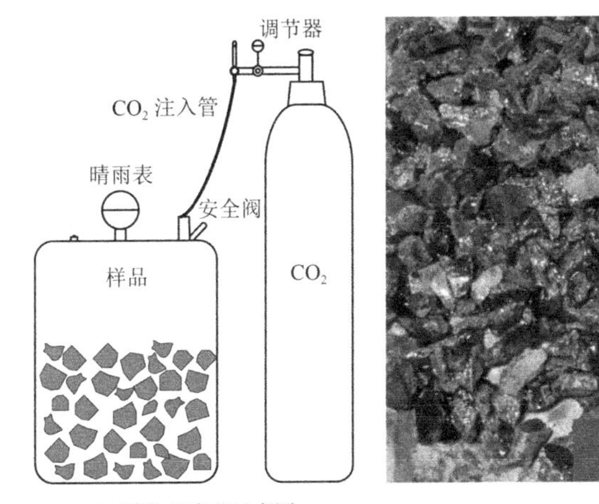

(a) 碳化反应釜示意图

(b) 碳化处理前后再生粗骨料

图 2-5　碳化设备及碳化前后骨料变色状态

2.3 混凝土配合比设计

试验共设计 7 组配合比，主要考虑碳化预处理方式、再生粗骨料取代率对再生混凝土性能的影响。碳化预处理方式考虑为直接碳化和石灰水预浸泡结合碳化，取代率考虑为 0%、50%和 100%。混凝土配合比如表 2-2 所示。

混凝土配合比　　表 2-2

编号	取代率/%	材料用量/（kg/m³）					
		水泥	水	再生粗骨料	天然骨料	细骨料	减水剂
NAC	0	488	215	0	1069	628	2.44
RAC50	50	488	215	534.5	534.5	628	2.44
C-RAC50	50	488	215	534.5	534.5	628	2.44
LC-RAC50	50	488	215	534.5	534.5	628	2.44
RAC100	100	488	215	1069	0	628	2.44
C-RAC100	100	488	215	1069	0	628	2.44
LC-RAC100	100	488	215	1069	0	628	2.44

注：NAC 表示普通混凝土；RAC50、RAC100 表示再生混凝土，采用了未处理的再生粗骨料，取代率分别为 50%和 100%；C-RAC50、C-RAC100 表示直接碳化再生混凝土，采用了直接碳化的再生粗骨料，取代率分别为 50%和 100%；LC-RAC50、LC-RAC100 表示预浸泡 CH 碳化再生混凝土，采用了预浸泡 CH 结合碳化的再生粗骨料，取代率分别为 50%和 100%。

2.4 试件制备及养护

本试验制备的再生混凝土有效水灰比为 0.44，试件制备流程如图 2-6 所示。由于再生骨料吸水率高，不进行处理会导致试件强度产生较大波动，因此，在试件浇筑前对再生粗骨料进行了预湿处理，研究表明，预湿后的再生骨料相对含水率约为 80%[193]。将制备好的试件运至养护室内，同时覆盖塑料薄膜，养护室温度为(20 ± 1)℃，24h 后拆模。脱模后，将试件放入恒温水箱内进行养护。进行 7d 和 28d 强度测试的试件于试验前取出，晾至饱和面干后进行强度测试。

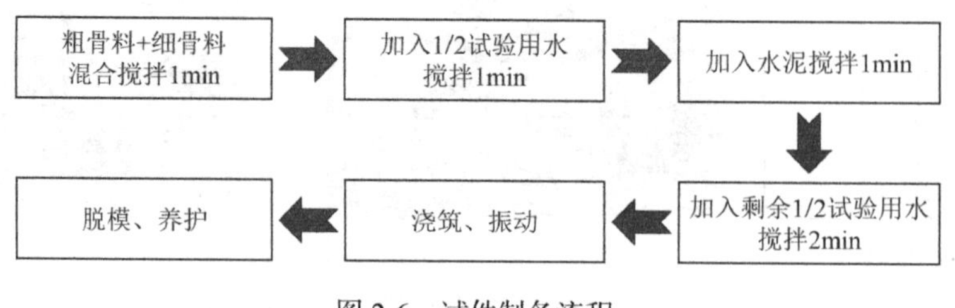

图 2-6　试件制备流程

2.5 试验方法

2.5.1 物理性能试验方法

这里，根据《建筑用卵石、碎石》GB/T 14685—2022 规定的方法，对碳化前后再生粗骨料的物理性能进行测试。

1. 表观密度的测定（图 2-7）

测试前，对试样进行缩分并筛除 4.75mm 以下的骨料，将筛分好的试样在水中浸泡 24h 后取出置于广口瓶中，并向瓶中注入饮用水，上下左右摇晃广口瓶，将瓶中的气泡排出。接着继续向瓶中注水，直至水面超出瓶口，然后用玻璃片快速滑过瓶口，保证玻璃片与瓶口水面完全贴合，称取此时广口瓶、玻璃片、水和骨料的质量M_1。将称取后瓶中的试样放入托盘中，并在(105 ± 5)℃的鼓风干燥箱中进行烘干直至其质量不再变化为止，将托盘取出冷却至室温，称取此时试样的质量M_0。然后将广口瓶冲洗干净再向其中装入饮用水，接着将瓶周水渍擦拭干净，将玻璃片与瓶口水面紧密贴合，称取此时广口瓶、水和玻璃片的质量M_2。则粗骨料的表观密度可根据式(2-1)计算。然后以两次计算结果的平均值作为所求骨料的表观密度值。

$$\rho = \left(\frac{M_0}{M_0 + M_2 - M_1} - \alpha_t\right) \times \rho_{水} \tag{2-1}$$

式中：ρ——粗骨料的表观密度（kg/m^3）；

α_t——水温对表观密度的修正系数；

$\rho_{水}$——水的密度（kg/m^3）。

图 2-7　表观密度测试

2. 吸水率的测定

称取 2kg 再生粗骨料试样放入一个盛水容器中，并向容器中装水直到水面高出再生骨料试样表面约 5mm 为止，然后在室温下使其浸泡 24h，从水中取出再生骨料试样，并用湿毛巾将试样表面水分擦干，使其处于饱和面干状态，称取此时试样的质量M_1。接着，将饱和面干试样放入(105 ± 5)℃的干燥箱中烘干至恒重，然后将试样取出冷却到室温后称取此时的质量M_2。则试样吸水率为：

$$\omega = \frac{M_1 - M_2}{M_1} \times 100\% \tag{2-2}$$

3. 压碎值的测定

称取 3kg 干燥的再生粗骨料试样，精确至 1g。将试样分两次装入压碎指标模具中，装完一半后，在模具底部放一根直径为 10mm 的钢棍，双手按住模具，左右颠击 25 次，使模具内的试样更均匀。接着将剩余的试样置于模具中，保证试样密实后，盖上钢制压头。接着将装有骨料的测试模具放在压力机上均匀加载，加载速度为 1kN/s，目标荷载为 200kN，并在 200kN 时稳载 5s，然后再卸载（图 2-8）。取下压头，倒出试样过 2.36mm 的方孔筛，称取留在筛上的试样质量m_1，则试样的压碎值可根据式(2-3)计算得出，反复试验三次取平均值即为该试样的压碎指标值。

$$q = \frac{3000 - m_1}{3000} \times 100\% \tag{2-3}$$

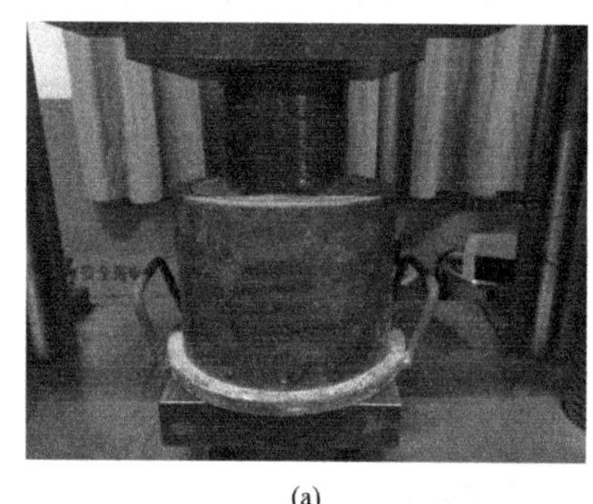
(a)

(b)

图 2-8　压碎值测试

2.5.2　力学性能试验方法

这里，根据《混凝土物理力学性能试验方法标准》GB/T 50081—2019 的方法，测试混凝土试件的力学性能。

1. 抗压强度测试

将待测试的混凝土试件从标准养护室内取出，用湿毛巾擦拭其表面的水分，放在 2000kN 的压力机上进行测试，其中加荷速度为 0.5～0.8MPa/s，当试件变形破坏加剧时，停止并调整加压，直至试件完全破坏。此时的荷载即为该试件的破坏荷载，则试件的抗压强度可根据公式(2-4)计算得出，取三个试件的算术平均值作为该混凝土立方体试块的抗压强度。由于本试验所用的模具为 100mm × 100mm × 100mm，所以试块为非标准试块，因此该混凝土试块的抗压强度应为上述平均值的 0.95 倍。

$$f_{cc} = \frac{F}{A} \tag{2-4}$$

式中：f_{cc}——试件的抗压强度（MPa）；

F——试块的破坏荷载（N）；

A——试件的受压面积（mm^2）。

2. 轴心抗压强度测试

取棱柱体（长、宽、高分别为 100mm、100mm、300mm）混凝土试件进行轴心抗压试验。加压前，应当进行预加载。加压时，应连续而均匀地加荷，加载速度为 0.4MPa/s。根据下式计算其抗压强度。

$$f_{cp} = \frac{F}{A} \tag{2-5}$$

式中：f_{cp}——混凝土轴心抗压强度（MPa）；

F——试件破坏荷载（N）；

A——试件承压面积（mm^2）。

3. 劈裂抗拉强度测试（图 2-9）

试件养护完成后及时进行试验。施加荷载应保持均匀、连续，加载速度为 0.05MPa/s。根据下式计算其劈裂抗拉强度。

$$f_{ts} = \frac{2F}{\pi A} = 0.637\frac{F}{A} \tag{2-6}$$

式中：f_{ts}——混凝土劈裂抗拉强度（MPa）；

F——试件破坏荷载（N）；

A——试件劈裂面面积（mm^2）。

图 2-9　劈裂抗拉强度测试

4. 抗折强度测试

试件养护完成后，取 150mm × 150mm × 550mm 的棱柱体试件进行测试，加载速度宜取 0.05～0.08MPa/s。根据下式计算其抗折强度。

$$f_f = \frac{Fl}{bh^2} \tag{2-7}$$

式中：f_f——试件抗折强度（MPa）；

F——试件破坏荷载（N）；

l——支座间跨度（mm）；

b——试件截面宽度（mm）；

h——试件截面高度（mm）。

试件设计方案如表 2-3 所示。

试件设计方案 **表 2-3**

测试项目	设计尺寸/mm	折减系数
立方体抗压强度	100 × 1000 × 100	0.95
劈裂抗拉强度	100 × 1000 × 100	0.85
抗折强度	100 × 1000 × 400	0.85

2.5.3 微观测试

1. 转靶 X 射线衍射（XRD）

将碳化后的再生粗骨料在烘箱（65℃）中干燥 24h。通过锤击、研磨和筛分获得粒径小于 80μm 的黏附砂浆样品。将样品加入玻璃凹槽中间，取载玻片轻压样品表面，将整个样品槽填满，接着使用转靶 X 射线衍射仪（图 2-10）进行测试，扫描范围为 5～70℃，速度为 10℃/min。

图 2-10 转靶 X 射线衍射仪

2. 热重分析（TG）

试验采用热重分析仪对样品进行测试（图 2-11）。热重分析法是通过物质质量在加热过程中随温度升高而变化的情况，来研究其在加热过程中所发生的物理和化学变化。在温度升高的过程中，砂浆中的水分不断挥发减少，而其他水化产物则逐渐发生分解。因此，通过计算和对比相应温度下砂浆质量的损失，可以对砂浆中的各种成分进行定性或定量分析，分析碳化前后再生骨料黏附浆体中 $Ca(OH)_2$ 和 $CaCO_3$ 等物质质量的变化。

取一定量过 200 目的碳化处理前后粘结砂浆样品，将其放入 105℃的真空干燥箱中进行烘干，直至其质量不再变化。采用日本 TG-DTA7300 热重分析仪对样品进行分析，在 50ml/min 氮气流量下，测试温度范围为 25～900℃，升温速率为 10℃/min。

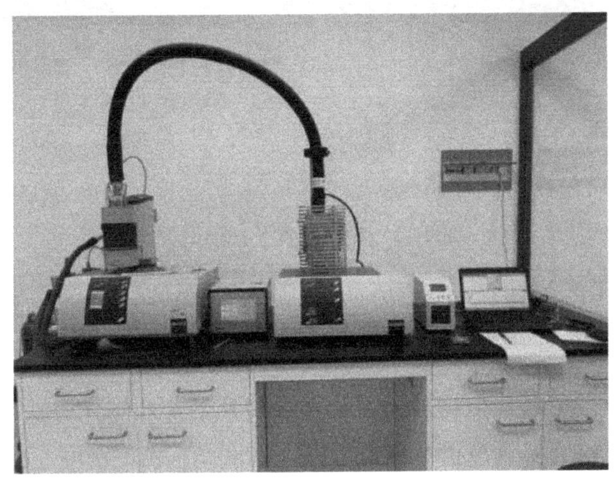

图 2-11 热重分析仪

3. 维氏硬度（VMH）

使用配有 40 倍测量透镜和 10 倍物镜的数字式维氏显微硬度计（图 2-12）进行压痕试验。加载过程中，每个压痕采用 10g 荷载，并停留 10s。测试前，用丙酮冲洗抛光试样，并在相对湿度为 50%和 25℃的环境室内干燥 24h 后进行测试。

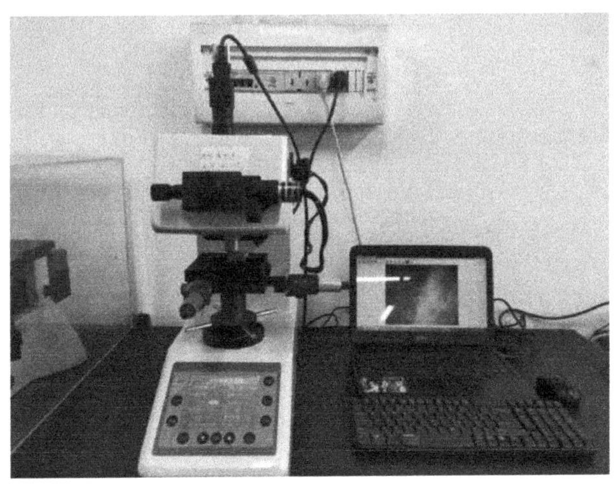

图 2-12 维氏硬度计

4. 扫描电子显微镜（SEM）

采用型号为 Merlin Compact 的扫描电子显微镜对样品进行测试（图 2-13），试样表面形貌的测试主要是通过二次电子信号成像来实现的。对小于 10mm 的样品进行打磨和修整，并在温度为 65℃的烘箱中干燥至恒重。然后，通过 SEM 测试观察 ITZ 的微观结构，并通过能量色散光谱（EDS）测试获得试样的能谱。

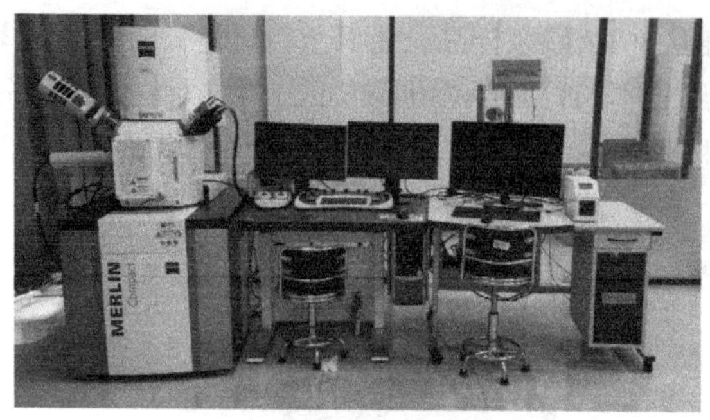

(a) 扫描电子显微镜

(b) 电镜扫描试样

图 2-13　测试装置及扫描试样

2.6　本章小结

本章主要介绍了试验所用原材料、再生粗骨料预处理和碳化方法、再生混凝土制备及成型工艺流程、再生粗骨料物理指标测试方法（吸水率、表观密度、压碎值）、再生混凝土力学性能测试手段、再生粗骨料粘结砂浆化学成分、热成分分析、ITZ 硬度及微观形貌表征手段及测试方法。

第 3 章

碳化对再生粗骨料宏观物理性能影响

3.1 再生粗骨料物理性能

再生粗骨料在预浸泡 CH 碳化（LC-RCA）和直接碳化（C-RCA）两种方式处理后每组基本物理性能如表 3-1 所示。

LC-RCA 和 C-RCA 物理性能　表 3-1

物理性能	LC-RCA		C-RCA	
	5～10mm	10～20mm	5～10mm	10～20mm
吸水率/%	3.7	3.9	4.1	4.2
表观密度/（kg/m^3）	2689	2638	2643	2592
压碎值/%	15.3	13.4	16.1	14.2

3.1.1 碳化前后再生粗骨料吸水率

碳化前后再生粗骨料吸水率的变化如图 3-1 所示。与未处理的再生粗骨料相比，直接碳化再生粗骨料 5～10mm 和 10～20mm 粒径的吸水率分别降低了 14.6%和 8.7%，预浸泡 CH 碳化再生粗骨料 5～10mm 和 10～20mm 粒径的吸水率分别降低了 22.9%和 15.2%。相同粒径下，预浸泡 CH 碳化再生粗骨料吸水率明显低于直接碳化再生粗骨料。粒径为 5～10mm 时，预浸泡 CH 碳化再生粗骨料吸水率比直接碳化再生粗骨料低 8.3%；粒径为 10～20mm 时，预浸泡 CH 碳化再生粗骨料吸水率比直接碳化再生粗骨料低 6.5%。

图 3-1 数据表明，骨料粒径越小，吸水率降低幅度越明显。这是因为粒径越小砂浆含量越高，比表面积越大，可用于碳化的水泥水化产物更多[10]，进而可以与 CO_2 充分接触，提高反应速率。这与 Zhan 等[102]得到的结论一致，他们发现，CO_2 吸收率随粒径的减小而增大，粒径为 5～10mm 骨料的 CO_2 封存量为 56%，比在同样条件下粒径为 14～20mm 的高 50%。此外，研究表明，$Ca(OH)_2$、水化硅酸钙（C-S-H）、未水化水泥熟料矿物［硅酸三钙（C_3S）、硅酸二钙（C_2S）］和铝酸盐型水化钙产物［钙矾石（AFt）、硫铝酸钙水合物］分解而成的钙离子都可与 CO_2 发生反应，生成稳定的碳酸钙和硅胶[194]，有效地填充再生骨料粘结旧砂浆中的孔隙和裂缝，使骨料更加密实，从而降低吸水率。

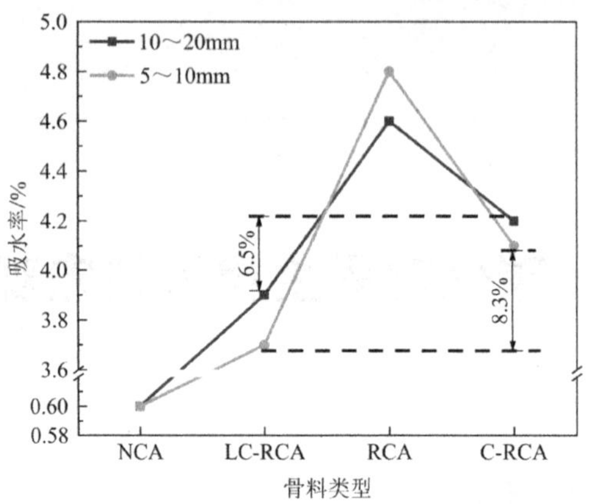

图 3-1　碳化前后再生粗骨料吸水率的变化

3.1.2　碳化前后再生粗骨料压碎值

碳化前后再生粗骨料压碎值的变化如图 3-2 所示。与未处理的再生粗骨料相比，直接碳化再生粗骨料 5～10mm 和 10～20mm 粒径的压碎值分别降低了 13.4%和 10.1%，预浸泡 CH 碳化再生粗骨料 5～10mm 和 10～20mm 粒径的压碎值分别降低了 17.7%和 15.2%，相同粒径下，预浸泡 CH 碳化再生粗骨料压碎值降低幅度更明显。

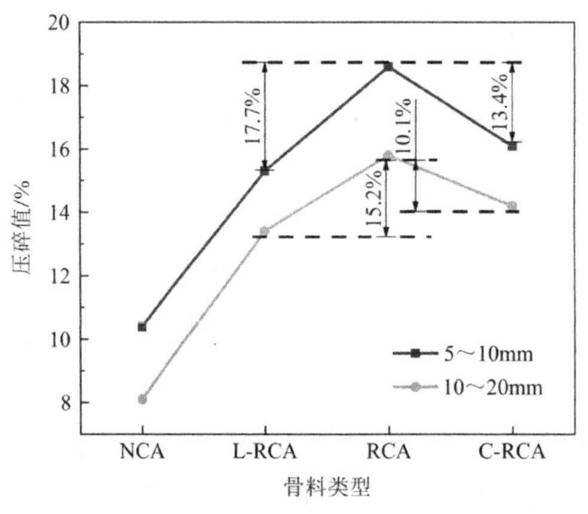

图 3-2　碳化前后再生粗骨料压碎值的变化

上述数据表明，经过碳化处理后再生粗骨料的压碎值明显降低，压碎值是表征骨料硬度的重要指标，说明碳化后骨料的品质得到有效改善。这与 Lu 等[10]研究结果一致，他们发现碳化后骨料与旧砂浆 ITZ 的硬度比碳化前高出了 42.5%，Xuan 等[99]通过测试得出，碳化后旧砂浆的显微硬度高于碳化前。这是因为旧 ITZ 和再生粗骨料表面的旧砂浆中被碳化产物填充或附着，ITZ 中较大的裂纹以及疏松多孔的旧砂浆在碳化后变得更加密实，从而提高了再生骨料的微观硬度，使压碎值得到降低。

3.1.3　碳化前后再生粗骨料表观密度

碳化前后再生粗骨料表观密度的变化如图 3-3 所示。与未处理的再生粗骨料相比，直接碳化再生粗骨料和预浸泡 CH 碳化再生粗骨料表观密度略有提升。直接碳化再生粗骨料 5～10mm 和 10～20mm 粒径的表观密度分别提高了 2.3%和 1.7%，预浸泡 CH 碳化再生粗骨料 5～10mm 和 10～20mm 粒径的表观密度分别提高了 4.1%和 3.5%。

图 3-3 数据表明，表观密度的提高幅度较小，这是由于碳化效率随着深度的增加而逐渐降低。碳化反应产生的 $CaCO_3$ 和硅胶等碳化产物细化了骨料的裂隙，一定程度上阻碍了水分和 CO_2 气体向再生粗骨料内部的渗入[130]，因此再生粗骨料表层的 $CaCO_3$ 含量明显增加，而内层的碳酸钙含量基本不变。

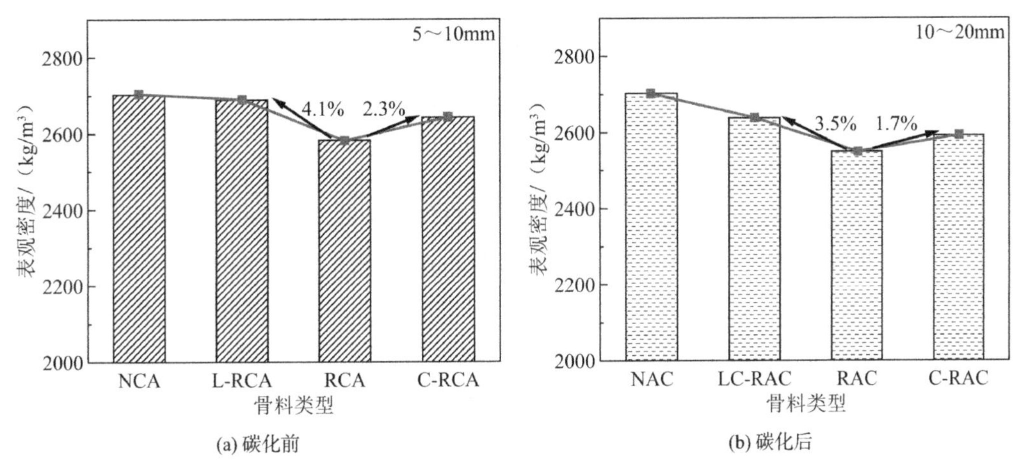

(a) 碳化前　　(b) 碳化后

图 3-3　碳化前后再生粗骨料表观密度的变化

3.2 碳化对再生粗骨料微观性能影响

3.2.1 碳化前后再生粗骨料微观组分分析

1. 转靶 X 射线衍射

再生粗骨料、直接碳化再生粗骨料和预浸泡 CH 碳化再生粗骨料粘结砂浆样品的 XRD 图谱如图 3-4 所示。再生粗骨料中确定的结晶相有典型的水泥水化产物 $Ca(OH)_2$，但 $Ca(OH)_2$ 的衍射峰较低，说明用于碳化的反应物较少，这与破碎后在露天场地长时间放置有关，进一步说明了外加钙源的必要性。而直接碳化再生粗骨料和预浸泡 CH 碳化再生粗骨料中未检测到 $Ca(OH)_2$，这表明经过碳化处理，黏附砂浆中的 $Ca(OH)_2$ 转化为 $CaCO_3$。碳化前，再生粗骨料砂浆样品中同样检测出 $CaCO_3$，这是因为一方面再生粗骨料长时间露天放置，$Ca(OH)_2$ 与空气中的 CO_2 发生反应生成 $CaCO_3$；另一方面在骨料破碎阶段产生部分含 $CaCO_3$ 的天然骨料碎屑。碳化处理后，在 2θ为 29.6°时，直接碳化再生粗骨料和预浸泡 CH 碳化再生粗骨料的 $CaCO_3$ 衍射峰强度增加，其中，预浸泡 CH 碳化再生粗骨料的 $CaCO_3$ 衍射峰强度高于直接碳化再生粗骨料，这说明预浸泡 CH 能够提高碳化程度，生成更多的 $CaCO_3$，反应产物相互堆嵌细化再生粗骨料的微裂纹和孔隙，从而使再生粗骨料更加密实。

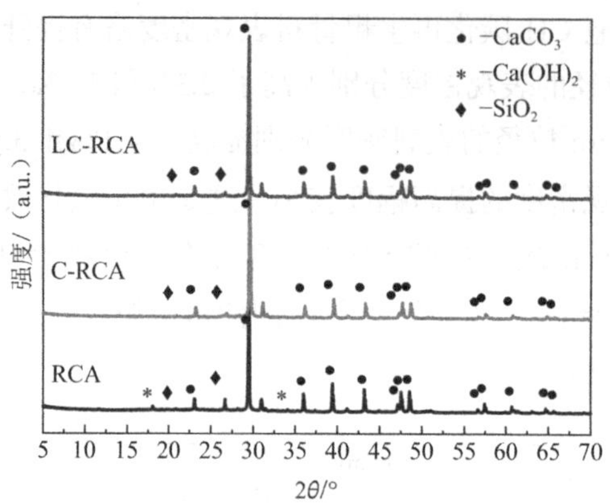

图 3-4 碳化前后再生粗骨料黏附砂浆 XRD 图谱

2. 热重分析

碳化前再生粗骨料的热重（TG）和差热热重（DTG）曲线如图 3-5 所示。从 DTG 曲线中可以观察到，$Ca(OH)_2$ 的特征峰不明显，这与骨料长时间露天放置有关，说明骨料旧砂浆中可碳化的 $Ca(OH)_2$ 物质减少。在温度为 750℃左右，出现明显的 $CaCO_3$ 特征峰。相关学者发现，在温度为 550～750℃时，是结晶较差的 $CaCO_3$ 晶体分解温度（主要为球霰石与文石转化形成的方解石的分解）；在温度为 750～950℃时，是结晶较好的 $CaCO_3$ 晶体分解温度[140]。说明试验用再生粗骨料旧砂浆中发生分解的 $CaCO_3$ 多为热力学性能较好的方解石。从 TG 曲线中可以观察到，在温度为 40～200℃时，热重数值略有降低，这是因为物理吸附水、C-S-H 和水化硫铝酸钙（AFm 和 AFt）脱水所致；在温度为 750℃时，$CaCO_3$ 的质量损失率为 19.65%；在温度为 800℃左右时，热重基本保持不变，这意味着此时质量热分解基本完成。

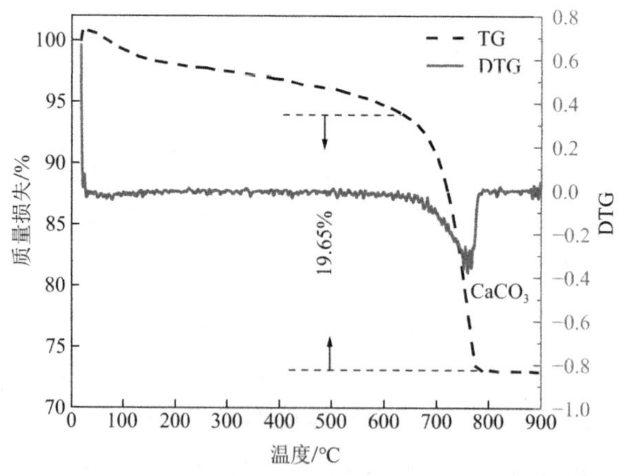

图 3-5 碳化前再生粗骨料 TG 和 DTG 曲线

图 3-6 显示了直接碳化再生粗骨料和预浸泡 CH 碳化再生粗骨料热重质量损失。在 550℃之前样品质量损失量较小，$CaCO_3$ 分解发生在 550～780℃之间。其中，预浸泡 CH 碳化再生粗骨料的 $CaCO_3$ 质量损失量比直接碳化再生粗骨料多，说明预浸泡 CH 碳化再生粗骨料附着砂浆上生成的 $CaCO_3$ 更多。这是由于石灰水浸泡后的骨料中引入了大量的 Ca^{2+}，CO_2 与额外

引入的 Ca^{2+}和骨料与基体界面过渡区定向分布的 $Ca(OH)_2$ 发生反应，细化并消耗了大量的 $Ca(OH)_2$ 晶体，产生了更多的 $CaCO_3$ 和 C-S-H 凝胶填充在再生粗骨料的孔隙和裂纹中，改善了骨料与旧砂浆的界面，从而提高了骨料的密实度，使再生粗骨料的品质得到提高。

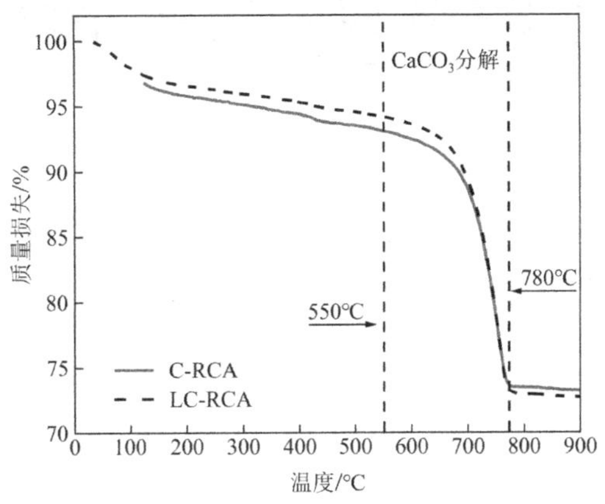

图 3-6　碳化后再生粗骨料 TG 曲线

3.2.2　碳化前后再生粗骨料微观形貌分析

再生粗骨料、直接碳化再生粗骨料和预浸泡 CH 碳化再生粗骨料微裂纹、ITZ 及水化产物形貌的扫描电镜图像如图 3-7 所示，放大倍数为 1000 倍。图 3-7（a）为再生粗骨料裂纹形貌，可见再生粗骨料的裂纹较为疏松，这是由于在破碎过程中对骨料进行多次锤击，在骨料内部产生损伤并不断累积，导致骨料劣化。图 3-7（b）为直接碳化后裂纹形貌，可以看到裂纹宽度明显变窄，并有相当一部分 $CaCO_3$ 附着并填充在缝隙内，起到了良好的微集料填充作用。图 3-7（c）为石灰水预浸泡碳化后 ITZ 的形貌，可以看出骨料与旧砂浆粘结密实，说明碳化能够使砂浆紧密附着在骨料上，增强了骨料与旧砂浆间的粘结强度，提高了结构的致密性。图 3-7（d）为再生粗骨料 ITZ 的形貌，可以观察到典型的水化产物，包括片状的 CH 和针棒状的 AFt，这些水化产物是导致再生粗骨料品质较差以及结构疏松的主要原因。图 3-7（e）为碳化后骨料 ITZ 的形貌，观测倍数为 5000 倍。可以观察到立方体状的 $CaCO_3$ 产物，这些紧密堆积的 $CaCO_3$ 是碳化后骨料显微硬度提高和微观结构更加致密的主要原因。为进一步确认碳化产物，进行了能量色散光谱测试，结果如图 3-7（f）所示。含量最高的三个元素分别是 O、Ca 和 C，说明骨料砂浆中的 $Ca(OH)_2$ 和水化硅酸钙（C-S-H）与 CO_2 反应，形成了包括 $CaCO_3$ 和硅胶在内的产物，使得固体产物的摩尔体积增加，形成更密实的微观结构，从而提高了骨料的 ITZ 强度。

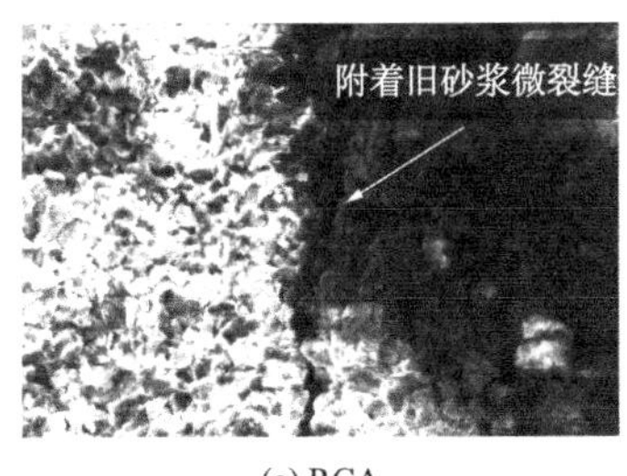

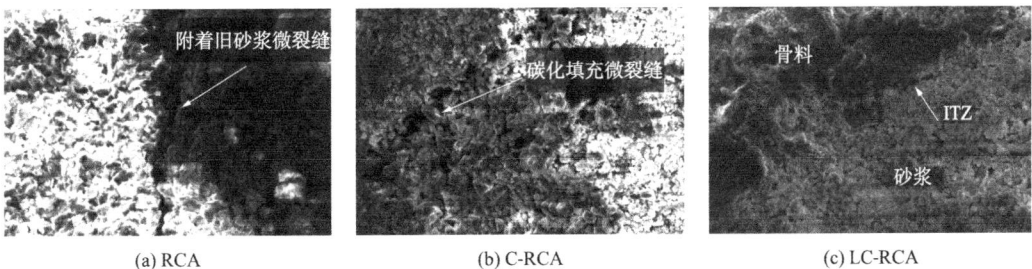

(a) RCA

(b) C-RCA

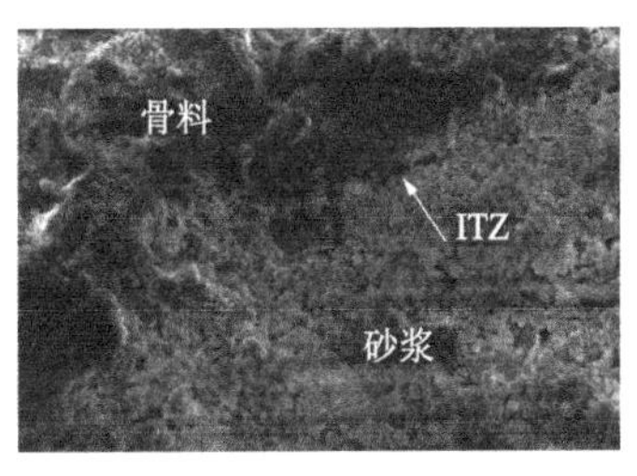

(c) LC-RCA

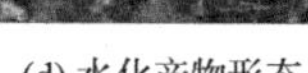
(d) 水化产物形态

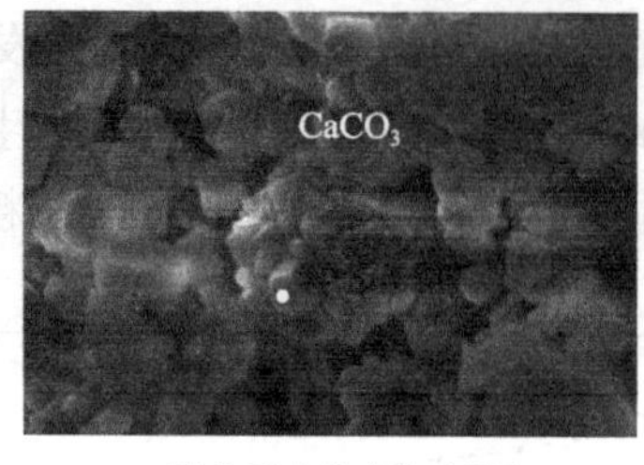

(e) 碳化后水化产物的形态

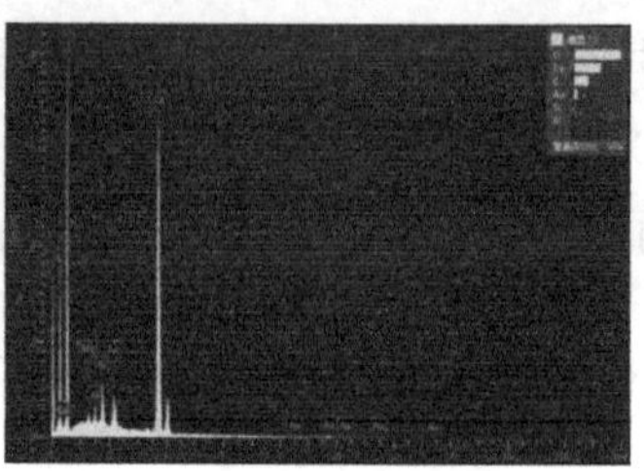

(f) 能量色散光谱

图 3-7　碳化前后 ITZ 和水化产物的变化

3.3 本章小结

本章主要对比了再生粗骨料、直接碳化再生粗骨料和预浸泡 CH 碳化再生粗骨料的物理性能，并结合转靶 X 射线衍射、热重分析手段研究强化前后微观组分和物相变化，借助扫描电子显微镜和能量色散光谱测试方法分析了碳化处理前后 ITZ 及粘结砂浆的微观形貌变化。研究表明，再生粗骨料在吸水率、压碎值、表观密度等物理性能上都比天然骨料差，通过预浸泡 CH 碳化法对再生粗骨料改善效果最明显，结论如下：

（1）碳化处理能改善再生粗骨料物理性能，直接碳化和预浸泡 CH 结合加速碳化法处理后，再生粗骨料的品质得到有效改善，但后者强化效果更明显。

（2）再生粗骨料粒径越小，强化效果越明显。粒径为 5～10mm 时，直接碳化处理后，吸水率降低 14.6%，压碎值降低 13.4%，表观密度增加 2.3%；预浸泡 CH 碳化法处理后，吸水率降低 22.9%，压碎值降低 17.7%，表观密度增加 4.1%。粒径为 10～20mm 时，直接碳化处理后，吸水率降低 8.7%，压碎值降低 10.1%，表观密度增加 1.7%；预浸泡 CH 碳化处理后，吸水率降低 15.2%，压碎值降低 15.2%，表观密度增加 3.5%。

（3）碳化处理改变了再生粗骨料粘结砂浆的组成成分。再生粗骨料结晶相中有典型的水泥水化产物 $Ca(OH)_2$，碳化处理后，以 $CaCO_3$ 为主要物相。碳化处理可提高 $CaCO_3$ 衍射峰强度，其中，预浸泡 CH 碳化再生粗骨料的 $CaCO_3$ 衍射峰强度高于直接碳化再生粗骨料，这说明预浸泡 CH 能够提高碳化反应程度。

（4）碳化处理改善了再生粗骨料微观结构。碳化处理前，ITZ 内存在大量片状的 CH 和针棒状的 AFt，碳化处理后，反应产物为立方体状的 $CaCO_3$ 和无定形硅胶，有效改善了骨料与旧砂浆间 ITZ 的密实性，对旧砂浆中的孔隙和微裂纹具有充填作用。

第 4 章 碳化对再生粗骨料混凝土基本力学性能影响

4.1 碳化前后立方体抗压强度研究

4.1.1 破坏形态

通过对比再生混凝土、直接碳化再生混凝土和预浸泡 CH 碳化再生混凝土试块的破坏模式，发现破坏形态无明显差别。加载初期，由于外加荷载较小，试件处于弹性压缩阶段，混凝土表面并未观察到裂缝。随着外力的增大，试件侧面出现竖向裂纹，并伴随着开裂的声音；荷载继续增大，裂纹逐渐向试件斜对角线方向发展，并且发展速度逐渐加快，试件表面出现“鼓包”现象，这是因为当试件受到外界施加较大荷载时，混凝土发生横向拉伸破坏和纵向压缩变形，此时，裂缝在外力的作用下呈非稳定快速发展状态，直至试件破坏。试件最终破坏形态为正倒相连的四角锥形状。此外，观察试件破坏界面可以发现，破坏面大多出现在骨料和水泥浆的连接界面上，极少见到有再生骨料断裂的现象，如图 4-1 所示。

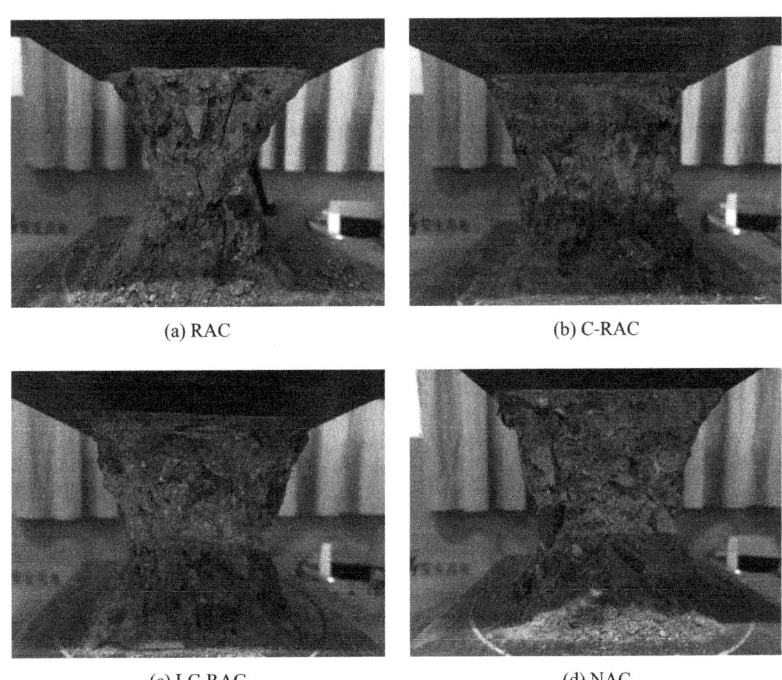

(a) RAC (b) C-RAC

(c) LC-RAC (d) NAC

图 4-1 破坏形态

通过观察试验过程发现未处理和经过处理后试块破坏形态虽然相差不大，但裂纹开始出现的时间有一定的差别。未经处理的再生混凝土试块裂纹迅速延伸，且破坏时间相对较短。直接碳化再生混凝土和预浸泡 CH 碳化再生混凝土发生破坏的时间相对较长，且裂纹发展速度有所减缓，试件最终保存状态相对完整。

4.1.2 试验结果分析

碳化处理再生粗骨料对再生混凝土不同水化龄期抗压强度的影响如图 4-2 所示。可以看出，再生混凝土的立方体抗压强度与再生粗骨料的取代率、骨料处理方式和养护龄期等因素有关。混凝土各龄期抗压强度随再生粗骨料取代率的增加而减小，这是因为再生粗骨料的孔隙率较高，并且骨料粘结砂浆多孔疏松，旧砂浆与骨料之间的 ITZ 粘结强度较弱，导致抗压强度减小。当再生粗骨料的取代率为 50%，水化龄期为 7d 时，与再生混凝土相比，直接碳化再生混凝土和预浸泡 CH 碳化再生混凝土的抗压强度分别提高 18.1%和 22.8%，预浸泡 CH 碳化再生混凝土比直接碳化再生混凝土提升 3.9%；水化龄期为 28d 时，直接碳化再生混凝土和预浸泡 CH 碳化再生混凝土的抗压强度分别提高 15.2%和 19.3%，预浸泡 CH 碳化再生混凝土比直接碳化再生混凝土提升 7.2%。当再生粗骨料的取代率为 100%，水化龄期为 7d 时，与再生混凝土相比，直接碳化再生混凝土和预浸泡 CH 碳化再生混凝土的抗压强度分别提高 23.1%和 30.8%，预浸泡 CH 碳化再生混凝土比直接碳化再生混凝土提升 13.2%；水化龄期为 28d 时，直接碳化再生混凝土和预浸泡 CH 碳化再生混凝土的抗压强度分别提高 18.9%和 37.8%，预浸泡 CH 碳化再生混凝土比直接碳化再生混凝土提升 4.7%。从上述数据可以看出，掺入碳化处理后的再生粗骨料，再生混凝土的抗压强度得到明显提高，而预浸泡 CH 碳化再生粗骨料制备的再生混凝土抗压强度提升幅度更明显。

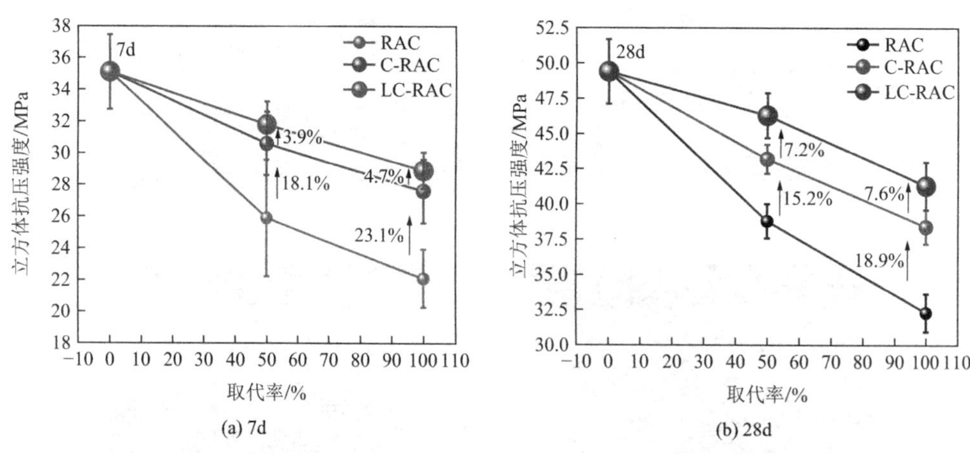

(a) 7d　　(b) 28d

图 4-2　不同碳化处理方式对再生混凝土抗压强度的影响

此外，从上述数据可以发现，水化龄期为 28d 时，直接碳化再生混凝土和预浸泡 CH 碳化再生混凝土的抗压强度提升幅度低于 7d。这是因为预浸泡 CH 碳化再生混凝土和直接碳化再生混凝土的骨料均经过碳化处理，吸水率降低，孔隙率减小，在拌和混凝土时骨料吸收的水分相对较少，内养护作用较弱，导致水泥基质在后期的水化作用减缓，使得预浸泡 CH 碳化再生混凝土和直接碳化再生混凝土后期的强度提升幅度降低。而未经处理的再生粗骨料吸水率高，拌和混凝土时再生粗骨料吸收了较多的水分，在再生混凝土内部起到了内养护的作用。随着水化反应的进行，吸收的水分被逐渐释放出来，使未水化的水泥熟料继续发生水化[195]，从而提高再生混凝土的抗压强度。

图 4-3 对普通混凝土（NC）、再生混凝土、直接碳化再生混凝土和预浸泡 CH 碳化再生混凝土立方体抗压强度进行了比较。可知，再生粗骨料取代率为 100%时，再生混凝土 7d 和 28d 的强度分别为普通混凝土的 63%和 65.4%，这表明用未经碳化处理的再生粗骨料取代天然骨料会导致再生混凝土抗压强度显著降低。经过碳化处理后，骨料取代率为 100%时，直接碳化再生混凝土 7d 和 28d 的强度分别为普通混凝土的 77.5%和 77.7%，预浸泡 CH 碳化再生混凝土 7d 和 28d 的强度分别为普通混凝土的 87.7%和 90%。显然，经过碳化处理后再生混凝土抗压强度得到显著提升，而后者提升效果更明显。这表明预浸泡 CH 碳化改善了使用较高取代率的再生粗骨料取代天然骨料对再生混凝土抗压强度的不利影响，采用石灰水溶液浸泡再生粗骨料，为骨料孔溶液提供了更多可用于碳化的 Ca^{2+}，与 CO_2 反应后生成 $CaCO_3$ 会促进界面处新水泥的水化[102]，从而提升强化后再生混凝土的抗压强度。

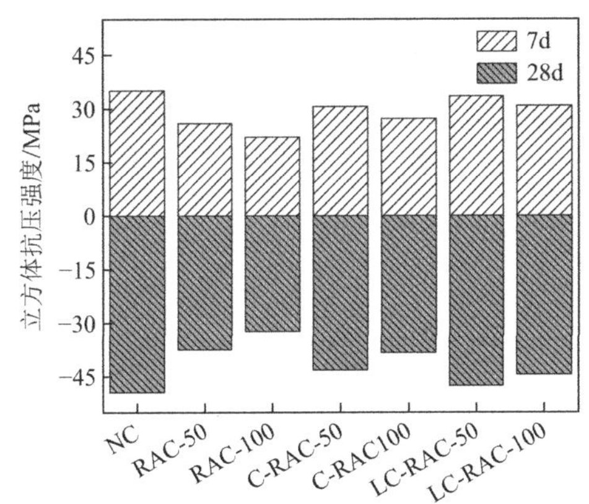

图 4-3　水化龄期对再生混凝土抗压强度的影响

4.2　碳化前后轴心抗压强度研究

4.2.1　破坏形态

试件单轴受压的最终破坏形态为斜截面剪切破坏，由图 4-4 可以发现，主裂缝方向都由承压面角部沿侧面对角线向试件中部发展，在正应力和剪应力的挤压捻搓下形成一个或多个主裂缝，或裂缝带后发生斜向剪切破坏，试件最终沿着表面主裂缝裂开。刚开始加载时，试件表面无明显变化，随着外部荷载的不断增加，试件表面出现竖向微裂纹，当外部荷载加载到一定程度时，裂缝逐渐加宽并发展为多条斜向裂缝，最终破坏时发生巨大的崩裂声。

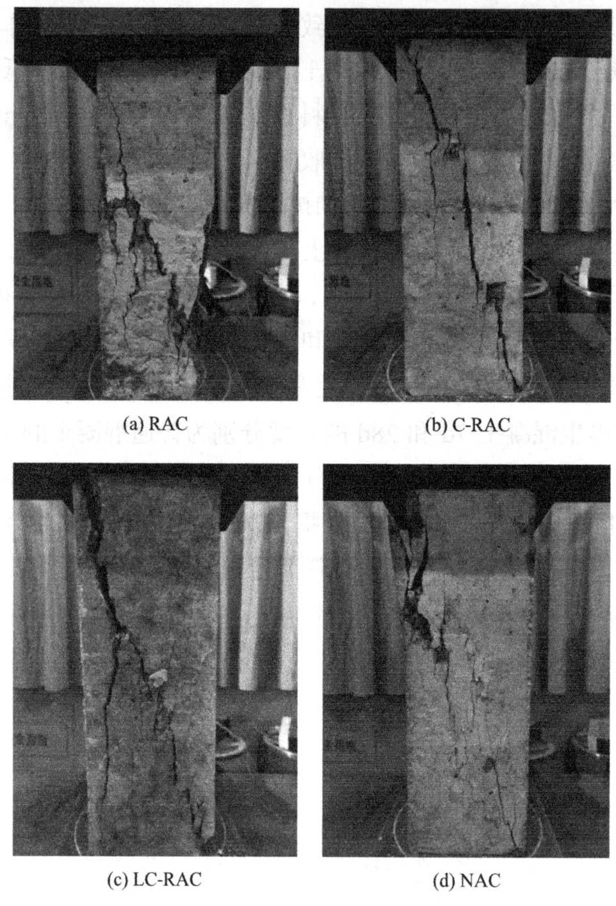

(a) RAC　(b) C-RAC

(c) LC-RAC　(d) NAC

图 4-4　破坏形态

4.2.2 试验结果分析

再生混凝土、直接碳化再生混凝土和预浸泡 CH 碳化再生混凝土在养护龄期为 7d 和 28d 的轴心抗压强度如图 4-5 所示。与再生混凝土相比，取代率为 50%时，直接碳化再生混凝土 7d 的抗压强度提高了 16.9%，预浸泡 CH 碳化再生混凝土比直接碳化再生混凝土提升了 10.9%；直接碳化再生混凝土 28d 的抗压强度提高了 8.1%，预浸泡 CH 碳化再生混凝土比直接碳化再生混凝土提升了 8.0%。与再生混凝土相比，取代率为 100%时，直接碳化再生混凝土 7d 的抗压强度提高了 20.8%，预浸泡 CH 碳化再生混凝土比直接碳化再生混凝土提升了 10.3%；直接碳化再生混凝土 28d 的抗压强度提高了 20.4%，预浸泡 CH 碳化再生混凝土比直接碳化再生混凝土提升了 11.7%。上述数据表明，碳化再生骨料制备的混凝土轴心抗压强度得到明显提高，而两种碳化方式相比，预浸泡 CH 碳化的再生混凝土轴心抗压强度提升幅度更显著，这与立方体抗压强度的变化情况一致。这是因为碳化反应生成的物质填充了再生粗骨料内的微裂缝和孔隙[190]，同时减少了 $Ca(OH)_2$ 在基体界面处的定向排列和密集分布，界面处 $Ca(OH)_2$ 晶体由接近平面的排列向空间排列过渡[196]，改善了再生骨料和旧砂浆间 ITZ 的性能[192]，使再生混凝土密实性得以提升，从而提高再生混凝土在受力时抵抗外力的能力。

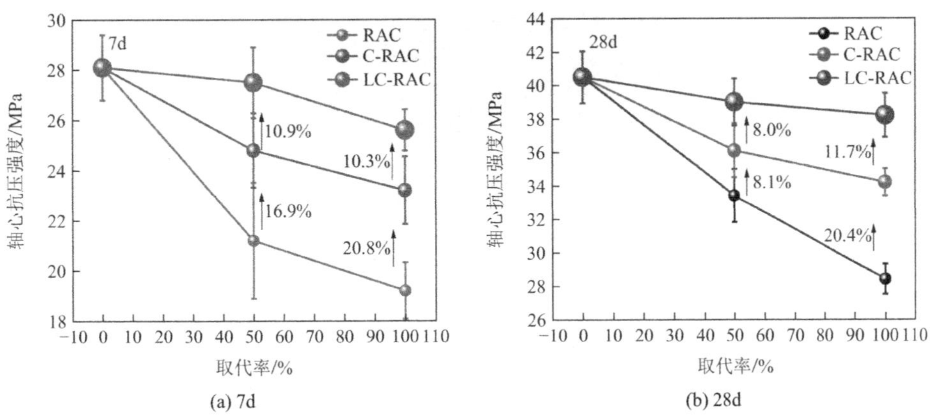

(a) 7d　　(b) 28d

图 4-5　不同碳化处理方式对再生混凝土轴心抗压强度的影响

4.3　碳化前后劈裂抗拉强度研究

4.3.1　破坏形态

试件最终破坏形态表现为从中间劈裂为大小相当的两块。刚施加荷载时，试件表面无明显现象，随着外力的不断增加，上下裂缝不断向中间延伸，第一条裂纹出现后，开始先向周围扩展形成多条小裂缝，并伴随微弱开裂声，继续施加外力，当达到一定条件时，再生混凝土劈裂成两半。图 4-6 为试件破坏后裂缝的形态，可以发现，未处理的再生混凝土发生破坏后裂缝宽度最大，并且在试验过程中观察到再生混凝土发生劈裂破坏的时间最短。经过直接碳化和预浸泡 CH 碳化后，裂缝宽度逐渐变小，普通混凝土的裂缝宽度最小。这是由于天然骨料的品质较好，在制备成试块时与砂浆粘结性强，延性较好，不易发生贯通裂缝。观察其断面主要是骨料与砂浆的脱落。

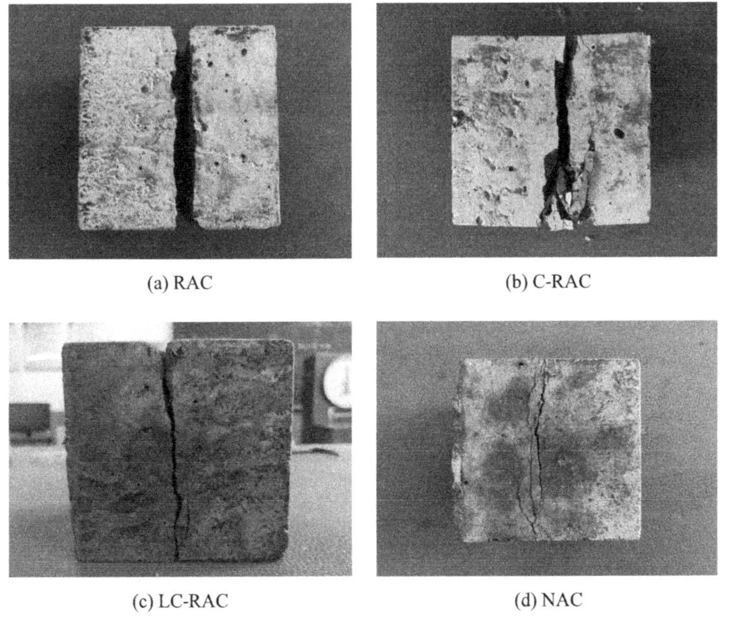

(a) RAC　　(b) C-RAC

(c) LC-RAC　　(d) NAC

(e) 破坏界面

图 4-6　试件破坏后裂缝的形态

4.3.2　试验结果分析

图 4-7 为 7d 和 28d 普通混凝土、再生混凝土、直接碳化再生混凝土和预浸泡 CH 碳化再生混凝土的劈裂抗拉强度。可以看出，随取代率增加，混凝土的劈裂抗拉强度逐渐降低；与再生混凝土相比，取代率越高，直接碳化再生混凝土和预浸泡 CH 碳化再生混凝土的劈裂抗拉强度提升幅度越大。与普通混凝土相比，再生混凝土的劈裂抗拉强度明显降低，水化龄期为 28d 时，再生混凝土的劈裂抗拉强度为普通混凝土的 68.6%。这是因为抗拉强度主要与混凝土的粘结基质和有效水灰比有关[197]，由于未经碳化处理的再生粗骨料附着旧砂浆疏松多孔，吸水率较高，导致旧砂浆周围的水灰比较高，使得再生粗骨料与新砂浆基质之间的界面粘结强度较弱，致使再生混凝土强度降低。经过碳化处理后，与再生混凝土相比，骨料取代率为 50%时，直接碳化再生混凝土和预浸泡 CH 碳化再生混凝土 7d 的劈裂抗拉强度分别提高了 7.6%和 15.9%；骨料取代率为 100%时，直接碳化再生混凝土和预浸泡 CH 碳化再生混凝土 7d 的劈裂抗拉强度分别提高了 10.5%和 19.9%。骨料取代率为 50%时，直接碳化再生混凝土和预浸泡 CH 碳化再生混凝土 28d 的劈裂抗拉强度分别提高 4.5%和 12.9%；骨料取代率为 100%时，直接碳化再生混凝土和预浸泡 CH 碳化再生混凝土 28d 的劈裂抗拉强度分别提高 9.7%和 19.6%。显然，经过碳化处理后，再生混凝土的劈裂抗拉强度有所提升，这是因为碳化反应产生的 $CaCO_3$ 附着并填充在再生粗骨料中，改善了再生粗骨料的品质，增强了黏附砂浆的强度，提高了基质间的粘结作用。

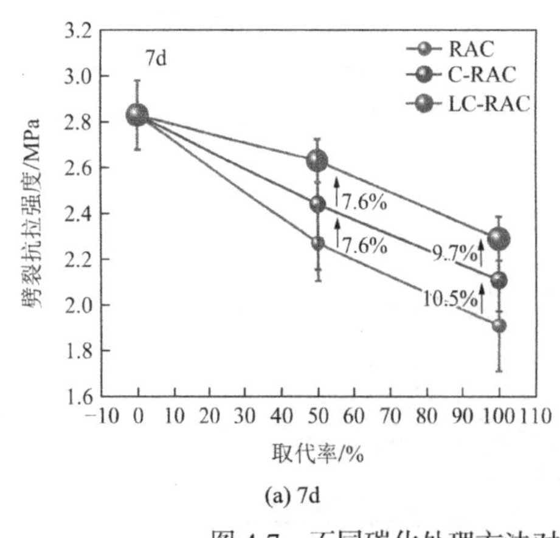

(a) 7d

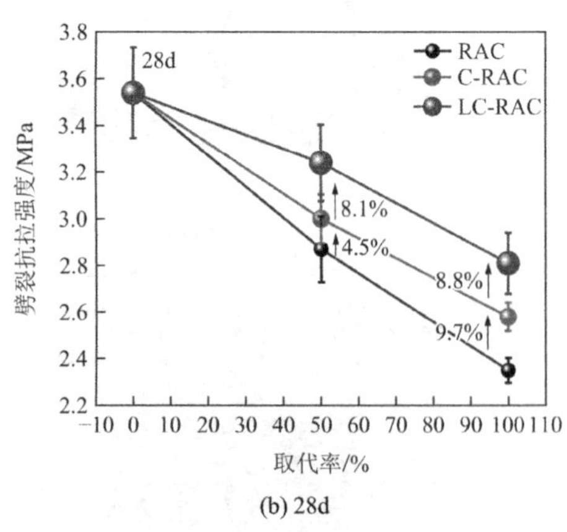

(b) 28d

图 4-7　不同碳化处理方法对再生混凝土劈裂抗拉强度的影响

4.4 碳化前后抗折强度研究

4.4.1 破坏形态

通过观察图 4-8 可以发现，试件抗折破坏主要发生在试件中部。刚开始加载时，试件表面无肉眼可观察到的裂纹，随着荷载持续增加，基体出现开裂的声音，在试件中部出现第一条可见裂缝，继续增加荷载，裂缝在竖向逐渐延伸，当达到最大荷载时，出现竖向贯穿式裂缝，试件彻底破坏。在试验过程中发现，再生混凝土发生突然破坏，且破坏时间较短，由图 4-8（a）可以看到，再生混凝土裂缝相较其他 3 组试块裂缝宽度较大。经过直接碳化和预浸泡 CH 碳化制备的试件裂缝发生在试件中部，且裂缝逐渐变小，而普通混凝土的裂缝最小。

(a) RAC　　(b) C-RAC

(c) LC-RAC　　(d) NAC

(e) 破坏界面

图 4-8　破坏形态

4.4.2 试验结果分析

图 4-9 为普通混凝土、再生混凝土、直接碳化再生混凝土和预浸泡 CH 碳化再生混凝土的抗折强度。当取代率为 100%时，再生混凝土的抗折强度仅为普通混凝土的 78%，这是因为再生粗骨料压碎值较大，内部的裂纹及孔隙较多，表面附着的旧砂浆松散，使得新拌再生混凝土中新旧水泥浆体间粘结较差，受到外部荷载时，易发生折断。经过碳化处理后，与再生混凝土相比，当取代率为 50%时，直接碳化再生混凝土和预浸泡 CH 碳化再生混凝土的 7d 抗折强度分别提高了 10.6%和 15.3%，28d 抗折强度分别提高了 9.1%和 13.6%；当取代率为 100%时，直接碳化再生混凝土和预浸泡 CH 碳化再生混凝土的 7d 抗折强度分别提高了 12.6%和 20.9%，28d 抗折强度分别提高了 10.7%和 17.2%。上述数据表明，经过碳化处理后的再生混凝土抗折强度显著提高，这是由于碳化产物 $CaCO_3$ 和硅胶的填充作用，使再生混凝土孔隙结构变得更加致密，改善了 ITZ，增强了新旧水泥浆体间的粘结力。从以上数据可以看出，抗折强度提升幅度随取代率的增大而增大，这与未经处理的再生粗骨料吸水率较高有关。取代率越高，骨料吸收周围新拌基质间的水分越多，从而降低了再生混凝土的有效水灰比，增强水泥间的粘结强度，形成更加密实的混凝土结构，促使其抗折强度提升幅度增大。

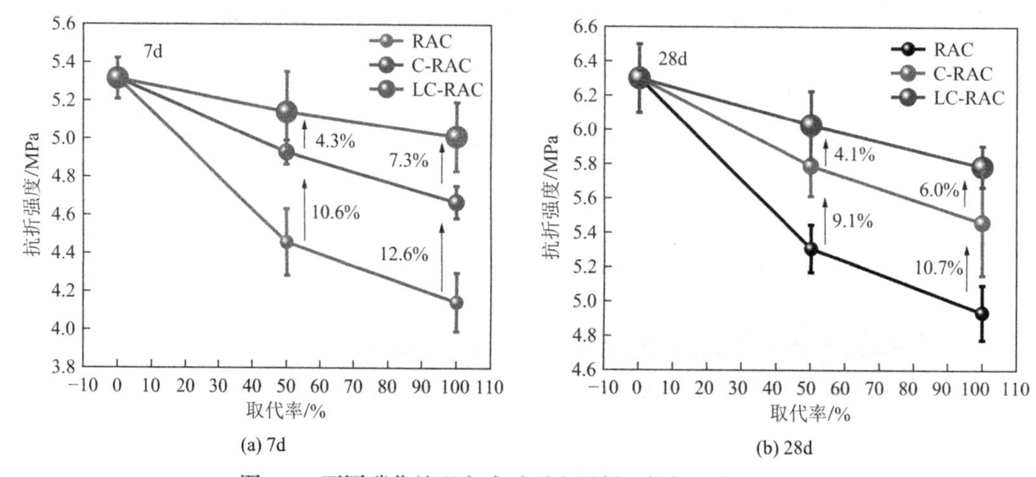

图 4-9 不同碳化处理方式对再生混凝土抗折强度的影响

4.5 碳化对再生混凝土微观性能影响

4.5.1 碳化前后再生混凝土微观组分分析

（1）转靶 X 射线衍射

为了研究再生混凝土中新拌水泥浆体与直接碳化再生粗骨料和预浸泡 CH 碳化再生粗骨料接触后表面成分是否形成不同的物相，采用转靶 X 射线衍射测试方法表征了 3 种混凝土新基体表面水化产物的变化。图 4-10 显示了 3 种混凝土界面新砂浆的矿物组成，结晶相

主要为 $CaCO_3$、SiO_2 和典型的水泥水化产物 $Ca(OH)_2$。从图谱中可以发现，再生混凝土的 $CaCO_3$ 峰值均高于预浸泡 CH 碳化再生混凝土和直接碳化再生混凝土，这可能是因为在骨料碳化阶段生成的反应物方解石含量相对较多，方解石与新拌基质中的水泥接触后，缓慢溶解，释放出 CO_3^{2-}，而新拌水泥砂浆中含有 Ca^{2+}、Al^{3+}、SO_4^{2-}等，与 CO_3^{2-}结合发生反应生成单碳，从而减少了新砂浆中 $CaCO_3$ 的含量。此外，图谱中 SiO_2 的含量相对较多，这是由于在取样过程中，新拌混凝土基体内含有一定量的砂浆，SiO_2 是砂子的主要组成成分，因此会检测出一部分 SiO_2。

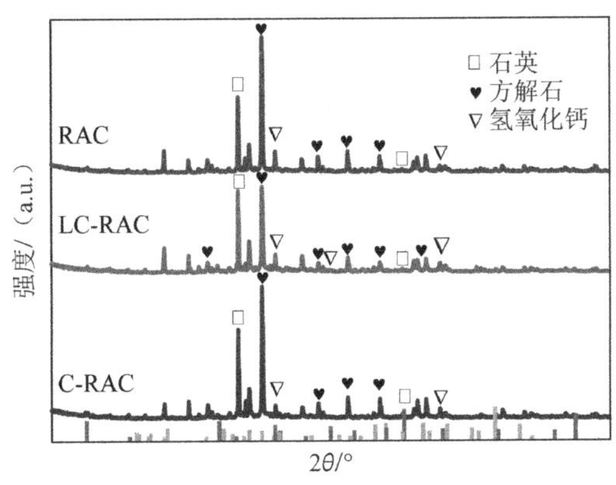

图 4-10　碳化前后再生混凝土黏附砂浆 XRD 图谱

（2）热重分析

再生混凝土、直接碳化再生混凝土和预浸泡 CH 碳化再生混凝土的热重变化如图 4-11 所示，3 组数据变化趋势一致。在 40～200℃之间发生质量损失，主要是 C-S-H 和 AFt 脱水导致的；在 430～550℃之间，发生 $Ca(OH)_2$ 分解，这是由于制备的混凝土试块中新拌砂浆含有的 $Ca(OH)_2$；在 550～750℃之间，发生 $CaCO_3$ 分解反应。然而，从图中可以看出，再生混凝土中 $CaCO_3$ 的分解质量和其所对应的峰值高于直接碳化再生混凝土和预浸泡 CH 碳化再生混凝土，这是因为碳化产物 $CaCO_3$ 附着在再生粗骨料上，在制备混凝土时，新拌水泥基质中的离子与其溶于孔溶液中的 CO_3^{2-}发生反应生成单碳铝酸盐，消耗了一部分方解石，这与 XRD 测试结果一致。

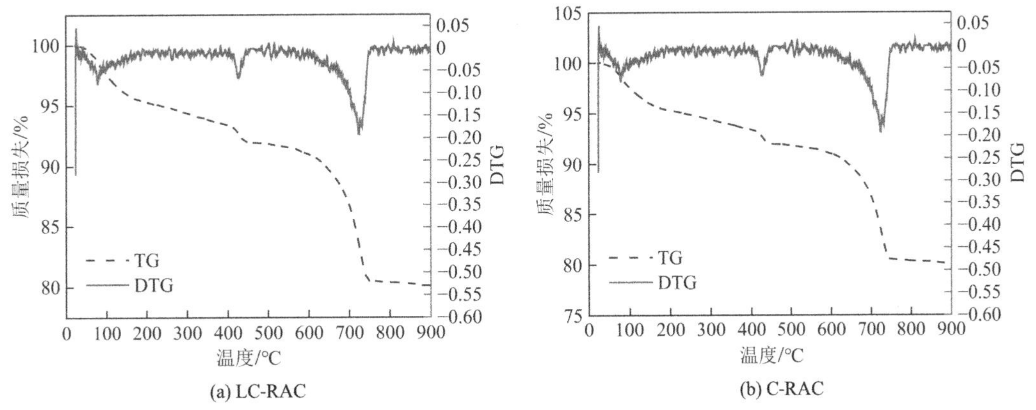

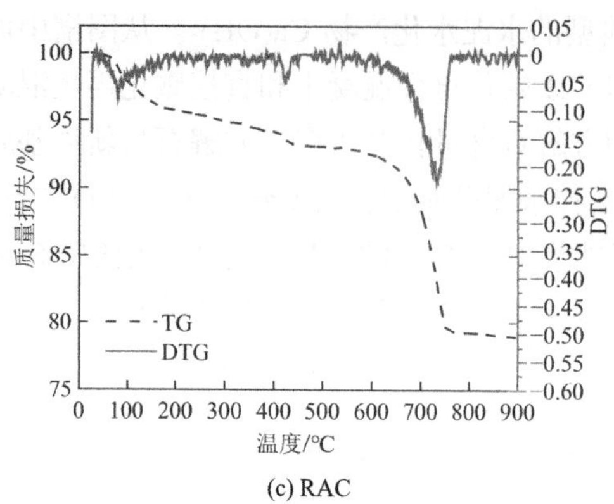

(c) RAC

图 4-11 碳化前后再生混凝土 TG 和 DTG 曲线

4.5.2 碳化前后再生混凝土微观力学性能

再生混凝土、直接碳化再生混凝土和预浸泡 CH 碳化再生混凝土维氏硬度测试结果如图 4-12 所示。可以看出，旧砂浆的微观硬度值大于旧 ITZ，同样，新砂浆的微观硬度值大于新 ITZ。这是由于 ITZ 中孔隙较多，CH 的定向排列导致 ITZ 较为薄弱。经过碳化处理后，混凝土的显微硬度明显高于未处理的再生混凝土，说明碳化处理有效改善了新旧 ITZ 和旧砂浆的显微硬度。这是因为碳化反应消耗了定向排列的 CH，主要产物 $CaCO_3$ 和硅胶填充了孔隙，提高了结构的密实度；由于 $CaCO_3$ 的硬度较高，从而提升了碳化后混凝土的微观力学性能。其中，预浸泡 CH 碳化再生混凝土的显微硬度提升更明显，这是因为在碳化环境下，将再生粗骨料浸泡在石灰水中引入了更多的钙源，产生了更多的产物，使界面更加致密。此外，从图中可以发现，新 ITZ 的显微硬度高于旧 ITZ，且宽度小于旧 ITZ，这是因为再生混凝土在凝结过程中，再生骨料不断吸水，导致新旧砂浆间局部水灰比降低，使新 ITZ 强度增加。

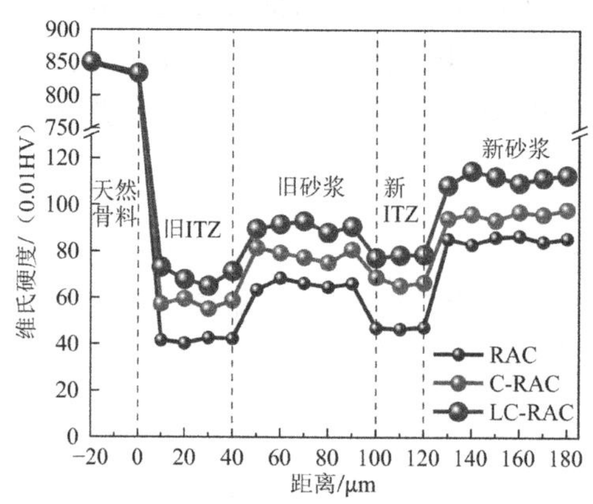

图 4-12 碳化前后再生混凝土维氏硬度变化

4.5.3 碳化前后再生混凝土微观形貌分析

碳化再生混凝土的微观形貌如图 4-13 所示。分别对再生混凝土、直接碳化再生混凝土和预浸泡 CH 碳化再生混凝土进行扫描电镜测试，观察混凝土骨料与新砂浆间的 ITZ。当以 1000 的放大倍数观察时［图 4-13（a）、（b）、（c）］，再生混凝土中骨料与新砂浆边界和边界附近存在较宽的微裂缝；经过直接碳化和预浸泡 CH 碳化后，砂浆中观察不到微裂纹，且骨料与砂浆之间的裂纹逐渐变窄。当放大倍数为 5000 时，观察到新砂浆中的水泥水化产物钙矾石和氢氧化钙［图 4-13（d）］。倍数继续放大至 10000 时，在新砂浆附近观察到蜂窝状的 C-S-H 凝胶，这与 Ouyang 等[198]发现的结果一致。他们发现，C-S-H 凝胶分布在方解石表面，这是因为方解石表面易与 Ca^{2+}之间形成供—受体的关系，方解石作为成核点加速生成核密度更高的 C-S-H，从而在方解石表面形成密度更大的 C-S-H 凝胶［图 4-13（e）］。此外，还可以观察到大量六边形的单碳铝酸盐晶体（Mc）［图 4-13（f）］，大部分 Mc 颗粒随机分布，部分嵌入方解石、AFt 和 C-S-H 凝胶的混合物中，并沿垂直轴方向排列。方解石的存在既是形成 Mc 的反应物，又为 C-S-H 的生成提供成核位点，从而增强了骨料与新砂浆间的粘结强度。

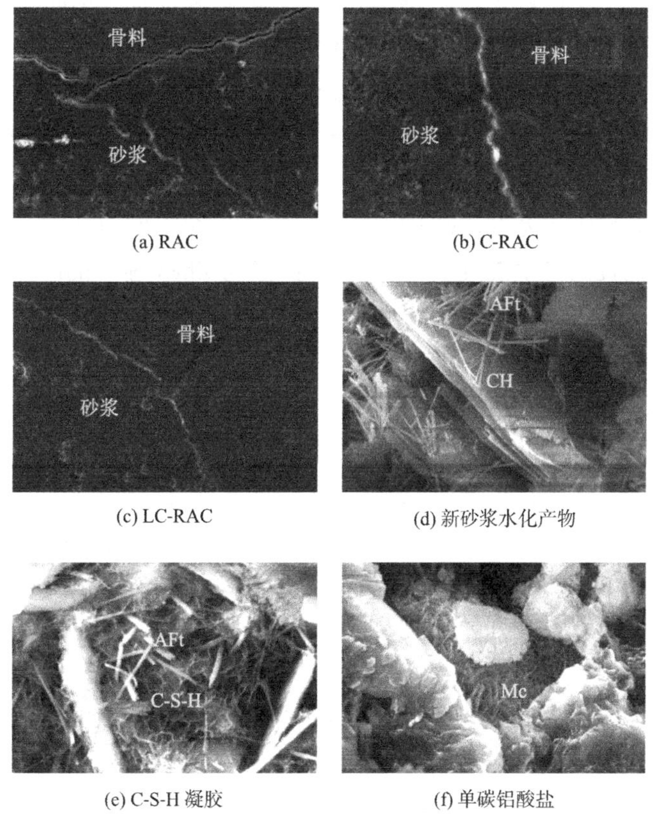

(a) RAC　(b) C-RAC　(c) LC-RAC　(d) 新砂浆水化产物　(e) C-S-H 凝胶　(f) 单碳铝酸盐

图 4-13　再生混凝土新 ITZ 微观结构和水化产物

4.6　碳化增强机理

与天然骨料相比，再生骨料的品质较差，这是因为在破碎过程中再生骨料内部的损伤不断累积，产生大量的微裂纹；此外，再生骨料表面附着的旧砂浆疏松多孔，导致其吸水率和孔隙率较高。相应地，SEM 图像（图 3-7）清楚地表明，在相同放大倍数下，未处理的再生粗骨料比直接碳化和预浸泡 CH 碳化再生粗骨料的裂纹更宽，这表明其微观结构更具疏松性。研究发现，再生骨料中伴有 CH 晶体的沉淀和积累[151]，CH 含量的增加和孔隙率的增加也会降低再生骨料结构的密实性。经过碳化反应，由于反应产物（主要为 $CaCO_3$ 和硅胶）具有较好的稳定性和填充效应，使得碳化处理后再生骨料的物理性能得到提高[97]。此外，由于本试验采用的是加压碳化装置，加压碳化后形成的碳化产物分层分布[199]，碳酸钙聚集在一起并填充孔隙，形成更加致密的微观结构。

基于试验数据，与再生混凝土相比，直接碳化再生混凝土和预浸泡 CH 碳化再生混凝土的力学性能有明显提升。再生混凝土的 CH 层间联结较弱是发生受力破坏的主要根源。经过碳化反应后，CH 转化为热稳定较好的无机碳酸盐，起到了良好的填充效应，从而有效提升了再生混凝土的强度。研究发现，C_2S 和 C_3S 是硅酸盐水泥中的主要矿物组分，但 C_3S 具有较高的水化活性，C_3S 早期与 CO_2 反应生成 C-S-H 和 $CaCO_3$；随着反应的进行，C-S-H 与 CO_2 发生脱钙反应，生成无定型的硅胶填充在孔隙中，从而提高早期混凝土力学强度[200]。然而，由前文中的结果可知，预浸泡 CH 碳化对再生混凝土力学性能提升效果更明显。这是由于在石灰水浸泡过程中有大量的 Ca^{2+}渗透到再生粗骨料中，与足量的 CO_2 反应后生成方解石沉积在骨料表面。在制备混凝土时，方解石与新拌基质中的水泥接触后，缓慢溶解，释放出 CO_3^{2-}，同时水泥基质中的铝酸盐离子迁移至方解石附近，二者发生反应生成单碳铝酸盐（Mc），为 C-S-H 在再生骨料表面的生长提供更多的成核点[201]，这会使骨料周围发生局部致密化，从而提高再生混凝土的力学性能。这与 Zhan 等[45]的研究一致，方解石比水泥中的硅酸盐对 Ca^{2+}更具亲和力，有利于 Ca^{2+}发生进一步的酸碱反应，形成更致密的 C-S-H 凝胶。

预浸泡 CH 碳化对再生粗骨料和再生混凝土的增强机理如图 4-14 所示。再生粗骨料中存在大量的水化产物 CH 和 AFt，并且在前期破碎过程中产生大量的微裂纹和孔隙，如图 4-14（a）所示。在直接碳化过程中，虽然 CO_2 的量足够充足，但随着反应的进行，$CaCO_3$ 在再生骨料表面逐渐覆盖积累，CO_2 无法持续深入骨料内部，骨料孔溶液中游离的 Ca^{2+}不能继续与 CO_2 发生反应，从而降低碳化反应程度。而经过石灰水预浸泡后，为再生粗骨料提供额外钙源，这些 Ca^{2+}游离在骨料的表面和内部，如图 4-14（b）所示。经过碳化反应后，生成大量的 $CaCO_3$ 和硅胶填充在骨料的孔隙、微裂纹和 ITZ 中，如图 4-14（c）所示。在制备混凝土的过程中，预浸泡 CH 碳化再生粗骨料表面的方解石溶解释放的 CO_3^{2-}与铝酸盐离子反应生成 Mc。同时，再生粗骨料旧砂浆中的水泥水化产物很难进入骨料和旧砂浆间形成的 ITZ，但水泥基质中含有的 Ca^{2+}、Mg^{2+}、Al^{3+}、SO_4^{2-}等离子能够渗透到 ITZ 中，通过与 CO_2 反应，以无机碳酸盐的形式沉积在 ITZ 中，如图 4-14（d）所示。

与直接碳化相比，石灰水预浸泡碳化处理能够进一步提高再生粗骨料的品质和再生混凝土的力学性能。通过预浸泡 CH，在再生骨料中引入额外的 Ca^{2+}，外部提供的 Ca^{2+}与 CO_2 反应形成更多的 $CaCO_3$，填充更多的孔隙，从而使再生混凝土的微观结构更加致密。因此通过在碳化前用富含 Ca^{2+}的溶液对再生骨料进行预处理，会进一步增强骨料品质及其制备的再生混凝土性能。

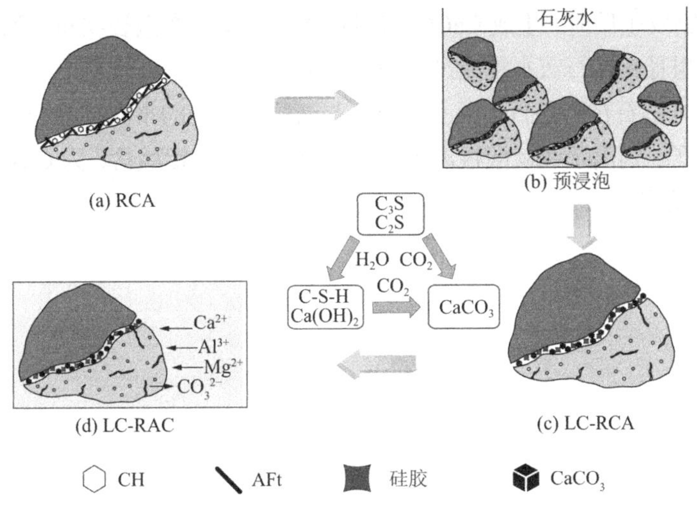

图 4-14　预浸泡 CH 碳化增强机理示意图

4.7 本章小结

本章研究了碳化处理前后再生混凝土 7d 和 28d 立方体抗压强度、轴心抗压强度、劈裂抗拉强度和抗折强度变化，探讨了取代率、碳化处理方式和养护龄期对再生混凝土力学性能和微观组成及结构的影响。基于上述研究，得到以下结论：

（1）再生粗骨料的掺入，降低了再生混凝土的抗压强度、劈裂抗拉强度和抗折强度，且随着再生粗骨料取代率的增加，其力学性能逐渐降低。碳化处理改善了使用较高取代率的再生粗骨料取代天然骨料对再生混凝土强度的不利影响，且碳化强化前后再生混凝土的破坏形态与普通混凝土无明显差异。

（2）碳化后再生混凝土力学性能随取代率增大逐渐降低，但提高幅度逐渐增大。与直接碳化再生混凝土相比，预浸泡 CH 碳化再生混凝土力学性能提升幅度更明显，CH 为再生骨料孔溶液提供了更多可用于碳化的 Ca^{2+}，与 CO_2 反应后生成 $CaCO_3$ 促进界面处新水泥的水化，提升再生混凝土的性能。

（3）碳化处理再生粗骨料，能够明显提高再生混凝土的力学强度，但后期强度的提高值相对降低。与未处理再生混凝土相比，取代率为 50%时，碳化处理后 7d 和 28d 抗压强度分别提高 18.1%和 15.2%；取代率为 100%时，碳化处理后 7d 和 28d 抗压强度分别提高 23.1%和 18.9%。

（4）用碳化处理后的再生粗骨料配制混凝土，改善了旧砂浆及新、旧界面过渡区的密实性，增强了骨料与新砂浆间的粘结强度。由于碳化产物 $CaCO_3$ 硬度高，提高了碳化后旧砂浆和新、旧界面过渡区的微观硬度，其中，新 ITZ 的显微硬度高于旧 ITZ，且宽度小于旧 ITZ。

（5）基于第 3、4 章试验数据阐述了碳化增强机理，对比分析了直接碳化和预浸泡 CH 碳化两种方式对骨料和混凝土强化机理的异同。两种碳化方式的本质均为 CO_2 与 $Ca(OH)_2$、

C-S-H 等水化产物发生反应，生成 $CaCO_3$ 和硅胶填充并覆盖在微裂纹和孔隙中，从而细化再生骨料。但再生粗骨料在石灰水浸泡过程中有大量的 Ca^{2+} 渗透到骨料中，从而提高碳化反应程度。反应产物方解石在制备再生混凝土时会与新拌基质中的水泥接触释放出 CO_3^{2-}，与水泥基质中的铝离子、钙离子和硫酸根离子发生反应生成单碳铝酸盐，为 C-S-H 在骨料表面的生长提供更多的成核点。

第 5 章 碳化对再生混凝土单轴受压损伤本构模型影响

5.1 试验设计及加载方案

如图 5-1 所示，本试验采用中国科学院武汉岩土力学研究所研制的 RMT-150B 型岩石力学伺服控制系统试验机。该试验系统具有岩石和混凝土单轴抗压、三轴抗压、间接抗拉、直接抗拉和压剪等功能，荷载、变形自动采集，实时显示。通过单轴压缩试验采集数据，试验过程中采用位移控制法，加载速率为 0.3mm/min。

图 5-1 加载装置试验机

本试验考虑再生骨料取代率和碳化前预处理方式对碳化后再生混凝土的影响。所用配合比如表 2-2 所示，试件尺寸为 100mm × 100mm × 300mm，每组制备 3 个试件用于测试。测试前，将待测样品表面和承压板表面擦拭干净；之后将待测试件放置承压板上，通过调整将其轴心与下压板中心对准。开始测试前，对试件进行预压，避免由于放置等问题出现偏心现象。若出现偏压，立刻进行调整，并多次预加载进行调整。预压结束后即可正式开展测试。

5.2 试验现象及结果分析

5.2.1 试件破坏形态与过程

直接碳化再生混凝土、预浸泡 CH 碳化再生混凝土、再生混凝土与普通混凝土在单轴压应力作用下的变形破坏形态相似。可以分为以下四个方面：弹性应变发展阶段、弹性应变稳定发展状态、塑性应变非稳定发展阶段和破坏阶段[202]。在加载初期，当试块所受应力小于 0.3 倍的峰值应力$\sigma_{\max}$，此时处于弹性发展阶段。由于此时试件所受压应力较小，混凝土的宏观变形无明显变化。随着荷载的增加，试件内部的微裂纹在外力作用下逐渐发展。由于再生粗骨料在破碎过程中产生一部分微裂纹，这些微裂纹在持续增加的荷载作用下变长变宽，同时，骨料与旧砂浆间的界面粘结强度也会变得更加薄弱。然而，当外部不再继续增加荷载时，微裂纹会停止进一步的扩展，因此这个阶段称为稳定发展状态。当外部荷载进一步加大时，骨料与旧砂浆间的裂缝继续增长，新拌水泥砂浆中的损伤不断累积，水泥砂浆中产生的裂纹不断延伸与扩展，逐渐与再生粗骨料附着砂浆上的裂纹连通，此时，试件表面出现平行于施力方向的细微裂纹。当达到峰值应力时，裂缝迅速延伸，从两边向中间发展，在试件表面形成贯通缝，试件发生破坏。荷载进一步增加，混凝土逐渐失去承载力，伴随着试件表面部分碎片的脱落，最终被完全压坏。

试件单轴受压破坏形态如图 5-2 所示，破坏形态主要为斜向剪切破坏。可以看出，破坏后的试件表面表现出纵向微裂纹和斜向贯通裂缝。同时，对比 7 组试件的破坏形态可以发现，碳化前预处理方式和再生粗骨料取代率对破坏形态无明显影响。通过观察试件破坏断面可以发现，裂缝主要发生在再生粗骨料的附着砂浆上、粗骨料与新拌砂浆的界面以及新拌水泥砂浆中，而粗骨料表面几乎未发现肉眼可见的裂纹，只有少部分再生粗骨料发生了破坏。这是因为在骨料破碎阶段，再生粗骨料内部的损伤不断积累，当再次受到外力时，再生粗骨料内部的微裂纹在应力集中下逐渐延伸发展，最终导致其发生破坏。

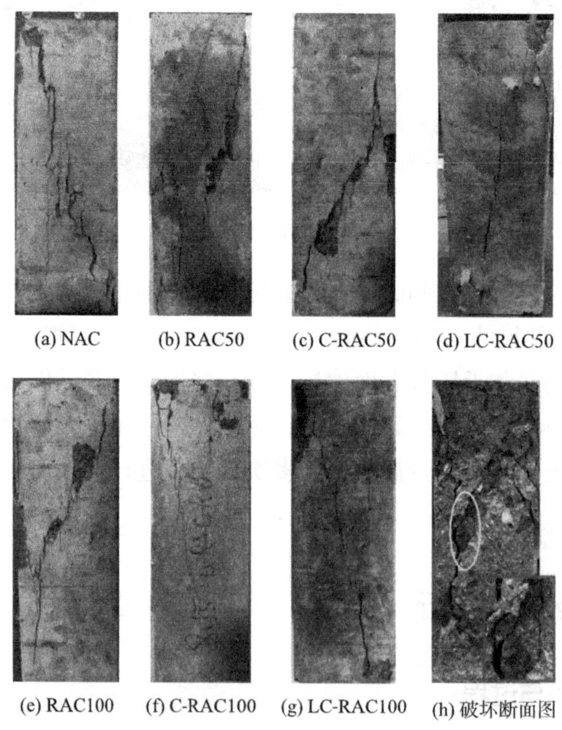

图 5-2　试件单轴受压破坏形态

5.2.2 试验结果分析

将试验实测垂直力和垂直变形的数据代入下列式子中，得到各组试件的应力-应变曲线，如图 5-3 所示。

$$\sigma = \frac{N}{A} \tag{5-1}$$

$$\varepsilon = \frac{\Delta l}{l} \tag{5-2}$$

式中：N——垂直力；

A——试件横截面积；

Δl——试件沿轴向的变形；

l——试件高度。

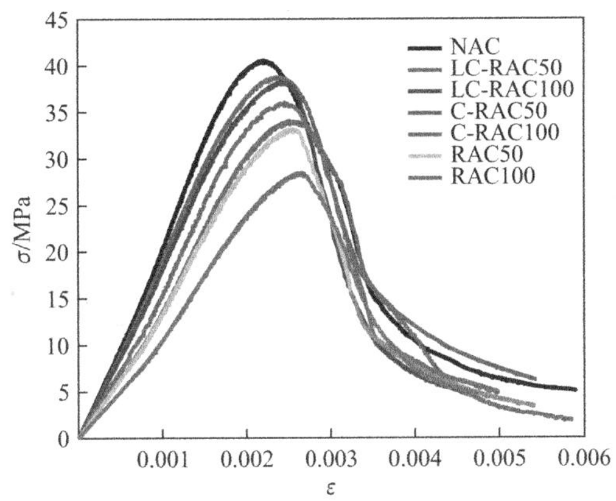

图 5-3　各组试块应力-应变全曲线

按照取代率、碳化前预处理方式共分为 7 组，每组试件应力-应变全曲线变化情况如图 5-3 所示。可以看出，各组试件所对应的曲线变化趋势一致，均存在比例极限点、临界应力点、峰值点、反弯点和收敛点。刚开始加载时，应变近乎等比例增加，此时曲线斜率基本保持不变，直至达到比例极限点。继续增大荷载时，上升段曲线斜率逐渐变小，应变继续增大，在这一过程中，试块内部的损伤不断积累，直至体积压缩变形达到极限，此时为临界应力点。此后，应力升至峰值点，峰值点的切线与应变轴平行，峰值点所对应的应变即为峰值应变。进入下降段后，应变继续增加，而应力却在逐渐减小，当下降段曲线由凹向应变轴变为凸向应变轴时，即达到反弯点。继续增大应变，试件的承载力迅速下降，此时试件内部裂缝不断扩展、连通，仅仅依靠骨料间的摩擦力和残存的粘结力来承担，曲线逐渐平行于应变轴，曲率最大的点即为收敛点。

现将相同取代率下未处理、直接碳化和预浸泡 CH 碳化三种处理方式的试件进行对比。如图 5-4 所示，在同一应变下，未处理的再生混凝土所能承受的峰值应力最小。这是由于再生粗骨料附着砂浆上存在大量微裂纹，孔隙率较大，ITZ 薄弱，使得制备成的混凝土在荷载的施加下试件内部的损伤迅速积累，从而较快地达到临界破坏状态。如图 5-4（a）所示，当取代率为 50%时，预浸泡 CH 碳化再生混凝土的峰值应力和上升段曲线斜率最高，峰值应变最小，其曲线与X轴的包络面积最大，说明碳化前进行石灰水预浸泡有利于提高试件的抗压强度；而再生混凝土的峰值应力和上升段曲线斜率最低，峰值应变最大，说明未处理的再生混凝土由于其内部的再生粗骨料存在的裂隙、孔洞以及薄弱的界面对试件强度起到了一定的负面影响。如图 5-4（b）所示，当取代率为 100%时，与取代率为 50%的变化规律一致。

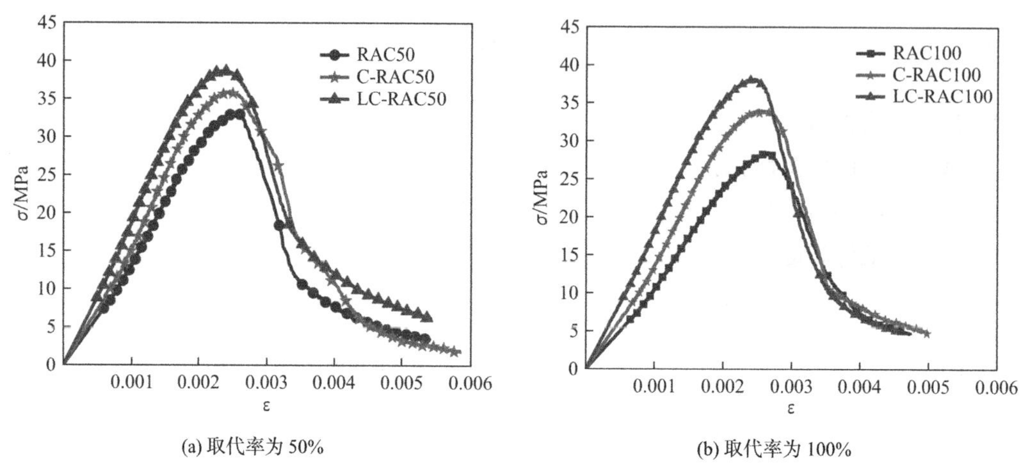

(a) 取代率为 50%　　(b) 取代率为 100%

图 5-4　不同处理方式对试块应力-应变曲线的影响

将相同处理方式下取代率对试件应力应变的影响进行对比。如图 5-5 所示，图中曲线表明，随着取代率的增大，再生混凝土、直接碳化再生混凝土和预浸泡 CH 碳化再生混凝土曲线的斜率、峰值应力均逐渐减小，而峰值应变逐渐增大。同时，在相同处理条件下，取代率越大，下降段曲线越陡，说明试件的脆性和延性越差。从图 5-5（c）中可以看出，再生混凝土被普通混凝土的曲线完全包络在下方，且三条曲线的斜率相差较大。与再生混凝土相比，经过碳化处理后，预浸泡 CH 碳化再生混凝土和直接碳化再生混凝土 50%和100%取代率的峰值应力的差值变小，说明碳化对再生混凝土抗压强度起到了强化的作用。然而，二者相比，前者降低幅度更大，从图 5-5（a）中可以看出，骨料取代率为 50%和 100%时，预浸泡 CH 碳化再生混凝土的峰值应力几乎重合，且三条曲线的斜率也几乎重合。

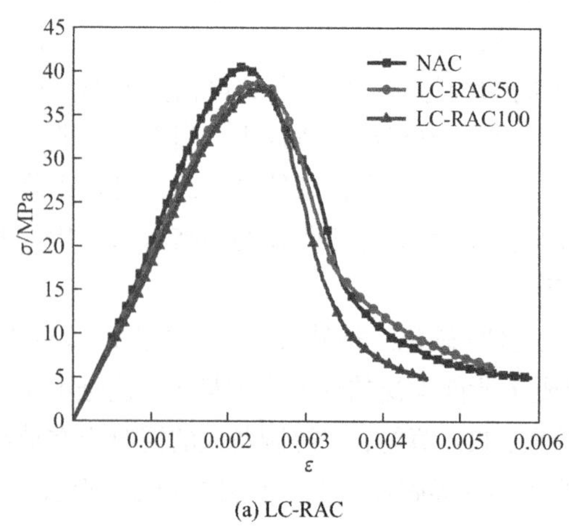

(a) LC-RAC

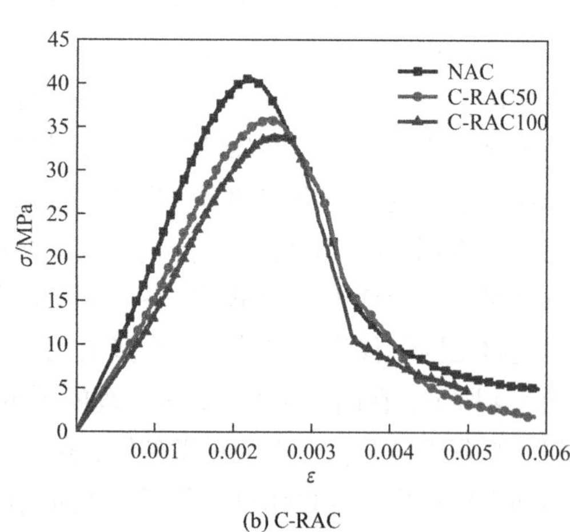

(b) C-RAC

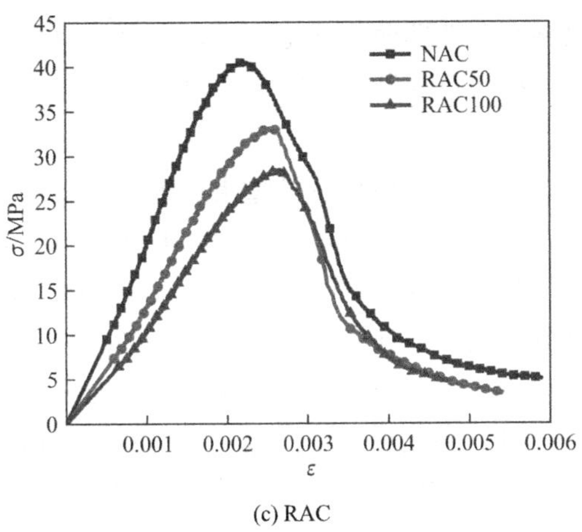

(c) RAC

图 5-5　取代率对试块应力-应变曲线的影响

5.3 单轴受压应力-应变全曲线分析

（1）峰值应力、峰值应变

峰值应力即为被测试件所能承受的最大应力，峰值应变为峰值应力所对应的应变。表 5-1 为 7 组试件峰值应力σ_{max}和峰值应变ε_p的测试值。

峰值应力和峰值应变测试值　　表 5-1

编号	σ_{max}/MPa	ε_p
NAC	40.6	0.00219
RAC50	33.2	0.00255
C-RAC50	36.2	0.00245
LC-RAC50	38.7	0.00236
RAC100	28.5	0.00265
C-RAC100	34.0	0.00250
LC-RAC100	38.2	0.00241

由图 5-6（a）可以看出，在相同处理方式下，试件的σ_{max}随取代率的增加而逐渐变小，其中，普通混凝土的σ_{max}最大，骨料取代率为 100%时，未处理再生混凝土的σ_{max}最小。与再生混凝土相比，取代率为 50%时，直接碳化再生混凝土和预浸泡 CH 碳化再生混凝土的σ_{max}分别提高了 9.0%和 16.6%；取代率为 100%时，直接碳化再生混凝土和预浸泡 CH 碳化再生混凝土的σ_{max}分别提高了 19.3%和 34%。由此可见，碳化处理后试件的峰值应力均得到了提升，显然，预浸泡 CH 碳化再生混凝土的提升效果更明显。值得注意的是，骨料取代率为 50%时，预浸泡 CH 碳化再生混凝土的σ_{max}达到了普通混凝土的 95.3%。由图 6-6（b）可以看出，骨料取代率为 100%时，未处理再生混凝土在 7 组数据中对应最小的σ_{max}和最大的ε_p，说明再生混凝土产生的变形较大，其具有的刚度较低，品质较差。这是因为当再生粗骨料以 100%的取代率完全替代天然骨料时，再生粗骨料具有较高的孔隙率和压碎

值，导致制备成的再生混凝土在外部荷载的施加下，内部的微裂纹会迅速发生扩展；同时再生混凝土内部的再生粗骨料与新拌砂浆的粘结力较差，存在大量薄弱的 ITZ，最终导致再生混凝土的承载力较差。

由图 5-6（b）可以看出，随骨料取代率的增大，混凝土ε_p呈现增大的趋势。再生粗骨料取代率为 50%和 100%时，ε_p分别为 0.00255 和 0.00265，与普通混凝土相比，分别增加了 16.4%和 21%；直接碳化再生粗骨料取代率为 50%和 100%时，ε_p分别为 0.00245 和 0.00250，与普通混凝土相比，分别增加了 11.9%和 14.2%；预浸泡 CH 碳化再生粗骨料取代率为 50%和 100%时，ε_p分别为 0.00236 和 0.00241，与普通混凝土相比，分别增加了 7.8%和 10%。由上述数据可以发现，碳化后试块的ε_p与普通混凝土相比，增长幅度明显降低，这是由于碳化反应生成的 $CaCO_3$ 和硅胶填充了再生粗骨料的孔隙和裂缝，使 ITZ 变得更加密实，进而提升了试件的抗压强度，减小其在受力过程中产生的变形。与直接碳化再生混凝土相比，预浸泡 CH 碳化再生混凝土的ε_p更接近普通混凝土，这是因为在石灰水中浸泡后再生粗骨料内部孔溶液中 Ca^{2+}含量增多，大量的 Ca^{2+}能够与持续通入的 CO_2 气体反应，生成更多的碳化物质，从而对骨料内部裂隙和 ITZ 起到良好的填充作用，进而提高试件的强度和刚度，减小受力过程中产生的变形。

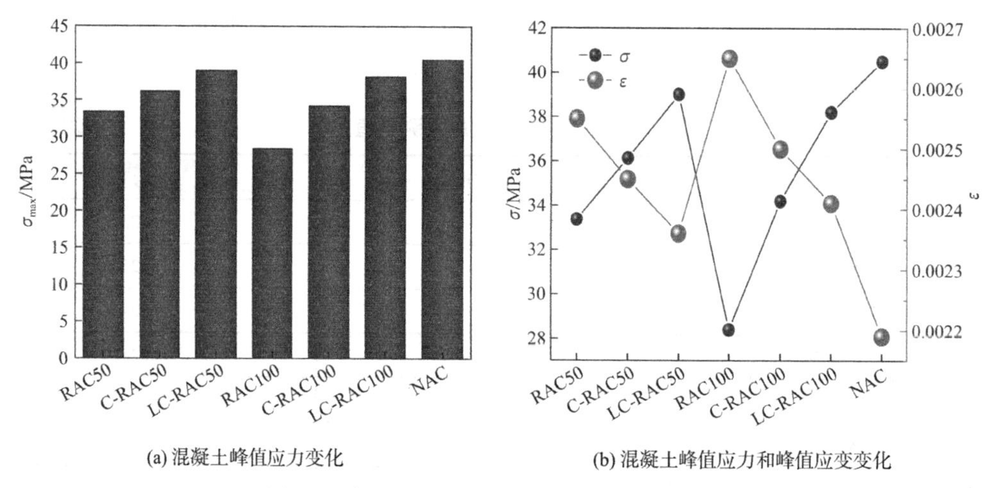

(a) 混凝土峰值应力变化

(b) 混凝土峰值应力和峰值应变变化

图 5-6　各组试块峰值应力和峰值应变测试值

（2）弹性模量

采用割线模量表示试件的弹性模量，取σ_{max}的 0.4 倍所对应的应力值与应变值和$\sigma = 0.5$MPa 时的应力值与应变值，二者的应力值与应变值分别做差再相除，即得到各组弹性模量值，如表 5-2 所示。公式如下：

$$E = \frac{0.4\sigma_{max} - \sigma_{0.5}}{\varepsilon_{0.4\sigma_{max}} - \varepsilon_{0.5}} \tag{5-3}$$

各组试块弹性模量值　　**表 5-2**

编号	*E*/GPa
NAC	22.7
RAC50	16.8

续表

编号	E/GPa
C-RAC50	18.4
LC-RAC50	21.7
RAC100	14.1
C-RAC100	16.7
LC-RAC100	21.2

由图 5-7 可以看出，弹性模量随取代率的增大而减小。当取代率为 50%时，预浸泡 CH 碳化再生混凝土比直接碳化再生混凝土的弹性模量提高了 17.9%；当取代率为 100%时，预浸泡 CH 碳化再生混凝土比直接碳化再生混凝土的弹性模量提高了 27%。这一现象说明取代率越大，再生混凝土弹性模量提升幅度越大。这是因为碳化后的骨料品质得到明显提升，当以较大的取代率替代天然骨料时，制备的混凝土性能提升效果显著。骨料取代率分别为 50%和 100%时，预浸泡 CH 碳化再生混凝土的弹性模量相差不大，这是由于预浸泡 CH 碳化的骨料吸水率和压碎值得到有效改善，骨料原本存在较大的孔隙和裂纹被碳化产物填充或覆盖，骨料各项指标与天然骨料的差距减小，因此取代率对弹性模量的影响不明显。

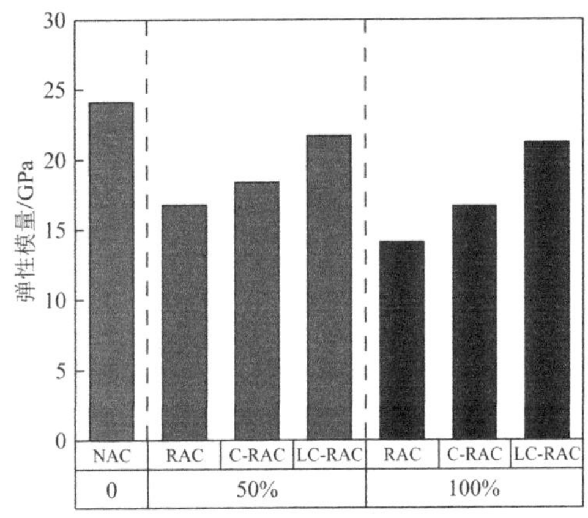

图 5-7　各组试块弹性模量值

5.4　单轴受压损伤本构模型

5.4.1　应力-应变全曲线拟合

采用过镇海提出的分段式方程对应力-应变全曲线进行拟合。对应力-应变曲线进行无量纲归一化处理，将$\varepsilon/\varepsilon_c$作为$X$轴，$\sigma/f_c$作为$Y$轴，各组曲线拟合效果如图 5-8 所示。

$$\begin{cases} y = ax + (3-2a)x^2 + (a-2)x^3 & (0 \leqslant x \leqslant 1) \\ y = x/\left[b(x-1)^2 + x\right] & (x > 1) \end{cases}$$

式中：a——上升段参数；

b——下降段参数。

拟合后上升段和下降段的参数a、b汇总如表 5-3 所示。从表中可以观察到，R^2在 0.99 左右波动，说明试验数据和函数拟合效果良好。参数a的含义是在峰值荷载时初始切向模量与割线模量的比值，表示曲线上升部分的相对斜率，a值越大表示上升曲线越陡。与普通混凝土相比，取代率为 50%和 100%时，再生混凝土的a值分别降低了 25.6%和 50%；与再生混凝土相比，取代率为 50%和 100%时，直接碳化再生混凝土的a值分别提高了 20.1%和 79.2%；与直接碳化再生混凝土相比，取代率为 50%和 100%时，预浸泡 CH 碳化再生混凝土的a值分别提高了 60%和 51.6%。以上数据表明，碳化有利于提高曲线上升段的相对斜率，说明碳化后混凝土的弹性模量有所升高，而预浸泡 CH 碳化提升效果比直接碳化更明显。

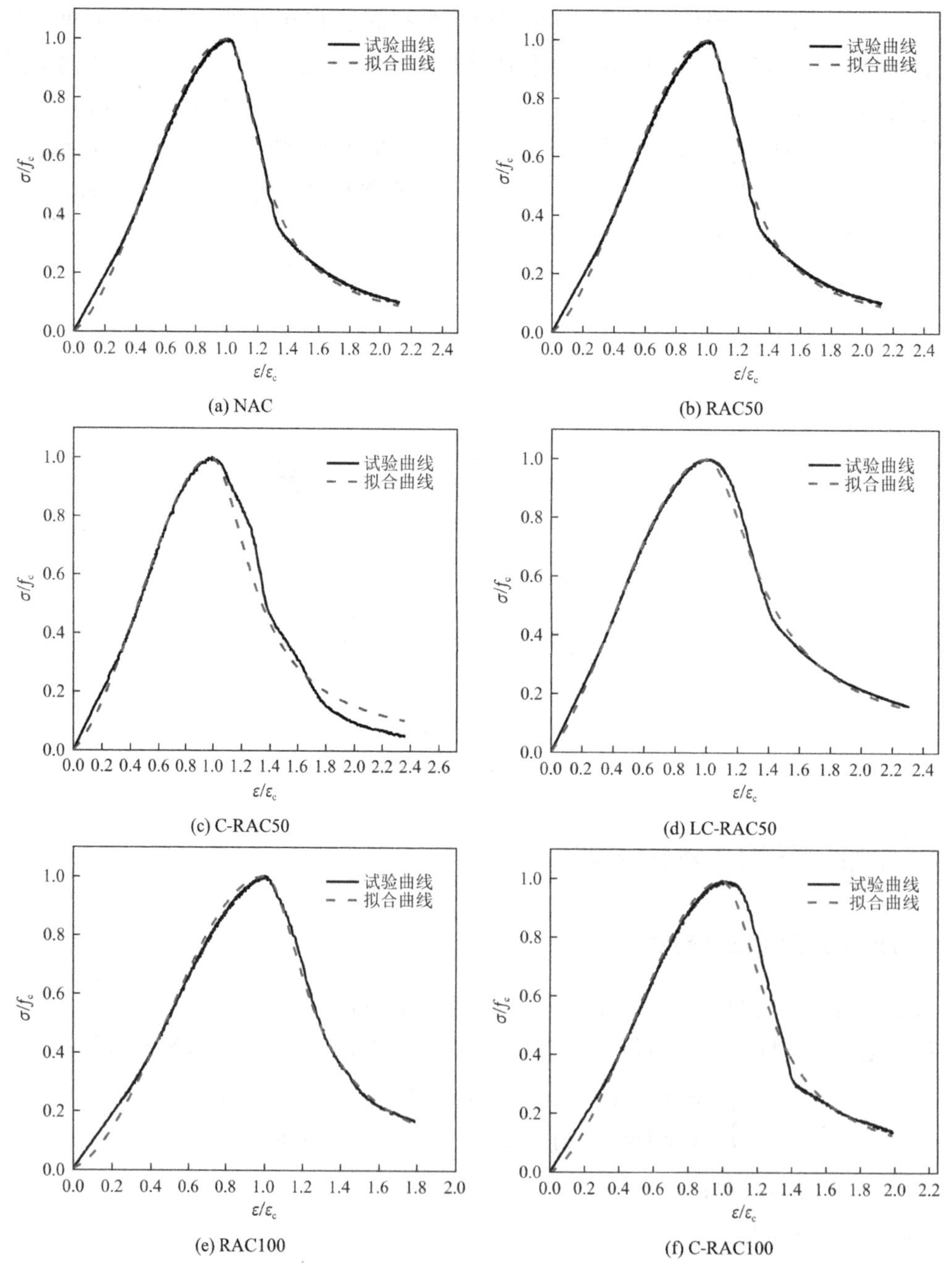

(a) NAC (b) RAC50

(c) C-RAC50 (d) LC-RAC50

(e) RAC100 (f) C-RAC100

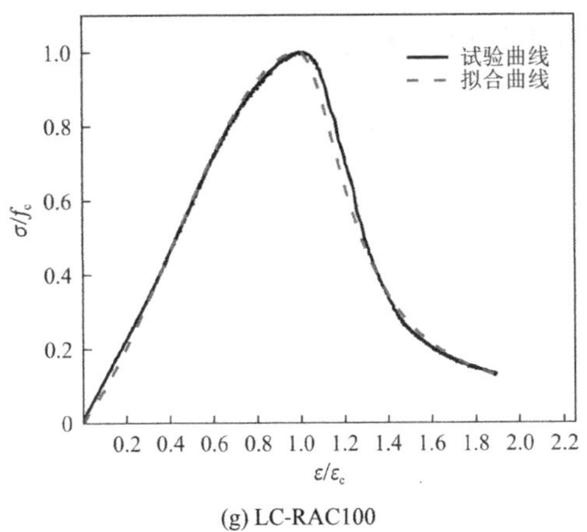

(g) LC-RAC100

图 5-8　应力-应变拟合曲线

参数b没有明确的含义，但可以反映曲线下降部分的斜率，b值越大，曲线下降段越陡峭，表明其延性越差。由表 5-3 中b值可以看出，当取代率为 50%时，与再生混凝土相比，直接碳化再生混凝土和预浸泡 CH 碳化再生混凝土的b值分别降低了 35.1%和 53.8%；当取代率为 100%时，与再生混凝土相比，直接碳化再生混凝土和预浸泡 CH 碳化再生混凝土的b值分别降低了 13.0%和提升了 5.5%。上述结果说明本试验中再生粗骨料的取代率和碳化处理方式对b值没有明显的变化规律。

参数a和b　　表 5-3

编号	a	b	R^2
NAC	0.511	6.58587	0.99008
RAC50	0.38024	16.74272	0.99653
C-RAC50	0.4586	10.85586	0.98564
LC-RAC50	0.73343	7.74373	0.99726
RAC100	0.2559	15.62189	0.99521
C-RAC100	0.4586	13.59358	0.99239
LC-RAC100	0.69519	16.47941	0.99746

5.4.2　损伤本构模型

（1）模型推导

混凝土不是一种线弹性材料，在荷载作用下，会发生开裂以及裂缝的扩展，当达到承受的最大荷载时，应力逐渐减小，这一系列过程导致混凝土内部的损伤不断积累并发生破坏。因此，有必要对混凝土损伤演变规律进行探讨。

基于等效应变原理和 Weibull 概率密度函数对混凝土损伤本构关系进行推导。等效应变原理为：名义应力在有损材料上产生的应变与有效应力在无损材料上产生的应变等效。通过引入损伤变量D表示损伤变化情况，当D为 0 时，说明没有产生损伤；D为 1 时，说明试块发生破坏。根据等效应变原理，D为：

$$D = 1 - \frac{E^*}{E} \tag{5-4}$$

式中：E^*——损伤后弹性模量；

E——初始弹性模量。

有效应力与名义应力之间的关系为：

$$\sigma_n = \frac{\sigma}{1 - D} \tag{5-5}$$

式中：σ_n——有效应力；

σ——名义应力。

受损材料本构方程为：

$$\varepsilon = \frac{\sigma_n}{E} \tag{5-6}$$

将式(5-5)代入式(5-6)中得：

$$\varepsilon = \frac{\sigma}{(1 - D)E} \tag{5-7}$$

混凝土材料的非匀质性导致其内部存在多种差异与缺陷，而这些差异与缺陷随机分布在混凝土材料中，同时这些因素之间相互独立。因此，该变化特点服从 Weibull 概率密度函数，即：

$$\varphi(F) = \frac{b}{a}\left(\frac{F}{a}\right)^{b-1} \exp\left[-\left(\frac{F}{a}\right)^b\right] \tag{5-8}$$

由于在施加荷载的过程中，损伤是由破坏微元界面产生的，因此定义损伤变量D为破坏界面数目（n）与界面总数目（N）的比值。即：

$$D = \frac{n}{N} \tag{5-9}$$

因此，在任意区间$[\varepsilon, \varepsilon + \mathrm{d}\varepsilon]$中，混凝土内部产生的破坏界面数为$N\varphi(F)\,\mathrm{d}F$。当$\varepsilon$为一定水平时，破坏界面数（$n$）与界面总数目（$N$）存在如下关系：

$$n = N\int_0^{\varepsilon} \varphi(F)\,\mathrm{d}F = N\left\{1 - \exp\left[-\left(\frac{\varepsilon}{a}\right)^b\right]\right\} \tag{5-10}$$

将式(5-9)代入式(5-10)得：

$$D = 1 - \exp\left[-\left(\frac{\varepsilon}{a}\right)^b\right] \tag{5-11}$$

将式(5-7)代入式(5-11)得：

$$\sigma = E\varepsilon \exp\left[-\left(\frac{\varepsilon}{a}\right)^b\right] \tag{5-12}$$

由式(5-12)可知损伤本构模型中共有两个参数a、b，因此求得a、b即可得到损伤本构模型对应的参数。对式(5-12)的ε求导得：

$$\frac{\mathrm{d}\sigma}{\mathrm{d}\varepsilon} = E\exp\left[-(\varepsilon/a)^b\right]\left[1 - b(\varepsilon/a)^b\right] \tag{5-13}$$

当$\sigma = \sigma_{\max}$时，$\varepsilon = \varepsilon_p$，则$\frac{d\sigma_{\max}}{d\varepsilon_p}$，代入式(5-13)得：

$$\frac{d\sigma_{\max}}{d\varepsilon_p \exp\left[-\left(\varepsilon_p/a\right)^b\right]\left[1-b\left(\varepsilon_p/a\right)^b\right]} \tag{5-14}$$

因为$E>0$，$\exp\left[-\left(\varepsilon_p/a\right)^b\right] \geqslant 1$，因此，$\left[1-b\left(\varepsilon_p/a\right)^b\right]=0$，解得：

$$a = \varepsilon_p/(1/b)^{1/b} \tag{5-15}$$

将式(5-14)代入式(5-12)得$\sigma \exp\left\{-\left[(1/b)^{1/b}\right]^b\right\}_{\max}$，解得：

$$b = \frac{1}{\ln\left(\frac{E\varepsilon_p}{\sigma_{\max}}\right)} \tag{5-16}$$

（2）参数求解及曲线拟合

根据试验测得的$\sigma_{\max}$、ε_p和E得到试件单轴受压状态下的损伤本构方程及损伤演变方程。其中，模型参数a、b值如表 5-4 所示，损伤本构方程及损伤演变方程如表 5-5 所示。

参数模型a和b　　　　**表 5-4**

编号	$\sigma_{\max}$/MPa	ε_p	E/MPa	a	b
NAC	40.6	0.00219	22700	0.00311100	3.811769955
RAC50	33.2	0.00255	16800	0.003612934	3.922762845
C-RAC50	36.2	0.00245	18400	0.003417387	4.558309593
LC-RAC50	38.7	0.00236	21700	0.003370728	3.569716643
RAC100	28.5	0.00265	14100	0.003774754	3.692348363
C-RAC100	34.0	0.00250	16700	0.003460321	4.869997210
LC-RAC100	38.2	0.00241	21200	0.003451461	3.438879260

损伤本构方程及损伤演变方程　　　　**表 5-5**

编号	损伤本构方程	损伤演变方程
NAC	$\sigma = 22700\varepsilon\exp\left[-(\varepsilon/0.003111)^{3.8118}\right]$	$D = 1-\exp\left[-(\varepsilon/0.003111)^{3.8118}\right]$
RAC50	$\sigma = 16800\varepsilon\exp\left[-(\varepsilon/0.003613)^{3.9228}\right]$	$D = 1-\exp\left[-(\varepsilon/0.003613)^{3.9228}\right]$
C-RAC50	$\sigma = 18400\varepsilon\exp\left[-(\varepsilon/0.003417)^{4.5583}\right]$	$D = 1-\exp\left[-(\varepsilon/0.003417)^{4.5583}\right]$
LC-RAC50	$\sigma = 21700\varepsilon\exp\left[-(\varepsilon/0.003371)^{3.5697}\right]$	$D = 1-\exp\left[-(\varepsilon/0.003371)^{3.5697}\right]$
RAC100	$\sigma = 14100\varepsilon\exp\left[-(\varepsilon/0.003775)^{3.6923}\right]$	$D = 1-\exp\left[-(\varepsilon/0.003775)^{3.6923}\right]$
C-RAC100	$\sigma = 16700\varepsilon\exp\left[-(\varepsilon/0.003460)^{4.8700}\right]$	$D = 1-\exp\left[-(\varepsilon/0.003460)^{4.8700}\right]$
LC-RAC100	$\sigma = 21200\varepsilon\exp\left[-(\varepsilon/0.003451)^{3.4389}\right]$	$D = 1-\exp\left[-(\varepsilon/0.003451)^{3.4389}\right]$

由图 5-9 可以看出，拟合曲线上升段与试验数据绘制的曲线相关性良好。下降段曲线的拟合相关性没有上升段贴合，在达到峰值应力之后开始出现偏差，尤其在下降段的反弯

点之后，拟合曲线迅速下降，在同一应变下，拟合曲线所对应的应力值小于试验数据测得的应力值。这是由于当试件内部的损伤积累到一定程度时，试件发生迅速破坏，此时试件本身的承载力迅速下降，无法承载外部施加的力。在混凝土的力学性能研究中，峰值应力前应力和应变的变化起着重要的作用，因此，综合模型的整体效果，该模型能够反映试件在单轴压缩下内部发生的损伤变化情况。

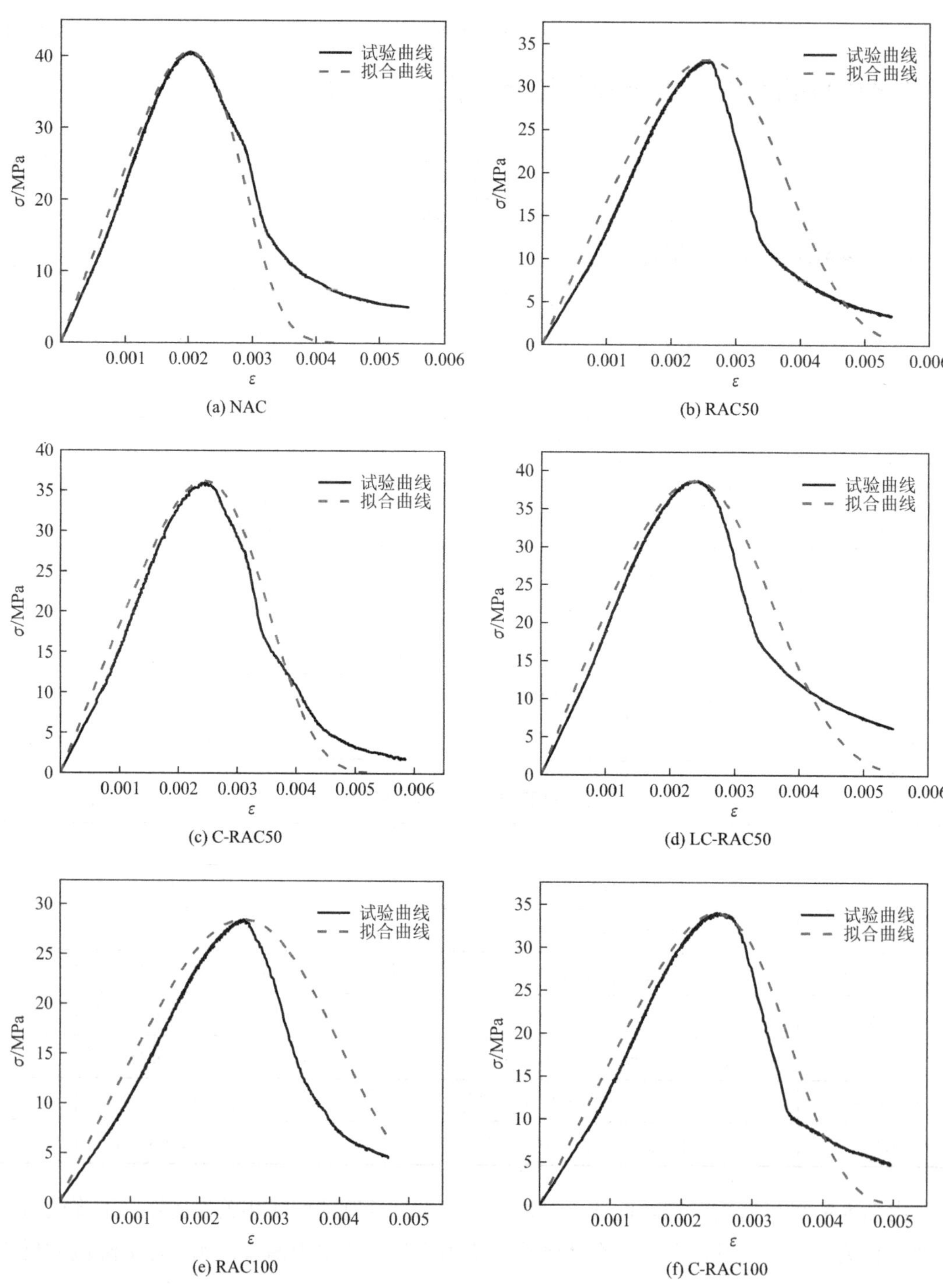

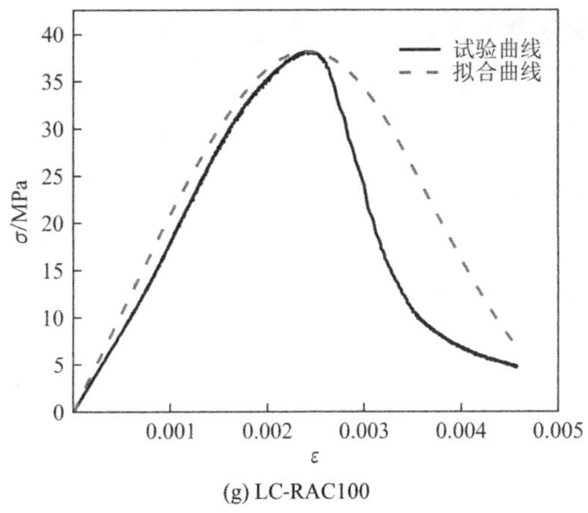

(g) LC-RAC100

图 5-9　试验曲线和模型曲线

（3）损伤演变曲线

图 5-10 是根据表 5-5 中的损伤演变模型计算得出损伤变量D与应变ε之间的变化关系图。可以看出D与ε呈现 S 形变化关系，且D随ε的增大而增大，D的增长速率为先增大后变小。当ε在 0～0.002 范围内变化时，D增长速率缓慢；当ε在 0.003～0.004 范围内变化时，D快速增长。由表 5-1 知，7 组试块的ε_p均小于 0.003，这种现象说明，当试块达到峰值应力后，随着外部荷载继续施加，内部损伤不断累加，试块内的裂纹迅速发展成较宽的裂缝，导致试件的承载力迅速降低，从而损伤不断增大，最终导致试件发生破坏。

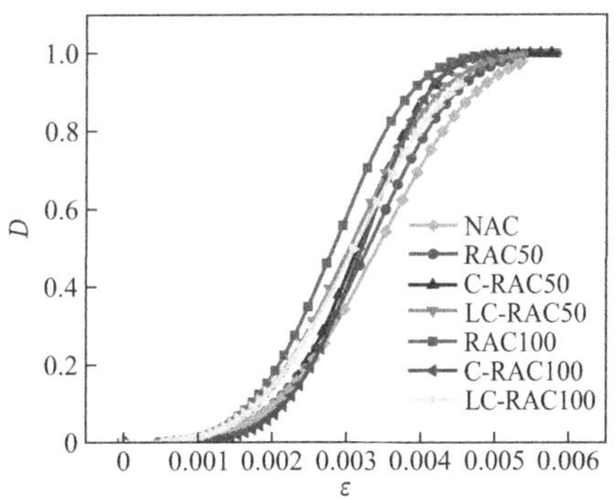

图 5-10　各组损伤变量与应变变化关系

5.5　本章小结

本章主要对普通混凝土、未碳化再生混凝土、直接碳化再生混凝土和预浸泡 CH 碳化再生混凝土棱柱体，进行单轴受压试验，分析了再生粗骨料取代率及碳化处理方式对混凝土单轴受压状态下应力-应变全曲线的影响，主要结论如下：

（1）试件单轴受压破坏形态主要为斜向剪切破坏，破坏后的试件表面出现纵向微裂纹和斜向贯通裂缝。碳化前预处理方式和再生粗骨料取代率对破坏形态无明显影响。

（2）相同处理条件下，随着取代率的增大，再生混凝土曲线的斜率、峰值应力和弹性模量逐渐减小，峰值应变逐渐增大，下降段曲线逐渐变陡。

（3）与未处理再生混凝土相比，碳化后混凝土应力-应变有明显改善。取代率为 50%时，预浸泡 CH 碳化再生混凝土的峰值应力和上升段曲线斜率最高，峰值应变最小，其曲线与 X轴的包络面积最大，说明碳化前进行石灰水预浸泡有利于提高试件的抗压强度。

（4）本章采用无量纲公式对混凝土应力-应变全曲线进行拟合，取得良好的拟合效果。拟合公式中的参数a随取代率的增大而增大，但本章中取代率和碳化处理方式对b值无明显变化规律。

（5）总损伤变量随应变增加呈 S 形单调递增，损伤发展速率随应变的增加先增大后减小，最终趋近于 1。

第 2 篇

CH 复合碳化改性再生骨料/再生微粉

第 6 章

CH 复合碳化改性再生粗骨料

6.1 试验原材料及测试方法

6.1.1 粗骨料

天然骨料和再生骨料如图 6-1 所示。天然骨料购买于当地建筑材料市场，再生骨料来自试验后的废弃混凝土梁，设计强度等级 C30，龄期 6 个月，采用人工方式破碎并筛分。根据《建设用卵石、碎石》GB/T 14685—2022 测得的粗骨料的物理力学性能如表 6-1 所示。天然骨料由质量比为 1 : 2 的 NA-1 和 NA-2 组成，再生骨料由质量比为 1 : 2 的 RCA-1 和 RCA-2 组成。

(a) NA-1，5～10mm　(b) NA-2，10～20mm

(c) RCA-1，5～10mm　(d) RCA-2，10～20mm

图 6-1　天然骨料和再生骨料

6.1.2 碳化骨料

本研究用于制作碳化骨料的加速碳化装置如图 6-2 所示，其体积约为 50L，所采用的工业液体 CO_2 体积分数在 99%以上。加速碳化开始前，首先将再生骨料在 CH 中浸泡 24h，然后将其置于恒温恒湿箱（温度 20℃、相对湿度 70%）中保持 24h，这样是为了使得再生骨料内部湿度保持在适宜的碳化处理湿度范围内，从而提高其碳化程度。接着，将再生骨料放入碳化装置中，用真空泵将碳化装置中的空气抽出至−0.05MPa，之后进行加速碳化处理。

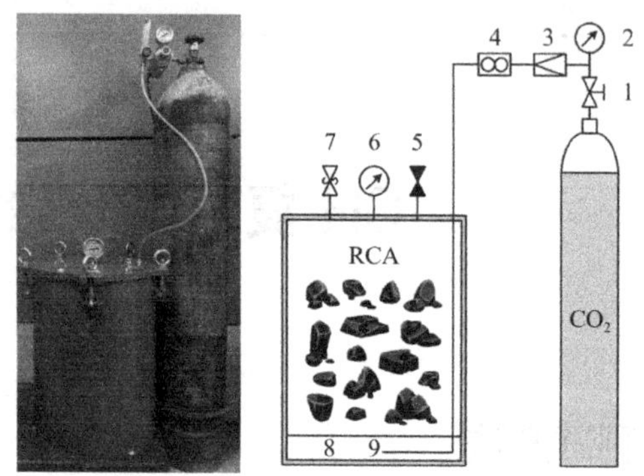

1—旋转阀；2—压力表；3—减压阀；4—气流计；5—排气阀；6—压力表；7—安全阀；8—冲孔板；9—进气口

图 6-2　加速碳化装置

在加速碳化处理过程中，为了使再生骨料能够获得较高的碳化程度，碳化时间保持为 24h。考虑工业可行性及目前研究现状，对于不同压力加速碳化提升再生混凝土骨料性能研究，其碳化压力采用 0.05MPa、0.15MPa、0.30MPa。对于其他章节用到的碳化骨料，其碳化压力统一采用 0.30MPa。

在加速碳化处理结束后，根据《建设用卵石、碎石》GB/T 14685—2022 可以测得碳化骨料的物理力学性能。其中，当碳化压力为 0.30MPa 时，碳化骨料对应的物理力学性能如表 2-2 所示。

另外，为了直观地观察碳化效果，将 10g/L 的酚酞指示剂喷洒在加速碳化前后再生骨料的表面，观察其颜色变化。10g/L 酚酞指示剂的制备方法是将 1g 的酚酞粉末溶于体积分数为 95%的乙醇，然后稀释至 100mL。

6.2　CH 复合碳化再生粗骨料宏观物理性能

6.2.1　再生骨料碳化效果

喷洒酚酞指示剂的再生骨料外观颜色变化如图 6-3 所示。碳化前 RCA-1 和 RCA-2 外观颜色变成紫红色，而碳化后 RCA-1-C3 和 RCA-2-C3 外观颜色无变化，这表明碳化后再生骨料表面失去碱性，$Ca(OH)_2$ 转变为 $CaCO_3$。

(a) RCA-1　　(b) RCA-2

(c) RCA-1-C3　　(d) RCA-2-C3

图 6-3　再生骨料外观颜色变化

加速碳化处理结束后，将再生骨料进行破碎，使其内部表面暴露出来，然后喷洒酚酞指示剂。喷洒酚酞指示剂的再生骨料内部颜色变化如图 6-4 所示。RCA-1-C3 和 RCA-2-C3 内部颜色变成紫红色，说明再生骨料并没有被完全碳化，而只是在表层一定深度范围内发生了碳化。

(a) RCA-1-C3　　(b) RCA-2-C3

图 6-4　再生骨料内部颜色变化

6.2.2　再生骨料物理力学性能变化

再生骨料碳化前后的物理力学性能如表 6-1 所示。根据表中的数据，可以得到再生骨料物理力学性能随碳化压力变化的趋势，如图 6-5 所示。可以看出，随碳化压力增大，RCA-1 和 RCA-2 的表观密度、吸水率、压碎值都表现出相似的变化趋势。考虑到再生骨料试样的离散性，基本可以认为是呈指数关系发生变化。

从图 6-5（a）可以看出，随碳化压力增大，再生骨料的表观密度先增大然后逐渐趋于稳定，并且 RCA-1 的表观密度始终低于 RCA-2。另外，与 RCA-1 和 RCA-2 的表观密度相比较，加速碳化处理结束后，RCA-1-C3 和 RCA-2-C3 的表观密度分别增大 0.26%和 0.37%。

从图 6-5（b）可以看出，随碳化压力增大，再生骨料的吸水率先减小然后逐渐趋于稳定，并且 RCA-1 的吸水率始终高于 RCA-2。另外，与 RCA-1 和 RCA-2 的吸水率相比较，加速碳化处理结束后，RCA-1-C3 和 RCA-2-C3 的吸水率分别减小 18.97%和 10.70%。

从图 6-5（c）可以看出，随碳化压力增大，再生骨料的压碎值先减小然后逐渐趋于稳定，并且 RCA-1 的压碎值始终高于 RCA-2。另外，与 RCA-1 和 RCA-2 的压碎值相比较，加速碳化处理结束后，RCA-1-C3 和 RCA-2-C3 的压碎值分别减小 4.44%和 7.32%。

再生骨料碳化前后的物理力学性能 **表 6-1**

骨料类型	骨料尺寸/mm	碳化压力/MPa	表观密度ρ/（kg/m^3）	吸水率w/%	压碎值q/%
RCA-1	5～10	0.00	2689	5.95	24.23
RCA-1	5～10	0.00	2690	5.85	23.87
RCA-1	5～10	0.00	2690	5.74	23.50
RCA-2	10～20	0.00	2695	3.67	16.05
RCA-2	10～20	0.00	2698	3.74	16.11
RCA-2	10～20	0.00	2697	3.80	16.16
RCA-1-C1	5～10	0.05	2698	4.87	22.88
RCA-1-C1	5～10	0.05	2701	4.89	23.19
RCA-1-C1	5～10	0.05	2704	4.90	23.50
RCA-1-C2	5～10	0.15	2695	4.70	22.29
RCA-1-C2	5～10	0.15	2696	4.73	22.67
RCA-1-C2	5～10	0.15	2697	4.76	23.04
RCA-1-C3	5～10	0.30	2694	4.72	23.18
RCA-1-C3	5～10	0.30	2697	4.74	22.81
RCA-1-C3	5～10	0.30	2700	4.76	22.43
RCA-2-C1	10～20	0.05	2703	3.58	15.06
RCA-2-C1	10～20	0.05	2705	3.66	15.25
RCA-2-C1	10～20	0.05	2707	3.73	15.43
RCA-2-C2	10～20	0.15	2700	3.42	15.31
RCA-2-C2	10～20	0.15	2704	3.47	15.30
RCA-2-C2	10～20	0.15	2707	3.53	15.29
RCA-2-C3	10～20	0.30	2710	3.35	14.84
RCA-2-C3	10～20	0.30	2707	3.34	14.93
RCA-2-C3	10～20	0.30	2703	3.33	15.02

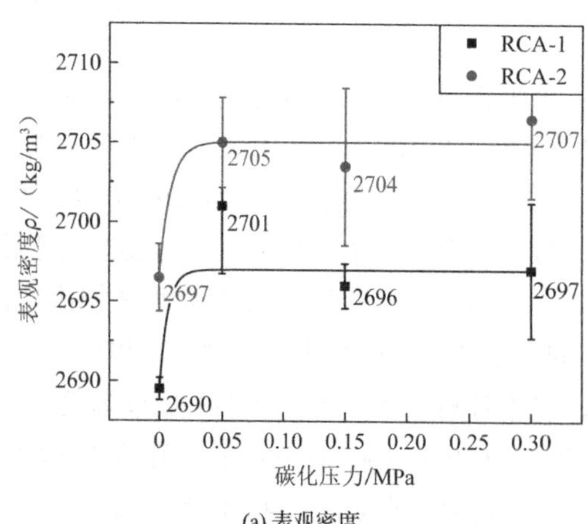

(a) 表观密度

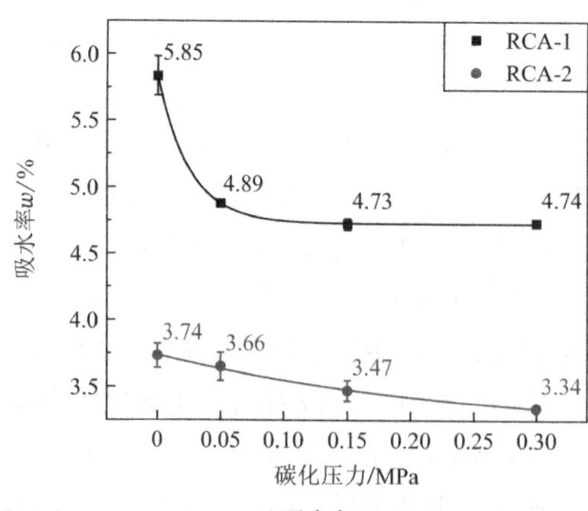

(b) 吸水率

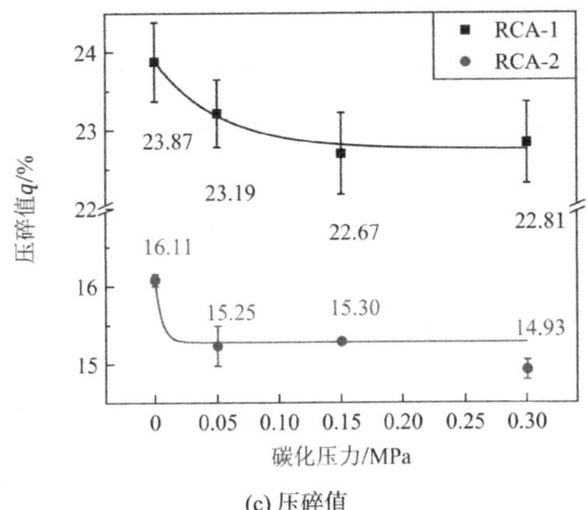

(c) 压碎值

图 6-5　再生骨料物理力学性能随碳化压力变化的趋势

6.2.3　再生骨料物理力学性能之间的关系

基于表 6-1 中的数据，可以得到再生骨料物理力学性能之间的关系，如图 6-6 所示。可以看出，RCA-1 的吸水率和压碎值高于 RCA-2，表观密度低于 RCA-2，这是因为再生骨料的粒径越小，其旧砂浆含量越高。另外，随吸水率逐渐增大，表观密度逐渐减小，而压碎值逐渐增大，基本上符合线性关系。

采用线性回归分析方法对图 6-6 中的数据进行拟合，得到表观密度与吸水率之间的关系为：$\rho' = 2722 - 5.26w$，相关系数R^2为 0.58。另外，压碎值与吸水率之间的关系为：$q' = 0.15 + 4.44w$，相关系数R^2为 0.89。采用上述两个线性关系式，代入吸水率试验值得到表 6-2 所示的再生骨料物理力学性能预测值。

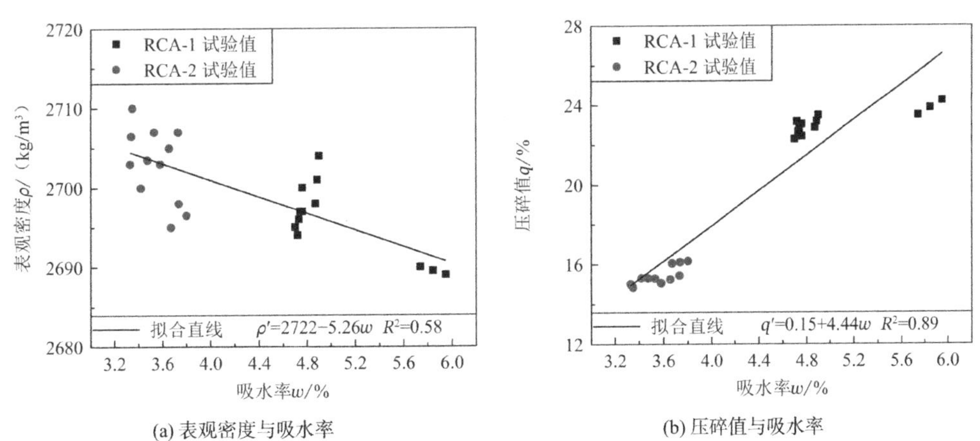

(a) 表观密度与吸水率　　(b) 压碎值与吸水率

图 6-6　再生骨料物理力学性能之间的关系

再生骨料物理力学性能预测值　　表 6-2

骨料类型	骨料尺寸/mm	吸水率w/%	表观密度ρ'/（kg/m³）	压碎值q'/%
RCA-1	5～10	5.95	2691	26.57
RCA-1	5～10	5.85	2691	26.12
RCA-1	5～10	5.74	2692	25.64

续表

骨料类型	骨料尺寸/mm	吸水率w/%	表观密度ρ'/（kg/m³）	压碎值q'/%
RCA-2	10～20	3.67	2703	16.44
RCA-2	10～20	3.74	2702	16.76
RCA-2	10～20	3.80	2702	17.02
RCA-1-C1	5～10	4.87	2696	21.77
RCA-1-C1	5～10	4.89	2696	21.86
RCA-1-C1	5～10	4.90	2696	21.91
RCA-1-C2	5～10	4.70	2697	21.02
RCA-1-C2	5～10	4.73	2697	21.15
RCA-1-C2	5～10	4.76	2697	21.28
RCA-1-C3	5～10	4.72	2697	21.11
RCA-1-C3	5～10	4.74	2697	21.20
RCA-1-C3	5～10	4.76	2697	21.28
RCA-2-C1	10～20	3.58	2703	16.05
RCA-2-C1	10～20	3.66	2703	16.40
RCA-2-C1	10～20	3.73	2702	16.71
RCA-2-C2	10～20	3.42	2704	15.33
RCA-2-C2	10～20	3.47	2704	15.56
RCA-2-C2	10～20	3.53	2703	15.82
RCA-2-C3	10～20	3.35	2704	15.02
RCA-2-C3	10～20	3.34	2704	14.98
RCA-2-C3	10～20	3.33	2704	14.94

为了判断表 6-1 中再生骨料物理力学性能试验值和表 6-2 中再生骨料物理力学性能预测值之间是否存在显著性差异，对它们进行配对样本t检验。分析每组配对样本的p值是否呈现出显著性（$p < 0.05$ 或$p < 0.01$），若呈现显著性，则拒绝原假设，说明每组配对样本之间存在显著性差异。反之，说明每组配对样本之间不存在显著性差异。另外，Cohen's d值表示效应量大小：在 0.20 以下表示效应非常小，在 0.20～0.50 之间表示效应较小，在 0.50～0.80 之间表示效应较大，在 0.80 以上表示效应非常大。

表观密度配对样本t检验的结果如表 6-3 所示，其显著性p值为 0.792，水平上不呈现显著性，不能拒绝原假设，因此表观密度试验值和预测值之间不存在显著性差异。另外，差异幅度 Cohen's d值为 0.055，差异幅度非常小。再生骨料表观密度试验值和预测值的对比图如图 6-7（a）所示。

表观密度配对样本 t 检验 **表 6-3**

配对变量	平均值 ± 标准差			t值	自由度	p值	Cohen's d
	ρ	ρ'	$\rho-\rho'$				
ρ配对ρ'	2699.4 ± 5.801	2699.3 ± 4.386	0.100 ± 1.415	0.267	23	0.792	0.055

压碎值配对样本t检验的结果如表 6-4 所示，其显著性p值为 0.952，水平上不呈现显著性，不能拒绝原假设，因此压碎值试验值和预测值之间不存在显著性差异。另外，差异幅度 Cohen′s d值为 0.012，差异幅度非常小。再生骨料压碎值试验值和预测值的对比图如图 6-7（b）所示。

压碎值配对样本 t 检验　　表 6-4

配对变量	平均值 ± 标准差			t值	自由度	p值	Cohen′s d
	q	q'	$q-q'$				
q配对q'	19.264 ± 3.984	19.248 ± 3.750	0.017 ± 0.234	0.061	23	0.952	0.012

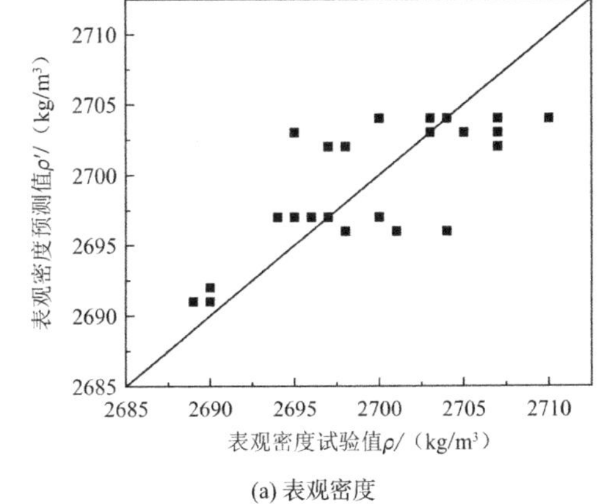

(a) 表观密度

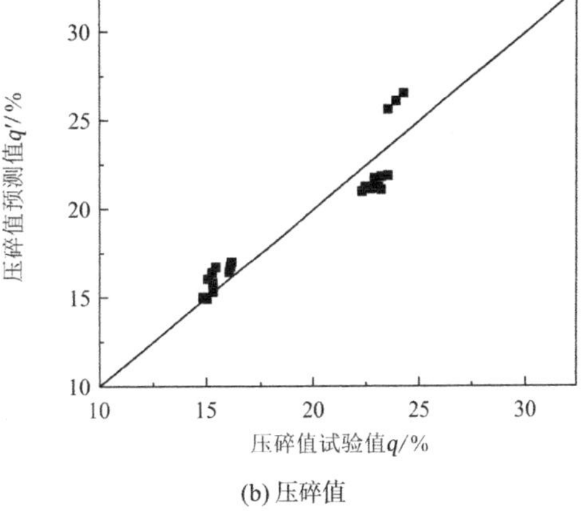

(b) 压碎值

图 6-7　再生骨料物理力学性能试验值和预测值

6.3 CH 复合碳化再生粗骨料微观性能

6.3.1 再生骨料微观形貌变化

再生骨料碳化前后 ITZ-2 的微观形貌如图 6-8 所示。可以看出，在加速碳化处理前，图 6-8（a）、（b）中 RCA-1 的 ITZ-2 与骨料接触边界清晰可见，贯通的微裂隙是造成应力集中和微裂缝扩展的起始点，也是水分迁移的通道，是造成力学性能和耐久性能较差的关键所在。在加速碳化处理后，图 6-8（c）、（d）中 RCA-1-C3 的 ITZ-2 与骨料接触边界变得模糊，贯通的微裂隙被大量斜方六面体的方解石填充，方解石的出现主要是由引入的 CH 碳化而生成。

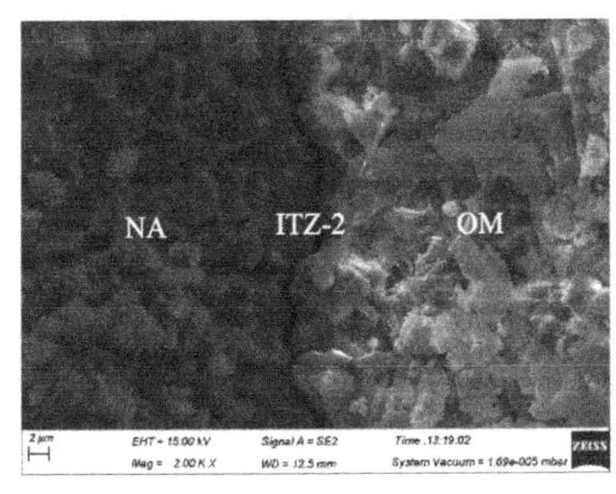

(a) 2K 倍，RCA-1

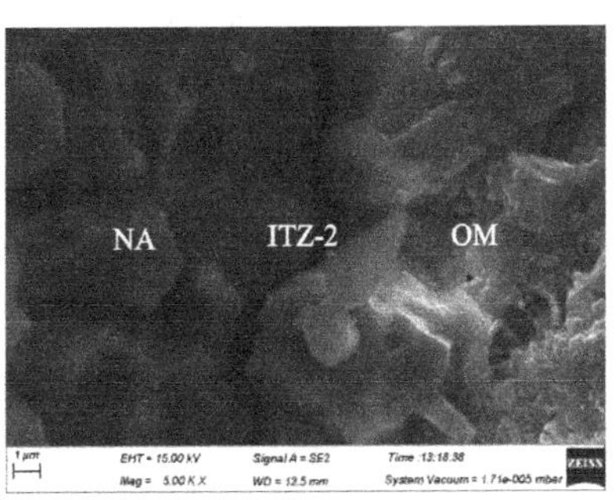

(b) 5K 倍，RCA-1

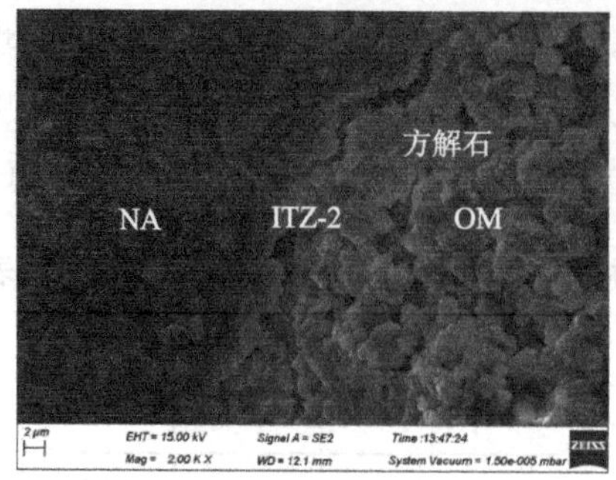

(c) 2K 倍，RCA-1-C3

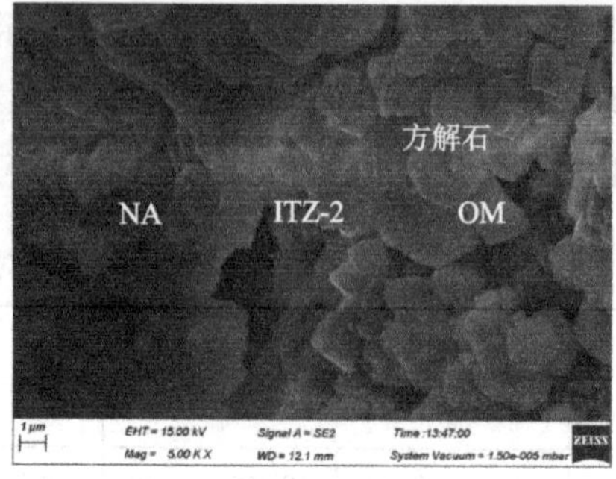

(d) 5K 倍，RCA-1-C3

图 6-8　碳化前后 ITZ-2 的微观形貌

再生骨料碳化前后旧砂浆的微观形貌如图 6-9 所示。可以清楚地看出，在加速碳化处理前，图 6-9（a）、（b）中 RCA-1 的旧砂浆表面比较粗糙，存在大量空洞和微裂隙。此外，旧砂浆的水化产物中除了 C-S-H 之外，还存在层状的氢氧钙石晶体。在加速碳化处理后，图 6-9（c）、（d）中 RCA-1-C3 的旧砂浆表面被大量斜方六面体的方解石覆盖，从而填充了其空洞和微裂隙。另外，图 6-9（e）、（f）中 RCA-1-C3 的旧砂浆表面还观察到了颗粒状的无定型 $CaCO_3$ 和薄膜状的硅胶，这是由旧砂浆自身的 C-S-H 与 CO_2 发生碳化反应而生成。值得注意的是，如图 6-10 所示，碳化生成的方解石其晶体尺寸相差较大，尺寸较小的方解石晶体团聚在一起形成了尺寸较大的团聚体。图 6-11 所示的矿物晶体能谱元素分析图谱表明，图 6-9（d）、（f）中的点 1 和点 2 包含了 Ca、C、O 元素，证实矿物晶体为 $CaCO_3$。

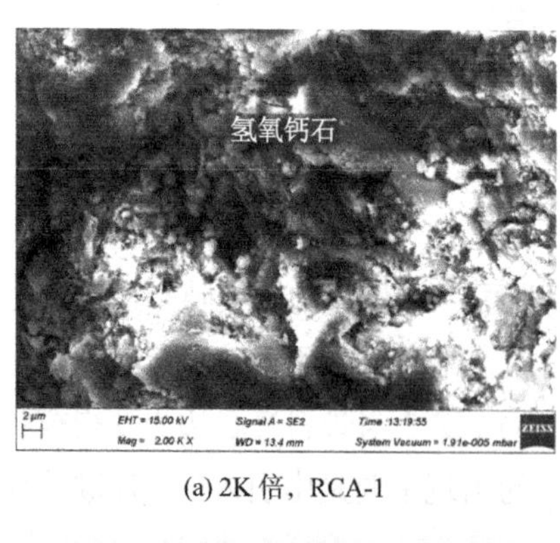

(a) 2K 倍，RCA-1

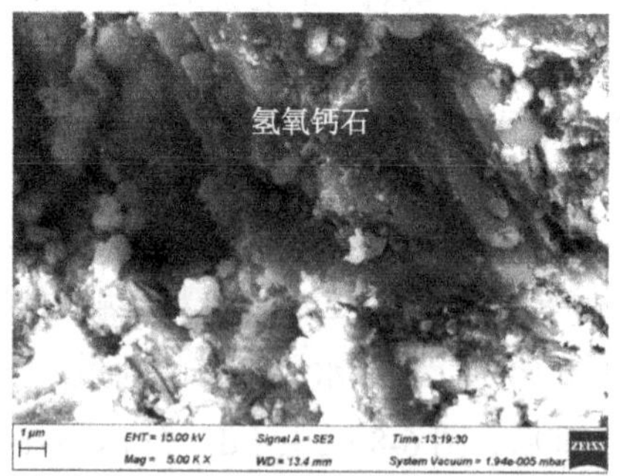

(b) 5K 倍，RCA-1

(c) 2K 倍，RCA-1-C3

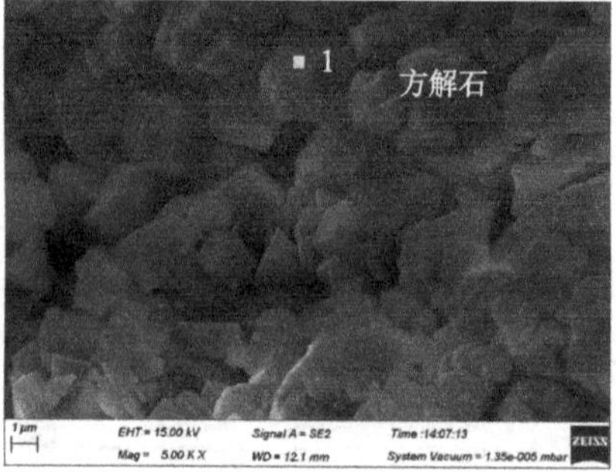

(d) 5K 倍，RCA-1-C3

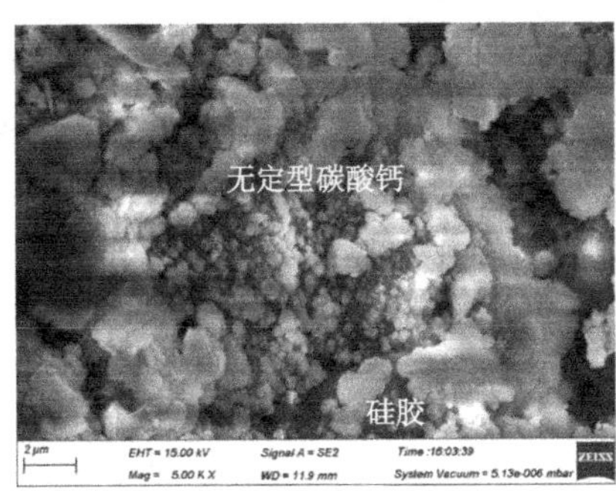

(e) 5K 倍，RCA-1-C3

(f) 10K 倍，RCA-1-C3

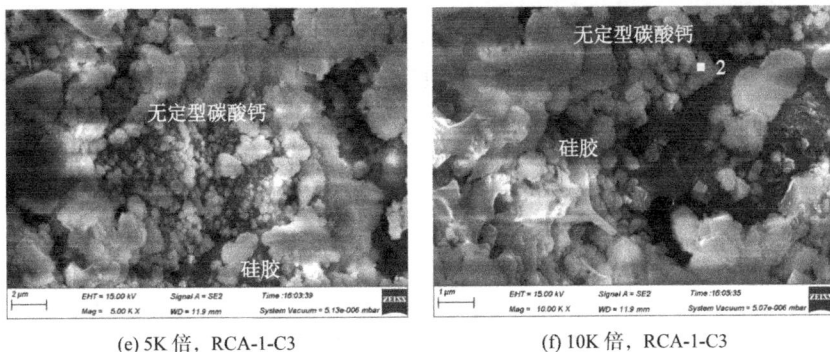

图 6-9　碳化前后旧砂浆的微观形貌

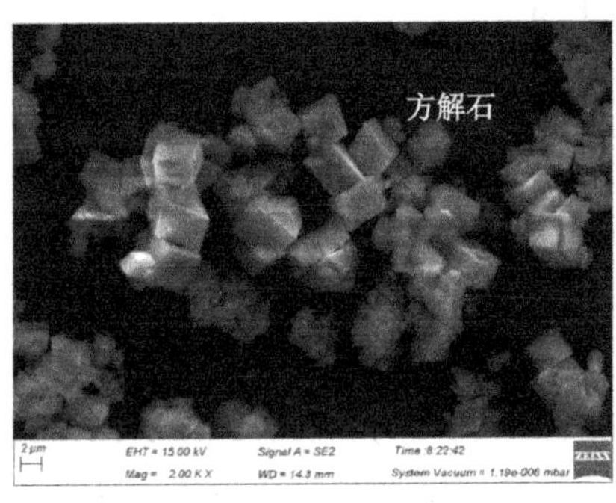

(a) 2K 倍，RCA-1-C3

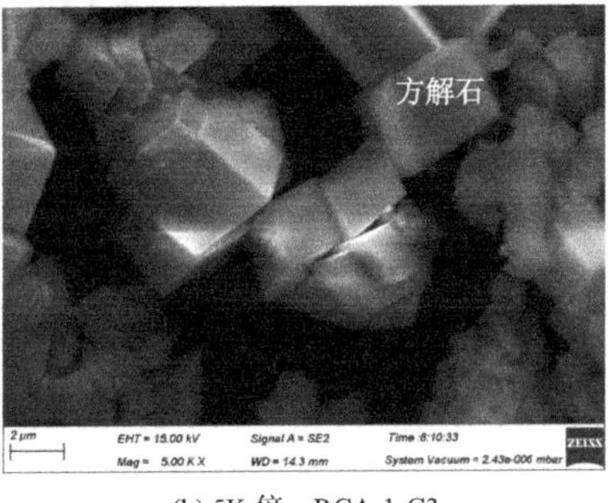

(b) 5K 倍，RCA-1-C3

图 6-10　方解石的微观形貌

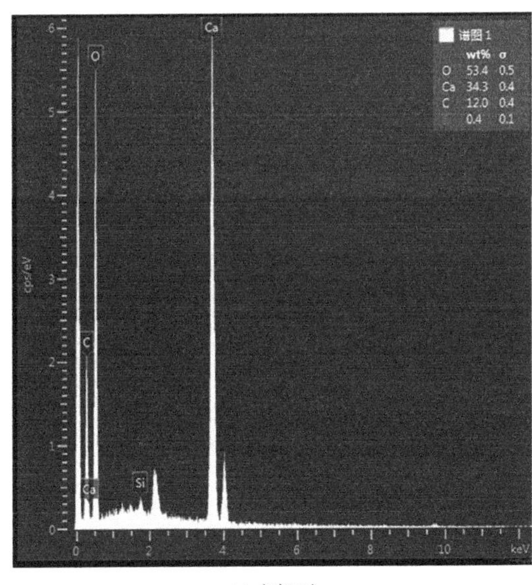

(a) 方解石

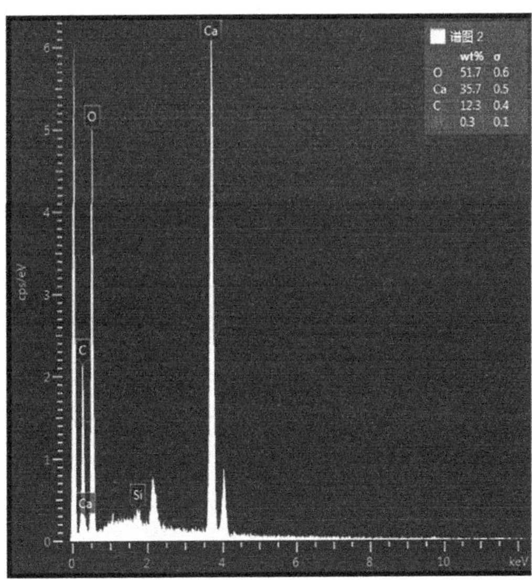

(b) 无定型 $CaCO_3$

图 6-11　矿物晶体能谱元素分析图谱

6.3.2　再生骨料矿物物相变化

再生骨料碳化前后的 X 射线衍射图谱如图 6-12 所示。可以看出，试样中的主要矿物有氢氧钙石、方解石、白云石、石英。碳化前，RCA-1 在 18.09°和 34.09°的位置存在明显的氢氧钙石峰。碳化后，RCA-1-C1、RCA-1-C2、RCA-1-C3 在此位置的氢氧钙石峰有所降低，这表明氢氧钙石和 CO_2 反应转变为方解石，图 6-9 的扫描电镜图像也证实了这一结果。

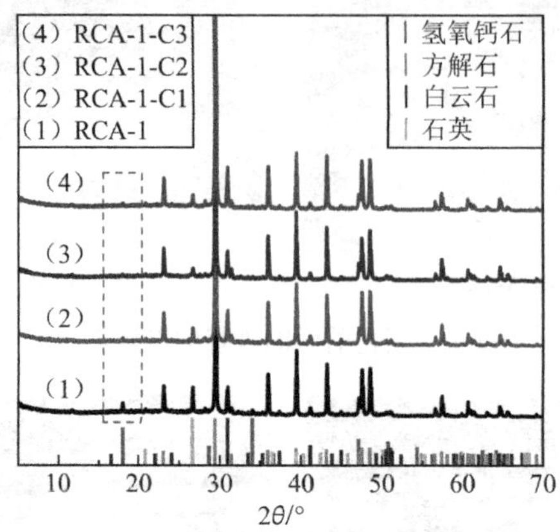

图 6-12　再生骨料碳化前后的 X 射线衍射图谱

6.3.3　再生骨料化学成分含量变化

再生骨料碳化前后的热重-差式扫描量热曲线如图 6-13 所示。可以看出，再生骨料碳化前后的热重曲线、微商热重曲线、差式扫描量热曲线的变化趋势大体上保持一致，但个别位置存在差异。

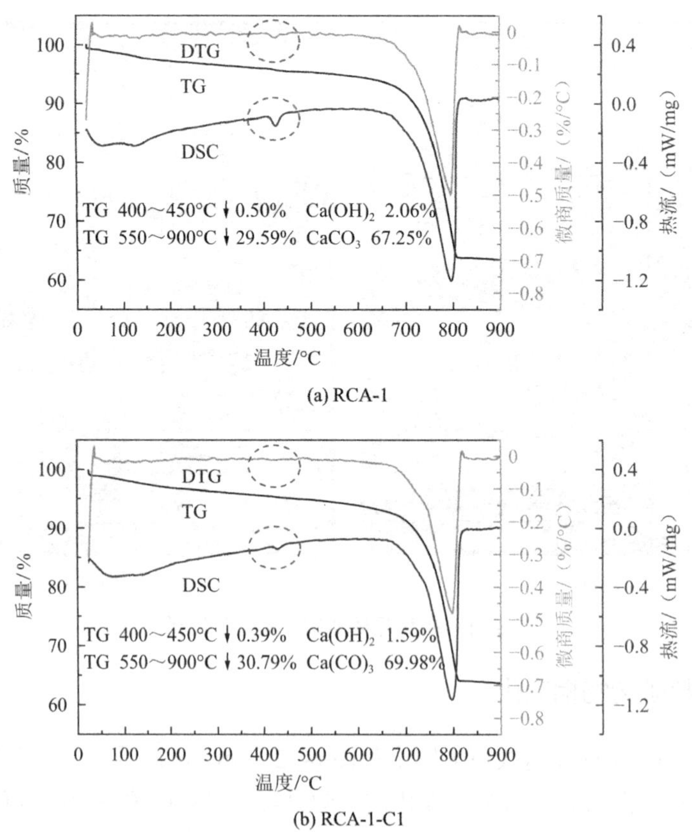

(a) RCA-1

(b) RCA-1-C1

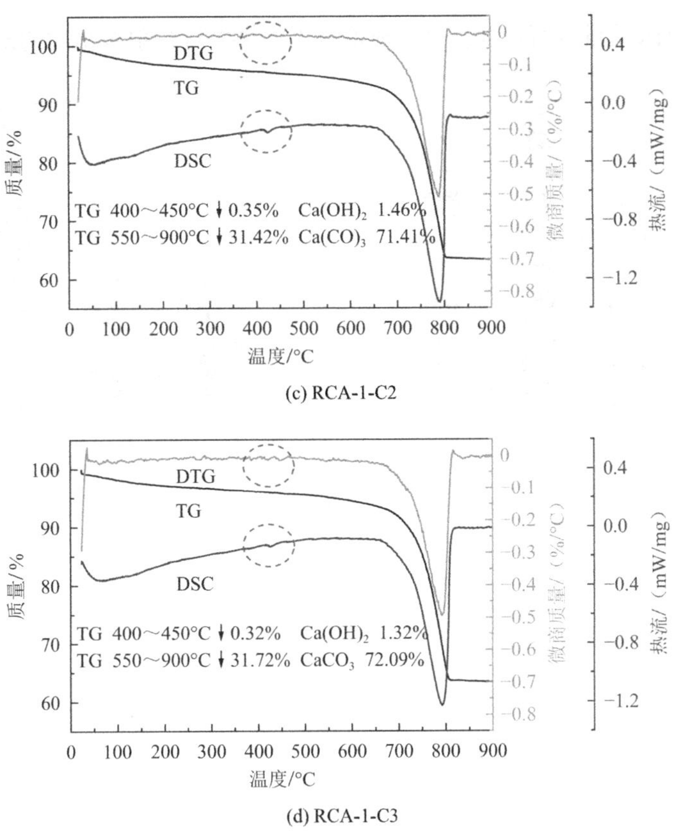

图 6-13　再生骨料碳化前后的热重-差式扫描量热曲线

研究表明，热重曲线存在 4 个失重台阶。25～200°C范围水化较差的 C-S-H 失去结合水，200～400°C范围水化较好的 C-S-H 失去结合水，400～550°C范围 $Ca(OH)_2$ 受热分解，550～900°C范围 $CaCO_3$ 受热分解[203]。图 6-13 中热重曲线的变化趋势与此相一致。如图 6-14（a）所示，对于 RCA-1、RCA-1-C1、RCA-1-C2、RCA-1-C3 而言，通过对热重曲线进行计算，得到在 400～450°C范围内因 $Ca(OH)_2$ 受热分解引起的质量损失分别为 0.50%、0.39%、0.35%、0.32%，在 550～900°C范围内因 $CaCO_3$ 受热分解引起的质量损失分别为 29.59%、30.79%、31.42%、31.72%。

根据式(9-11)和式(9-12)，得到再生骨料碳化前后 $Ca(OH)_2$ 和 $CaCO_3$ 的质量，如图 6-14（b）所示。对于 RCA-1、RCA-1-C1、RCA-1-C2、RCA-1-C3，在 400～450°C范围内确定的 $Ca(OH)_2$ 的质量分别为 2.06%、1.59%、1.46%、1.32%。在 550～900°C范围内确定的 $CaCO_3$ 的质量分别为 67.25%、69.98%、71.41%、72.09%。从图 6-14（b）可以看出，RCA-1、RCA-1-C1、RCA-1-C2、RCA-1-C3 的 $Ca(OH)_2$ 质量逐渐减小，$CaCO_3$ 质量逐渐增大，说明碳化程度逐渐升高，这与图 6-5 中再生骨料物理力学性能随碳化压力变化的趋势相一致。

另外，从图 6-13 可以看出，当温度在 427.38°C和 794.88°C位置的时候，所有试样的差式扫描量热曲线都表现出 $Ca(OH)_2$ 和 $CaCO_3$ 受热分解的吸热峰，这与微商热重曲线出现的峰位相吻合。此外，在试样 RCA-1 的差式扫描量热曲线和微商热重曲线中，$Ca(OH)_2$ 受热分解的吸热峰强度分别高于试样 RCA-1-C1、RCA-1-C2、RCA-1-C3，这表明再生骨料经过加速碳化处理后，其 $Ca(OH)_2$ 质量有所减少，这一现象与热重曲线和 X 射线衍射的试验结果相一致。

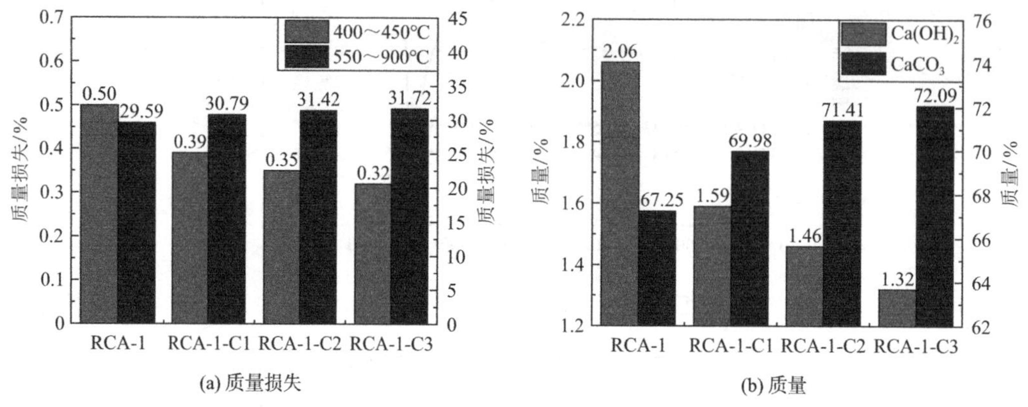

图 6-14　再生骨料碳化前后 $Ca(OH)_2$ 和 $CaCO_3$ 的质量损失与质量

6.3.4　再生骨料维氏硬度变化

再生骨料碳化前后的维氏硬度如图 6-15 所示。可以看出，碳化前 RCA-1 中 ITZ-2 的维氏硬度始终低于旧砂浆。与此相类似，碳化后 RCA-1-C3 中 ITZ-2 的维氏硬度也始终低于旧砂浆，这说明 ITZ-2 是再生骨料中最弱的相。

另外，在加速碳化前，RCA-1 中 ITZ-2 和旧砂浆的维氏硬度平均值分别为 45.37 和 54.29。在加速碳化后，RCA-1-C3 中 ITZ-2 和旧砂浆的维氏硬度平均值分别为 54.60 和 62.42。与 RCA-1 相比较，RCA-1-C3 中 ITZ-2 和旧砂浆的维氏硬度平均值分别提高 20.34%和 14.98%。这表明，加速碳化处理对 ITZ-2 的提升程度高于旧砂浆，说明它们的维氏硬度越低，碳化效果越明显。

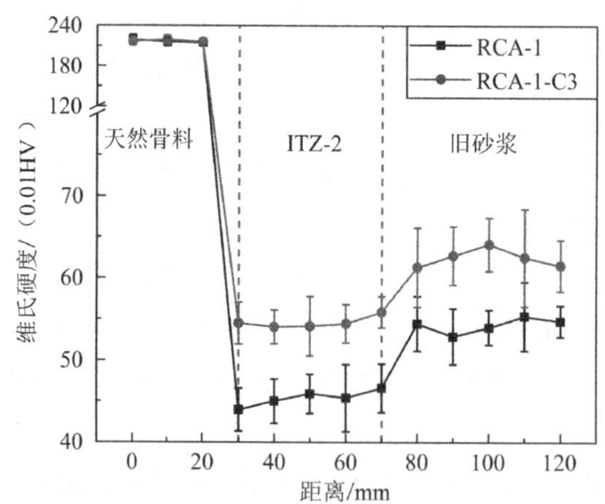

图 6-15　再生骨料碳化前后的维氏硬度

6.4　CH 复合碳化再生粗骨料强化机理

研究表明，完全水化的水泥浆体中，其水化产物含有 20%的 $Ca(OH)_2$、70%的 C-S-H、

7%的钙矾石和单硫铝酸钙。其中，$Ca(OH)_2$ 和 C-S-H 是加速碳化的主要反应物，碳化后摩尔体积分别增加 12%和 23%，反应机理如式(6-1)和式(6-2)所示。另外，钙矾石和单硫铝酸钙也可以发生碳化反应，但是碳化后固相体积分别减小 44.9%和 31.8%，其反应机理如式(6-3)和式(6-4)所示。此外，如果水泥没有水化完全，水泥熟料的主要矿物阿利特（硅酸三钙）和贝利特（硅酸二钙）也可以发生碳化反应，碳化后固相体积分别增大 108.7%和 92.5%，其反应机理如式(6-5)和式(6-6)所示[203]。

$$\begin{gathered}Ca(OH)_2 + CO_2 \longrightarrow CaCO_3 + H_2O \\ 33cm^3/mol \longrightarrow 37cm^3/mol; \Delta V = 12\% \uparrow\end{gathered} \tag{6-1}$$

$$\begin{gathered}3CaO \cdot 2SiO_2 \cdot 3H_2O + 3CO_2 \longrightarrow 3CaCO_3 + 2SiO_2 \cdot 3H_2O \\ 154cm^3/mol \longrightarrow 3 \times 37cm^3/mol + 79cm^3/mol = 190cm^3/mol; \Delta V = 23\% \uparrow\end{gathered} \tag{6-2}$$

$$\begin{gathered}3CaO \cdot Al_2O_3 \cdot 3CaSO_4 \cdot 32H_2O + 3CO_2 \longrightarrow \\ Al_2O_3 \cdot \mu H_2O + 3CaCO_3 + 3(CaSO_4 \cdot 2H_2O) + (26 - \mu)H_2O\end{gathered} \tag{6-3}$$

$$\begin{gathered}3CaO \cdot Al_2O_3 \cdot CaSO_4 \cdot 18H_2O + 3CO_2 \longrightarrow \\ Al_2O_3 \cdot \mu H_2O + 3CaCO_3 + CaSO_4 \cdot 2H_2O + (16 - \mu)H_2O\end{gathered} \tag{6-4}$$

$$3CaO \cdot SiO_2 + 3CO_2 + \mu H_2O \longrightarrow 3CaCO_3 + SiO_2 \cdot \mu H_2O \tag{6-5}$$

$$2CaO \cdot SiO_2 + 2CO_2 + \mu H_2O \longrightarrow 2CaCO_3 + SiO_2 \cdot \mu H_2O \tag{6-6}$$

目前，自然界中的 $CaCO_3$ 存在有六种多晶型物，包括无水形式的方解石、球霰石、文石，水合形式的一水方解石和六水方解石，以及非晶形式的无定型 $CaCO_3$[86]。其中，方解石、文石、球霰石是自然界中比较常见的无水形式的 $CaCO_3$ 晶体。但是，热力学相关研究表明，菱形六面体方解石是最稳定的多晶型物，针状文石亚稳定，球状球霰石最不稳定，并且当球霰石暴露于水中时，在高温下迅速转变为文石，在较低温度时转变为方解石[90]。

根据晶体生长动力学，$CaCO_3$ 晶体的成核和生长取决于几个参数，如压力、温度、过饱和度以及溶液的 pH 值[204-205]。在本研究中，X 射线衍射结果表明，碳化后 $CaCO_3$ 的主要晶体形式为方解石，这与图 6-9 的扫描电镜图像结果一致，大量方解石覆盖在再生骨料的表层，填充了旧砂浆的孔隙和空洞。方解石的形成一方面来自再生骨料浸泡 CH 时引入的钙离子，另一方面来自再生骨料自身水泥浆体的水化产物。研究表明，方解石的维氏硬度高于水泥水化产物[127,206]，因此，图 6-15 中碳化骨料的 ITZ 及旧砂浆的维氏硬度高于未碳化再生骨料，这与 Shi 等[186]和 Fang 等[131]的研究结果一致。另外，图 6-9 中还发现加速碳化生成了无定型 $CaCO_3$，但其在自然界中并不稳定，最终会转变为稳定的方解石。

总之，加速碳化对再生骨料性能的强化机理如图 6-16 所示。再生骨料经过加速碳化处理后，其内部自身水化产物以及外部 CH 碳化生成的方解石填充了旧砂浆和 ITZ-2 的孔隙，使得其微观结构变得更加致密，因此再生骨料的性能得到提升，其表观密度增大、吸水率和压碎值减小。

然而，再生骨料的颜色变化测试表明，24h 的加速碳化并没有使再生骨料完全碳化，而只是在表层一定深度范围内发生了碳化。这是因为，随着碳化生成的 $CaCO_3$ 覆盖在再生骨料表面，其微观结构变得致密阻碍了 CO_2 在其内部扩散，这阻碍了进一步的碳化反应。

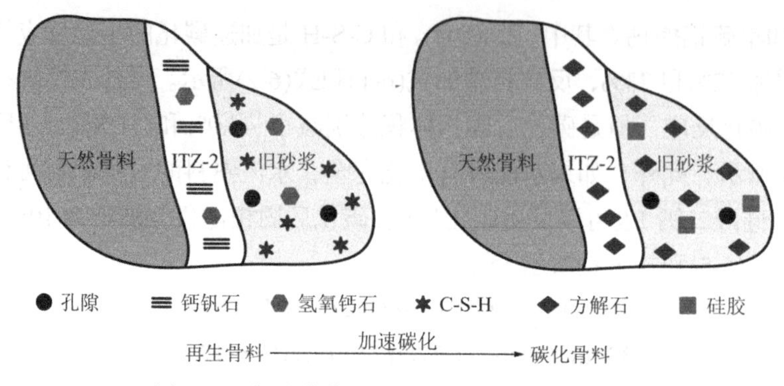

图 6-16　加速碳化对再生骨料性能的强化机理

6.5　本章小结

本章研究了不同压力（0.05MPa、0.15MPa、0.30MPa）加速碳化对预浸泡 CH 再生骨料宏观性能以及 ITZ-2 微观性能的影响规律，揭示了加速碳化对再生骨料性能的强化机理。得到主要结论如下：

（1）随碳化压力增大，再生骨料的表观密度、吸水率、压碎值呈指数关系发生变化。当碳化压力为 0.30MPa 时，RCA-1 的表观密度、吸水率、压碎值分别改善 0.26%、18.97%、4.44%，而 RCA-2 的表观密度、吸水率、压碎值分别改善 0.37%、10.70%、7.32%。

（2）再生骨料的粒径越小，其表观密度越小，吸水率和压碎值越大。随吸水率增大，表观密度逐渐减小，而压碎值逐渐增大，基本上符合线性关系。

（3）加速碳化对再生骨料性能的强化机理为：再生骨料经过加速碳化后，其内部自身水化产物以及外部 CH 碳化生成的方解石填充了旧砂浆和 ITZ-2 的孔隙，使得其微观结构变得更加致密。因此，再生骨料的性能得到提升，其表观密度增大，吸水率和压碎值减小。

（4）X 射线衍射分析和热重-差式扫描量热测试表明，随碳化压力增大，再生骨料的 $Ca(OH)_2$ 质量逐渐减小，$CaCO_3$ 质量逐渐增大，碳化程度逐渐升高。

（5）ITZ-2 是再生骨料中最弱的相，加速碳化后其维氏硬度提高 20.34%，而旧砂浆提高 14.98%，这说明维氏硬度越低，碳化效果越明显。

（6）再生骨料的颜色变化测试表明，24h 的加速碳化并没有使得再生骨料发生完全碳化，而只是在表层一定深度范围内发生了碳化。

第 7 章

CH 复合碳化改性再生细骨料

7.1 试验原材料及测试方法

7.1.1 再生细骨料

再生骨料经由河南理工大学试验废弃梁破碎、筛分取其中 4.75mm 粒径以下得到再生细骨料，细度模数为中砂。经筛分得到 2.36～4.75mm、1.18～2.36mm、0.60～1.18mm 和 0.30～0.60mm 四种粒径范围再生细骨料，如图 7-1 所示。

(a) 2.36～4.75mm (b) 1.18～2.36mm (c) 0.6～1.18mm (d) 0.3～0.6mm

图 7-1 不同粒径再生细骨料

7.1.2 其他材料

二氧化碳气体产自河南焦作特种气体站，气体纯度 > 99%；采用饱和氢氧化钙溶液；酒精酚酞溶液浓度为 1%；氯化钠溶液浓度为 10%；硝酸银溶液浓度为 0.1mol/L。

7.1.3 再生细骨料物理性能测试

本试验采用饱和面干吸水率、表观密度及压碎值表征 CO_2 强化前后的再生细骨料物理性能。依据《建设用砂》GB/T 14684—2022 中有关规定，试验方法如下。

（1）饱和面干吸水率

采用四分法将再生细骨料缩分至 1100g，向骨料中注入自来水，使水面高度高于骨料表面 20mm 左右，利用玻璃棒搅拌 5min，排净全部气泡并放置 24h。浸泡完成后将自来水缓缓倒出，并将试样放于托盘上，用吹风机轻吹暖风并不断翻动。

将已加工好的试样分两次装入饱和面干试模。第一次装入试模一般高度处，将捣棒从试样表面 10mm 处自由落体 13 次；第二次装满试模并刮平试模上口，重复上述操作，呈现出图 7-2（a）饱和面干状态时立刻称取饱和面干试样 500g（精确至 0.1g），倒入已知质量托盘，放入（105 ± 5）℃干燥箱中烘至恒重，称取干样质量m_0（精确至 0.1g）。

吸水率按式(7-1)计算，精确至 0.01%：

$$Q_x = \frac{m_1 - m_0}{m_0} \times 100 \tag{7-1}$$

式中：Q_x——吸水率（%）；

m_1——饱和面干试模质量（g）；

m_0——烘干试样质量（g）。

饱和面干试模如图 7-2（b）所示。

(a) 饱和面干状态

(b) 饱和面干试模

图 7-2　饱和面干状态和饱和面干试模

（2）表观密度

将再生细骨料缩分至 120g，置于（105 ± 5）℃干燥箱中烘至恒重，并冷却至室温。向李氏瓶中倒入冷水至一定刻度，记录水的体积V_1。称量 50g 烘干试样倒入瓶中，摇动李氏瓶排出气泡并静置 24h，记录体积V_2。

表观密度按式(7-2)计算，精确至 10kg/m³：

$$\rho = \left(\frac{m_0}{V_2 - V_1} - \alpha_t\right) \times 1000 \tag{7-2}$$

式中：ρ——表观密度（kg/m³）；

m_0——试样烘干质量（g）；

V_1——水的原有体积（mL）；

V_2——加入试样后的总体积（mL）；

α_t——温度修正系数。

李氏瓶和干燥箱如图 7-3 所示。

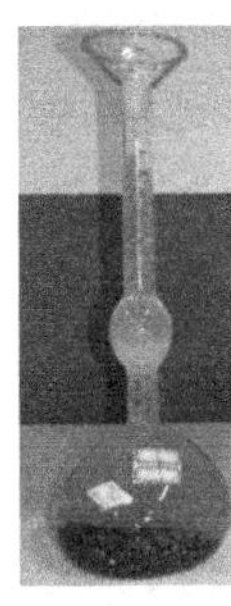
(a) 李氏瓶

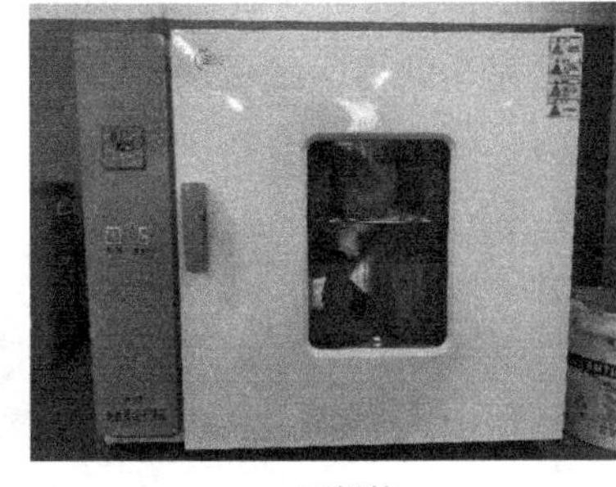
(b) 干燥箱

图 7-3　李氏瓶和干燥箱

（3）压碎值

称取一定质量再生细骨料，置于(105 ± 5)℃干燥箱中烘烤直至恒重，之后冷却到室温。分成 0.30～0.60mm、0.60～1.18mm、1.18～2.36mm 及 2.36～4.75mm 四种粒径范围，每级 1000g 备用。

每粒级试样质量称量 330g（精确至 1g）装入受压钢模，放入加压块使其与试样接触均匀，以 500N/s 速度加荷至 25kN 时稳荷 5s。

取下模具倒出试样，用该粒级的下限筛选，称量试样的筛余量和通过量（均精确至 1g），计算三次结果的算术平均值为第i单粒级压碎指标，最大单粒级压碎指标为样品的压碎值。

第i单粒级压碎指标按式(7-3)计算，精确至 1%：

$$Y_i = \frac{G_2}{G_1 + G_2} \times 100 \tag{7-3}$$

式中：Y_i——第i单粒级压碎指标（%）；

G_1——试样筛余量（g）；

G_2——试样通过量（g）。

压碎值试模和砂浆稠度仪如图 7-4（a）所示。

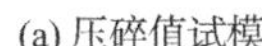
(a) 压碎值试模

(b) 砂浆稠度仪

图 7-4　压碎值试模和砂浆稠度仪

7.1.4 再生细骨料的碳化处理

本试验采用二氧化碳碳化处理再生细骨料，碳化装置由反应釜、二氧化碳气瓶和压力表组成，如图 7-5 所示。碳化条件为：温度(20 ± 2)℃、湿度(60 ± 5)%、二氧化碳浓度（100%）、碳化压力（0.3MPa）。碳化 24h 后，随机抽取一定量的再生细骨料，用研钵研磨，喷洒浓度为 1%的酒精酚酞溶液，碳化完全的再生细骨料不变红，未经处理的再生细骨料变为红色，如图 7-6 所示。

图 7-5 碳化装置

(a) 碳化前

(b) 碳化后

图 7-6 再生细骨料样品

7.2 碳化处理对不同粒径再生细骨料物理性能的影响研究

7.2.1 再生细骨料物理性质

本研究以河南理工大学试验废弃梁作为原始混凝土，经人工破碎并筛分制得 0.30～0.60mm、0.60～1.18mm、1.18～2.36mm 及 2.36～4.75mm 四种粒径范围的再生细骨料。采用两种碳化方式，浸泡清水后碳化的再生细骨料记为 CRFA1，浸泡氢氧化钙饱和溶液的再生细骨料记为 CRFA2。在进行碳化处理前，根据《建设用砂》GB/T 14684—2022 测试各粒径再生细骨料吸水率、压碎值和表观密度，如表 7-1 所示。由于碳化处理前各粒径附着砂浆物质成分相同，故碳化处理前只对 2.36～4.75mm 的 RFA 进行热分析，如图 7-7 所示，其中 430～550℃为 $Ca(OH)_2$ 分解温度。Zhang 等[101]研究发现即便再生骨料经过完全碳化，在其附着砂浆中依然存在约 1.83%$Ca(OH)_2$ 残留物。Pan 等[46]对破碎后存储一年的 RFA 进行 TG 分析，测得可碳化化合物 $Ca(OH)_2$ 质量含量为 1.57%。本试验中 RFA 附着砂浆中 $Ca(OH)_2$ 质量含量为 2.67%。

RFA 物理性质　　表 7-1

粒径范围/mm	吸水率/%	压碎值/%	表观密度/（kg/m³）
2.36～4.75	6.5	42.8	2607
1.18～2.36	6.6	32.5	2594
0.60～1.18	7.6	24.2	2596
0.30～0.60	9.2	15.6	2565

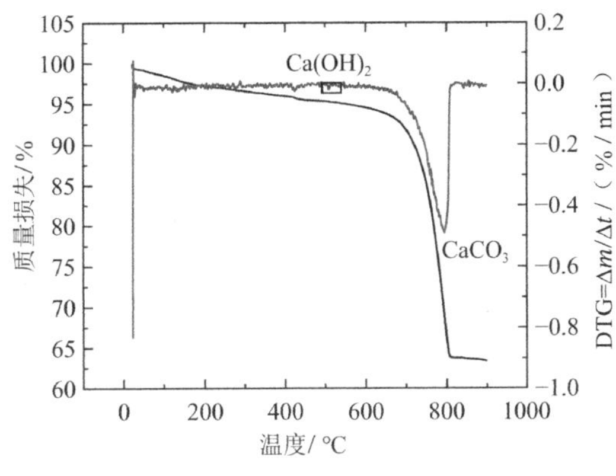

图 7-7　RFA 热分析

经 CO_2 碳化 24h 后测定 CRFA1 和 CRFA2 的物理性质，如表 7-2 所示。可知，相较于 RFA，CRFA1 的吸水率降低了 3.1%～10.8%，压碎值降低 5.8%～16%，CRFA2 的吸水率降低了 7.6%～18.4%，压碎值降低了 7.5%～17.9%。与表 7-1 结果相比，碳化过后的 RFA 表观密度略有增加。

这主要是因为 CO_2 气体与 RFA 附着砂浆中的 C-S-H 和 $Ca(OH)_2$ 发生碳化反应生成 $CaCO_3$ 和硅胶，可使固相体积增加 11.5%～23.1%[117]，碳化产物可填充 RFA 附着砂浆孔隙及内部微裂缝。Zhan 等[102]试验测试表明母材为不同强度等级的 RCA 碳化后吸水率有显著降低，表观密度略有增加，无明显变化。Zhang 等[101]对再生碎石骨料与再生卵石骨料碳化后吸水率降低 22.6%～28.3%，压碎值降低 7.6%～9.6%，这与测试结果基本一致。RFA 经碳化处理后吸水率与压碎值明显降低，这可能是因为 RFA 粒径较小，具有更大的比表面积，与 CO_2 反应更充分，附着砂浆孔隙及内部微裂缝更容易被碳化产物封堵；此外，RFA 的初始吸水率与压碎值较低，故 CRFA 的吸水率与压碎值降低明显。

碳化再生细骨料物理性质 表 7-2

粒径范围/mm	吸水率/%		压碎值/%		表观密度/（kg/m³）	
	CRFA1	CRFA2	CRFA1	CRFA2	CRFA1	CRFA2
2.36～4.75	6.3	5.8	39.7	39.6	2654	2635
1.18～2.36	6.0	5.8	30.4	29.1	2633	2645
0.6～1.18	6.6	6.2	22.8	20.7	2611	2611
0.3～0.6	8.2	8.5	13.1	12.8	2576	2599

7.2.2 再生细骨料粒径对碳化的影响

采用 2.36～4.75mm、1.18～2.36mm、0.60～1.18mm 和 0.30～0.60mm 四种不同粒径范围再生细骨料，研究 RFA 粒径对碳化的影响。测定 CO_2 碳化前后不同粒径 RFA 的物理性质，如图 7-8 所示。

试验结果表明，RFA 表观密度和压碎值随颗粒粒径减小逐渐变小，吸水率逐渐变大。粒径范围为 0.3～0.6mm 的 RFA 的吸水率最高，达到 9.2%，压碎值和表观密度最小，分别为 15.6% 和 2565kg/m³。碳化处理后，粒径范围为 2.36～4.75mm、1.18～2.36mm、0.60～1.18mm 和 0.30～0.60mm 的 RFA 物理性质均有明显提升，且呈现随 RFA 粒径减小，强化效果越明显的趋势。碳化处理后，各粒径 RFA 的吸水率与压碎值降低明显。粒径范围为 0.6～1.18mm 的 CRFA1 与 CRFA2 的吸水率分别降低 13.2%和 18.4%，粒径范围为 0.3～0.6mm 的 CRFA1 与 CRFA2 的压碎值分别降低 16%和 17.9%。粒径范围为 0.3～0.6mm 的 CRFA1 与 CRFA2 的表观密度分别提升 0.4%和 1.3%。上述结果表明，小粒径的 RFA 可以更高效地捕获 CO_2，得到更好的强化效果。

Zhan 等[102]研究了再生粗骨料粒径对碳化程度的影响，研究发现粒径范围为 5～10mm 的 RCA 的碳化百分比达到 56%，而粒径较大（14～20mm）的 RCA 的碳化百分比仅为 37%，这表明较小的 RCA 吸收二氧化碳的潜力更大。这主要是因为再生骨料粒径越小，其老旧附着砂浆的含量及未水化水泥含量越高，捕获 CO_2 的能力越强。这与 Li 等[257]研究结果一致，他们采用 20～30mm、30～40mm 和大于 40mm 的三种不同粒径范围的 RCA 和 C-RCA，研究粒径对附着砂浆含量的影响发现附着砂浆的含量随粒径减小而增大。此外，再生细骨料粒径越小，比表面积越大，这为 CO_2 的渗入创造了有利条件。

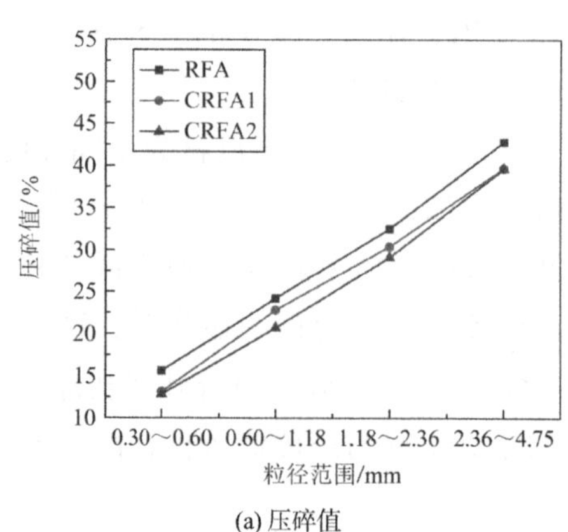

(a) 压碎值

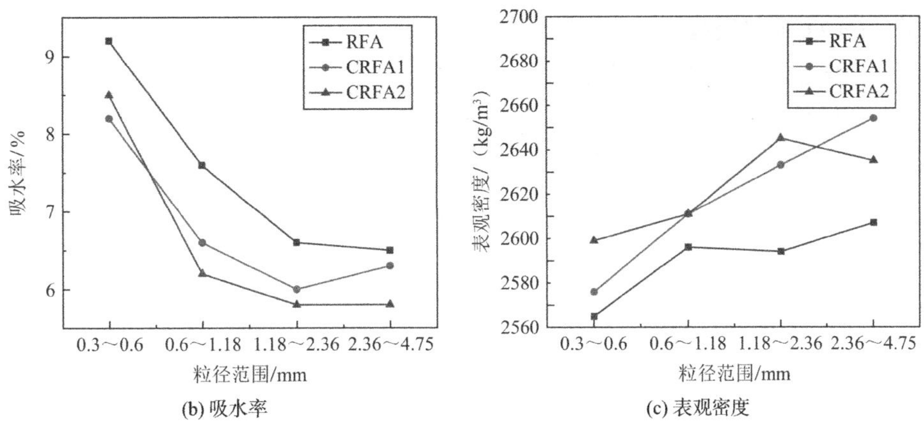

(b) 吸水率　　(c) 表观密度

图 7-8　不同粒径 RFA 碳化前后物理性质

7.2.3　预浸泡对碳化的影响

由于实际应用中的 RFA 储存时间往往很长，骨料中参与碳化反应的物质含量极低，这使得常规碳化提升性能有限。已有研究[46,183-185]证明骨料碳化前预浸泡氢氧化钙（CH）溶液可有效提高碳化效果。本试验采取预浸泡 CH 溶液与直接碳化（清水碳化）两种方式对 RFA 进行碳化处理，并进行对比。

由表 7-2 及图 7-8 可以看出，直接由 CO_2 固化得到的 CRFA1 性能总体上没有 CRFA2 提升明显，但压碎值和吸水率也分别减小了 5.8%～16%和 3.1%～13.2%，表观密度提高了 0.4%～1.8%。这与 Pan 等[46,183]研究结果存在差异。这可能是与 RFA 存储时间及原始混凝土强度等级不同有关，此外本试验 RFA 采取手工破碎，比起机械破碎得到的 RFA 具有更多附着砂浆。CO_2 固化前经 CH 溶液预处理的 RFA 的性能得到明显改善，压碎值和吸水率均显著降低。这是因为 CH 溶液的加入增加了参与碳化反应的 Ca^{2+}含量，促进了碳化过程中 $CaCO_3$ 的形成；大量生成的 $CaCO_3$ 优化了孔隙结构，对 RFA 产生微填料效应[46]，降低了压碎值和吸水率。此外，从前文中不难发现 RFA 的表观密度和吸水性能随粒径尺寸减小而劣化，而碳化生成物 $CaCO_3$ 在 RFA 表面沉积，增大了 RFA 的粒径尺寸，使得 RFA 物理性能得到增强。

7.2.4　再生细骨料的 CO_2 吸收率

图 7-9 为经 CH 预浸泡后碳化处理的不同粒径 CRFA2 热重图像，用于研究不同粒径对 CH 预浸泡碳化 RFA 的影响。

附着砂浆会随着温度上升而出现质量损失，其中 430～550℃发生 $Ca(OH)_2$ 的分解，550～750℃发生结晶较差的 $CaCO_3$ 分解，750～950℃发生结晶较好的 $CaCO_3$ 分解[208,258]。高越青等[140]在研究中发现温度高于 800℃时，CRCA 和 RCA 的质量基本恒定不变，并以 550～800℃内的质量损失计算 RCA 的 CO_2 质量吸收率β。在本研究中以 550～810℃内的质量损失计算 RFA 的 CO_2 质量吸收率β，计算公式如下：

$$\beta=\frac{m_{550}-m_{810}}{m_{150}-(m_{550}-m_{810})}\times 100\% \tag{7-4}$$

式中：β——CO_2 质量吸收率；

m_{150}——样品在 150℃的质量分数（%）；

m_{550}——样品在 550℃的质量分数（%）；

m_{810}——样品在 810℃的质量分数（%）。

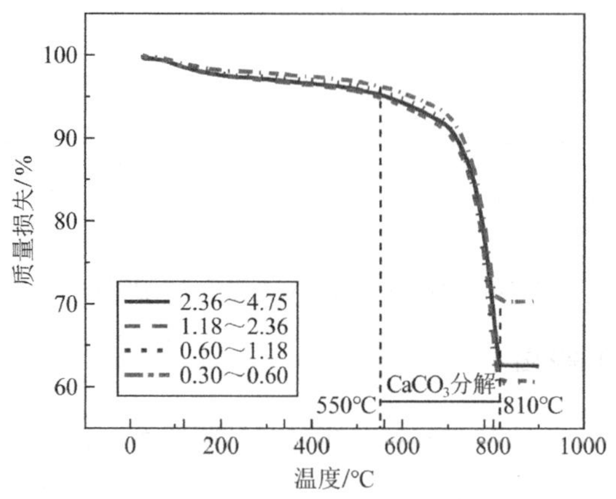

图 7-9　不同粒径 CRFA2 热分析

碳化反应的程度与 RFA 物理性能的改善是相互关联的，由表 7-1、表 7-2 可知表观密度由于初始数值较大，碳化前后提升并不明显；初始压碎值则随着粒径减小而急剧减小，而较小的初始值对碳化前后性能的提升程度产生较大的影响，无法体现不同粒径 RFA 碳化程度对性能提升的影响。因此，本部分将比较 CO_2 质量吸收率β与经 CH 预浸泡碳化处理后各粒径 RFA 吸水率之间的关系，如表 7-3 所示。

CRFA2 吸水率与 CO_2 质量吸收率　　**表 7-3**

粒径范围/mm	2.36～4.75	1.18～2.36	0.60～1.18	0.30～0.60
β/%	48.9	52.9	54.6	34.4
吸水率/%	5.8（↓10.7%）	5.8（↓12.1%）	6.2（↓18.4%）	8.5（↓7.6%）

由表可知，粒径范围为 2.36～4.75mm、1.18～2.36mm、0.60～1.18mm、0.30～0.60mm 的 CRFA2 的 CO_2 吸收率β分别为 48.9%、52.9%、54.6%、34.4%。在 0.6～4.75mm 粒径范围内，随着 CRFA2 粒径减小，CRFA2 的 CO_2 吸收率β有所增大，但在最小粒径范围 0.30～0.60mm 内，β有明显降低。这一趋势与 CRFA2 的吸水率降低趋势一致，在 0.6～4.75mm 粒径范围内，随着 CRFA2 粒径减小，CRFA2 的吸水率下降 10.7%～18.4%，降幅随粒径减小而有明显提升，但在最小粒径范围 0.3～0.6mm 内，吸水率降幅明显降低，仅为 7.6%。

这是因为对于 RFA 而言，附着砂浆不仅存在于 RFA 表面，还构成 RFA 本身，粒径越小其比表面积越大，附着砂浆含量越大。因此 0.6～4.75mm 粒径范围内的 RFA，粒径越小，碳化反应越充分。Li 等[257]研究发现 RCA 在破碎阶段会依次发生表面破碎、界面过渡区破碎、砂浆破碎和天然骨料破碎，依据破碎粒径的大小，破碎阶段会循环数次。而最小粒径范围 0.3～0.6mm 的 RFA 吸水率降幅最低，可能是因为一方面在骨料破碎阶段产生部分无附着砂浆的小粒径天然骨料，另一方面本试验中的原始混凝土采取机制砂配置，其主要成分为 $CaCO_3$，这将影响碳化反应的进行，进而减小 CO_2 吸收率。

7.3　碳化对再生细骨料微观性能的影响

7.3.1　再生细骨料物相定性分析

图 7-10（a）为采取不同碳化方式处理前后 XRD 图谱，本试验中检测样品为 2.36～4.75mm 的 RFA 附着砂浆，图 7-10（b）为 CH 预浸泡碳化处理后不同粒径 CRFA2 附着砂浆的 XRD 图谱。从图 7-10（a）可以看出，碳化处理前的附着砂浆样品中有方解石出现（23°～65°），这一方面可能是因为再生细骨料在放置破碎的过程中附着砂浆中部分 CH 与空气中 CO_2 发生碳化反应，另一方面本试验中的原始混凝土采取机制砂配置，其主要成分为 $CaCO_3$，在 XRD 图谱中存在大量 Calcite。也可能正是这种原因，不同碳化方式处理前后的 XRD 图谱区别并不明显。

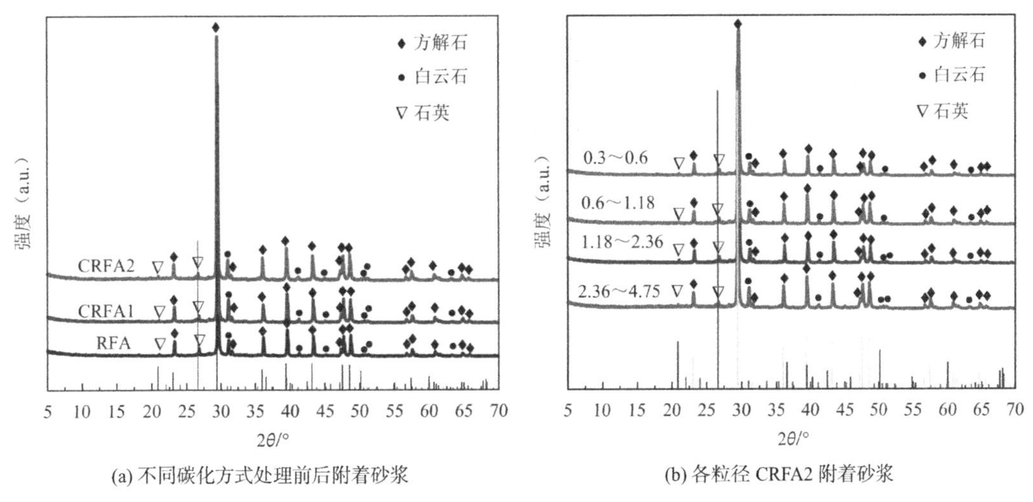

(a) 不同碳化方式处理前后附着砂浆　　(b) 各粒径 CRFA2 附着砂浆

图 7-10　RFA 的 XRD 图谱

与未经碳化处理的样品相比，碳化处理后 35.9°、39.4°和 43.1°处方解石的特征峰略有增强，这是碳化过程中产生的 $CaCO_3$。Shah 等[209]发现在低 CO_2 浓度下，碳化所形成 $CaCO_3$ 主要为方解石、文石和球霰石三种晶相，而当前检测的 XRD 图谱并未检测出文石与球霰石，可能是由于本试验是在高 CO_2 浓度下长时间反应引起的，这与 Gholizade-vayghan 等[188]、郭晖[191]的研究一致。此外，由于不同粒径 RFA 其可碳化物质相同，并且处理方式均为完全碳化，所以处理后不同粒径 RFA 附着砂浆的 XRD 图谱并无明显变化。不过 0.3～0.6mm 的 CRFA 的方解石特征峰明显低于其余各粒径特征峰，一方面可能是由于小粒径 RFA 比表面积大，与 CO_2 发生碳化反应时，碳化产物封堵附着砂浆孔隙阻碍反应进一步进行；另一方面是由于骨料破碎阶段产生部分无附着砂浆的小粒径天然骨料，影响碳化反应的进行。

结果表明预浸泡处理可以促进碳化反应，生成更多 $CaCO_3$ 填充 RFA 的孔隙和微裂纹，改善 RFA 的性能。在 100%CO_2 浓度下碳化反应 24h，碳化产物 $CaCO_3$ 的主要晶相为方解石。

7.3.2 再生细骨料微观形貌分析

为了进一步了解碳化处理对 RFA 微观结构的影响，对碳化前后 RFA 的微观结构进行 SEM 观察，结果如图 7-11 所示。

图 7-11（a）和图 7-11（b）分别为碳化前后 RFA 的界面过渡区形态特征，碳化前可以观察到典型的水化产物 AFt，在 RFA 表面形成疏松的针棒状结构［图 7-11（a）］。碳化处理后水化产物反应为大量碳酸盐填充 RFA 孔隙并覆盖其表面。继续放大至 10000 倍得到图 7-11（c），发现碳化产物主要表现为立方体晶体。对其进行 EDS 分析，结果如图 7-11（d）所示，可见该物质为 $CaCO_3$ 晶体，方解石为其主要晶相。此外，郭晖[191]研究发现碳化产物 $CaCO_3$ 往往被硅胶覆盖或包裹于其周围，所以本试验 EDS 中出现的少量 Si 元素可能来自硅胶。因此，碳化后生成大量方解石堆积于 RFA 内部微裂缝，使其微观结构更加密实从而提升 RFA 物理性能。

(a) 未碳化 RFA 水化产物 AFt　(b) CRFA 碳化产物方解石

(c) 碳化产物　(d) 碳化产物 EDS

图 7-11　SEM 及 EDS 图片

7.4 本章小结

本章主要研究了碳化方式和骨料粒径对 RFA 物理性能及微观结构的影响，得出以下结论：

（1）碳化处理能够显著提升 RFA 物理性能。吸水率可以降低 3.1%～18.4%，压碎值降低 5.8%～17.9%，表观密度略有提升。经 CH 溶液预处理的 RFA 具有更多的碳化反应物，采用这种方式对 RFA 进行碳化处理可显著改善 RFA 的性能，对于吸水率与压碎值的改善要明显优于直接碳化的 RFA。

（2）骨料粒径对 RFA 物理性能及碳化效果具有显著影响。随着骨料粒径减小，压碎值与表观密度明显减小，吸水率显著增大。除最小粒径范围 0.3～0.6mm 外，碳化效果整体上随粒径减小而增加。

（3）热分析结果表明碳化效果与骨料粒径并非线性关系。原始混凝土采用机制砂配置导致附着砂浆含有部分石灰石以及小粒径 RFA 在破碎过程中混杂有部分天然骨料小粒径碎屑，也会影响其 CO_2 质量吸收率。

（4）XRD 和 SEM 分析结果表明，在高 CO_2 浓度、长时间碳化处理条件下，碳化产物 $CaCO_3$ 晶体填充 RFA 内部微裂缝，从而提高 RFA 物理性能，并且其主要晶相为方解石。

第 8 章 CH 复合碳化改性再生微粉

8.1 试验原材料及测试方法

8.1.1 再生微粉

试验再生微粉来自试验后的废弃混凝土梁，设计强度等级 C30，龄期 6 个月，采用人工方式破碎并筛分，粒径 ≤ 0.15mm，如图 8-1 所示。

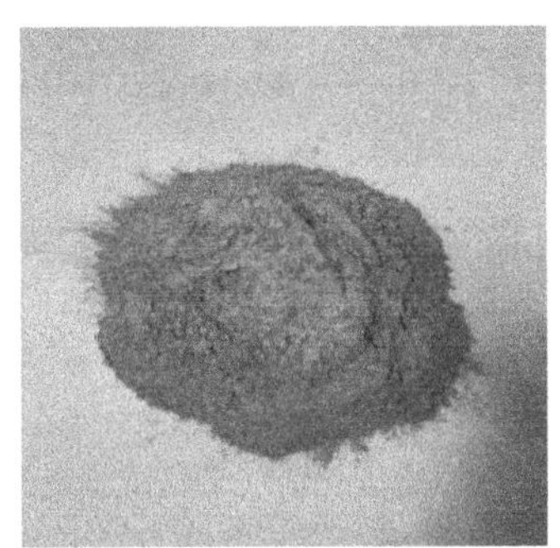

图 8-1 再生微粉

8.1.2 再生微粉复合碳化活性激发

采用三种再生微粉碳化活性激发方式，如表 8-1 所示。再生微粉取代率（质量取代）为 10%、20%及 30%。制备碳化前后再生微粉胶砂，水灰比为 0.5，具体试验配合比如表 8-2 所示，胶砂尺寸为 40mm × 40mm × 160mm，每组 3 块胶砂试样，振动台振捣成型后，保鲜膜包裹 24h，拆模后置于实验室场地，洒水养护 28d，测定其抗折强度及抗压强度，试验流程及设备如图 8-2 所示。

再生微粉碳化活性激发方式　　表 8-1

碳化活性激发方式	处理过程
直接碳化	温度 20℃、湿度 70%的恒温恒湿箱 24h 预处理后，置于压力 0.3MPa、CO_2 浓度 100%的碳化箱碳化 24h
CH 复合碳化	质量分数 1.5%的 $Ca(OH)_2$ 溶液浸泡 24h，温度 105℃的烘干箱烘干至恒重，再采用直接碳化相同方式进行预处理及碳化改性
NS 复合碳化	质量分数 1.5%的纳米 SiO_2 溶液浸泡 24h，温度 105℃的烘干箱烘干至恒重，再采用直接碳化相同方式进行预处理及碳化改性

试验配合比（取代率 10%） 表 8-2

类型	水泥/g	再生微粉/g	ISO 砂/g	水/mL
对比组	450	0	1350	225
未碳化	405	45	1350	225
直接碳化	405	45	1350	225
CH 复合碳化	405	45	1350	225
NS 复合碳化	405	45	1350	225

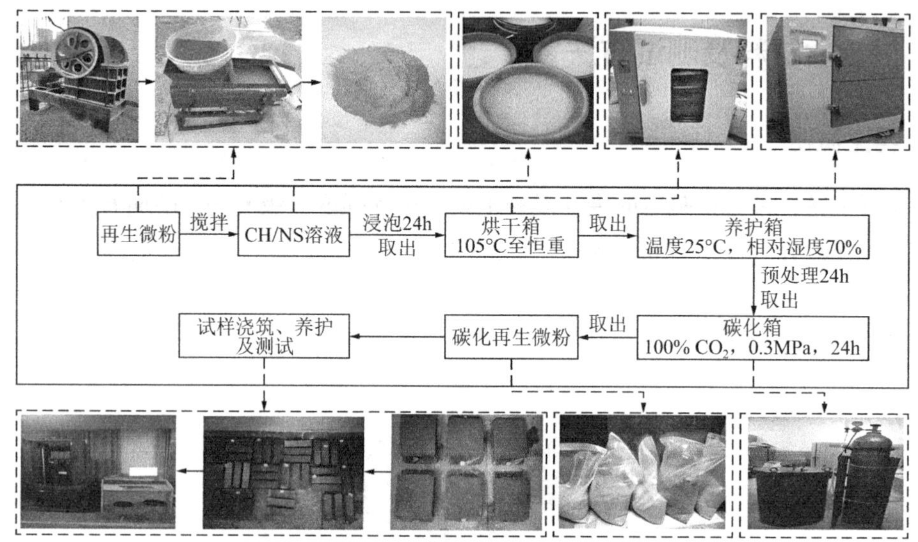

图 8-2 再生微粉碳化活性激发试验流程及设备

8.1.3 再生微粉物理特性测定方法

按照标准《水泥胶砂强度检验方法（ISO 法）》GB/T 17671—2021 测试水泥胶砂 28d 抗折强度及抗压强度。按照标准《混凝土和砂浆用再生微粉》JG/T 573—2020 计算碳化前后再生微粉的活性指数，如下式所示，结果精确至 1%。

$$A=\frac{R_t}{R_0}\times 100\% \tag{8-1}$$

式中：A——再生微粉活性指数；

R_t——受检胶砂 28d 抗压强度（MPa）；

R_0——对比胶砂 28d 抗压强度（MPa）。

8.1.4 再生微粉微观性能测定方法

（1）矿物组分

取一定量的试验所用水泥、再生微粉、CH 复合碳化再生微粉及 NS 复合碳化再生微粉作为再生微粉矿物组分分析测试样品，将所有测试样品过 200 目方孔筛，置于 60°C烘干箱至恒重并自然冷却，然后装自封袋密封并标记。采用转靶 X 射线衍射仪（XRD，扫描速率

10°/min，扫描范围 5°～70°）分析碳化前后再生微粉的矿物组成，如图 8-3 所示。

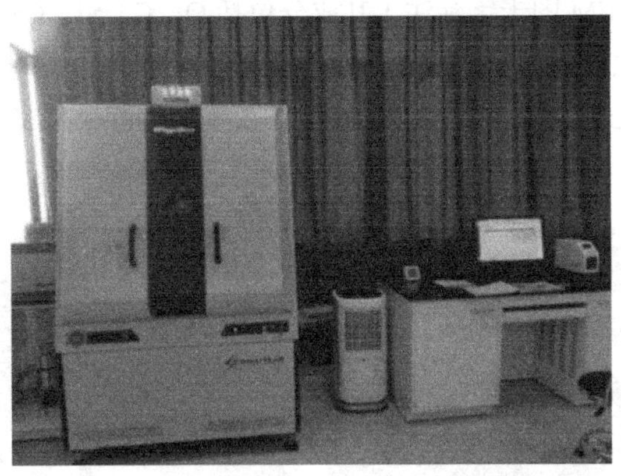

图 8-3　转靶 X 射线衍射仪

（2）表面微观形貌

取一定量的水泥、再生微粉、CH 复合碳化再生微粉、NS 复合碳化再生微粉及其制备的水泥胶砂试样，即四种粉末试样和四种胶砂试样。将所有测试试样用导电胶带固定在样品台，采用离子溅射仪对样品表面喷金，Merlin Compact 场发射扫描电子显微镜对样品的表面微观形貌进行测试，并结合能谱仪分析矿物成分化学元素，重点表征水泥、碳化前后再生微粉与其胶砂的表面形貌等微观结构，所用设备如图 8-4 所示。

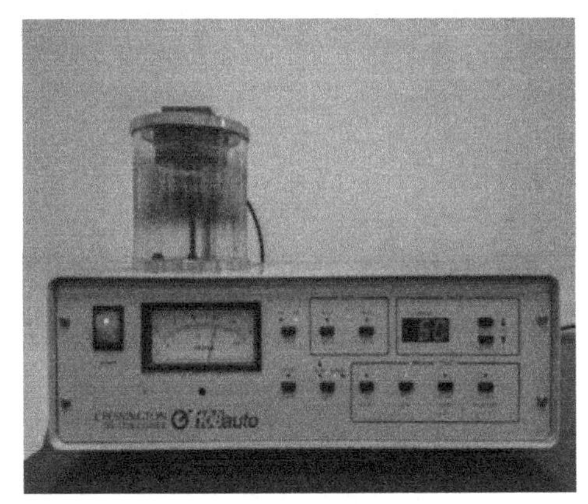

(a) 离子溅射仪

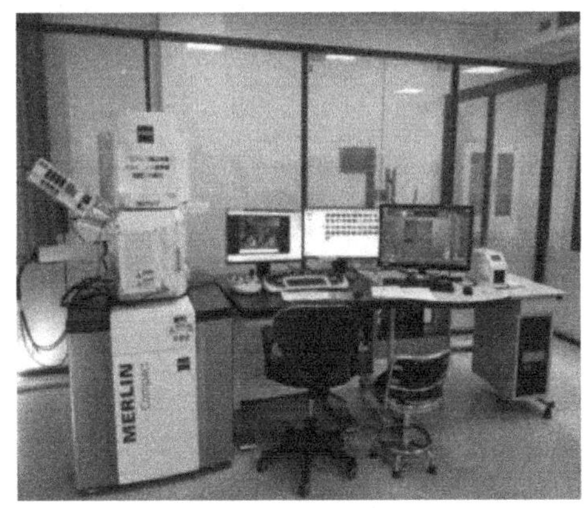

(b) 场发射扫描电子显微镜

图 8-4　表面微观形貌测试设备

8.2　CH 复合碳化再生微粉性能分析

8.2.1　再生微粉微观性能

对试验所用水泥及碳化前后再生微粉进行 SEM 微观形貌及 XRD 矿物成分分析，图 8-5 为碳化前后再生微粉微观形貌。由图 8-5 可知，普通水泥矿物颗粒间排列紧凑、表面光滑，而再生微粉颗粒粒径分布不均匀、表面粗糙，出现小粒径颗粒间的团聚现象，结构体系疏松多孔。碳化再生微粉粗糙度显著降低，微观结构更致密，其表面及孔隙间附着一些絮状物质，由 EDS 测试（SEM 图十字标注）其成分包括 O、C、Si、Ca、K、Al、Mg 等，验证其为水化硅酸钙、水化铝酸钙及碳酸钙交织一起的胶凝物质体系，孔隙及微裂纹均得到填充。其中 CH 复合碳化再生微粉表面附着碳酸钙及水化硅酸钙最多，孔隙填充性能更好，微观结构改善更显著。

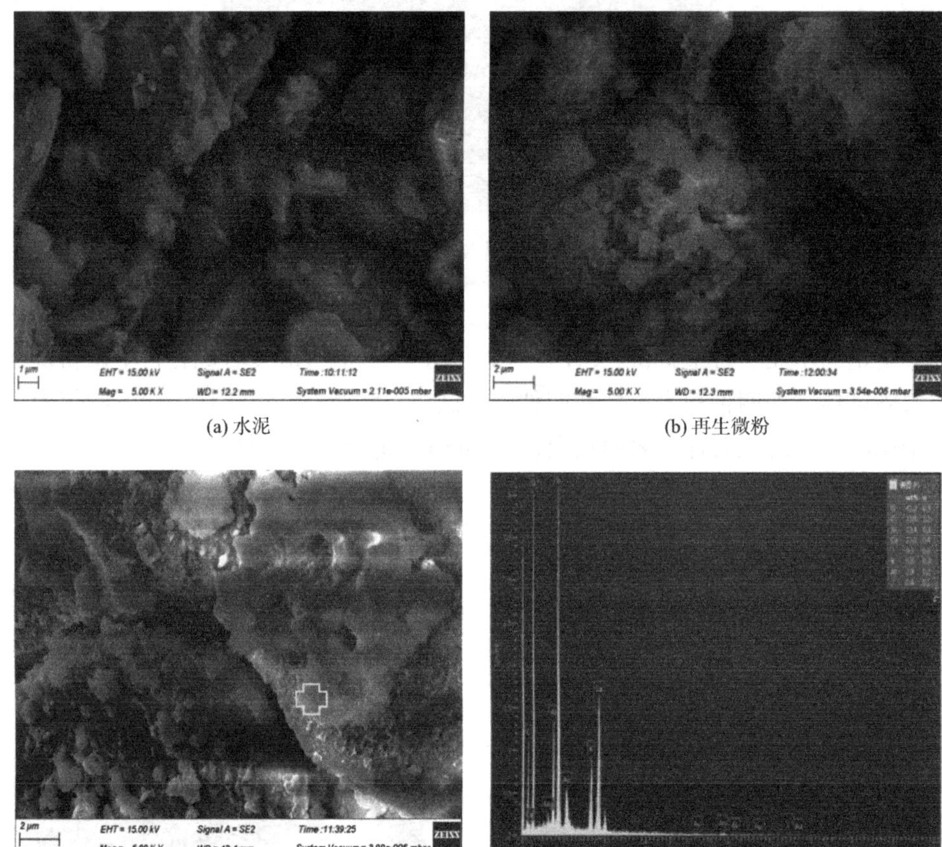

(a) 水泥　(b) 再生微粉

(c) NS 复合碳化再生微粉

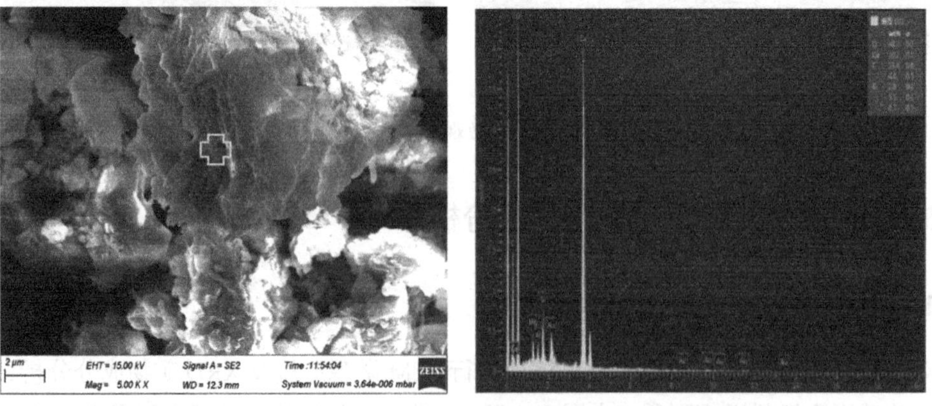

(d) CH 复合碳化再生微粉

图 8-5　碳化前后再生微粉微观形貌

图 8-6 为碳化前后再生微粉矿物组分，水泥主要矿物组分有硅酸三钙 C_3S、硅酸二钙 C_2S 及少量碳酸钙。仅有再生微粉在衍射角 2θ为 18.12°时检测 $Ca(OH)_2$，证明碳化再生微粉已完全碳化，且 CH 复合碳化再生微粉 Ca/Si 显著提高，进而加速后期二次水化反应，生成更多 C-S-H 凝胶，使其微观结构更致密，这与图 8-5（d）CH 复合碳化再生微粉结果分析一致。且 C-S-H 凝胶是混凝土力学性能强化的关键指标，因此，碳化再生微粉制备的再生胶砂力学性能也将得以提升，这将在下节得以验证。

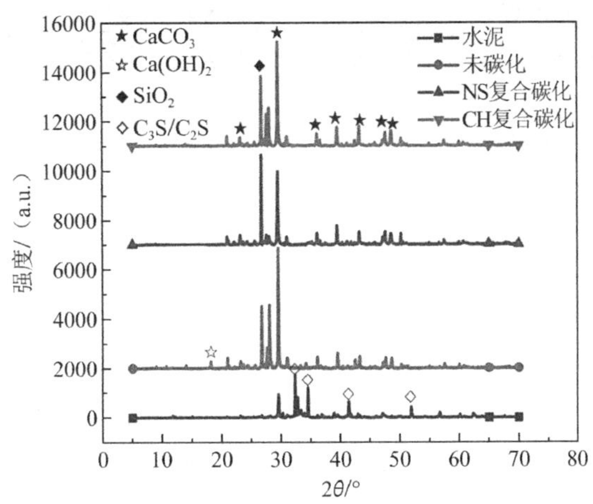

图 8-6　碳化前后再生微粉矿物组分

8.2.2　再生微粉胶砂微观性能

图 8-7 为 2K 放大倍数下再生胶砂的微观形貌。可知，对比胶砂内部生成稳定方解石，且微观结构最紧凑、最致密，也是宏观力学性能最强的本质原因。掺有再生微粉胶砂方解石表面附着不规则颗粒，表面粗糙，结构疏松，孔隙较多，致使胶砂力学性能降低。CH 复合碳化再生微粉在胶砂表面生成絮状胶凝物质体系，填充孔隙结构，胶砂力学性能提高。NS 复合碳化再生微粉胶砂表面絮状胶凝物质较少且分散不均匀，表面附着游离 SiO_2（EDS 证实），微观结构较 CH 复合碳化再生微粉胶砂疏松，见证了其宏观强度指标较 CH 复合碳化再生微粉胶砂低。

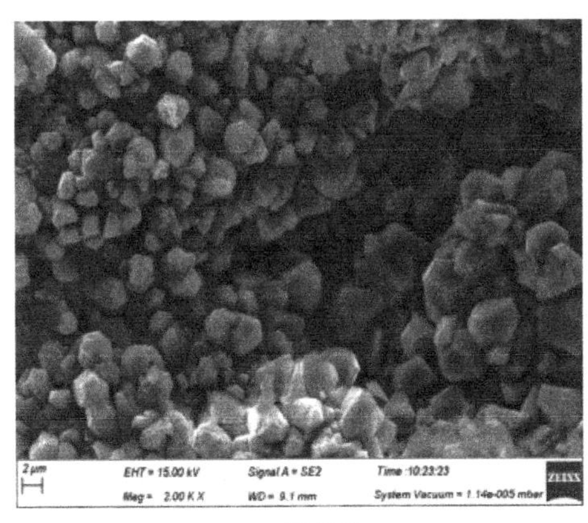

(a) 对比胶砂

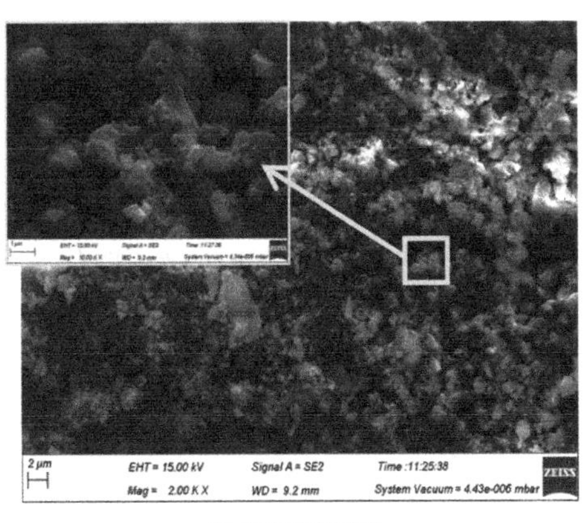

(b) 再生微粉胶砂

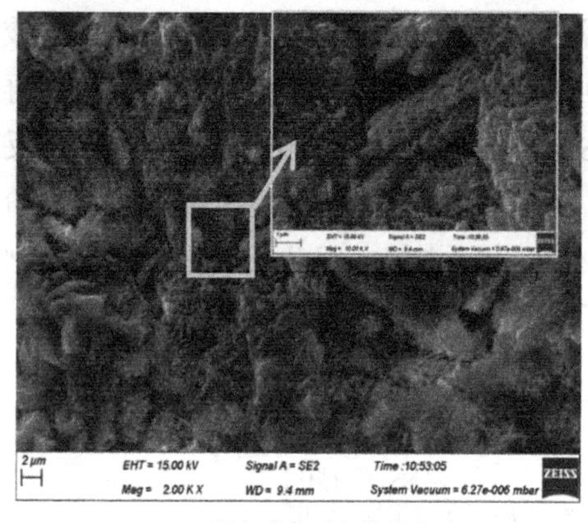

(c) CH 复合碳化再生微粉胶砂

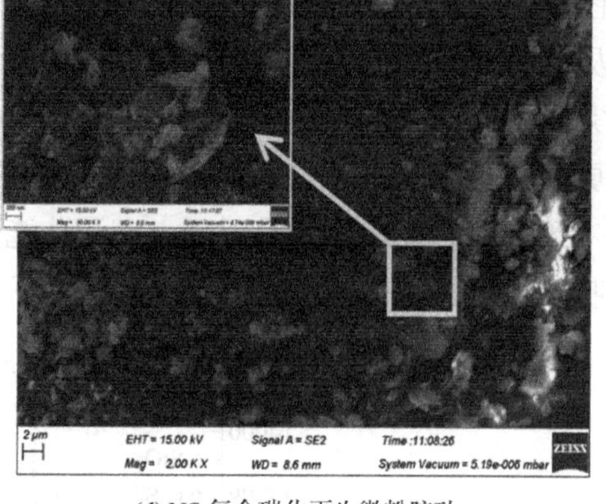

(d) NS 复合碳化再生微粉胶砂

图 8-7　2K 放大倍数下再生胶砂微观形貌

8.2.3　胶砂抗折强度

不同再生微粉取代率及碳化方式下胶砂 28d 抗折强度如图 8-8 所示。可知，随着再生微粉取代率的增加，水泥胶砂 28d 抗折强度不断降低，碳化再生微粉可显著提高胶砂抗折强度，不同碳化方式的强化效果不同，其中 CH 复合碳化再生微粉提高效果最佳，这与上节再生胶砂微观形貌分析结果一致，其强化机理见 8.3 节。

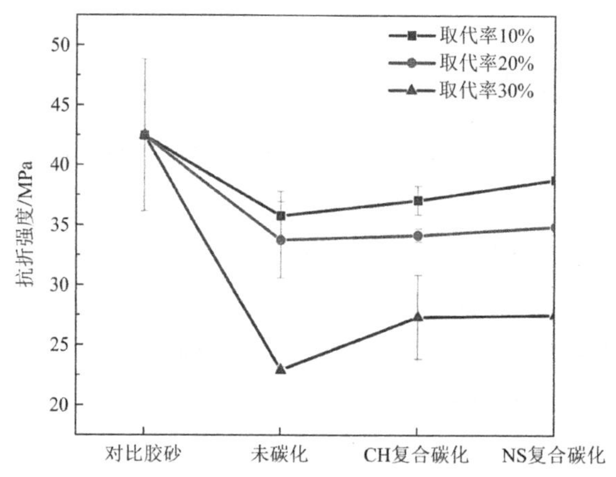

图 8-8　不同取代率及碳化方式下胶砂 28d 抗折强度

（1）再生微粉取代率影响

胶砂 28d 抗折强度与再生微粉取代率成负相关，且降低幅度随取代率增加而增大，不同碳化方式下再生微粉胶砂抗折强度增强效应也不同，如图 8-9 所示。

由图 8-9（a）可知，随再生微粉取代率增加，未碳化再生微粉及碳化再生微粉胶砂 28d 抗折强度逐渐降低。原因可解释为：再生微粉主要成分为硬化水泥浆、砂子及未水化颗粒，其表面粗糙、疏松多孔。活性未激活的再生微粉是一种惰性材料，仅发挥填充效应，随其取代率增加，其负面效应显著[227]。碳化再生微粉硬化水泥浆中 C-S-H、CH、AFm 及未水化颗粒均与 CO_2 发生化学反应，生成碳酸钙、无定型硅胶及凝胶物质，再生微粉活性得到激发。但随着再生微粉取代率增加，碳化增强效应与取代率负面效应耦合，降低其整体碳化增强幅度。因此，碳化再生微粉胶砂 28d 抗折强度逐渐降低，但优于未碳化再生微粉胶砂强度。

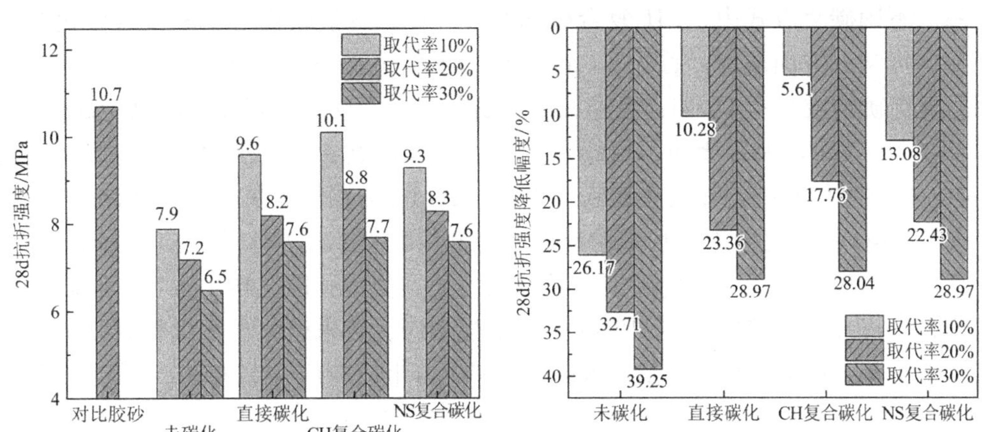

(a) 28d 抗折强度　　(b) 对比胶砂降低幅度

图 8-9　不同取代率下胶砂 28d 抗折强度

图 8-9（b）为不同取代率下碳化再生微粉胶砂 28d 抗折强度与对比胶砂降低幅度图。可知，取代率小于 20%的未碳化再生微粉胶砂抗折强度较对比胶砂降低幅度在 30%左右，而取代率超过 20%时，其抗折强度降低幅度非常显著。碳化再生微粉可显著降低再生胶砂抗折强度较对比胶砂的降低幅度，特别是 10%取代率的 CH 复合碳化再生微粉胶砂抗折强度较对比胶砂仅降低 5.61%。随再生微粉取代率增加，碳化再生微粉胶砂抗折强度降低幅度增加，这是由于再生微粉碳化增强效应与掺量负面效应耦合的结果。取代率 30%的碳化再生微粉胶砂抗折强度较优于取代率 20%的未碳化再生微粉胶砂，其降低幅度均小于 30%，表明碳化再生微粉可提升再生微粉品质，提高其取代水泥胶凝材料的掺量水平，促进再生混凝土的完全及高品质回收。

（2）碳化方式影响

碳化处理可激活再生微粉潜在活性，从而加快胶砂强度的发展，不同碳化方式对其抗折强度的影响有所差异，如图 8-10 所示。

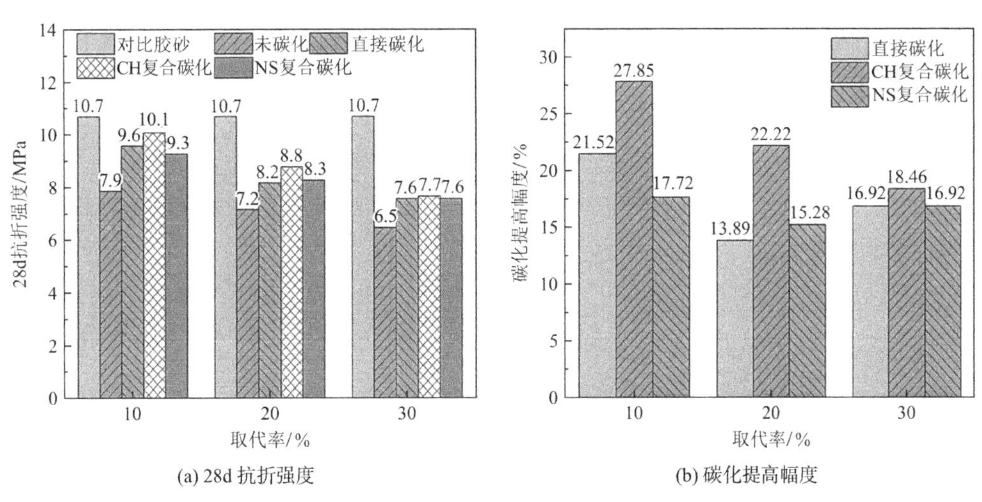

(a) 28d 抗折强度　　(b) 碳化提高幅度

图 8-10　不同碳化方式下胶砂 28d 抗折强度

可知，碳化再生微粉可提高其胶砂抗折强度，其提高幅度与碳化方式及取代率均有关系。不同碳化方式中，CH 复合碳化改善最佳，直接碳化与 NS 复合碳化提升相近。原因可从三方面解释：首先，$Ca(OH)_2$ 为再生微粉提供富余钙源，加速碳化反应进行，提高矿物成分中 Ca/Si，促进二次火山灰反应，反应过程逐渐脱钙生成低 Ca/Si 的 C-S-H 比表面积大，增加了后续水化产物的成核点，加速水化反应进程；其次，$Ca(OH)_2$ 提供大量 OH^-，而再生微粉中 SiO_2、Al_2O_3 为弱酸性氧化物，在碱性环境下，其 Si-O、Al-O 键容易断裂，形成游离的不饱和活性键，使其水化反应更容易；最后，碳化反应生成固体体积增大的碳酸钙及凝胶物质，使其孔隙结构更致密，胶砂抗折强度得到显著提高。直接碳化主要发挥碳化增强效应，较未碳化再生微粉胶砂抗折强度提高，但劣于 CH 复合碳化方式。NS 复合碳化再生微粉后，纳米 SiO_2 填充其孔隙，其与硬化水泥浆中 $Ca(OH)_2$ 发生火山灰反应，碳化作用下，生成交织在一起的水化硅酸钙、水化铝酸钙及碳酸钙等胶凝物质体系，使其微观结构致密，与图 8-5（c）及图 8-7（d）微观结构结论一致，但再生微粉钙源少，NS 复合碳化再生微粉增强效应低于 CH 复合碳化。

图 8-10（b）中，取代率为 10%的碳化再生微粉胶砂抗折强度提高最显著，较未碳化再生微粉胶砂抗折强度最大提高 27.85%，其抗折强度等效于对比胶砂抗折强度。但随取代率增加，碳化再生微粉胶砂抗折强度改善效果减弱，这主要受再生微粉碳化增强效应与掺量负面效应共同作用的影响。

8.2.4 胶砂抗压强度

图 8-11 为试验胶砂 28d 抗压强度。可知，随再生微粉取代率增加，胶砂 28d 抗压强度逐渐降低，其中再生微粉取代率 30%的胶砂抗压强度降低最显著。碳化再生微粉胶砂抗压强度较未碳化再生微粉胶砂增加，且随着取代率增加提高幅度更大。

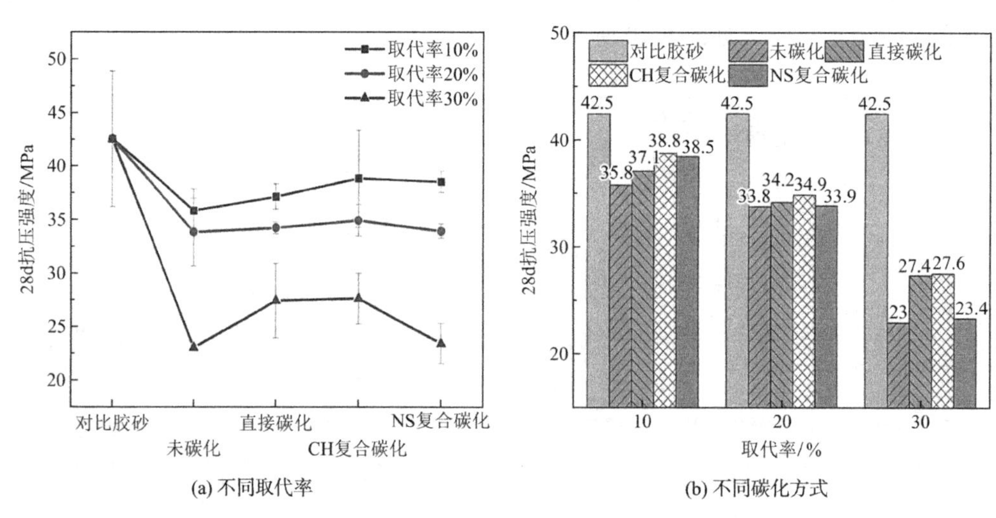

图 8-11　胶砂 28d 抗压强度

胶砂 28d 抗压强度与再生微粉取代率成负相关，较对比胶砂抗压强度降低幅度随取代率增加而增大。碳化再生微粉胶砂抗压强度均随取代率增加逐渐降低，如图 8-11（a）所示。对比再生微粉胶砂 28d 抗压强度，碳化再生微粉胶砂抗压强度提高，其中 CH 复合碳化再生微粉胶砂抗压强度最大，如图 8-11（b）所示。

图 8-12 为不同取代率下胶砂 28d 抗压强度。

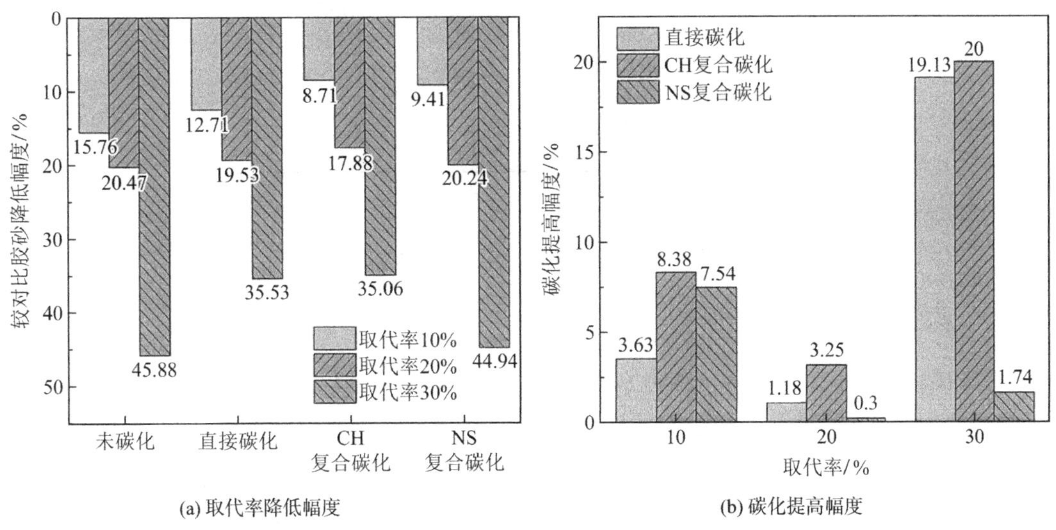

图 8-12　不同取代率下胶砂 28d 抗压强度

结果表明，相同取代率下，CH 复合碳化增强效应最佳，最大提高 20%。这是由于 $Ca(OH)_2$ 为再生微粉提高富余钙源及 OH^-碱性环境，压力碳化作用下，生成大量无定型硅胶及凝胶物质，激发再生微粉活性。不同取代率下碳化再生微粉增强效应不同，其中 CH 复合碳化再生微粉取代率 30%时的胶砂增强效应最显著。可解释为，再生微粉取代率达到 30%时，掺量的负面效应较大，碳化活性激发增强效应更显著。但图 8-12（b）中，NS 复合碳化再生微粉取代率 30%的胶砂抗压强度提高幅度仅为 1.74%，这是纳米 SiO_2 碳化增强效应、再生微粉掺量负面效应及再生微粉钙源少等特性共同作用的结果。

8.2.5　再生微粉活性指数

图 8-13 为碳化前后再生微粉活性指数图。可知，碳化再生微粉提高可其活性指数，其中 CH 复合碳化改善最显著，且随取代率增加，碳化再生微粉活性指数增强效应越显著。本研究结果表明，再生微粉取代率 ≤ 20%的胶砂中再生微粉活性指数均 > 70%，符合《混凝土和砂浆用再生微粉》JG/T 573—2020 规定的 Ⅰ 级再生微粉活性指数技术标准要求，再生微粉取代率 30%的胶砂中再生微粉活性指数 < 60%，不符合规范规定的 Ⅱ 级再生微粉活性指数技术标准要求，但碳化再生微粉活性指数（除 NS 复合碳化外）均达到 Ⅱ 级再生微粉技术标准要求。再生微粉活性指数与胶砂抗压强度直接相关，再生微粉取代率与碳化方式对再生微粉活性指数影响规律同胶砂抗压强度变化规律。NS 复合碳化再生微粉取代率 30%的胶砂中再生微粉活性指数与未碳化再生微粉胶砂相近，这与上节分析结果一致。

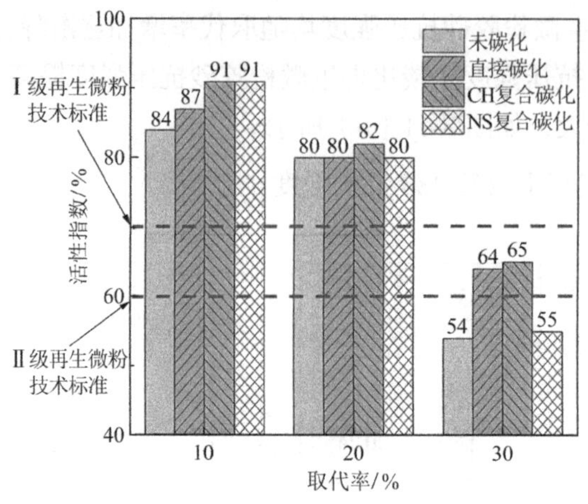

图 8-13　碳化前后再生微粉活性指数

8.2.6　再生微粉胶砂破坏形态

采用图 8-14 所示胶砂抗折模具及抗压模具对再生微粉胶砂进行加载，先将试验胶砂置于抗折模具加载至破坏，其破坏形态如图 8-14（a）所示。再生微粉胶砂抗折试验破坏形态均为加载位置处的折断破坏，与对比胶砂破坏形态相同。将抗折破坏的胶砂置于抗压模具加载，其破坏形态如图 8-14（b）所示。再生微粉胶砂抗压破坏形态均表现为：加载板端部胶砂先发生竖向剪断，随后胶砂试样被压碎破坏，内部呈现“环箍效应”。

(a) 抗折破坏形态

(b) 抗压破坏形态

图 8-14　再生微粉胶砂破坏形态

8.3　CH 复合碳化再生微粉活性激发机理

再生微粉粒径小且分布不均匀、表面粗糙、疏松多孔，少量取代水泥时可改善水泥胶凝材料级配，发挥微填充效应，但掺量过多的再生微粉对产品性能降低较显著，需采用一定的活性激发方式才能提高其资源利用率，实现高品质回收。本章研究表明，$Ca(OH)_2$ 复合碳化再生微粉可显著激发其活性，提高了再生微粉胶砂抗折强度及抗压强度，其强化机理可解释如下。

8.3.1　富余钙源效应

再生微粉钙源一般少于 10%，而普通水泥胶凝材料钙源大于 60%[211]，因此再生微粉较普通水泥钙源少，而 $Ca(OH)_2$ 本身就是活性钙原料，可以为再生微粉提供富余钙源，且 CH 促进硅酸盐等胶凝物质的生成，提高其矿物成分中 Ca/Si。压力碳化作用下，富余 $Ca(OH)_2$ 首先与 CO_2 发生反应，该反应过程放热，固体体积增大约 11.8%。随碳化反应进行，高 Ca/Si 的 C-S-H 逐渐溶解出 CH，生成低 Ca/Si 的 C-S-H，即由短硅聚合物与 Ca^{2+}、OH^-结合在一起的隐晶化合物[210]，反应公式如式(8-2)～式(8-4)所示。随着 Ca/Si 的降低，C-S-H 微观结构由细长的针棒状结构逐渐变为粗短的针棒状结构，再到表面致密的片状结构[212]。由于硬化水泥浆中 C-S-H 含量较多，该反应快速增加，同时 C-S-H 也与 CO_2 发生碳化反应，固体体积增加 23.1%。生成低 Ca/Si 的 C-S-H 具有较大的比表面积，为后续水化产物提供了更多成核点，加速水化反应进程，最终生成高聚合无定形硅胶 $SiO_2 \cdot nH_2O$。而无定形硅胶具有火山灰效应，为胶砂强度发展所需的 C-S-H 形成提供较高活性的硅源。因此，CH 复合碳化方式可使再生微粉活性得到一定程度的提升。

$$Ca(OH)_2 + CO_2 \longrightarrow CaCO_3 + H_2O \tag{8-2}$$

$$\text{C-S-H(1)} \longrightarrow \text{C-S-H(2)} + Ca(OH)_2,\ \ Ca/Si(2) < Ca/Si(1) \tag{8-3}$$

$$\text{C-S-H} + CO_2 \longrightarrow CaCO_3 + SiO_2 \cdot H_2O(gel) + H_2O \tag{8-4}$$

8.3.2　碱性缩聚效应

$Ca(OH)_2$ 为再生微粉提供大量 OH^-，而再生微粉中惰性 SiO_2、Al_2O_3 为弱酸性氧化物，在碱性环境下，其 Si-O、Al-O 键容易断裂，形成游离的不饱和活性键[261]，如下所示。

$$\begin{aligned}&\text{-Si-O-Si-} + OH^- \longrightarrow \text{Si-O} + \text{-Si-OH}\\&\text{-Si-O-} + OH^- \longrightarrow \text{-O-Si-OH}\end{aligned} \tag{8-5}$$

Ca^{2+}存在时，这些游离不饱和键与 Ca^{2+}更易结合反应，如下所示。

$$\begin{aligned}&\text{-Si-O-} + Ca^{2+} \longrightarrow \text{-Si-O-Ca-}\\&\text{-Si-O-Ca-} + OH^- \longrightarrow \text{-Si-O-Ca-OH}\end{aligned} \tag{8-6}$$

$$\text{-Si-O-Ca-OH} + \text{HO-Si-O} \longrightarrow \text{-Si-O-Si-} + Ca(OH)_2 \tag{8-7}$$

对于 Al-O-Al 键也有同样的作用。随着反应进行，这些游离的不饱和活性键越来越多，相互接触时就会发生缩聚反应，结构发生重构，形成具有三维空间网格结构的凝胶体系，更易与 CH 发生化学反应，生成 C-S-H 及水化铝酸钙（C-A-H）等胶凝物质，堵塞胶砂中的毛细组织，从而提高胶砂强度，如下所示。

$$\text{CH} + SiO_2 + H_2O \longrightarrow \text{C-S-H} \tag{8-8}$$

$$\text{CH} + Al_2O_3 + H_2O \longrightarrow C\text{-A-H} \tag{8-9}$$

8.3.3　碳化增强效应

压力碳化作用下，再生微粉中硬化水泥浆 C-S-H、AFm、CH 及未水化颗粒均与 CO_2 发生化学反应，其反应方程[127,260-261]如下所示。

$$\text{C-S-H} + CO_2 \longrightarrow CaCO_3 + SiO_2 \cdot nH_2O(\text{gel}) + H_2O \tag{8-10}$$

$$\text{AFm} + CO_2 \longrightarrow CaCO_3 + Al(OH)_3(\text{gel}) + CaSO_4 + H_2O \tag{8-11}$$

$$Ca(OH)_2 + CO_2 \longrightarrow CaCO_3 + H_2O \tag{8-12}$$

$$C_3S + nH_2O + 3CO_2 \longrightarrow 3CaCO_3 + SiO_2 \cdot nH_2O(\text{gel}) \tag{8-13}$$

$$C_2S + nH_2O + 2CO_2 \longrightarrow 2CaCO_3 + SiO_2 \cdot nH_2O(\text{gel}) \tag{8-14}$$

$$C_4AF + 4CO_2 + 3H_2O \longrightarrow 4CaCO_3 + Al(OH)_3(\text{gel}) + Fe(OH)_3(\text{gel}) \tag{8-15}$$

多重化学反应生成碳酸钙、无定型硅胶及凝胶物质，且固体体积增加，填充细化孔隙，同时交织成三维网格结构，使其浆体微观结构更加致密，再生微粉胶砂强度得到提高。此外，生成无定形的 $SiO_2 \cdot nH_2O$ 活性较高，可以与后续新拌胶砂中水化产物 CH 反应，生成具有交联作用的 C-S-H 凝胶。而产物 $CaCO_3$ 的填充效应和成核作用也为后续水化产物 C-S-H 的形成提供更多成核点位，促进水化产物围绕着晶核生长，加速胶砂强度的发展，与此同时，再生微粉粒径小，可实现快速完全碳化，CO_2 吸水率高，且 CO_2 最终以 $CaCO_3$ 晶体的形式稳定储存，也达到有效隔离 CO_2 的目的。

8.4 本章小结

本章以粒径 16～19mm 的再生粗骨料及粒径 < 0.15mm 的再生微粉为研究对象，通过分析不同碳化改性再生粗骨料的碳化效果、吸水率、表观密度及压碎值等性能，碳化前后再生微粉性能、活性指数及其胶砂强度指标，并结合 XRD、SEM 及 MIP 等微观分析，揭示了再生粗骨料/再生微粉碳化强化机理，得出以下结论：

（1）纳米 SiO_2 复合碳化改性可实现再生粗骨料的完全碳化，达到高效碳化改性目的。碳化改性再生粗骨料的吸水率、表观密度及压碎值等指标均得到改善，其中吸水率改善最显著（降低 23.03%），碳化改性再生粗骨料微观结构更致密，孔隙率降低 44.06%。

（2）纳米 SiO_2 复合碳化再生粗骨料可实现纳米材料与压力碳化双向增强效应，生成更多稳定 $CaCO_3$ 和纳米级硅胶，键合致密三维网络结构。

（3）再生微粉仅可少量取代水泥胶凝材料，再生微粉取代率 ⩾ 30%的水泥胶砂抗压强度显著降低；碳化再生微粉既可以激发其活性，又可有效隔离 CO_2，是一种环保有效的再生微粉活性激发方式。本研究中 CH 复合碳化激发再生微粉活性效果最显著。其中 CH 复合碳化再生微粉胶砂的抗折强度最大提高 27.85%，碳化处理后其活性指数均可达到Ⅱ级再生微粉技术标准以上要求。

（4）微观测试结果表明，CH 复合碳化再生微粉表面附着更致密的碳酸钙及水化硅酸钙等胶凝物质体系，且提高了再生微粉矿物成分的 Ca/Si，揭示了其富余钙源效应、碱性缩聚效应及碳化增强效应等碳化再生微粉强化机理。

第 3 篇

CH 复合碳化改性再生骨料混凝土/砂浆力学性能

第 9 章

CH 复合碳化再生粗骨料混凝土力学性能

9.1 试验原材料及测试方法

9.1.1 试验原材料

（1）胶凝材料

水泥采用焦作千业水泥有限责任公司生产的 P · O 42.5 普通硅酸盐水泥，密度为 3.14g/cm^3，比表面积为 3550cm^2/g，其化学成分如表 9-1 所示。混凝土的拌合水采用实验室自来水。

水泥的化学成分　　表 9-1

化学成分	CaO	SiO_2	Al_2O_3	Fe_2O_3	MgO	SO_3	$K_2O + Na_2O$	烧失量
含量/%	65.67	22.35	5.42	3.56	1.54	0.65	0.46	2.53

（2）细骨料

细骨料采用天然河砂，购买于当地建筑材料市场，根据《建设用砂》GB/T 14684—2022 测得的颗粒级配曲线如图 9-1（a）所示，其细度模数为 2.84，属于标准要求的Ⅱ区中砂范围。另外，根据《建设用砂》GB/T 14684—2022 测得的物理力学性能如表 9-2 所示。

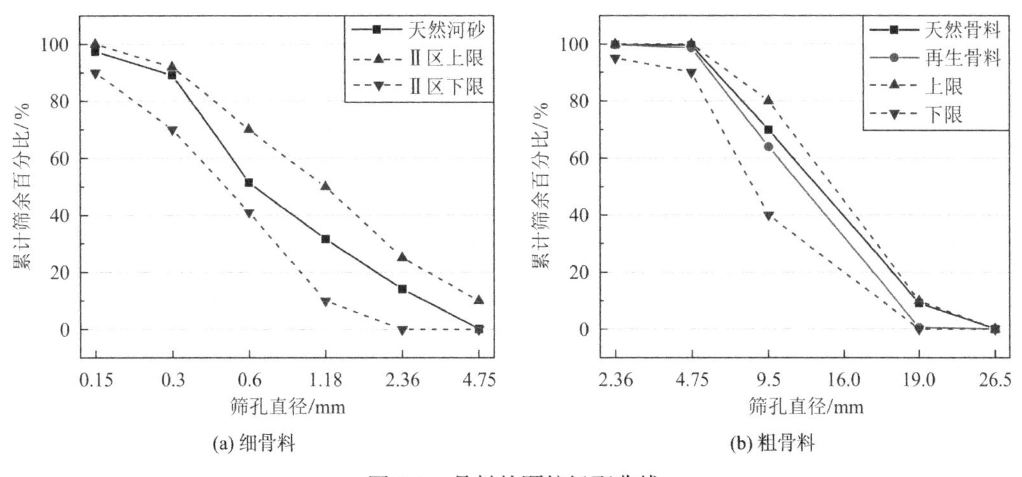

(a) 细骨料　(b) 粗骨料

图 9-1　骨料的颗粒级配曲线

骨料的物理力学性能　　表 9-2

骨料类型	骨料尺寸/mm	表观密度/（kg/m³）	吸水率/%	压碎值/%
天然河砂	0～4.75	2629	0.70	25.35
NA-1	5～10	2703	0.55	13.41
RCA-1	5～10	2690	5.85	23.87
CRCA-1	5～10	2697	4.74	22.81
NA-2	10～20	2723	0.60	11.11
RCA-2	10～20	2697	3.74	16.11
CRCA-2	10～20	2707	3.34	14.93

（3）粗骨料

天然骨料和再生骨料性能同第 2 章，天然骨料购买于当地建筑材料市场，再生骨料来自试验后的废弃混凝土梁。天然骨料由质量比为 1：2 的 NA-1 和 NA-2 组成，再生骨料由质量比为 1：2 的 RCA-1 和 RCA-2 组成。颗粒级配如图 9-1（b）所示。

9.1.2 试件配合比设计

（1）碳化骨料再生混凝土

根据《普通混凝土配合比设计规程》JGJ 55—2011 和《再生混凝土结构技术标准》JGJ/T 443—2018 进行再生混凝土的配合比设计，设计强度等级为 C40，水胶比为 0.49。再生混凝土的配合比如表 9-3 所示，所用粗骨料为饱和面干状态。新拌混凝土搅拌前，将天然骨料、再生骨料、碳化骨料浸水 24h，然后用毛巾擦至饱和面干状态，NA-1：NA-2、RCA-1：RCA-2、CRCA-1：CRCA-2 的质量比为 1：2。

再生混凝土的配合比　　表 9-3

试件编号	骨料取代率/%	天然骨料/（kg/m³）	再生骨料/（kg/m³）	碳化骨料/（kg/m³）	天然河砂/（kg/m³）	水泥/（kg/m³）	拌合水/（kg/m³）
NAC	0	1134	0	0	611	440	215
RAC-1	30	794	340	0			
RAC-2	70	340	794	0			
RAC-3	100	0	1134	0			
CRAC-1	30	794	0	340			
CRAC-2	70	340	0	794			
CRAC-3	100	0	0	1134			

（2）碳化骨料模型再生混凝土

本研究中模型再生混凝土采用水泥砂浆来代替，采用 2.36mm 以下的天然河砂作为细骨料，水泥和细骨料的质量比为 1：1。模型再生混凝土的水灰比如表 9-4 所示，其中旧砂浆的水灰比为 0.45，新砂浆的水灰比为 0.40、0.45、0.50。

模型再生混凝土的水灰比　　表 9-4

试件编号	旧砂浆水灰比	新砂浆水灰比
ITZ-3-1	0.45	0.40
ITZ-3-2		0.45
ITZ-3-3		0.50
ITZ-3-C1		0.40
ITZ-3-C2		0.45
ITZ-3-C3		0.50

9.1.3 试件制作与养护

（1）碳化骨料再生混凝土

根据《混凝土物理力学性能试验方法标准》GB/T 50081—2019 进行再生混凝土力学性能试件的制作与养护。本研究中，抗压强度和劈裂抗拉强度测试采用尺寸为 100mm × 100mm × 100mm 的立方体试件，抗折强度采用尺寸为 100mm × 100mm × 400mm 的棱柱体试件，应力-应变行为采用尺寸为 100mm × 100mm × 300mm 的棱柱体试件，每组 3 个试件。

由于再生骨料吸水率较高，因此在试件制作前将粗骨料进行预湿处理。将所有粗骨料在水中浸泡 24h，用毛巾擦至饱和面干状态，然后立即进入试件制作的搅拌流程。首先，将水泥和砂投入强制式混凝土搅拌机搅拌 1min，接着加入拌合水搅拌 1min，然后加入粗骨料搅拌 2min。在新拌再生混凝土试样搅拌完成后，立即将其一次性装入试模，然后采用振动台振实 20s。接着，用抹刀将其抹面成型，立即用塑料薄膜覆盖其表面。在实验室环境下静置 24h 后编号并拆模，接着放入标准养护箱中（温度 20℃，相对湿度 95%）养护至规定龄期 7d 和 28d。本研究制作的再生混凝土试件如图 9-2 所示。

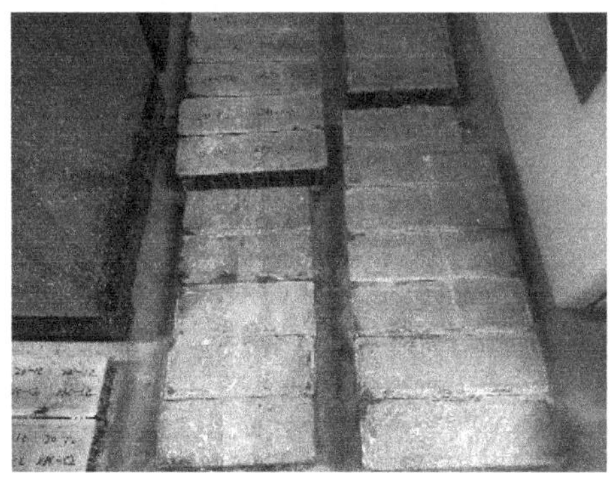

图 9-2　再生混凝土试件

（2）碳化骨料模型再生混凝土

模型再生混凝土采用尺寸为 40mm × 40mm × 160mm 的棱柱体试件，其制作流程如图 9-3 所示。对于模型 ITZ-3 而言，首先浇筑水灰比为 0.45 的旧砂浆，标准养护 28d 后进行切割，并采用 220 目的砂纸对切割表面进行打磨处理。然后，浇筑另一半水灰比为 0.40、0.45、0.50 的新砂浆，标准养护 28d。对于模型 ITZ-3-C 而言，首先浇筑水灰比为 0.45 的旧砂浆，标准养护 25d 后进行切割，并采用 220 目的砂纸对切割表面进行打磨处理。然后，将旧砂浆进行碳化处理 3d。最后，浇筑另一半水灰比为 0.40、0.45、0.50 的新砂浆，标准养护 28d。

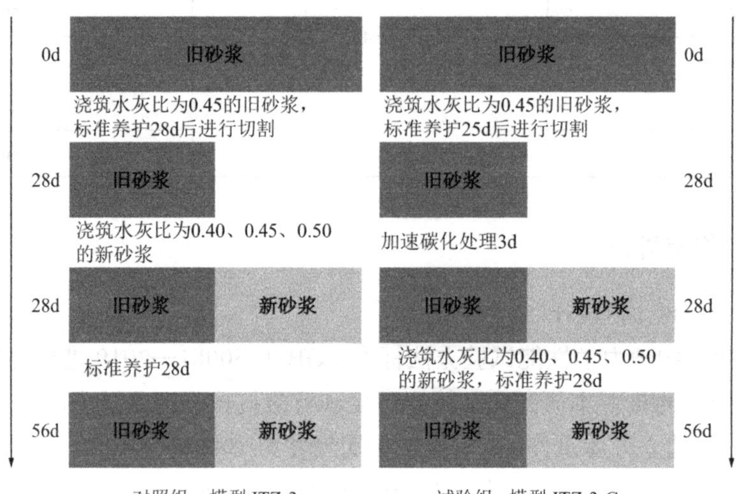

图 9-3　模型再生混凝土试件制作

9.1.4　力学性能试验方法

（1）碳化骨料物理力学性能

根据《建设用卵石、碎石》GB/T 14685—2022 测试再生骨料在加速碳化前后吸水率、表观密度、压碎值的变化。

（2）碳化骨料再生混凝土力学性能

根据《混凝土物理力学性能试验方法标准》GB/T 50081—2019，采用图 9-4 所示的 WAW-600 电液伺服万能试验机测试再生混凝土试件 7d 和 28d 的抗压强度、劈裂抗拉强度、抗折强度。抗压强度测试的加载速率为 0.5MPa/s，劈裂抗拉强度和抗折强度测试的加载速率为 0.05MPa/s。每组测试 3 个试件，采用算术平均值作为最后试验结果。

图 9-4　WAW-600 电液伺服万能试验机

根据《混凝土物理力学性能试验方法标准》GB/T 50081—2019，采用图 9-5 所示的 RMT-150C 岩石力学测试系统（框架刚度 5MN/mm），对标准养护 28d 的棱柱体试件进行应力-应变行为测试，加载速率为 0.005mm/s。另外，对同批浇筑和养护的立方体试件进行测试，获得混凝土材料的立方体抗压强度。

根据圣维南原理，棱柱体试件两加载端面的不均布垂直压应力以及合力为零的水平摩擦力，对棱柱体试件在高度近似等于截面宽度范围内的应力状态产生显著影响。因此，为了得到准确的单轴受压应力-应变行为，在棱柱体试件两侧中部对称安装 2 个位移计，测试棱柱体试件中部 100mm 范围内的位移变化，位移测试装置如图 9-5 所示。为了获得较好的应力-应变曲线，在正式加载前，对棱柱体试件进行 3 次预加载以便对中位移测试装置，预荷载大约为极限荷载的 0.3 倍。试验过程中，荷载和位移数据由 RMT-150C 岩石力学测试系统同步采集。

(a) RMT-150C 岩石力学测试系统

(b) 位移测试装置

图 9-5　再生混凝土应力-应变行为测试系统

（3）碳化骨料模型再生混凝土界面过渡区断裂行为

根据《水工混凝土断裂试验规程》DL/T 5332—2005，采用三点弯曲梁法测试模型再生混凝土的断裂行为，支座间距 100mm，加载面为试件浇筑的侧面。模型再生混凝土断裂行为测试系统如图 9-6 所示，采用瑞格尔 20kN 微机控制电子万能试验机进行测试，加载速率为 0.005mm/s。为了测得模型再生混凝土的 ITZ-3 张开位移，采用 502 胶水在梁底中部界面两侧粘贴 20mm × 10mm × 2mm 的钢质刀口，两个钢质刀口之间的间距为 4mm，夹式引伸计卡在钢质刀口上。

此外，在断裂试验完成后，根据《水泥胶砂强度检验方法（ISO 法）》GB/T 17671—2021，采用 WAW-600 电液伺服万能试验机对旧砂浆和新砂浆的抗压强度进行测试，加载速率为 2400N/s。

(a) 瑞格尔 20kN 电子万能试验机

(b) 加载装置

图 9-6　模型再生混凝土断裂行为测试系统

9.1.5　力学性能计算方法

（1）混凝土立方体抗压强度

根据《混凝土物理力学性能试验方法标准》GB/T 50081—2019，试件的立方体抗压强度f_{cu}按照下式计算：

$$f_{\mathrm{cu}} = F/A \tag{9-1}$$

式中：F——试件破坏荷载（N）；

A——试件受压面积（mm^2）。

（2）混凝土劈裂抗拉强度

根据《混凝土物理力学性能试验方法标准》GB/T 50081—2019，试件的劈裂抗拉强度f_{ts}按照下式计算：

$$f_{\mathrm{ts}} = 2F/\pi A = 0.637F/A \tag{9-2}$$

式中：F——试件破坏荷载（N）；

A——试件劈裂面面积（mm^2）。

（3）混凝土抗折强度

根据《混凝土物理力学性能试验方法标准》GB/T 50081—2019，试件的抗折强度f_{f}按照下式计算：

$$f_{\mathrm{f}} = Fl/th^2 \tag{9-3}$$

式中：F——试件破坏荷载（N）；

l——支座间跨度（mm）；

t——试件截面宽度（mm）；

h——试件截面高度（mm）。

（4）模型界面过渡区失稳韧度

根据《水工混凝土断裂试验规程》DL/T 5332—2005，失稳韧度$K_{\mathrm{IC}}^{\mathrm{S}}$按照下式计算：

$$K_{\mathrm{IC}}^{\mathrm{S}} = \frac{1.5\left(F_{\max} + \dfrac{Mg}{2} \times 10^{-2}\right) \times 10^{-3} \times S \times a_{\mathrm{c}}^{1/2}}{th^2} f(\alpha) \tag{9-4}$$

其中，$f(\alpha)$按下式计算：

$$f(\alpha)=\frac{1.99-\alpha(1-\alpha)(2.15-3.93\alpha+2.7\alpha^2)}{(1+2\alpha)(1-\alpha)^{3/2}}，\ \alpha=\frac{a_c}{h} \tag{9-5}$$

式中：K_{IC}^S——失稳韧度（$MPa\cdot m^{1/2}$）；

F_{max}——最大荷载（kN）；

M——试件支座间的质量，0.55kg × 100/160 = 0.344kg；

g——重力加速度，取 9.81m/s²；

S——试件支座间跨度，0.1m；

a_c——有效裂缝长度（m）；

t——试件厚度，0.04m；

h——试件高度，0.04m。

其中，a_c按下式计算：

$$a_c=\frac{2}{\pi}(h+h_0)\arctan\left(\frac{tEV_c}{32.6F_{max}}-0.1135\right)^{1/2}-h_0 \tag{9-6}$$

式中：h_0——夹式引伸计刀口薄钢板厚度，0.002m；

V_c——裂缝口张开位移临界值（μm）；

E——计算弹性模量（GPa）。

其中，E按下式计算：

$$E=\frac{1}{tc_i}\left[3.70+32.60\tan^2\left(\frac{\pi}{2}\frac{a_0+h_0}{h+h_0}\right)\right] \tag{9-7}$$

式中：a_0——初始裂缝长度（m）；

c_i——试件的初始V/F值（μm/kN），由试件F-V曲线的上升段之直线段上任意一点的V、F计算，$c_i=V_i/F_i$。

（5）砂浆抗压强度

根据《水泥胶砂强度检验方法（ISO 法）》GB/T 17671—2021，试件的抗压强度f_m按照下式计算：

$$f_m=F/A \tag{9-8}$$

式中：F——砂浆试件破坏荷载（N）；

A——砂浆试件受压面积（mm^2）。

9.1.6 界面过渡区微观性能试验

（1）扫描电镜-能谱联合分析

试验前将所有试样在 65°C的电热鼓风干燥箱中干燥 24h，之后进行喷金处理。采用 Merlin Compact 场发射扫描电镜（加速电压为 15kV）进行观察，并采用能谱仪对矿物晶体进行化学元素分析。扫描电镜-能谱测试系统如图 9-7 所示。

对于不同压力加速碳化提升再生混凝土骨料性能研究，选择 RCA-1 以及 CRCA-1，研究 ITZ-2 和旧砂浆在碳化前后微观形貌的变化。

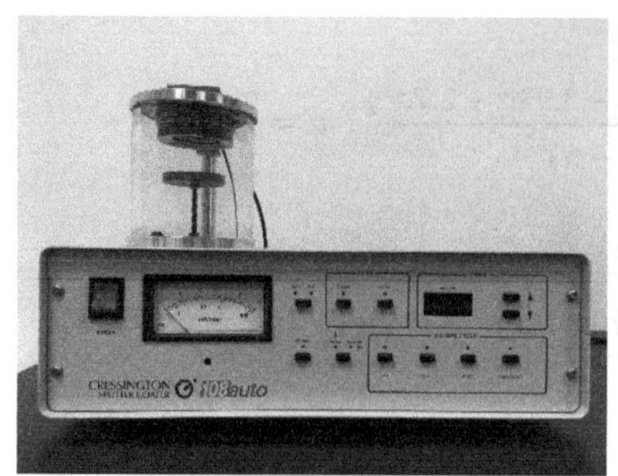

(a) 喷金装置

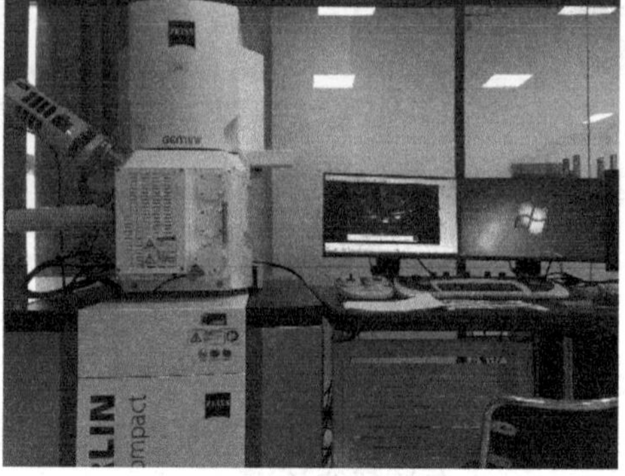

(b) 场发射扫描电镜

图 9-7　扫描电镜-能谱测试系统

对于碳化骨料再生混凝土力学性能及界面过渡区微观性能研究，在 28d 抗压强度试验完成后，从 RAC-2 和 CRAC-2 中选取试样，沿着 ITZ-1 将天然骨料与新砂浆分离，沿着 ITZ-3 将旧砂浆与新砂浆分离，分别研究 ITZ-1 和 ITZ-3 中水化产物的变化。

对于碳化骨料模型再生混凝土界面过渡区断裂行为研究，在断裂行为试验完成后，选择对照组试样 ITZ-3-2 及试验组试样 ITZ-3-C2，在新砂浆的表面选取小块试样，研究模型 ITZ-3 中水化产物的变化。

（2）X 射线衍射分析

试验前将所有试样在 65℃的电热鼓风干燥箱中干燥 24h，然后用 360 目的筛子进行筛分。采用 X 射线衍射测试系统（Smart-Lab 9kW，40kV，150mA，Cu Kα）进行测试，扫描范围为 5°～70°，扫描步长为 0.02°，扫描速度为 10°/min。X 射线衍射测试系统如图 9-8 所示。

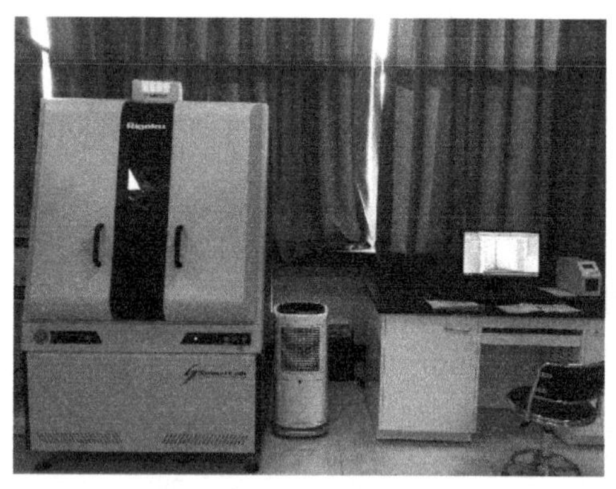

图 9-8　X 射线衍射测试系统

对于不同压力加速碳化提升再生混凝土骨料性能研究，选择 RCA-1 以及 CRCA-1，将旧砂浆剥离后进行研磨，研究碳化前后矿物物相的变化。

对于碳化骨料再生混凝土力学性能及界面过渡区微观性能研究，X 射线衍射试样制作流程如图 9-9 所示。首先，采用表 9-3 中的配合比制作尺寸为 100mm × 100mm × 100mm 的普通混凝土立方体试件，在标准养护箱中（温度 20℃，相对湿度 95%）养护 28d 后，采用

2.1.4 节的加速碳化程序，对其进行碳化得到碳化骨料。从再生骨料和碳化骨料的表面刮取粉末，得到试样 1 和试样 2。另外，在再生骨料和碳化骨料的表面浇筑水灰比为 0.40 的水泥浆体，并在标准养护箱中（温度 20℃，相对湿度 95%）养护 28d。然后，沿着 ITZ-3 将再生骨料和碳化骨料与水泥浆体分离，从它们的表面刮取粉末，分别得到试样 3、4、5、6。

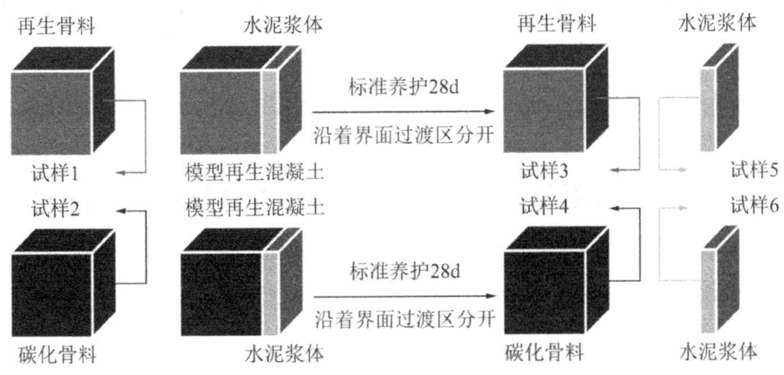

图 9-9　X 射线衍射试样制作

对于碳化骨料模型再生混凝土界面过渡区断裂行为研究，断裂行为试验完成后，选择对照组试样 ITZ-3-2 及试验组试样 ITZ-3-C2，在新砂浆表面刮取粉末，研究模型 ITZ-3 中水化产物的变化。

（3）热重-差式扫描量热联合分析

采用程序控温热焓分析-质谱联用测试系统（STA449F3-QMS403D）对试样进行热重-差式扫描量热测试，如图 9-10 所示。将 10mg 试样平铺于敞口氧化铝坩埚中，氮气气氛流速为 70mL/min，升温速率为 10℃/min，由 25℃上升至 900℃。

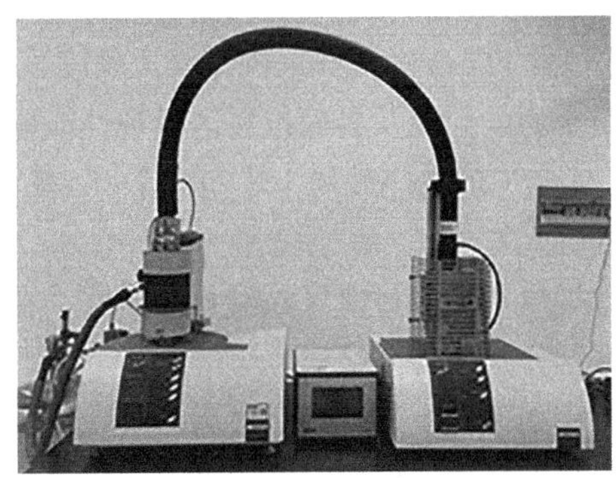

图 9-10　热重-差式扫描量热测试系统

对于不同压力加速碳化提升再生混凝土骨料性能研究，其所用试样和 X 射线衍射测试试样相同。在热重曲线中，400～550℃和 550～900℃范围内的质量损失分别由 $Ca(OH)_2$ 和 $CaCO_3$ 的受热分解引起。因此，根据本试验得到的结果，$Ca(OH)_2$ 和 $CaCO_3$ 的质量可根据以下公式进行计算：

$$Ca(OH)_2 \xrightarrow{\triangle} CaO + H_2O\uparrow \tag{9-9}$$

$$CaCO_3 \xrightarrow{\triangle} CaO + CO_2 \uparrow \tag{9-10}$$

$$Ca(OH)_2 = (74/18) \times (M_{400} - M_{450}) \tag{9-11}$$

$$CaCO_3 = (100/44) \times (M_{550} - M_{900}) \tag{9-12}$$

公式(9-11)中，74 和 18 分别代表 $Ca(OH)_2$ 和 H_2O 的相对分子质量；M_{400}和M_{450}分别代表热重曲线中 400℃和 450℃的质量。公式(9-12)中，100 和 44 分别代表 $CaCO_3$ 和 CO_2 的相对分子质量；M_{550}和M_{900}分别代表热重曲线中 550℃和 900℃的质量。

（4）维氏硬度测试

采用上海研润光机科技有限公司（Shanghai MicroCre Light-Mach Tech Co., LTD）生产的维氏硬度测试系统（HMAS-C1000SZ）对维氏硬度试样进行测试，测试荷载为 10g，加载时间为 10s。维氏硬度测试系统如图 9-11 所示。

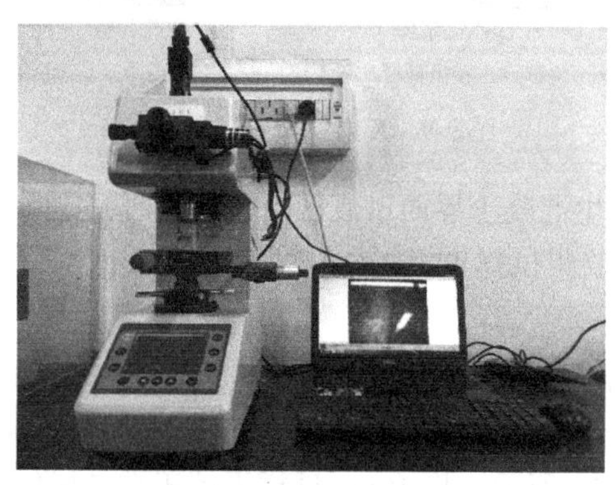

图 9-11　维氏硬度测试系统

对于不同压力加速碳化提升再生混凝土骨料性能研究，将 RCA-1 放入 65℃的电热鼓风干燥箱中干燥 24h，挑选包含 ITZ-2 的试样来制作维氏硬度试样。

对于碳化骨料再生混凝土力学性能及界面过渡区微观性能研究，将 28d 抗压强度试验后的 RAC-2 和 CRAC-2 放入 65℃的电热鼓风干燥箱中干燥 24h，挑选包含 ITZ-1 和 ITZ-3 的试样来制作维氏硬度试样。

对于碳化骨料模型再生混凝土界面过渡区断裂行为研究，在旧砂浆试样标准养护 25d 后，挑选 1 个旧砂浆试样来制作维氏硬度试样。

维氏硬度试样的制作流程如下：挑选好试样之后，首先采用 220 目的砂纸将试样表面打磨光滑，放入直径 25mm 的圆柱体试模中，浇筑环氧树脂，固化 24h 后脱模。然后，依次采用 220 目、800 目、2000 目的砂纸将试样表面打磨光滑，并采用无水乙醇进行清洗。最后，制作完成的维氏硬度试样如图 9-12（a）所示。维氏硬度测点布置如图 9-12（b）所示，采用间距 20μm、排距 30μm 的平行测点交错布置。每个试样测试 3 个区域，采用算术平均值作为最后试验结果。

此外，为了获得加速碳化处理对试样维氏硬度的影响，对于不同压力加速碳化提升再生混凝土骨料性能研究，采用 2.1.4 节的加速碳化程序将制作好的维氏硬度试样碳化处理 1d。对于碳化骨料模型再生混凝土界面过渡区断裂行为研究，一组维氏硬度试样继续标准养护 3d，另一组维氏硬度试样加速碳化处理 3d。

(a) 维氏硬度试样

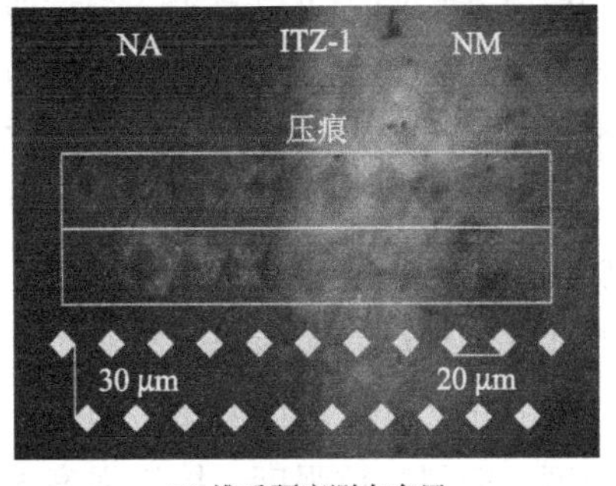

(b) 维氏硬度测点布置

图 9-12　维氏硬度测试

9.2 CH 复合碳化再生粗骨料混凝土宏观力学性能

9.2.1 新拌再生混凝土坍落度变化

新拌再生混凝土的坍落度如图 9-13 所示，随再生骨料取代率增大，再生混凝土的坍落度逐渐降低，这是因为再生骨料的表面比较粗糙且棱角较多，从而增大了它与砂浆之间的机械摩擦力。另外，碳化骨料再生混凝土的坍落度比再生混凝土略有降低，这是因为本研究采用饱和面干状态的粗骨料，碳化骨料吸水率降低使 ITZ-3 微区泌水效应有所缓解，碳化骨料与砂浆之间的润滑作用有所减弱。

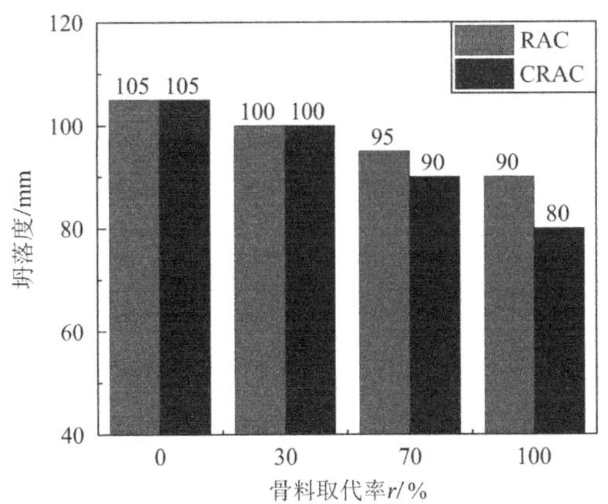

图 9-13　再生混凝土的坍落度

9.2.2 再生混凝土力学性能变化

（1）再生骨料取代率对力学性能的影响

再生混凝土的力学性能如图 9-14（a）、（c）、（e）可以看出，随再生骨料取代率增大，再生混凝土的 7d 和 28d 抗压强度、劈裂抗拉强度、抗折强度逐渐降低。这是因为，随再生骨料取代率增大，再生混凝土中 ITZ-1 的数量逐渐减少，ITZ-2 和 ITZ-3 的数量逐渐增多。ITZ 是再生混凝土中最弱的相，其对再生混凝土的力学性能起着决定性作用。从图 9-14（b）、（d）、（f）可以看出，与普通混凝土的力学性能相比较，当再生骨料取代率分别为 30%、70%、100%时，再生混凝土 7d 抗压强度分别降低 4.56%、12.30%、14.96%，28d 抗压强度分别降低 6.66%、13.12%、17.21%。7d 劈裂抗拉强度分别降低 7.09%、11.11%、13.71%，28d 劈裂抗拉强度分别降低 4.56%、8.12%、11.64%。7d 抗折强度分别降低 3.51%、10.36%、13.04%，28d 抗折强度分别降低 2.49%、6.53%、8.21%。

（2）碳化骨料取代率对力学性能的影响

从图 9-14（a）、（c）、（e）可以看出，随碳化骨料取代率增大，碳化骨料再生混凝土的 7d 和 28d 抗压强度、劈裂抗拉强度、抗折强度逐渐降低，这与再生混凝土力学性能的变化趋势相一致。这是因为，随碳化骨料取代率增大，碳化骨料再生混凝土中 ITZ-1 的数量逐渐减少，ITZ-2 和 ITZ-3 的数量逐渐增多。从图 9-14（b）、（d）、（f）可以看出，与普通混凝土的力学性能相比较，当骨料取代率分别为 30%、70%、100%时，碳化骨料再生混凝土 7d 抗压强度分别降低 1.11%、3.15%、5.60%，28d 抗压强度分别降低 3.66%、5.43%、6.82%。7d 劈裂抗拉强度分别降低 3.76%、6.79%、8.69%，28d 劈裂抗拉强度分别降低 0.48%、3.27%、4.27%。7d 抗折强度分别降低 2.76%、6.71%、8.38%，28d 抗折强度分别降低 1.24%、3.63%、4.12%。

（3）碳化骨料再生混凝土力学性能提升百分比

从图 9-14（b）、（d）、（f）可以看出，与再生混凝土的力学性能相比较，碳化骨料再生混凝土的抗压强度、劈裂抗拉强度、抗折强度都有所提高，且随碳化骨料取代率增大，提高程度逐渐增大。这是因为，与再生骨料相比较，碳化骨料中旧砂浆及 ITZ-2 的性能得到了提升，并且其吸水率降低缓解了 ITZ-3 处的微区泌水效应。与再生混凝土相比较，当骨料取代率分别为 30%、70%、100%时，碳化骨料再生混凝土 7d 抗压强度分别提高 3.62%、10.44%、11.01%，28d 抗压强度分别提高 3.21%、8.86%、12.54%。7d 劈裂抗拉强度分别提高 3.58%、4.87%、5.82%，28d 劈裂抗拉强度分别提高 4.38%、5.38%、8.45%。7d 抗折强度分别提高 0.71%、4.01%、5.30%，28d 抗折强度分别提高 1.24%、3.05%、4.41%。

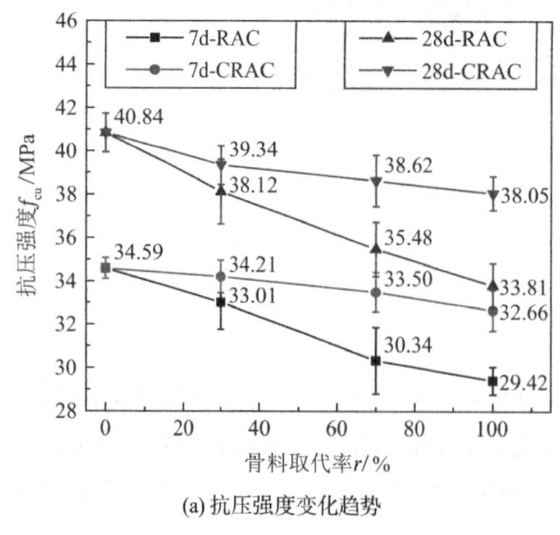

(a) 抗压强度变化趋势

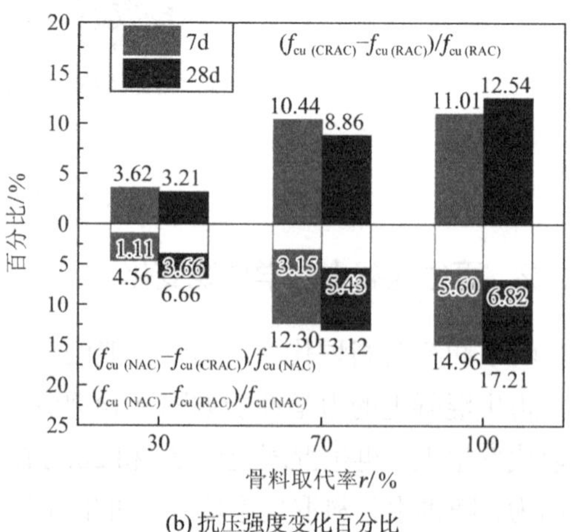

(b) 抗压强度变化百分比

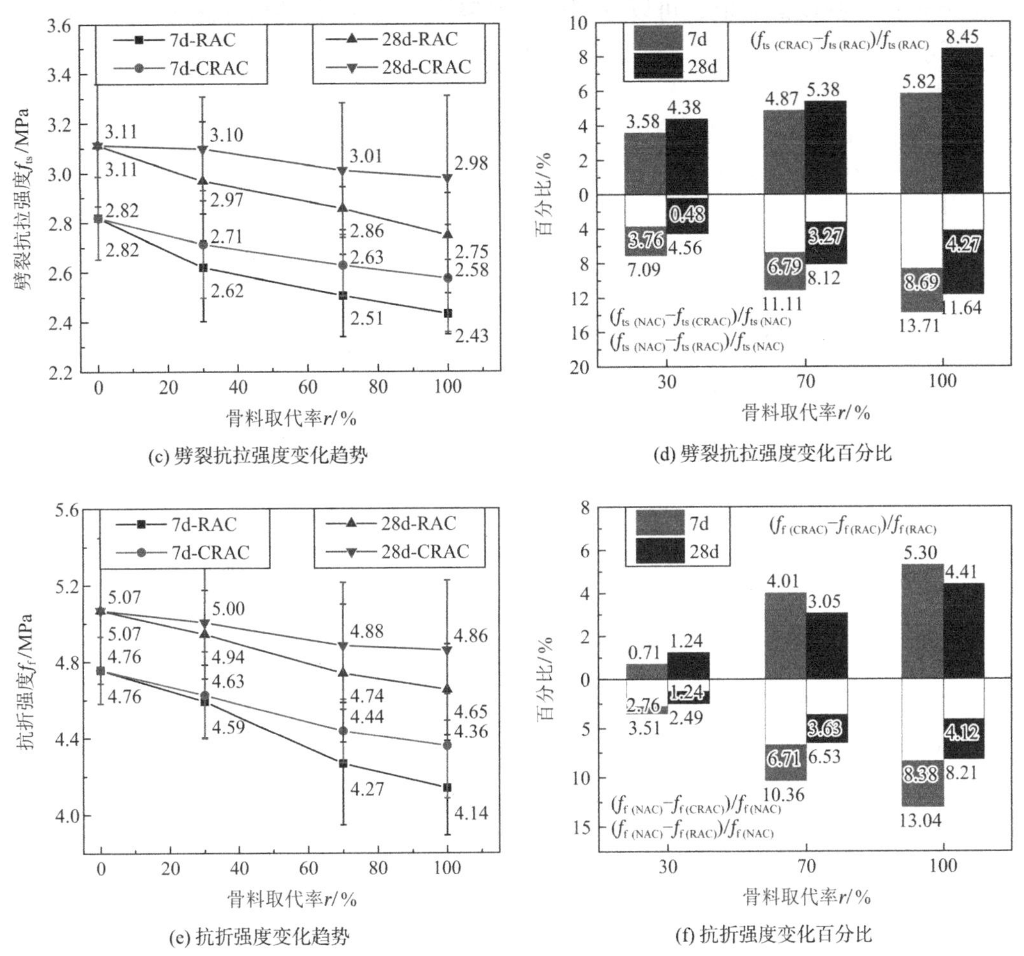

(c) 劈裂抗拉强度变化趋势

(d) 劈裂抗拉强度变化百分比

(e) 抗折强度变化趋势

(f) 抗折强度变化百分比

图 9-14　再生混凝土的力学性能

9.2.3　再生混凝土力学性能之间的关系

劈裂抗拉强度和抗压强度之间的关系如图 9-15（a）所示。依据《混凝土结构设计标准》GB/T 50010—2010（2024 年版）中的关系式$f_{ts}=0.19f_{cu}^{0.75}$和《*fib* 混凝土结构模型规范 2010》（*fib* Model Code for Concrete Structures 2010）中的关系式$f_{ts}=0.30f_{cu}^{0.67}$，对试验数据进行拟合后得到关系式$f_{ts}'=0.17f_{cu}^{0.78}$，相关系数$R^2$为 0.97。可以看出，再生混凝土力学性能之间的关系符合普通混凝土力学性能之间的关系，$f_{ts}=0.19f_{cu}^{0.75}$与试验数据的吻合性比$f_{ts}=0.30f_{cu}^{0.67}$更高。

抗折强度和抗压强度之间的关系如图 9-15（b）所示。依据《再生混凝土应用技术规程》DG/T J08—2018 中的关系式$f_f=0.75f_{cu}^{0.50}$和《*fib* 混凝土结构模型规范 2010》中的关系式$f_f=0.50f_{cu}^{0.67}$，对试验数据进行拟合后得到关系式$f_f'=0.59f_{cu}^{0.58}$，相关系数R^2为 0.93。可以看出，再生混凝土力学性能之间的关系符合普通混凝土力学性能之间的关系，$f_f=0.75f_{cu}^{0.50}$与试验数据的吻合性比$f_f=0.50f_{cu}^{0.67}$更高。

根据图 9-15 中非线性曲线拟合得到的力学性能关系式$f_{ts}'=0.17f_{cu}^{0.78}$和$f_f'=0.59f_{cu}^{0.58}$，

代入立方体抗压强度试验值，可以分别得到劈裂抗拉强度预测值和抗折强度预测值，如表 9-5 所示。

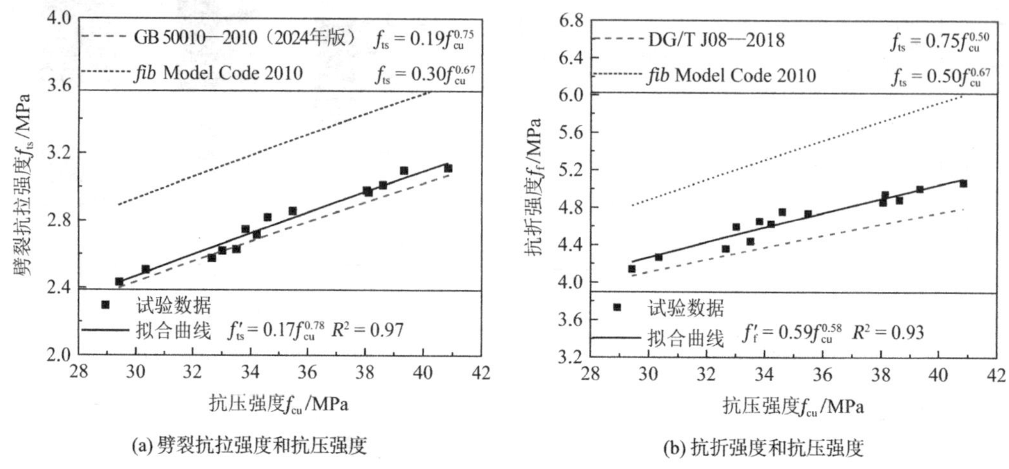

(a) 劈裂抗拉强度和抗压强度　　(b) 抗折强度和抗压强度

图 9-15　再生混凝土力学性能之间的关系

再生混凝土力学性能预测值　　**表 9-5**

试件编号	7d f_{cu}/MPa	28d f_{cu}/MPa	7d f'_{ts}/MPa	28d f'_{ts}/MPa	7d f'_f/MPa	28d f'_f/MPa
NAC	34.59	40.84	2.76	3.14	4.61	5.07
RAC-1	33.01	38.12	2.66	2.98	4.48	4.87
RAC-2	30.34	35.48	2.49	2.82	4.27	4.68
RAC-3	29.42	33.81	2.43	2.71	4.19	4.55
CRAC-1	34.21	39.34	2.74	3.05	4.58	4.96
CRAC-2	33.50	38.62	2.69	3.01	4.52	4.91
CRAC-3	32.66	38.05	2.64	2.97	4.46	4.87

为了判断图 9-14 中再生混凝土力学性能试验值和表 9-5 中再生混凝土力学性能预测值之间是否存在显著性差异，验证图 9-15 中力学性能之间的关系是否具有较好的适用性，对它们进行配对样本t检验。分析每组配对样本的p值是否呈现出显著性（$p < 0.05$ 或 $p < 0.01$），若呈现显著性，则拒绝原假设，说明每组配对样本之间存在显著性差异。反之，说明每组配对样本之间不存在显著性差异。另外，Cohen's d值表示效应量大小：在 0.20 以下表示效应非常小，在 0.20～0.50 之间表示效应较小，在 0.50～0.80 之间表示效应较大，在 0.80 以上表示效应非常大。

劈裂抗拉强度配对样本t检验的结果如表 9-6 所示，可以看出，其显著性p值为 0.858，水平上不呈现显著性，不能拒绝原假设，因此劈裂抗拉强度试验值和预测值之间不存在显著性差异。另外，差异幅度 Cohen's d值为 0.049，差异幅度非常小。劈裂抗拉强度试验值和预测值的对比图如图 9-16（a）所示。

劈裂抗拉强度配对样本 t 检验　　表 9-6

配对变量	平均值 ± 标准差			t值	自由度	p值	Cohen's d值
	f_{ts}	f'_{ts}	$f_{ts}-f'_{ts}$				
f_{ts}配对f'_{ts}	2.791 ± 0.222	2.793 ± 0.213	−0.002 ± 0.009	−0.182	13	0.858	0.049

抗折强度配对样本t检验的结果如表 9-7 所示，可以看出，其显著性p值为 0.299，水平上不呈现显著性，不能拒绝原假设，因此抗折强度试验值和预测值之间不存在显著性差异。另外，差异幅度 Cohen's d值为 0.289，差异幅度较小。抗折强度试验值和预测值的对比图如图 9-16（b）所示。

抗折强度配对样本 t 检验　　表 9-7

配对变量	平均值 ± 标准差			t值	自由度	p值	Cohen's d值
	f_f	f'_f	$f_f-f'_f$				
f_f配对f'_f	4.666 ± 0.283	4.645 ± 0.263	0.022 ± 0.020	1.081	13	0.299	0.289

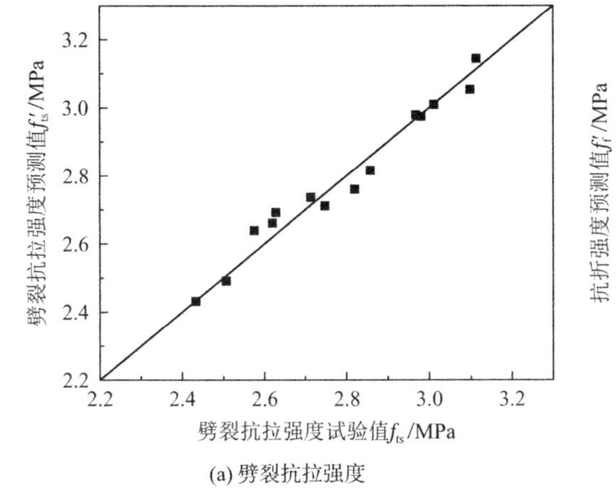

(a) 劈裂抗拉强度

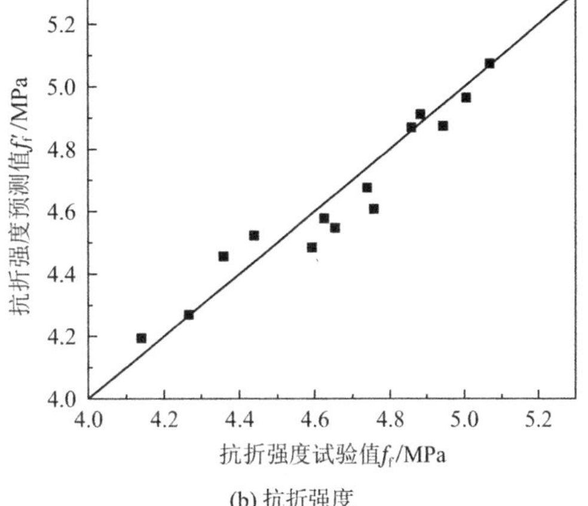

(b) 抗折强度

图 9-16　再生混凝土力学性能试验值和预测值

9.2.4　再生混凝土力学性能龄期系数

混凝土的力学性能龄期系数在一定程度上反映了混凝土材料力学性能随龄期发展的变化过程，能够间接反映水泥的水化程度。本研究将再生混凝土的力学性能龄期系数定义为 7d 力学性能和 28d 力学性能的比值。

根据图 9-14 中再生混凝土力学性能的试验值，可以得到如表 9-8 所示的再生混凝土力学性能龄期系数。可以看出，抗压强度的龄期系数在 0.85～0.87 之间，劈裂抗拉强度的龄期系数在 0.87～0.91 之间，抗折强度的龄期系数在 0.89～0.94 之间。

另外，对表 9-8 中的数据进行处理，得到如图 9-17 所示的再生混凝土力学性能龄期系数。可以看出，骨料取代率对再生混凝土的力学性能龄期系数影响较小。抗压强度、劈裂抗拉强度、抗折强度的龄期系数平均值分别为 0.86、0.88、0.92。此外，抗压强度的龄期系数最稳定，因为其 95%置信带和 95%预测带的范围最小。

再生混凝土力学性能龄期系数　　表 9-8

试件编号	$f_{cu(7d)}/f_{cu(28d)}$	$f_{ts(7d)}/f_{ts(28d)}$	$f_{f(7d)}/f_{f(28d)}$
NAC	0.85	0.91	0.94
RAC-1	0.87	0.88	0.93
RAC-2	0.86	0.88	0.90
RAC-3	0.87	0.89	0.89
CRAC-1	0.87	0.88	0.92
CRAC-2	0.87	0.87	0.91
CRAC-3	0.86	0.86	0.90

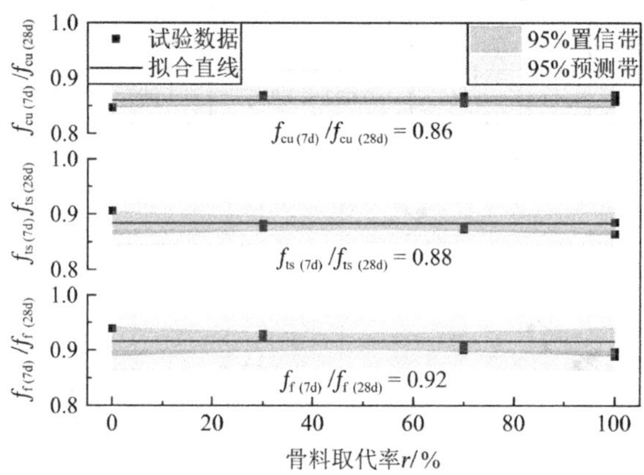

图 9-17　再生混凝土力学性能龄期系数

9.3 CH 复合碳化再生粗骨料混凝土界面过渡区微观性能

9.3.1 界面过渡区水化产物微观形貌

再生骨料经过加速碳化处理后，其表面生成了大量方解石，矿物成分的变化可能对水泥水化产物产生影响，因此需要对 ITZ-1 和 ITZ-3 的水化产物进行研究。

RAC-2 和 CRAC-2 中 ITZ-1 和 ITZ-3 的微观形貌如图 9-18 所示。可以看出，图 9-18（a）中 RAC-2 的 ITZ-1 和图 9-18（c）中 CRAC-2 的 ITZ-3，它们与骨料的接触边界比图 9-18(b)中 RAC-2 的 ITZ-3 与骨料接触边界更窄。另外，图 9-18(e)中 RAC-2 的 ITZ-3 和图 9-18（f）中 CRAC-2 的 ITZ-3 存在大量定向生长的六角形板状氢氧钙石和针状钙矾石，而图 9-18（d）中 RAC-2 的 ITZ-1 六角形板状氢氧钙石和针状钙矾石的含量相对较少。因此，RAC-2 中 ITZ-1 的性能优于 ITZ-3。

CRAC-2 中 ITZ-3 水化产物单碳铝酸钙的微观形貌如图 9-18 所示。图 9-18（a）、(b)、(c)、(d) 分别对应于图 9-18（c）中的矩形。可以看出，ITZ-3 中生成了六角形片状单碳铝酸钙，这是碳化骨料表面的方解石与水泥浆体中的铝酸盐反应生成的。另外，单碳铝酸钙附近还伴有花瓣状的单硫铝酸钙。

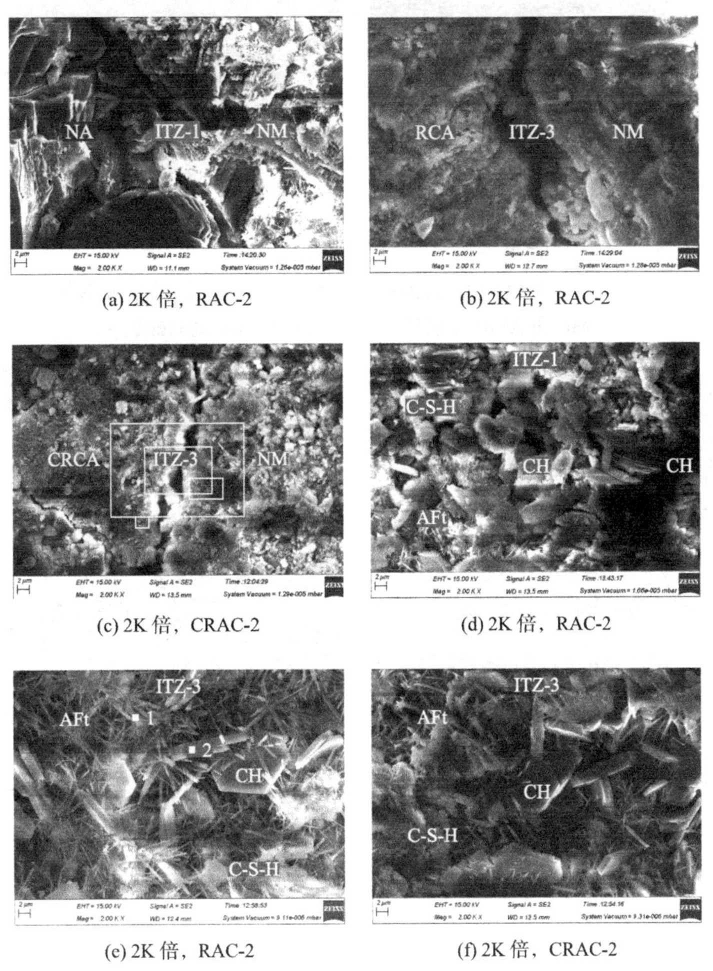

(a) 2K 倍，RAC-2　　(b) 2K 倍，RAC-2

(c) 2K 倍，CRAC-2　　(d) 2K 倍，RAC-2

(e) 2K 倍，RAC-2　　(f) 2K 倍，CRAC-2

图 9-18　RAC-2 和 CRAC-2 中 ITZ-1 和 ITZ-3 的微观形貌
（AFt、CH、C-S-H 分别代表钙矾石、氢氧钙石、水化硅酸钙）

图 9-18（e）中点 1 包含 Ca、O、Si、Al、S 等元素，而点 2 包含 Ca、O 等元素，结合扫描电镜形貌特征判定是钙矾石和氢氧钙石。图 9-19 中点 3 包含 O、Ca、C、Si、Al 等元素，而点 4 包含 Ca、O、Si、Al、S 等元素，结合扫描电镜形貌特征判定是单碳铝酸钙和单硫铝酸钙。图 9-20 为矿物晶体的能谱元素分析图谱。

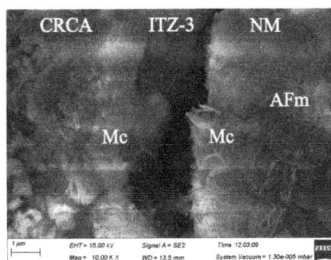

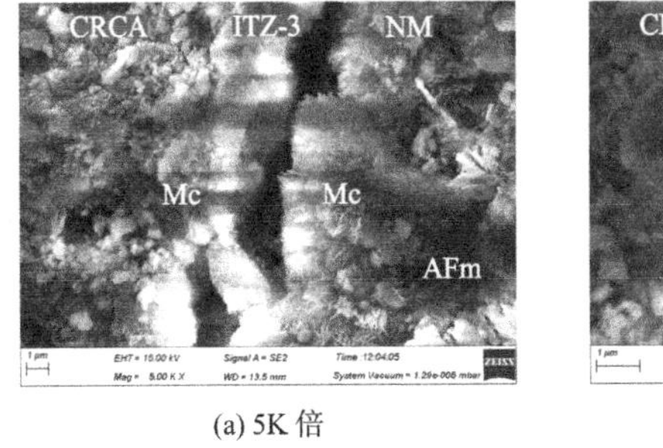

CRCA　ITZ-3　NM　AFm　Mc　Mc

(a) 5K 倍　　(b) 10K 倍

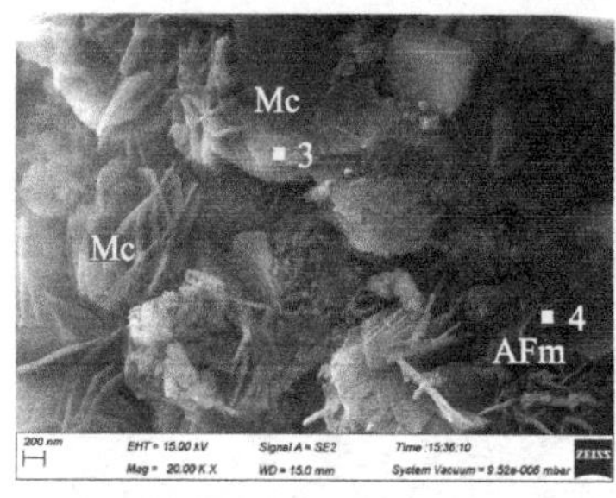

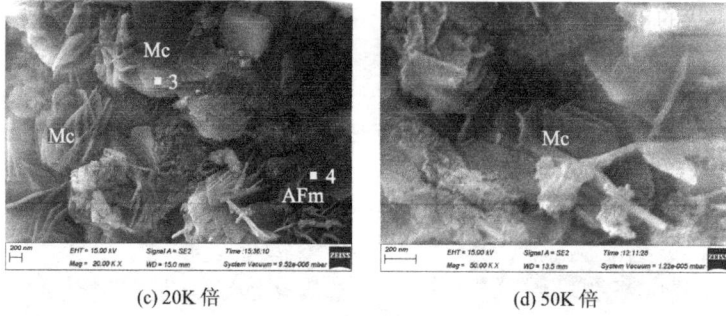

(c) 20K 倍

(d) 50K 倍

图 9-19　CRAC-2 中 ITZ-3 水化产物单碳铝酸钙的微观形貌
（Mc 和 AFm 分别代表单碳铝酸钙和单硫铝酸钙）

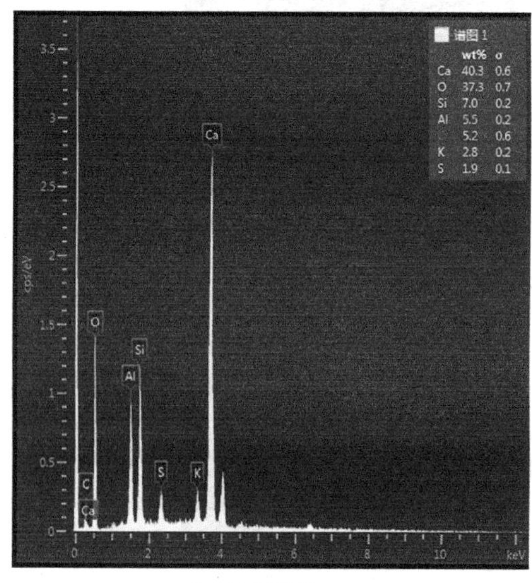

(a) 钙矾石

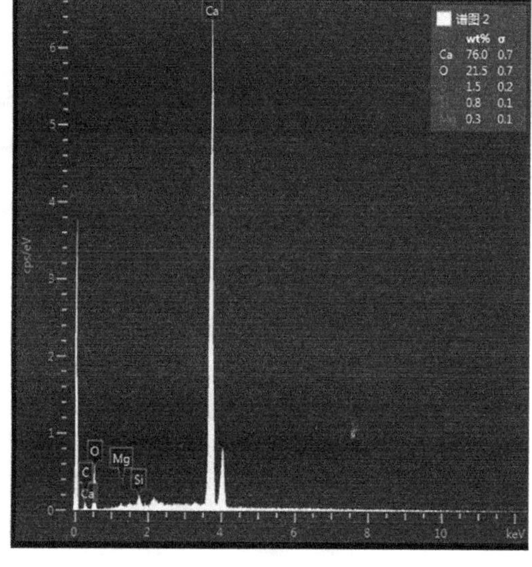

(b) 氢氧钙石

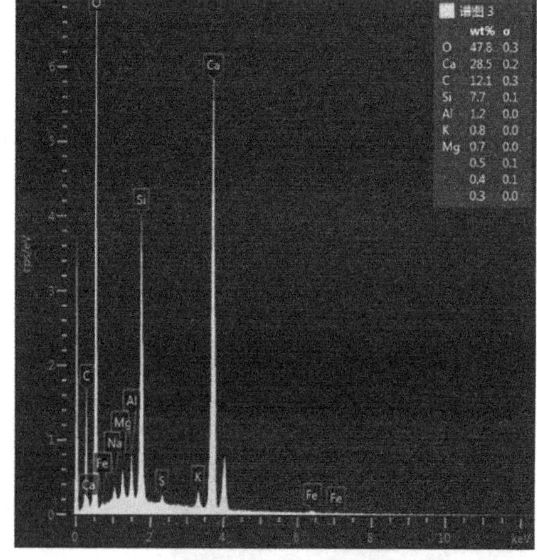

(c) 单碳铝酸钙

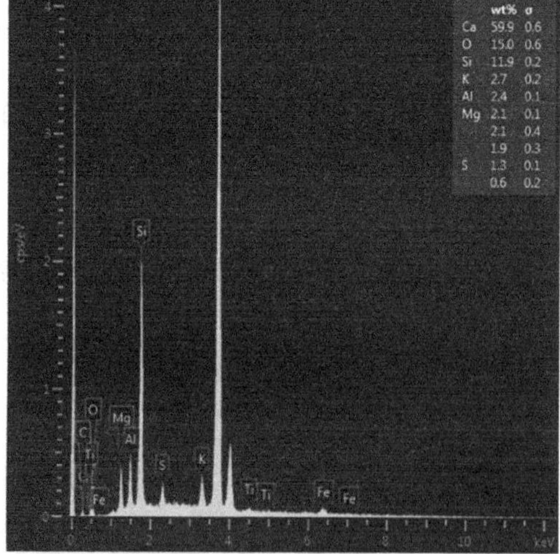

(d) 单硫铝酸钙

图 9-20　矿物晶体的能谱元素分析图谱

9.3.2 界面过渡区水化产物矿物物相

ITZ-3 水化产物的 X 射线衍射图谱如图 9-21 所示。可以看出，再生骨料试样 1 和碳化骨料试样 2 中的主要矿物有氢氧钙石、方解石、球霰石。试样 1 中氢氧钙石的峰值高于试样 2，而方解石的峰值低于试样 2，这是因为加速碳化使再生骨料表面的氢氧钙石与 CO_2 反应转变成了方解石。另外，试样 1 中也存在方解石和球霰石，这是因为在浇筑水泥浆体前，其表面和空气中的 CO_2 发生了反应。

模型再生混凝土经过标准养护 28d 之后，与试样 1 和试样 2 相比较，图 9-21（a）中试样 3 和试样 4 的方解石及氢氧钙石峰值有所降低，这是因为它们和水泥浆体中的铝酸盐反应生成了单碳铝酸钙和半碳铝酸钙，如图 9-21（b）所示。这一结果被图 9-19 所示的扫描电镜图像所证明。

对于试样 5 和试样 6 而言，图 9-21 中除了生成单碳铝酸钙和半碳铝酸钙外，氢氧钙石和钙矾石的峰值较高，说明 ITZ-3 中还存在着大量的氢氧钙石和钙矾石。这一结果与图 9-18（e）、（f）的扫描电镜图像相一致。

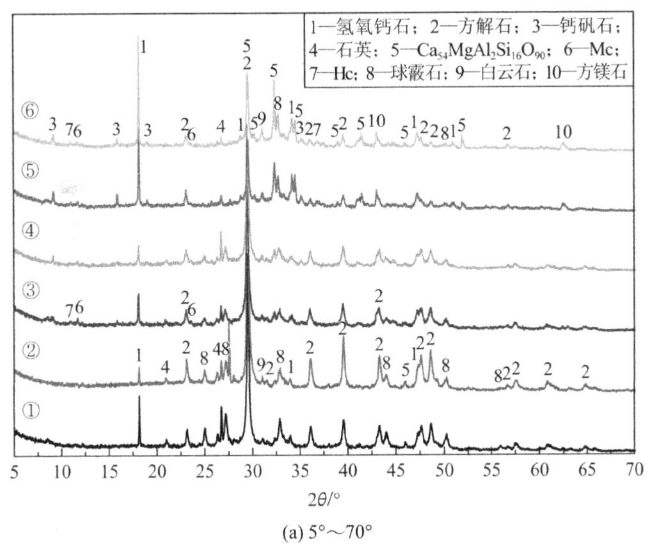

(a) 5°～70°

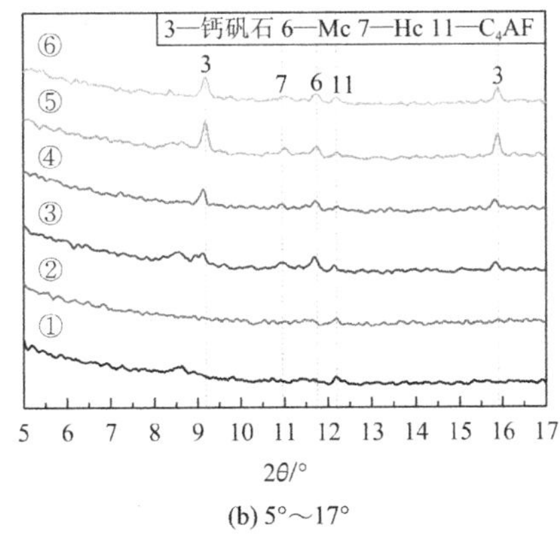

(b) 5°～17°

图 9-21 ITZ-3 水化产物的 X 射线衍射图谱

9.3.3 界面过渡区维氏硬度

ITZ 的维氏硬度如图 9-22 所示。可以看出，CRAC-2 各相的维氏硬度都高于 RAC-2，且两者各相维氏硬度的变化趋势保持一致。再生混凝土中各相维氏硬度由低到高的顺序为 ITZ-3、ITZ-1、ITZ-2、新砂浆、旧砂浆、天然骨料，CRAC-2 中维氏硬度分别为 35.38、45.98、54.60、57.44、62.42、218.10，RAC-2 中维氏硬度分别为 25.45、35.15、45.37、45.84、54.29、218.10。因此，ITZ-3 是再生混凝土中最弱的相。

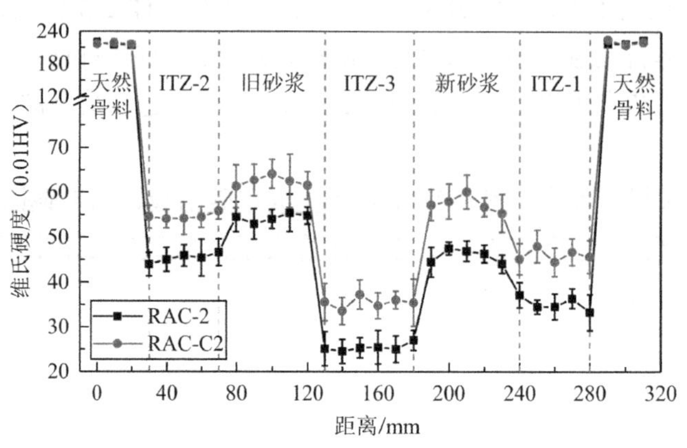

图 9-22 ITZ 的维氏硬度

ITZ-3 作为再生混凝土中最弱的相，其原因如下：一方面，旧砂浆吸水率较高导致微区泌水效应明显，这为钙离子的迁移提供了便利条件；另一方面，旧砂浆表面微观结构比较粗糙，这为氢氧钙石的定向生长和富集提供了空间。另外，对于 ITZ-1 和 ITZ-2 而言，ITZ-2 的维氏硬度高于 ITZ-1，这是因为在大致相同水灰比情况下，再生骨料中旧砂浆的水化龄期较长，而新砂浆的水化龄期相对较短。

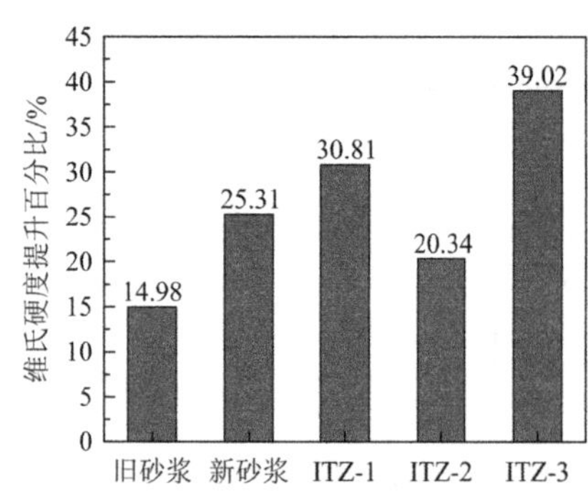

图 9-23 ITZ 的维氏硬度提升百分比

ITZ 的维氏硬度提升百分比如图 9-23 所示，与再生骨料相比较，碳化骨料中 ITZ-2 和旧砂浆的维氏硬度分别提高 20.34%、14.98%。与 RAC-2 相比较，CRAC-2 中 ITZ-3、ITZ-1、新砂浆的维氏硬度分别提高 39.02%、30.81%、25.31%。这表明，加速碳化对 ITZ-2 的提升程度高于旧砂浆，碳化骨料对 ITZ-3 和 ITZ-1 的提升程度高于新砂浆，说明它们的维氏硬度越低，其提升程度越高。因此，ITZ-3 作为再生混凝土中最弱的相，其维氏硬度的提升程度最高。

9.3.4 碳化骨料对界面过渡区微观性能的强化机理

研究表明，ITZ 的结构由三个相组成，包括水膜层、氢氧钙石与钙矾石层、多孔 C-S-H 层[11]，它是再生混凝土中最弱的相，对再生混凝土的力学性能和耐久性能产生重要影响[213,262]。一般而言，ITZ 的形成和性能会受到骨料边壁效应和微区泌水效应的影响，同时也会受到骨料表面矿物成分和微观结构的影响。再生骨料经过加速碳化处理后，其表面的矿物成分和微观结构发生了变化，这对 ITZ-3 的形成和性能产生一定的影响。

图 9-24 展示了碳化骨料对 ITZ-3 微观性能的强化机理，可以用方解石的成核效应和化学效应以及ITZ的微区泌水效应来进行解释。研究表明，再生骨料表面的主要成分是C-S-H，其依靠相对较弱的静电相互作用来吸附钙离子。因此，较少钙离子被吸附在再生骨料表面，这使得 C-S-H 很难在再生骨料表面成核生长。然而，碳化骨料的表面被大量的方解石所覆盖，其依靠相对较强的酸碱相互作用来吸附钙离子[201,214]。因此，方解石发挥了成核效应，为 C-S-H 提供了成核位点，促进了 C-S-H 的成核和生长[215-216]，这使得 ITZ-3 的微观结构变得更加致密。

另外，如式(9-13)和式(9-14)所示[217]，方解石能够与新砂浆中迁移到 ITZ-3 的铝酸盐反应，发挥化学效应，生成单碳铝酸钙和半碳铝酸钙[137]。图 9-19 的扫描电镜图像和图 9-21 的 X 射线衍射图谱证明了这一现象，这与 Zhan 等[45]得到的试验结果一致。随着水化龄期的增长，半碳铝酸钙会逐渐转化成单碳铝酸钙[218]。单碳铝酸钙和半碳铝酸钙的生成抑制了钙矾石向单硫铝酸钙的转变，这有助于钙矾石的稳定和水泥浆体固相体积的增加[121,206,219]。

此外，碳化骨料的吸水率降低，使 ITZ-3 的微区泌水效应得到缓解，这有利于 ITZ-3 性能的提升。最终，这三个方面的协同作用使 ITZ-3 的性能得到了提升，其维氏硬度有所升高，图 9-22 证明了这一变化。

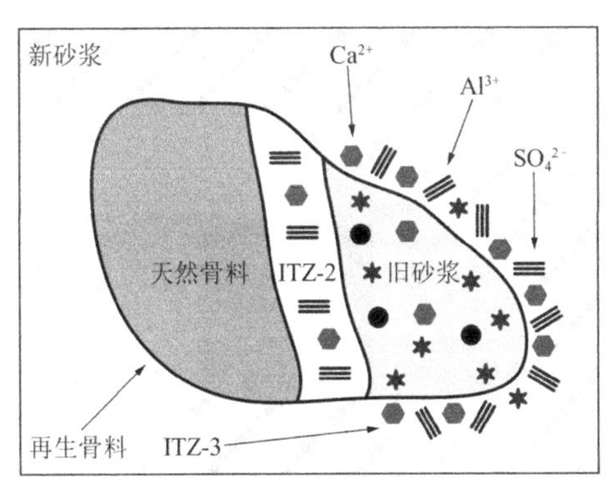

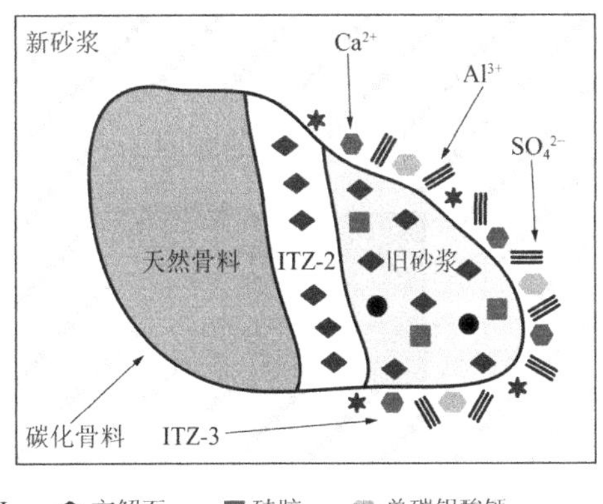

● 孔隙　钙矾石　氢氧钙石　C-S-H　方解石　硅胶　单碳铝酸钙

再生骨料混凝土 ⟶ 碳化骨料混凝土

图 9-24　碳化骨料对 ITZ-3 微观性能的强化机理

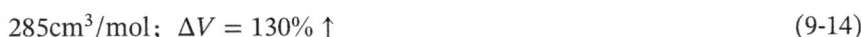

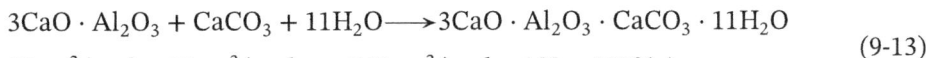

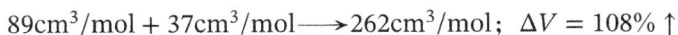

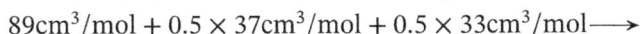

$$3CaO\cdot Al_2O_3 + CaCO_3 + 11H_2O \longrightarrow 3CaO\cdot Al_2O_3\cdot CaCO_3\cdot 11H_2O$$
$$89cm^3/mol + 37cm^3/mol \longrightarrow 262cm^3/mol;\ \Delta V = 108\%\uparrow \tag{9-13}$$

$$3CaO\cdot Al_2O_3 + 0.5CaCO_3 + 0.5Ca(OH)_2 + 11.5H_2O \longrightarrow$$
$$3CaO\cdot Al_2O_3\cdot 0.5CaCO_3\cdot 0.5Ca(OH)_2\cdot 11.5H_2O$$
$$89cm^3/mol + 0.5\times 37cm^3/mol + 0.5\times 33cm^3/mol \longrightarrow$$
$$285cm^3/mol;\ \Delta V = 130\%\uparrow \tag{9-14}$$

9.3.5 碳化骨料对再生混凝土力学性能的强化机理

研究表明，再生混凝土的力学性能取决于最弱的 ITZ。如表 9-2 所示，再生骨料的吸水率大约是天然骨料的 5～10 倍，这导致 ITZ-3 微区泌水效应比 ITZ-1 更为显著，使得 ITZ-3 的性能劣于 ITZ-1。因此，再生混凝土的力学性能取决于 ITZ-2 和 ITZ-3。另外，当再生混凝土水胶比较低时，ITZ-3 的性能优于 ITZ-2；当再生混凝土水胶比较高时，ITZ-3 的性能劣于 ITZ-2[107]。在本研究中，图 9-22 中 ITZ-3 的维氏硬度最低，因此，再生混凝土的力学性能取决于 ITZ-3。

总之，碳化骨料对再生混凝土力学性能的强化机理可以从三个方面来进行解释：首先，加速碳化后，碳化骨料中旧砂浆和 ITZ-2 的性能得到提升。其次，方解石具有的成核效应和化学效应以及 ITZ 的微区泌水效应使得碳化骨料再生混凝土中 ITZ-3 的性能得到提升。最后，本研究采用饱和面干状态的粗骨料，碳化骨料吸水率下降导致碳化骨料再生混凝土的水胶比低于再生混凝土，ITZ-1 和新砂浆的性能也得到提升。因此，这三个方面的协同作用使碳化骨料提升了再生混凝土的力学性能，其中 ITZ-3 性能的提升起着主导作用。

9.4 碳化骨料再生混凝土单轴受压应力-应变行为研究

9.4.1 单轴受压破坏模式

棱柱体试件的单轴受压破坏过程如图 9-25 所示。本研究中普通混凝土、再生混凝土、碳化骨料再生混凝土的破坏过程基本类似。在加载初期阶段，试件表面没有出现任何裂缝。当超过峰值荷载后，试件浇筑的侧面出现平行于荷载方向的不连续的短细裂缝。随着荷载进一步增加，不连续的短细裂缝间形成斜向裂缝；斜向裂缝不断扩展并贯通整个试件截面。最后，残余荷载由破裂面上的摩阻力和残余粘结力提供并缓慢下降。

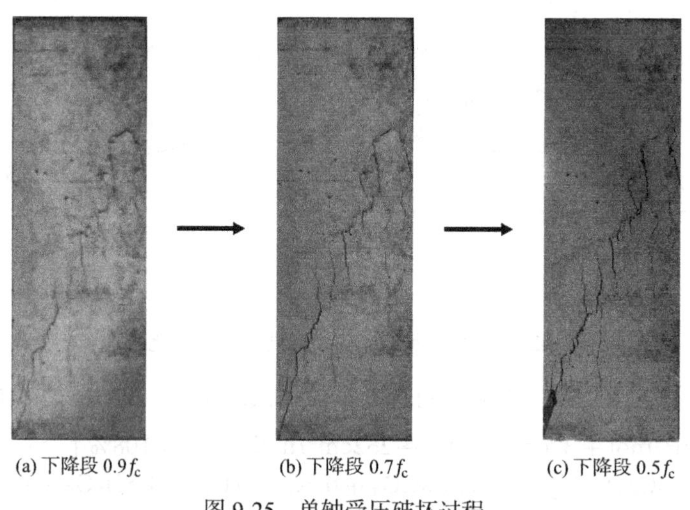

(a) 下降段 $0.9f_c$　(b) 下降段 $0.7f_c$　(c) 下降段 $0.5f_c$

图 9-25　单轴受压破坏过程

棱柱体试件的单轴受压破坏模式如图 9-26 所示，所有试件的单轴受压破坏模式均为剪切破坏，剪切面垂直于试件浇筑的侧面。普通混凝土试件斜向裂缝与荷载垂线之间的破坏倾角θ约为 58°～64°，再生混凝土的破坏倾角θ比普通混凝土有所增大，约为 63°～75°。这与 Xiao 等[187]和 Gao 等[220]的研究结果一致。

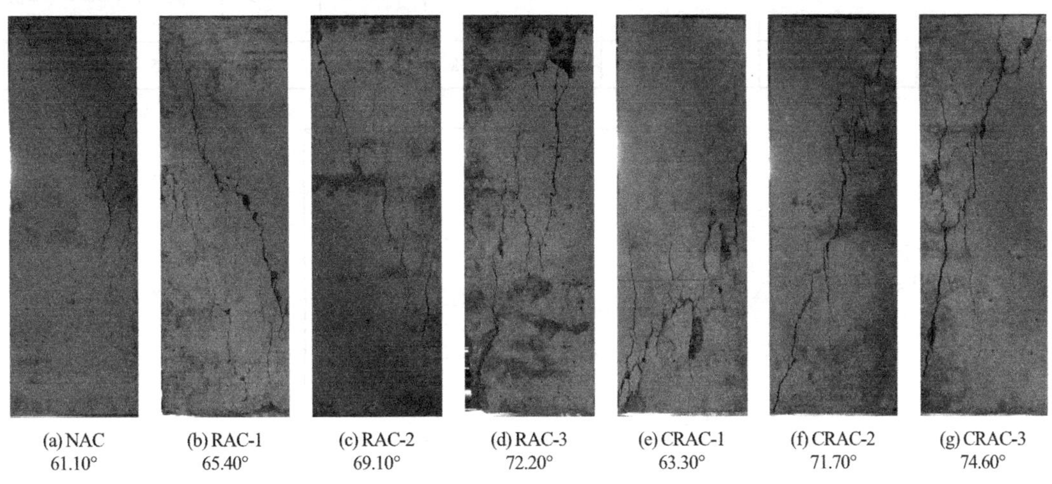

图 9-26　单轴受压破坏模式

破坏倾角随骨料取代率变化的趋势如图 9-27 所示，可以看出，随骨料取代率增大，破坏倾角逐渐增大，呈现线性正相关关系。对试验数据进行线性拟合，得到破坏倾角预测值和骨料取代率之间的关系为：$\theta' = 60.90 + 0.1278r$。

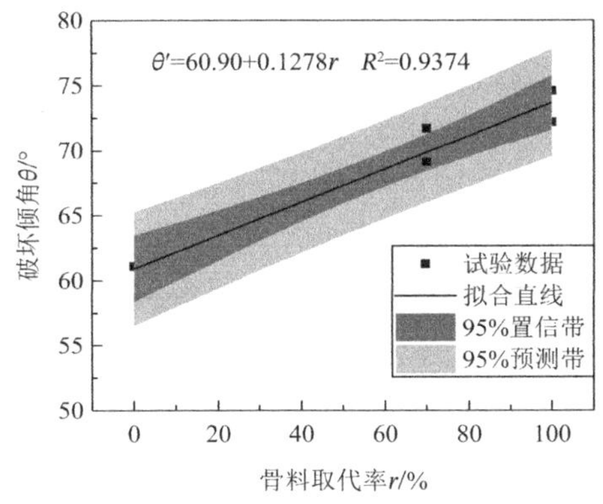

图 9-27　破坏倾角随骨料取代率变化的趋势

为了判断图 9-26 中破坏倾角试验值和图 9-27 中破坏倾角预测值之间是否存在显著性差异，对它们进行配对样本t检验。分析配对样本的p值是否呈现出显著性（$p < 0.05$或$p < 0.01$），若呈现显著性，则拒绝原假设，说明配对样本之间存在显著性差异。反之，说明配对样本之间不存在显著性差异。另外，Cohen's d值表示效应量大小：0.20 以下表示效应非常小，0.20～0.50 之间表示效应较小，0.50～0.80 之间表示效应较大，0.80 以上表示效应非常大。

破坏倾角配对样本t检验的结果如表 9-9 所示，可以看出，其显著性p值为 0.995，水平上不呈现显著性，不能拒绝原假设，因此破坏倾角试验值和预测值之间不存在显著性差异。另外，差异幅度 Cohen's d值为 0.002，差异幅度非常小。破坏倾角试验值和预测值的对比图如图 9-28 所示。

破坏倾角配对样本 t 检验 **表 9-9**

配对变量	平均值 ± 标准差			t值	自由度	p值	Cohen's d值
	θ	θ'	$\theta-\theta'$				
θ配对θ'	68.200 ± 5.038	68.203 ± 4.880	−0.003 ± 0.158	−0.006	6	0.995	0.002

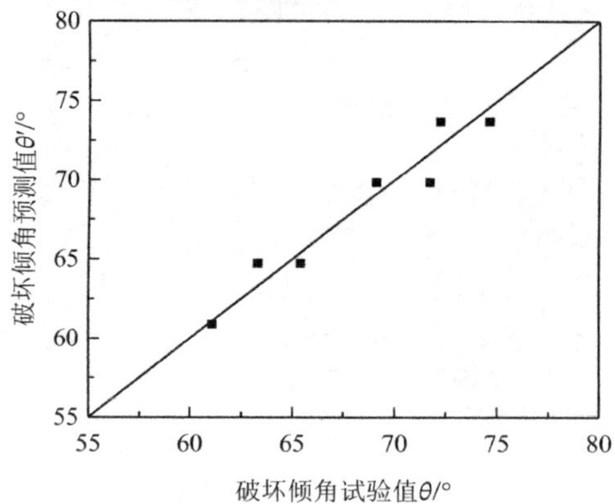

图 9-28 破坏倾角试验值和预测值

另外，对试件破裂面进行仔细观察后发现，普通混凝土沿着 ITZ-1 和新砂浆发生破坏，天然骨料很少发生破坏。而再生混凝土除了沿着 ITZ-1、ITZ-3、新砂浆发生破坏外，ITZ-2 和旧砂浆也都发生了破坏。

9.4.2 应力-应变曲线指标

再生混凝土的应力-应变曲线如图 9-29 所示。可以看出，再生混凝土的应力-应变曲线变化趋势和普通混凝土相似，由三个部分组成，即上升段直线部分、上升段曲线部分、下降段曲线部分。在上升段直线部分，再生混凝土在大约 0.4 倍峰值应力范围内服从胡克定律。在上升段曲线部分，曲线的坡度不断减小，直至达到峰值应力。在下降段曲线部分，应力随着应变增加而逐渐减小。

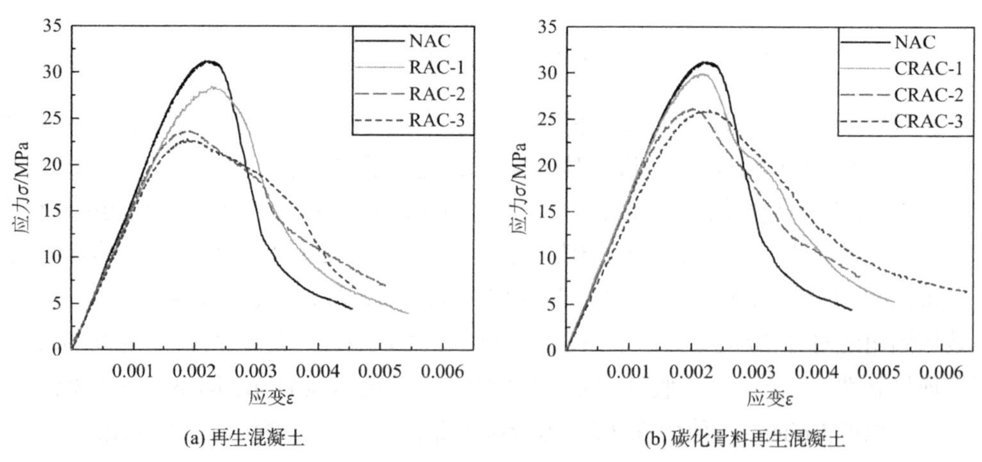

(a) 再生混凝土 (b) 碳化骨料再生混凝土

图 9-29 再生混凝土的应力-应变曲线

从图 9-29（a）可以看出，随着再生骨料取代率增大，再生混凝土应力-应变曲线上升段和下降段的坡度逐渐减小。这说明对于具有相似峰值应力的再生混凝土和普通混凝土来说，再生混凝土的峰值应变和极限应变会有所增大，材料脆性有所减小，如图 9-29（a）中的 NAC 和 RAC-1，这一发现与 Belén 等[221]、Tang 等[222]和陈杰等[223]的研究结果相一致。这可以解释为再生混凝土中存在 ITZ-1、ITZ-2、ITZ-3，而普通混凝土中只存在 ITZ-1，因此，再生混凝土内部会有更多的位置出现裂缝导致其应变增大，因为 ITZ 是再生混凝土中最弱的相，是再生混凝土中裂缝萌生扩展的起始位置[159]。

从图 9-29（b）可以看出，与图 9-29（a）中的再生混凝土相比较，不同骨料取代率下的碳化骨料再生混凝土其峰值应力都有一定程度提升，并且应力-应变曲线的整体形状相似。这是因为碳化骨料虽然在一定程度上提升了 ITZ-2 和 ITZ-3 的性能，但是碳化骨料再生混凝土存在 3 种 ITZ 的本质并没有因此而发生改变。

9.4.3　峰值应力

再生混凝土的峰值应力如表 9-10 所示。可以看出，随骨料取代率增大，再生混凝土的峰值应力不断降低，并且碳化骨料再生混凝土的峰值应力始终高于再生混凝土，这与 Luo[97]的研究结果类似。

应力-应变曲线指标试验值　　　　表 9-10

试件编号	f_{cu}/MPa	f_c/MPa	f_c/f_{cu}	E_c/GPa	$\varepsilon_c/10^{-6}$	$\varepsilon_u/10^{-6}$	韧度T/Pa	比韧度T_s/%
NAC	41.23	31.19	0.76	16.99	2166	2992	37.77	0.121
RAC-1	36.48	28.44	0.78	15.54	2270	3367	37.31	0.131
RAC-2	32.38	23.66	0.73	15.81	1916	3780	27.21	0.115
RAC-3	31.03	22.78	0.73	15.20	1885	3988	25.06	0.110
CRAC-1	39.50	29.90	0.76	16.99	2156	3571	37.07	0.124
CRAC-2	35.27	26.18	0.74	16.43	2005	3499	30.71	0.117
CRAC-3	34.38	26.00	0.76	14.82	2280	4055	35.29	0.136

再生混凝土峰值应力变化百分比如图 9-30（a）所示。可以看出，当骨料取代率为 30%、70%、100%时，与普通混凝土相比较，再生混凝土的峰值应力分别下降 8.82%、24.14%、26.96%，碳化骨料再生混凝土的峰值应力分别下降 4.14%、16.06%、16.64%。另外，与再生混凝土相比较，碳化骨料再生混凝土的峰值应力分别提升 5.13%、10.65%、14.14%。这是因为，随骨料取代率增大，再生混凝土中 ITZ-1 的数量减少，而 ITZ-2 和 ITZ-3 的数量增多。研究表明，再生混凝土的力学性能取决于 ITZ-2 和 ITZ-3 的性能[120]。因此，再生混凝土的峰值应力随骨料取代率增大不断下降。另外，碳化骨料再生混凝土的峰值应力比再生混凝土有所提升，这是因为再生骨料经过碳化处理后，碳化骨料 ITZ-2 的性能得到提升。碳化骨料表面的方解石为 C-S-H 的生长提供了成核位点[213]，同时与 ITZ-3 中的铝酸盐反应生成单碳铝酸钙和半碳铝酸钙，这使得 ITZ-3 的性能得到提升[45,137]。

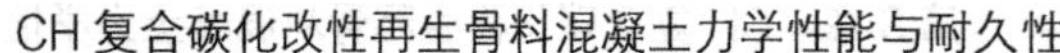

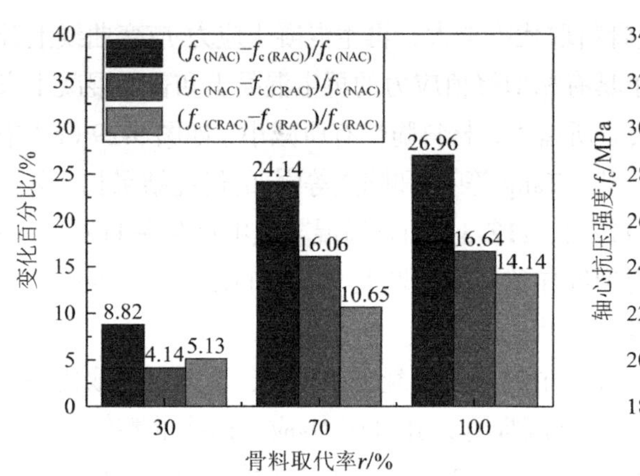

(a) 变化百分比

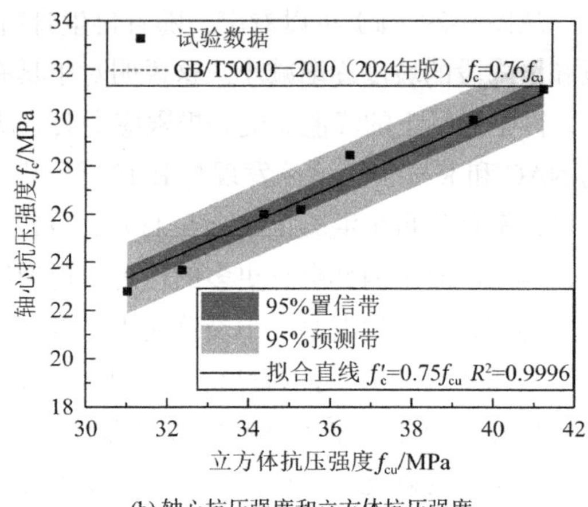

(b) 轴心抗压强度和立方体抗压强度

图 9-30　峰值应力

再生混凝土轴心抗压强度和立方体抗压强度之间的关系如图 9-30（b）所示。对数据进行线性回归得到$f_c' = 0.75f_{cu}$，$R^2 = 0.9996$，这与《混凝土结构设计标准》GB/T 50010—2010（2024 年版）中普通混凝土的关系$f_c = 0.76f_{cu}$基本一致，说明再生混凝土力学性能之间的关系与普通混凝土类似，据此得到峰值应力的预测值如表 9-11 所示。

应力-应变曲线指标预测值　　表 9-11

试件编号	f_{cu}/MPa	f_c/MPa	f_c'/MPa	E_c'/GPa	$\varepsilon_c'/10^{-6}$	$\varepsilon_u'/10^{-6}$
NAC	41.23	31.19	30.92	16.91	2250	3173
RAC-1	36.48	28.44	27.36	16.14	2156	3468
RAC-2	32.38	23.66	24.29	15.36	1980	3911
RAC-3	31.03	22.78	23.27	15.07	1946	3982
CRAC-1	39.50	29.90	29.63	16.65	2207	3315
CRAC-2	35.27	26.18	26.45	15.93	2075	3689
CRAC-3	34.38	26.00	25.79	15.76	2068	3705

为了判断表 9-10 中峰值应力试验值和表 9-11 中峰值应力预测值之间是否存在显著性差异，对它们进行配对样本t检验。配对样本t检验的结果如表 9-12 所示，可以看出，其显著性p值为 0.781，水平上不呈现显著性，不能拒绝原假设，因此峰值应力的试验值和预测值之间不存在显著性差异。另外，差异幅度 Cohen's d值为 0.110，差异幅度非常小。峰值应力试验值和预测值的对比如图 9-31 所示。

峰值应力配对样本 t 检验　　表 9-12

配对变量	平均值 ± 标准差			t值	自由度	p值	Cohen's d值
	f_c	f_c'	$f_c - f_c'$				
f_c配对f_c'	26.879 ± 3.124	26.815 ± 2.745	0.064 ± 0.380	0.290	6	0.781	0.110

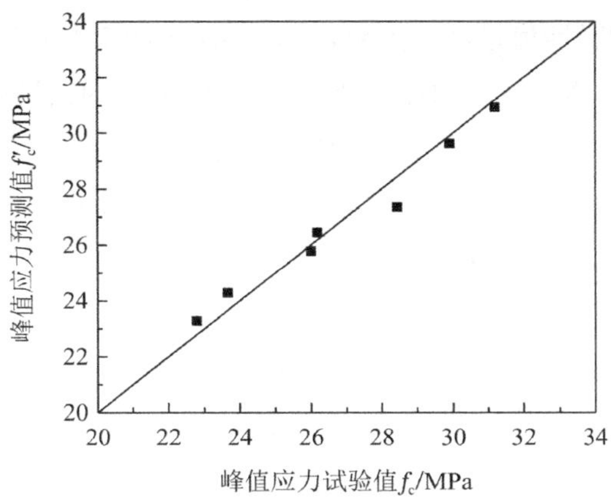

图 9-31　峰值应力试验值和预测值的对比

9.4.4 弹性模量

弹性模量的试验值如表 9-10 所示，根据《混凝土物理力学性能试验方法标准》GB/T 50081—2019，其值对应于应力-应变曲线中 0.5MPa 与 1/3 峰值应力之间的割线斜率。另外，根据《混凝土结构设计标准》GB/T 50010—2010（2024 年版），弹性模量的计算值如式(9-15)所示。因此，基于弹性模量的计算值和试验值，得到它们之间的关系如图 9-32（a）所示，对数据进行线性回归分析得到弹性模量的预测模型如式(9-16)所示，据此得到弹性模量的预测值如表 9-11 所示。

如图 9-32（b）所示，根据式(9-16)得到的再生混凝土弹性模量预测值和试验值基本吻合，说明预测模型具有一定的适用性。另外，随着骨料取代率不断增大，再生混凝土的弹性模量不断降低，并且碳化骨料再生混凝土的弹性模量始终高于再生混凝土。其原因解释见 5.2.1 节所述。

$$E_c^0 = 10^2/(2.2 + 34.7/f_{cu}) \tag{9-15}$$

$$E_c' = -5.118 + 67/(2.2 + 34.7/f_{cu}) \tag{9-16}$$

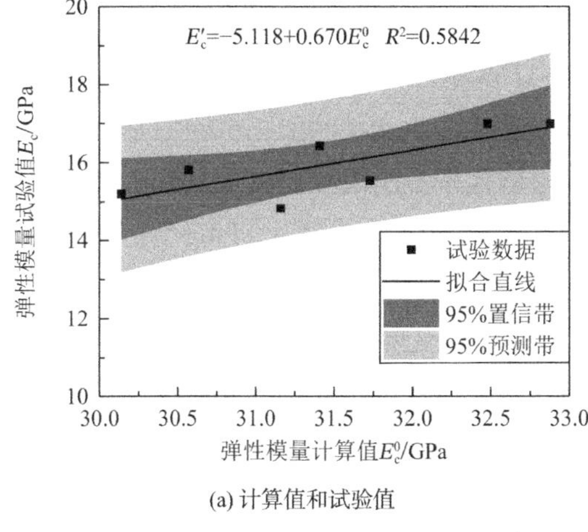

(a) 计算值和试验值

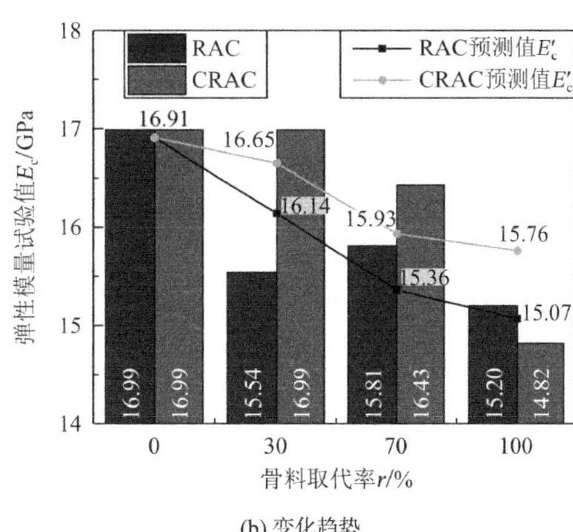

(b) 变化趋势

图 9-32　弹性模量

为了判断表 9-10 中弹性模量试验值和表 9-11 中弹性模量预测值之间是否存在显著性差异，对它们进行配对样本t检验。弹性模量配对样本t检验的结果如表 9-13 所示，其显著性p值为 0.979，水平上不呈现显著性，不能拒绝原假设，因此弹性模量的试验值和预测值之间不存在显著性差异。另外，差异幅度 Cohen's d值为 0.010，差异幅度非常小。弹性模量试验值和预测值的对比图如图 9-33 所示。

弹性模量配对样本 t 检验 **表 9-13**

配对变量	平均值 ± 标准差			t值	自由度	p值	Cohen's d值
	E_c	E'_c	$E_c - E'_c$				
E_c配对E'_c	15.969 ± 0.858	15.974 ± 0.659	0.005 ± 0.199	−0.027	6	0.979	0.010

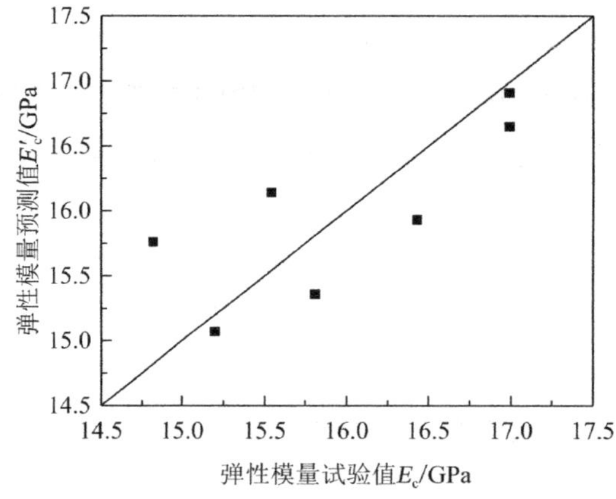

图 9-33 弹性模量试验值和预测值

9.4.5 峰值应变

峰值应变试验值如表 9-10 所示。根据《混凝土结构设计标准》GB 50010—2010（2024 年版），峰值应变计算值可以由式(9-17)得到。因此，基于峰值应变的计算值和试验值，得到它们之间的关系如图 9-34（a）所示，对数据进行线性回归得到峰值应变的预测模型如式(9-18)所示，据此得到峰值应变的预测值如表 9-11 所示。

如图 9-34 所示，根据式(9-18)得到的再生混凝土峰值应变预测值和试验值基本吻合，说明预测模型具有一定的适用性。另外，随着骨料取代率不断增大，再生混凝土的峰值应变不断降低，并且碳化骨料再生混凝土的峰值应变始终高于再生混凝土。Tang 等[222]和 Chen 等[224]也发现再生骨料会降低再生混凝土的峰值应变，这是因为随骨料取代率增大，再生混凝土的峰值应力降低，而弹性模量变化不大，因此峰值应变降低。然而，如图 9-34（b）所示的 CRAC-2 和 CRAC-3，当峰值应力大致相等时，再生骨料的使用增大了峰值应变，Belén 等[221]也报道了这一现象。

$$\varepsilon_c^0 = 700 + 172\sqrt{f_c} \tag{9-17}$$

$$\varepsilon'_c = 156 + 375\sqrt{f_c} \tag{9-18}$$

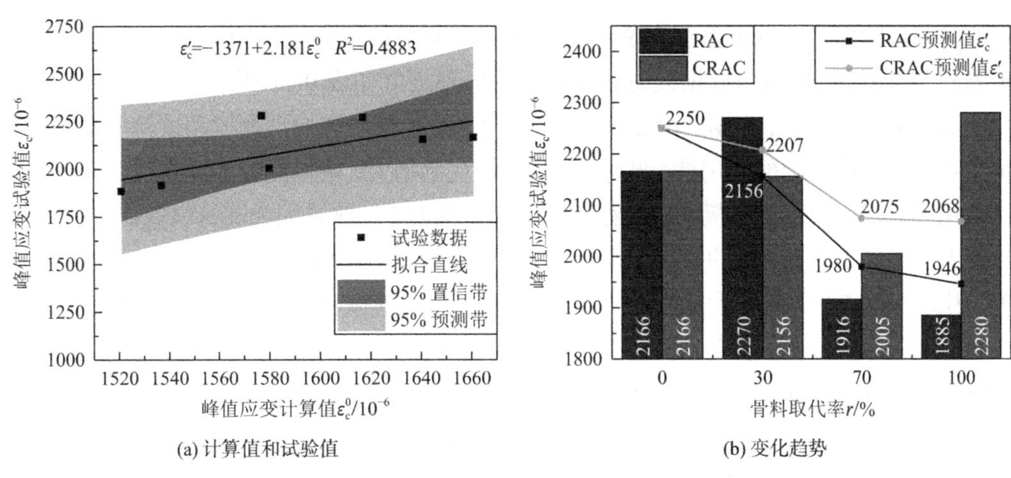

(a) 计算值和试验值　　(b) 变化趋势

图 9-34　峰值应变

为了判断表 9-10 中峰值应变试验值和表 9-11 中峰值应变预测值之间是否存在显著性差异，对它们进行配对样本t检验。峰值应变配对样本t检验的结果如表 9-14 所示，其显著性p值为 0.990，水平上不呈现显著性，不能拒绝原假设，因此峰值应变的试验值和预测值之间不存在显著性差异。另外，差异幅度 Cohen′s d值为 0.005，差异幅度非常小。峰值应变试验值和预测值的对比图如图 9-35 所示。

峰值应变配对样本 t 检验　　**表 9-14**

配对变量	平均值 ± 标准差			t值	自由度	p值	Cohen′s d值
	ε_c	ε_c'	$\varepsilon_c-\varepsilon_c'$				
ε_c配对ε_c'	2096.9 ± 162.2	2097.4 ± 113.1	−0.5 ± 49.1	−0.013	6	0.990	0.005

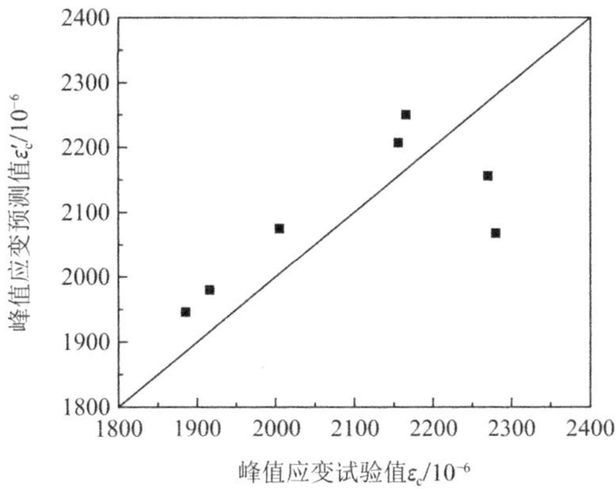

图 9-35　峰值应变试验值和预测值

9.4.6　极限应变

根据《混凝土结构设计标准》GB/T 50010—2010（2024 年版），极限应变试验值取应力-应变曲线下降段 0.5f_c对应的应变值，由此得到的试验值如表 9-10 所示。另外，根据式(9-19)可以得到应力-应变曲线极限应变的计算值。因此，基于极限应变的计算值和试验值，可以得到它们之间的关系如图 9-36（a）所示，对数据进行线性回归分析得到极限应变的预测模型如式(9-20)所示，据此得到极限应变的预测值如表 9-11 所示。

如图 9-36（b）所示，根据式(9-20)得到的再生混凝土极限应变预测值和试验值基本吻合，说明预测模型具有一定的适用性。另外，随骨料取代率增大，再生混凝土极限应变不断升高，并且碳化骨料再生混凝土的极限应变始终低于再生混凝土。这是因为随骨料取代率增大，再生混凝土中 ITZ-2 和 ITZ-3 的数量增多，导致材料脆性不断降低，应力-应变曲线的坡度不断变缓，因此极限应变不断增大。然而，当再生骨料经过加速碳化处理之后，碳化骨料中 ITZ-2 的性能得到了一定程度的提升，并且其制备的碳化骨料再生混凝土中 ITZ-3 的性能也得到了一定程度的提升，因此，碳化骨料再生混凝土的极限应变比再生混凝土有所降低。

$$\begin{aligned} \varepsilon_{\mathrm{u}}^{0} &= \varepsilon_{\mathrm{c}}^{0} \times \left(1+2b+\sqrt{1+4b}\right)/2b \\ b &= 0.157 f_{\mathrm{c}}^{0.785} - 0.905 \end{aligned} \tag{9-19}$$

$$\begin{aligned} \varepsilon_{\mathrm{u}}' &= 4663 - 0.194\left[\varepsilon_{\mathrm{c}}^{0} \times \left(1+2b+\sqrt{1+4b}\right)/2b\right] \\ b &= 0.157 f_{\mathrm{c}}^{0.785} - 0.905 \end{aligned} \tag{9-20}$$

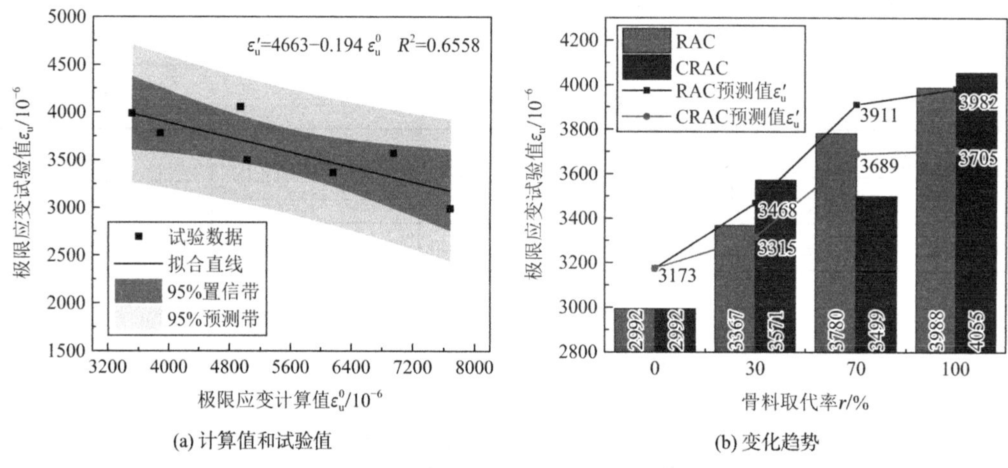

(a) 计算值和试验值　　(b) 变化趋势

图 9-36　极限应变

为了判断表 9-11 中极限应变试验值和表 9-12 中极限应变预测值之间是否存在显著性差异，对它们进行配对样本t检验。极限应变配对样本t检验的结果如表 9-15 所示，其显著性p值为 0.988，水平上不呈现显著性，不能拒绝原假设，因此极限应变的试验值和预测值之间不存在显著性差异。另外，差异幅度 Cohen's d值为 0.006，差异幅度非常小。极限应变试验值和预测值的对比图如图 9-37 所示。

极限应变配对样本 t 检验　　**表 9-15**

配对变量	平均值 ± 标准差			t值	自由度	p值	Cohen's d值
	ε_u	ε_u'	$\varepsilon_u-\varepsilon_u'$				
ε_u配对ε_u'	3607.4 ± 370.7	3606.1 ± 300.6	1.3 ± 70.1	0.016	6	0.988	0.006

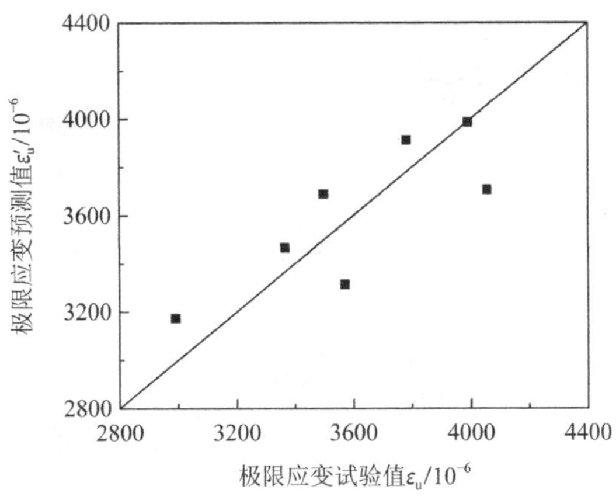

图 9-37　极限应变试验值和预测值

9.4.7　韧度

混凝土韧度的定义是材料在外界荷载作用下发生塑性变形和破裂过程中吸收能量的能力，本研究中通过计算应力-应变曲线起始点到峰值应力以下的面积来对其大小进行表征。根据以上定义，可以得到再生混凝土的韧度如图 9-38 所示。可以看出，随着骨料取代率逐渐增大，再生混凝土的韧度逐渐降低。与普通混凝土的韧度相比较，当骨料取代率分别为 30%、70%、100%时，再生混凝土的韧度分别下降 1.22%、27.96%、33.65%。另外，当再生骨料经过碳化处理后，碳化骨料再生混凝土的韧度比再生混凝土有所提升，且提升程度随骨料取代率增大而增大。当骨料取代率为 100%时，碳化骨料再生混凝土的韧度比再生混凝土提升 28.99%，仅比普通混凝土的韧度低 6.57%。

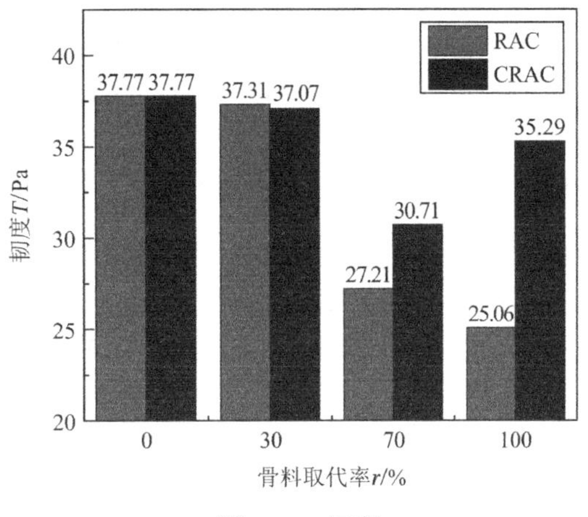

图 9-38　韧度

9.4.8　比韧度

由于混凝土的韧度与轴心抗压强度有关，因此把混凝土的韧度与轴心抗压强度的比值定义为混凝土的比韧度，其相对于混凝土材料的韧度指标而言具有更好的度量特性。根据以上定义，得到再生混凝土的比韧度如图 9-39 所示，随骨料取代率增大，再生混凝土的比韧度逐渐降低。与普通混凝土的比韧度相比较，当骨料取代率为 100%时，再生混凝土的比韧度下降 9.09%。另外，当再生骨料经过碳化处理后，碳化骨料再生混凝土的比韧度比再生混凝土有所提升，且提升程度随骨料取代率增大而增大。当骨料取代率为 100%时，碳化骨料再生混凝土的比韧度比再生混凝土提升 19.12%，并且比普通混凝土的比韧度高 12.40%。

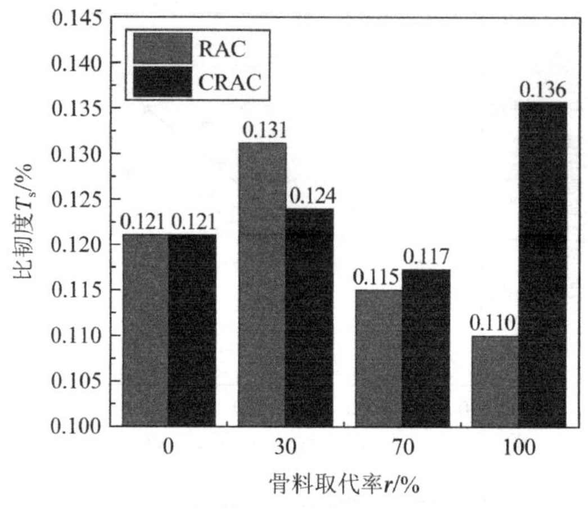

图 9-39　比韧度

9.4.9　单轴受压本构模型

（1）本构模型的形式

应力-应变曲线反映了混凝土材料在不同受力阶段的内部损伤累积、微裂缝发展、宏观变形等一系列变化过程，是进行混凝土结构设计的基础。目前，针对混凝土的单轴受压应力-应变曲线，世界各地的学者提出了众多形式的单轴受压本构模型。根据是否分段分为整体式和分段式，根据数学函数形式分为多项式、有理分式、指数式等。因此，不同标准中对于其形式的规定也有所不同。

《混凝土结构设计规范》GB 50010—2002 对于其形式的规定如式(9-21)和式(9-22)所示：

$$y=\begin{cases}ax+(3-2a)x^2+(a-2)x^3 & x\leqslant 1\\ x/\left[b(x-1)^2+x\right] & x>1\end{cases} \tag{9-21}$$

$$\begin{aligned}a&=2.4-0.0125f_c\\ b&=0.157f_c^{0.785}-0.905\end{aligned} \tag{9-22}$$

《混凝土结构设计标准》GB/T 50010—2010（2024 年版）对于其形式的规定如式(9-23)和式(9-24)所示：

$$y=\begin{cases}mx/(m-1+x^m) & x\leqslant 1\\ x/\left[b(x-1)^2+x\right] & x>1\end{cases} \tag{9-23}$$

$$\begin{aligned}m&=E_c\varepsilon_c/(E_c\varepsilon_c-f_c)\\ b&=0.157f_c^{0.785}-0.905\end{aligned} \tag{9-24}$$

《*fib* 混凝土结构模型规范 2010》对于其形式的规定如式(9-25)和式(9-26)所示：

$$y=(kx-x^2)/[1+(k-2)x] \tag{9-25}$$

$$k=19400\times(0.1f_c)^{1/3}/E_{c1} \tag{9-26}$$

式中：$x=\varepsilon/\varepsilon_c$；

$y=\sigma/f_c$；

a、m——应力-应变曲线上升段的参数，a越小或m越大，上升段塑性部分所占比例越小，材料脆性越大；

b——应力-应变曲线下降段的参数，b越大，下降段越陡，材料脆性越大；

k——应力-应变曲线的参数，k越大，上升段塑性部分所占比例越大，下降段越缓，材料脆性越小；

E_{c1}——应力-应变曲线原点到峰值应力的割线模量。

（2）本构模型的选取

根据式(9-22)、式(9-24)、式(9-26)，可以得到再生混凝土应力-应变曲线的参数，如表 9-16 所示。可以看出，随骨料取代率不断增大，a和k不断增大，m和b不断减小，说明再生混凝土的脆性不断减小。另外，将图 9-29 中的应力-应变曲线进行归一化处理，即令$x = \varepsilon/\varepsilon_c$，$y = \sigma/f_c$，得到归一化的再生混凝土的应力-应变曲线，如图 9-40 所示。

应力-应变曲线参数　　表 9-16

试件编号	f_c/MPa	$\varepsilon_c/10^{-6}$	E_c/GPa	E_{c1}/GPa	a	b	m	k
NAC	31.19	2166	16.99	14.40	2.01	1.43	6.56	1.97
RAC-1	28.44	2270	15.54	12.53	2.04	1.27	5.16	2.19
RAC-2	23.66	1916	15.81	12.35	2.10	0.98	4.57	2.09
RAC-3	22.78	1885	15.20	12.08	2.12	0.92	4.88	2.11
CRAC-1	29.90	2156	16.99	13.87	2.03	1.36	5.44	2.02
CRAC-2	26.18	2005	16.43	13.06	2.07	1.13	4.87	2.05
CRAC-3	26.00	2280	14.82	11.40	2.08	1.12	4.34	2.34

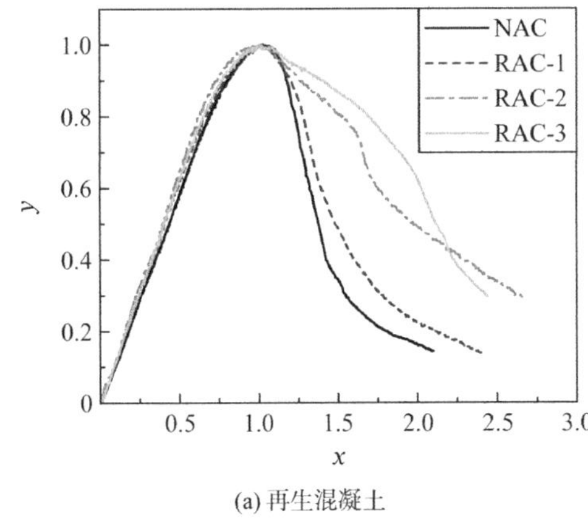

(a) 再生混凝土

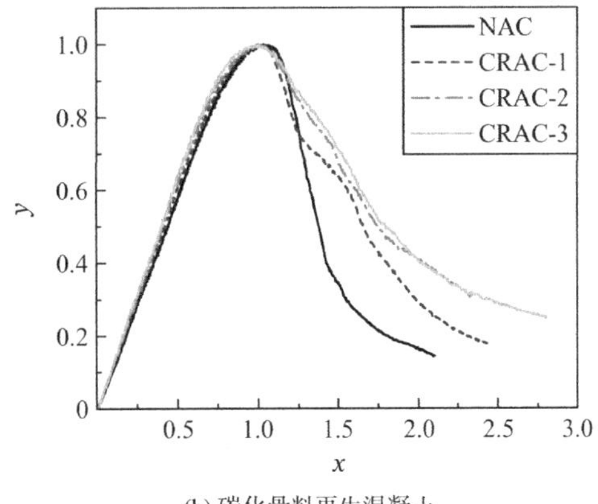

(b) 碳化骨料再生混凝土

图 9-40　再生混凝土的应力-应变曲线

将表 9-16 得到的再生混凝土应力-应变计算曲线和试验曲线进行比较，如图 9-41 所示。可以看出，对于上升段而言，a和k对应的计算曲线基本重合，但与试验曲线偏离较远。相比之下，m对应的计算曲线与试验曲线基本重合。对于下降段而言，k对应的计算曲线与试验曲线的变化趋势具有较大差别，而b对应的计算曲线与试验曲线的变化趋势吻合性较好。因此，对于本研究中的再生混凝土而言，《混凝土结构设计标准》GB/T 50010—2010（2024 年版）中规定的单轴受压本构模型，即式(9-23)和式(9-24)具有较好的适用性。

(a) RAC-1

(b) CRAC-1

(c) RAC-2

(d) CRAC-2

(e) RAC-3

(f) CRAC-3

(g) NAC

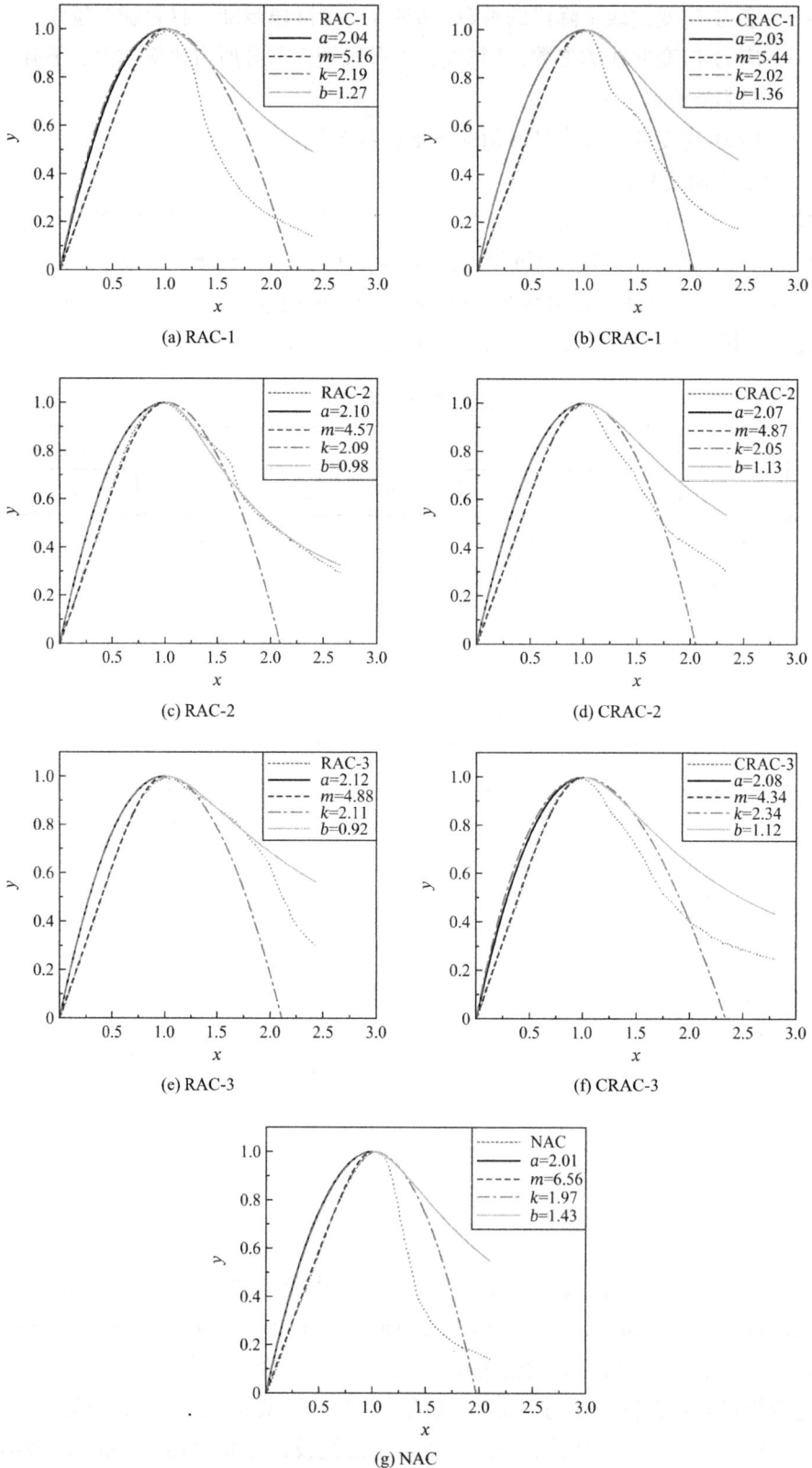

图 9-41　应力-应变计算曲线和试验曲线

（3）本构模型的修正

通过图 9-41 对不同标准中的混凝土单轴受压本构模型进行对比，说明《混凝土结构设计标准》GB/T 50010—2010（2024 年版）中式(9-23)和式(9-24)所示的单轴受压本构模型对于本研究再生混凝土的应力-应变曲线具有较好的适用性。因此，采用式(9-23)和式(9-24)对再生混凝土的应力-应变试验曲线进行拟合，可以得到再生混凝土的应力-应变拟合曲线，以及应力-应变曲线参数拟合值m_0和b_0，分别如表 9-17 和图 9-42 所示。

应力-应变曲线参数拟合值　　表 9-17

试件编号	m_0	R_2	b_0	R_2
NAC	7.40	0.9995	10.60	0.9863
RAC-1	5.38	0.9995	6.45	0.9912
RAC-2	4.26	0.9989	2.00	0.9871
RAC-3	4.99	0.9996	1.43	0.8872
CRAC-1	5.72	0.9998	4.48	0.9815
CRAC-2	4.91	0.9995	2.98	0.9968
CRAC-3	4.39	0.9994	2.78	0.9974

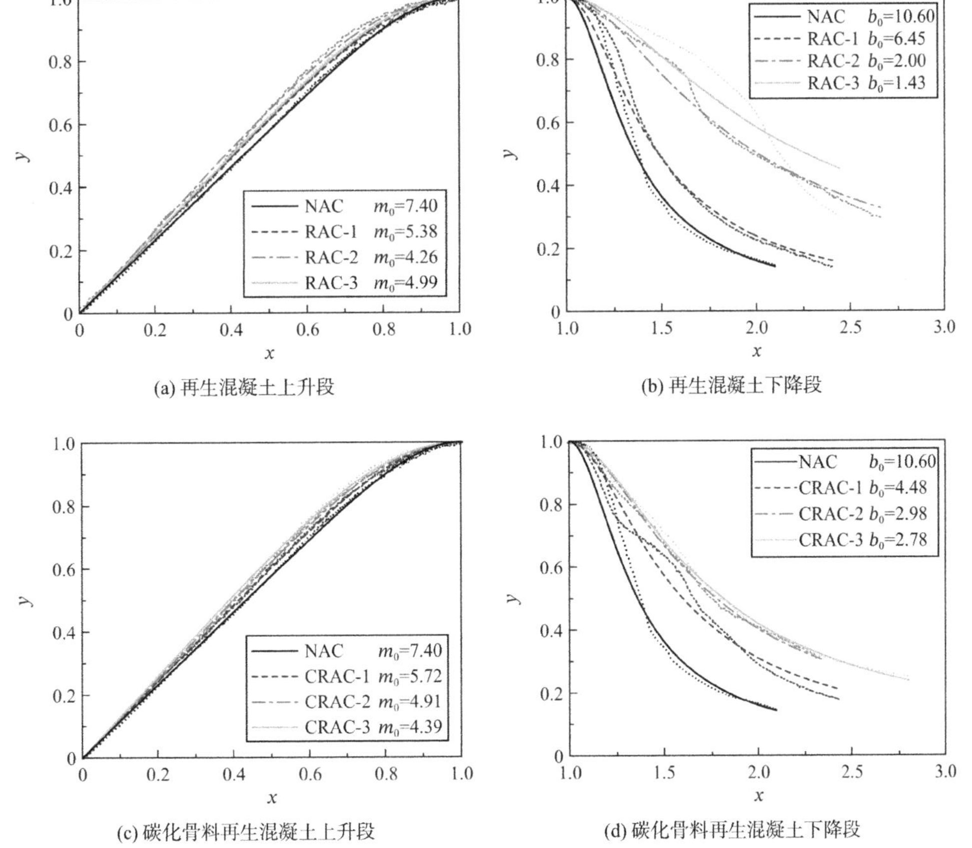

(a) 再生混凝土上升段　(b) 再生混凝土下降段

(c) 碳化骨料再生混凝土上升段　(d) 碳化骨料再生混凝土下降段

图 9-42　应力-应变拟合曲线

根据表 9-16 和表 9-17，得到再生混凝土应力-应变曲线参数计算值和拟合值之间的关系，如图 9-43 所示。对图中的数据进行线性回归分析，得到式(9-28)所示的应力-应变曲线参数预测值m'和b'。最终，得到适用于本研究再生混凝土的单轴受压本构模型，如式(9-27)和式(9-28)所示。

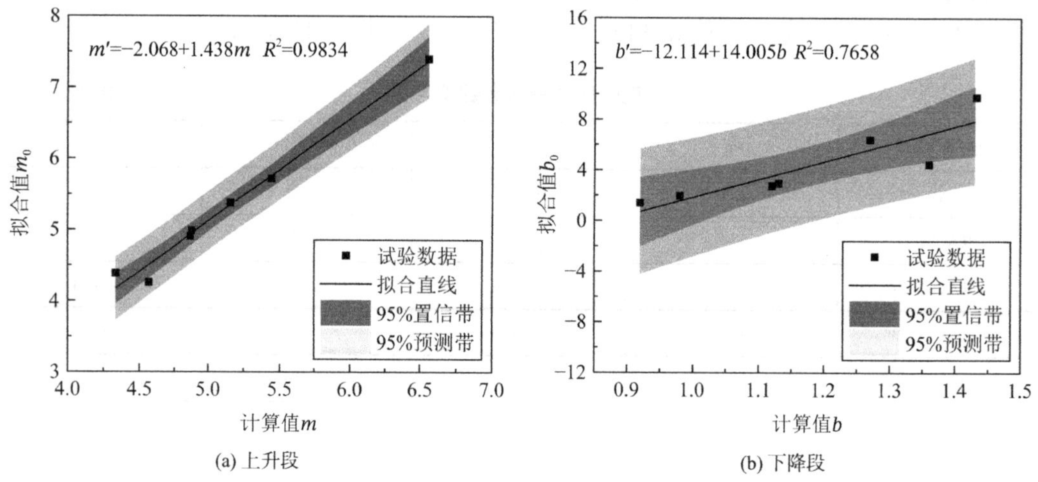

图 9-43 应力-应变曲线参数计算值和拟合值之间的关系

$$y=\begin{cases}m'x/(m'-1+x^{m'}) & x\leqslant 1\\ x/[b'(x-1)^2+x] & x>1\end{cases} \tag{9-27}$$

$$\begin{aligned}m'&=1.438\times[E_c\varepsilon_c/(E_c\varepsilon_c-f_c)]-2.068\\ b'&=2.199f_c^{0.785}-24.789\end{aligned} \tag{9-28}$$

（4）本构模型的应用

根据式(9-28)，可以得到再生混凝土应力-应变曲线的参数预测值，如表 9-18 所示。为了判断表 9-17 中的应力-应变曲线参数拟合值和表 9-18 中的应力-应变曲线参数预测值之间是否存在显著性差异，对它们进行配对样本t检验，从而验证式(9-27)和式(9-28)所示的单轴受压本构模型对于本研究的再生混凝土来说是否具有较好的适用性。

上升段参数配对样本t检验的结果如表 9-19 所示，其显著性p值为 0.958，水平上不呈现显著性，不能拒绝原假设，因此上升段参数试验值和预测值之间不存在显著性差异。另外，差异幅度 Cohen's d值为 0.021，差异幅度非常小。上升段参数试验值和预测值的对比图如图 9-44（a）所示。

应力-应变曲线参数预测值 **表 9-18**

试件编号	f_c/MPa	$\varepsilon_c/10^{-6}$	E_c/GPa	m'	b'
NAC	31.19	2166	16.99	7.36	7.95
RAC-1	28.44	2270	15.54	5.35	5.66
RAC-2	23.66	1916	15.81	4.50	1.56

续表

试件编号	f_c/MPa	$\varepsilon_c/10^{-6}$	E_c/GPa	m'	b'
RAC-3	22.78	1885	15.20	4.95	0.79
CRAC-1	29.90	2156	16.99	5.76	6.88
CRAC-2	26.18	2005	16.43	4.94	3.74
CRAC-3	26.00	2280	14.82	4.17	3.59

上升段参数配对样本 t 检验　　表 9-19

配对变量	平均值 ± 标准差			t值	自由度	p值	Cohen's d值
	m_0	m'	m_0-m'				
m_0配对m'	5.293 ± 1.061	5.290 ± 1.051	0.003 ± 0.010	0.055	6	0.958	0.021

下降段参数配对样本t检验的结果如表 9-20 所示，其显著性p值为 0.900，水平上不呈现显著性，不能拒绝原假设，因此下降段参数试验值和预测值之间不存在显著性差异。另外，差异幅度 Cohen's d值为 0.049，差异幅度非常小。下降段参数试验值和预测值的对比图如图 9-44（b）所示。

下降段参数配对样本 t 检验　　表 9-20

配对变量	平均值 ± 标准差			t值	自由度	p值	Cohen's d值
	b_0	b'	b_0-b'				
b_0配对b'	4.389 ± 3.211	4.310 ± 2.661	0.079 ± 0.550	0.131	6	0.900	0.049

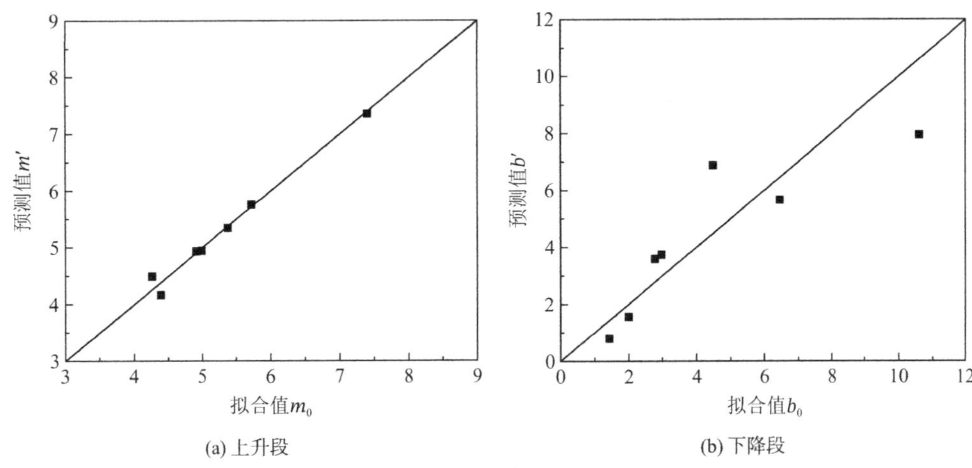

(a) 上升段　　(b) 下降段

图 9-44　应力-应变曲线参数拟合值和预测值

通过以上配对样本t检验，说明提出的单轴受压本构模型对于本研究的再生混凝土具有较好的适用性。由式(9-27)和式(9-28)得到的再生混凝土的应力-应变预测曲线如图 9-45 所示，可以看出，预测曲线和试验曲线吻合性较好。

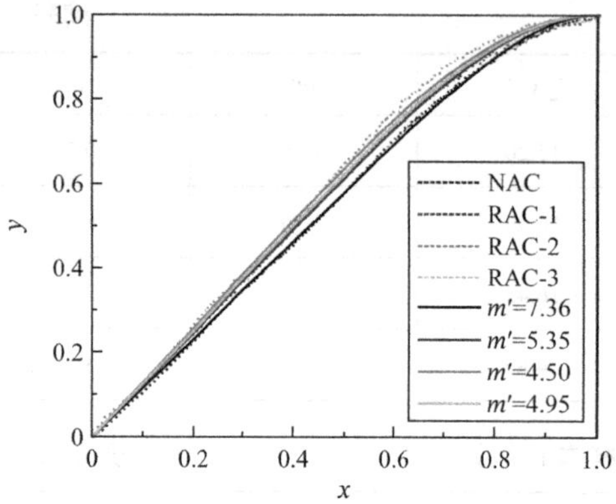

(a) 再生混凝土上升段

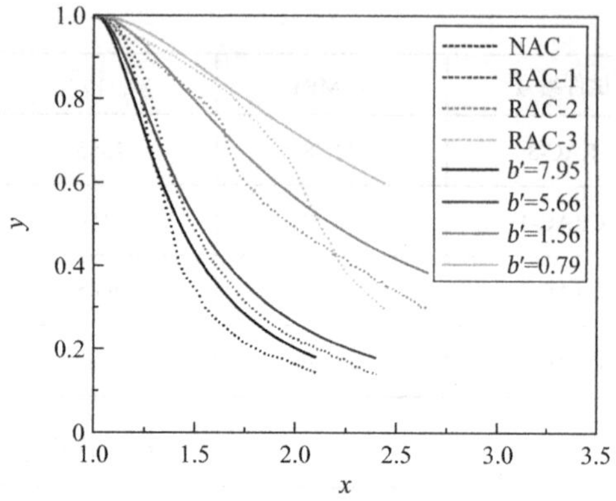

(b) 再生混凝土下降段

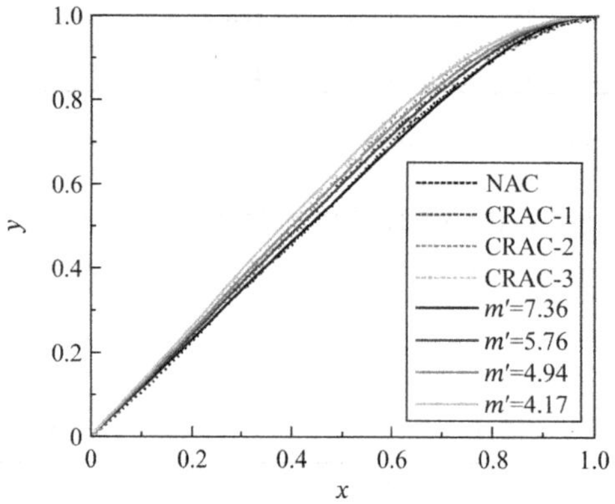

(c) 碳化骨料再生混凝土上升段

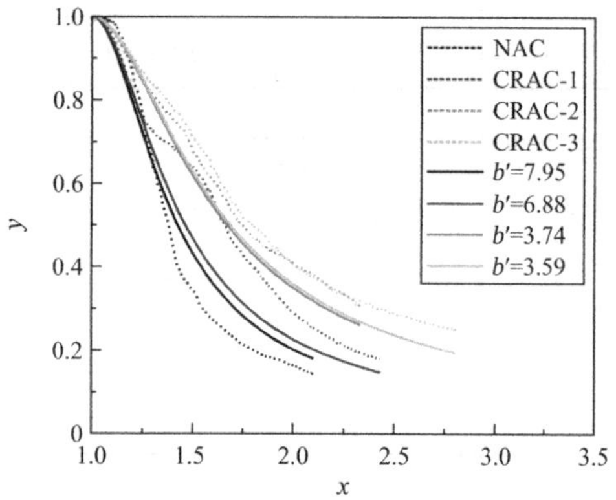

(d) 碳化骨料再生混凝土下降段

图 9-45　应力-应变预测曲线

9.5　碳化骨料模型再生混凝土界面过渡区断裂行为研究

9.5.1　模型界面过渡区断裂模式

模型 ITZ-3 的断裂模式如图 9-46 所示。从图 9-46（a）、（b）可以看出，ITZ-3-2 断裂后表面光滑，而 ITZ-3-C2 断裂后表面粗糙，显示出水化产物断裂的痕迹，说明碳化后的旧砂浆与新砂浆之间形成的水化产物产生了较强的粘结力。另外，喷洒酚酞指示剂后，图 9-46（c）、（d）的颜色均变成紫红色，但是碳化后的旧砂浆颜色变化稍浅，说明其表面 $Ca(OH)_2$ 含量较少。

(a) ITZ-3-2 断裂后表面

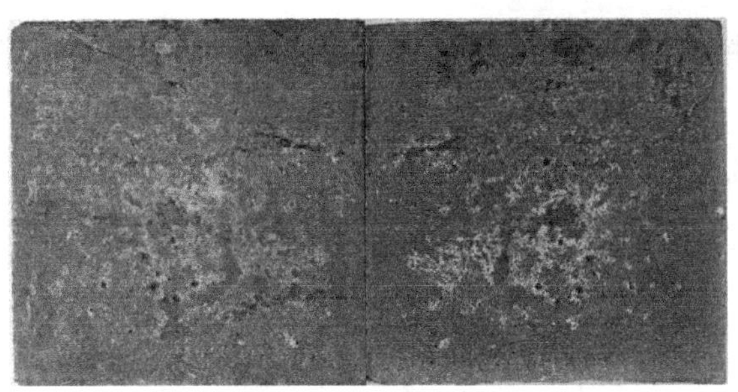

(b) ITZ-3-C2 断裂后表面

(c) ITZ-3-2 喷洒酚酞指示剂后表面

(d) ITZ-3-C2 喷洒酚酞指示剂后表面

图 9-46　模型 ITZ-3 的断裂模式

9.5.2　断裂行为荷载-位移曲线

模型 ITZ-3 断裂行为的荷载-位移曲线如图 9-47 所示。可以看出，荷载-位移曲线大致可以看成由三个部分组成，即上升段直线部分、上升段曲线部分、下降段曲线部分。在上升段直线部分，荷载随着位移的增大保持线性增大；在上升段曲线部分，随着位移逐渐增大，曲线上升的坡度逐渐变小，直至达到最大荷载；在下降段曲线部分，荷载随着位移增大而逐渐减小。

从图 9-47 可以看出，随着荷载-位移曲线的最大荷载逐渐增大，其上升段直线部分的斜率逐渐增大，下降段曲线部分的坡度也逐渐增大，这说明模型 ITZ-3 的材料脆性有所增大，并且具有较高的粘结强度。

另外，从图 9-47（a）、（c）、（e）可以看出，随着水灰比（0.40、0.45、0.50）逐渐增大，模型 ITZ-3 的最大荷载逐渐减小，并且临界位移也有所减小。此外，从图 9-47（b）、（d）、（f）可以看出，与图 9-47（a）、（c）、（e）模型 ITZ-3 相比较，当旧砂浆经过加速碳化处理后，其制备的模型 ITZ-3-C 的最大荷载以及临界位移都有所增大。当水灰比分别为 0.40、0.45、0.50 时，模型 ITZ-3-C 的最大荷载分别提高了 64.40%、37.26%、32.02%，临界位移分别提高了 18.60%、0.00%、13.33%。这说明碳化骨料能够在一定程度上提升 ITZ-3 的性能。

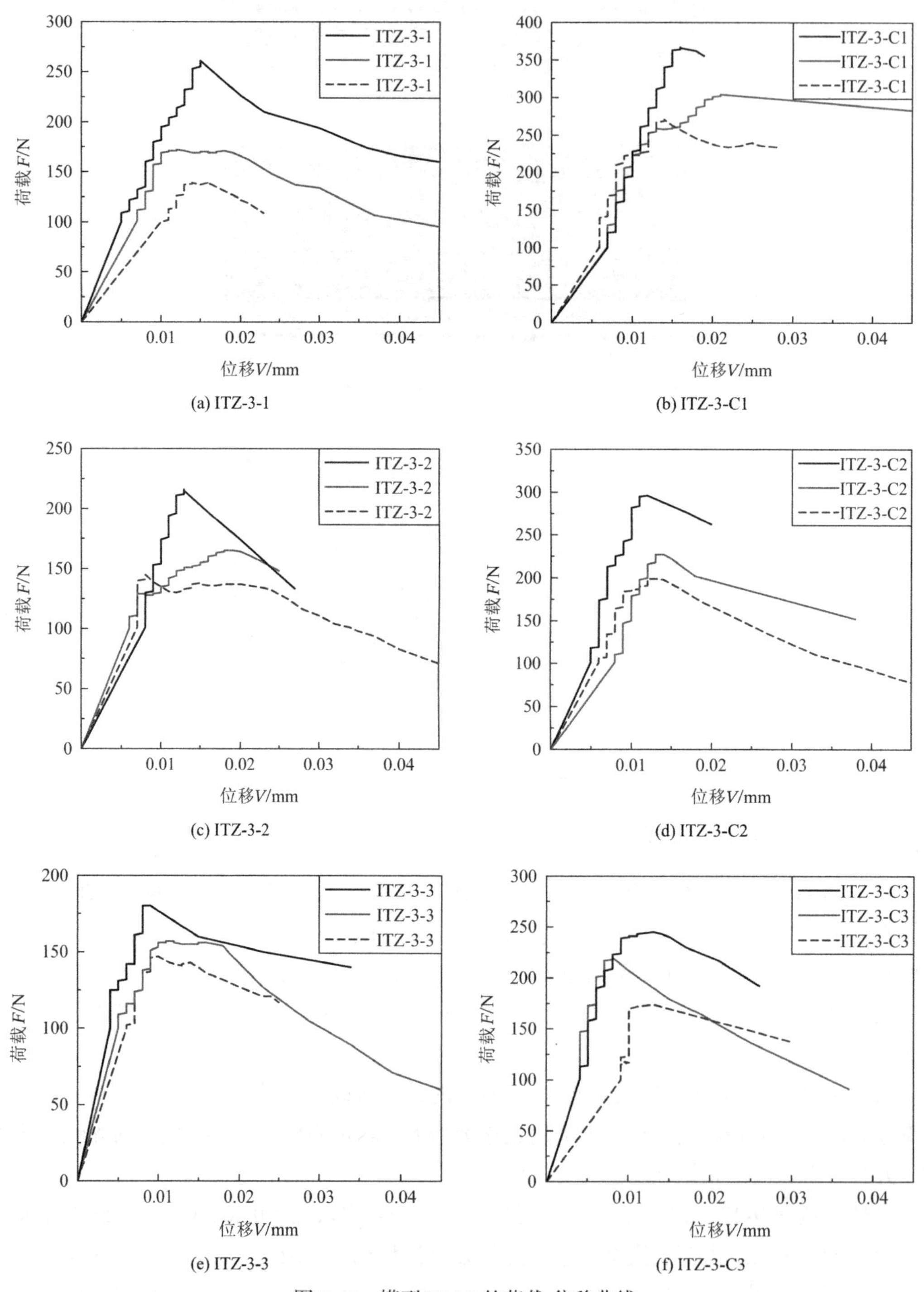

(a) ITZ-3-1　(b) ITZ-3-C1　(c) ITZ-3-2　(d) ITZ-3-C2　(e) ITZ-3-3　(f) ITZ-3-C3

图 9-47　模型 ITZ-3 的荷载-位移曲线

9.5.3 荷载-位移曲线方程

（1）荷载-位移曲线方程的形式

从图 9-47 可以看出，模型 ITZ-3 的荷载-位移曲线由上升段直线部分、上升段曲线部分、下降段曲线部分三个部分组成。为了能够提出简单适用的荷载-位移曲线方程，将荷载-位移曲线简化成三折线形式，首先直线上升，接着斜率减小后直线上升到最大荷载，最后直线下降。因此，可以将模型 ITZ-3 的荷载-位移曲线方程定义为式(9-29)所示的形式：

$$F=\begin{cases}k_1V & V<V_c\\ k_2V+c & V\leqslant V_c\\ k_3V+c & V>V_c\end{cases} \tag{9-29}$$

另外，由于荷载-位移曲线通过顶点(V_c,F_{max})，将其代入式(9-29)，可以得到式(9-30)所示的形式：

$$F=\begin{cases}k_1V & V<V_c\\ k_2(V-V_c)+F_{max} & V\leqslant V_c\\ k_3(V-V_c)+F_{max} & V>V_c\end{cases} \tag{9-30}$$

式中：F、V——荷载-位移曲线的荷载和位移；

F_{max}、V_c——荷载-位移曲线的最大荷载和临界位移；

k_1、k_2、k_3——荷载-位移曲线三条折线的斜率。

（2）荷载-位移曲线方程的确定

根据图 9-47 中模型 ITZ-3 的荷载-位移曲线，可以得到荷载-位移曲线参数的试验值，如表 9-21 所示。为了确定式(9-30)中荷载-位移曲线方程参数k_1、k_2、k_3和临界位移V_c的大小，本研究将它们定义为是与最大荷载F_{max}有关的函数。基于线性回归分析方法，将表 9-21 中的数据进行线性拟合，得到荷载-位移曲线参数预测值k_1'、k_2'、k_3'和临界位移预测值V_c'，如图 9-48 所示。因此，得到模型 ITZ-3 的荷载-位移曲线方程如式(9-31)和式(9-32)所示：

$$F=\begin{cases}k_1'V & V<V_c'\\ k_2'(V-V_c')+F_{max} & V\leqslant V_c'\\ k_3'(V-V_c')+F_{max} & V>V_c'\end{cases} \tag{9-31}$$

$$\begin{aligned}k_1'&=12457.31+35.54F_{max}\\ k_2'&=-415.85+41.74F_{max}\\ k_3'&=125.38-15.53F_{max}\\ V_c'&=0.00476-3.51\times10^{-5}F_{max}\end{aligned} \tag{9-32}$$

荷载-位移曲线参数试验值　　表 9-21

试件编号	F_{max}/N	V_c/mm	k_1/（N/mm）	k_2/（N/mm）	k_3/（N/mm）
ITZ-3-1	261	0.0150	19500	13200	−3367
ITZ-3-1	172	0.0120	16125	10750	−2600
ITZ-3-1	140	0.0160	10500	3500	−4429
ITZ-3-2	216	0.0130	17636	11000	−5929

续表

试件编号	F_{max}/N	V_c/mm	k_1/（N/mm）	k_2/（N/mm）	k_3/（N/mm）
ITZ-3-2	165	0.0180	18429	3273	−2429
ITZ-3-2	145	0.0080	20000	5000	−2000
ITZ-3-3	180	0.0090	23667	12667	−1600
ITZ-3-3	157	0.0110	17250	6333	−2711
ITZ-3-3	147	0.0100	17000	5500	−2000
ITZ-3-C1	367	0.0160	24286	13500	−4000
ITZ-3-C1	304	0.0210	21545	6700	−867
ITZ-3-C1	271	0.0140	24667	9800	−4000
ITZ-3-C2	296	0.0120	28125	17750	−4250
ITZ-3-C2	227	0.0140	18000	9667	−3125
ITZ-3-C2	199	0.0130	20250	7400	−3867
ITZ-3-C3	245	0.0130	31667	7857	−4077
ITZ-3-C3	220	0.0080	33500	9500	−4448
ITZ-3-C3	174	0.0130	17000	1333	−2176

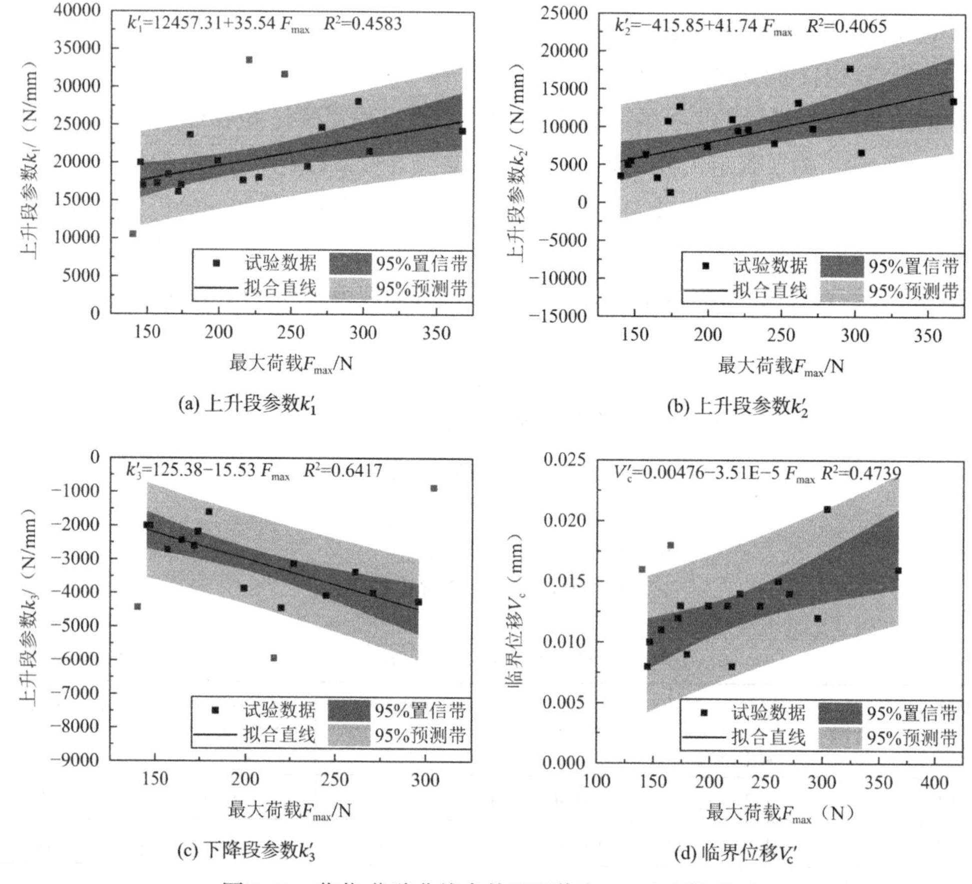

图 9-48　荷载-位移曲线参数预测值和F_{max}之间的关系

（3）荷载-位移曲线方程的应用

根据表 9-21 中的F_{max}试验值以及式(9-32)，可以得到模型 ITZ-3 的荷载-位移曲线参数预测值k_1'、k_2'、k_3'以及临界位移预测值V_c'，如表 9-22 所示。

为了判断表 9-21 中荷载-位移曲线参数试验值和表 9-22 中荷载-位移曲线参数预测值之间是否存在显著性差异，对它们进行配对样本t检验，从而验证式(9-31)和式(9-32)所示的荷载-位移曲线方程对于图 9-47 的试验数据来说是否具有较好的适用性。分析每组配对样本的p值是否呈现出显著性（$p < 0.05$ 或$p < 0.01$），若呈现显著性，则拒绝原假设，说明每组配对样本之间存在显著性差异。反之，说明每组配对样本之间不存在显著性差异。另外，Cohen′s d值表示效应量大小：在 0.20 以下表示效应非常小，在 0.20～0.50 之间表示效应较小，在 0.50～0.80 之间表示效应较大，在 0.80 以上表示效应非常大。

上升段参数k_1配对样本t检验的结果如表 9-23 所示，其显著性p值为 0.413，水平上不呈现显著性，不能拒绝原假设，因此上升段参数试验值和预测值之间不存在显著性差异。另外，差异幅度 Cohen′s d值为 0.190，差异幅度非常小。上升段参数k_1试验值和预测值的对比图如图 9-49（a）所示。

上升段参数k_2配对样本t检验的结果如表 9-24 所示，其显著性p值为 0.999，水平上不呈现显著性，不能拒绝原假设，因此上升段参数试验值和预测值之间不存在显著性差异。另外，差异幅度 Cohen′s d值为 0，差异幅度非常小。上升段参数k_2试验值和预测值的对比图如图 9-49（b）所示。

荷载-位移曲线参数预测值　　表 9-22

试件编号	F_{max}/N	V_c'/mm	k_1'/（N/mm）	k_2'/（N/mm）	k_3'/（N/mm）
ITZ-3-1	261	0.0139	21731	10478	−3928
ITZ-3-1	172	0.0108	18568	6763	−2546
ITZ-3-1	140	0.0097	17432	5428	−2049
ITZ-3-2	216	0.0123	20132	8600	−3229
ITZ-3-2	165	0.0106	18320	6471	−2437
ITZ-3-2	145	0.0098	17609	5636	−2127
ITZ-3-3	180	0.0111	18853	7097	−2670
ITZ-3-3	157	0.0103	18036	6137	−2313
ITZ-3-3	147	0.0099	17680	5720	−2158
ITZ-3-C1	367	0.0176	25497	14903	−5575
ITZ-3-C1	304	0.0154	23258	12273	−4596
ITZ-3-C1	271	0.0143	22086	10896	−4084
ITZ-3-C2	296	0.0151	22974	11939	−4472
ITZ-3-C2	227	0.0127	20523	9059	−3400

续表

试件编号	F_{max}/N	V_c'/mm	k_1'/（N/mm）	k_2'/（N/mm）	k_3'/（N/mm）
ITZ-3-C2	199	0.0117	19528	7890	−2965
ITZ-3-C3	245	0.0134	21162	9810	−3680
ITZ-3-C3	220	0.0125	20274	8767	−3292
ITZ-3-C3	174	0.0109	18640	6847	−2577

上升段参数k_1配对样本 t 检验 **表 9-23**

配对变量	平均值 ± 标准差			t值	自由度	p值	Cohen's d值
	k_1	k_1'	k_1-k_1'				
k_1配对k_1'	21064 ± 5756	20128 ± 2279	−936 ± 3477	0.807	17	0.431	0.190

上升段参数k_2配对样本 t 检验 **表 9-24**

配对变量	平均值 ± 标准差			t值	自由度	p值	Cohen's d值
	k_2	k_2'	k_2-k_2'				
k_2配对k_2'	8596 ± 4199	8595 ± 2677	1 ± 1522	0.001	17	0.999	0

下降段参数k_3配对样本t检验的结果如表 9-25 所示，其显著性p值为 0.971，水平上不呈现显著性，不能拒绝原假设，因此下降段参数试验值和预测值之间不存在显著性差异。另外，差异幅度 Cohen's d值为 0.009，差异幅度非常小。下降段参数k_3试验值和预测值的对比图如图 9-49（c）所示。

下降段参数k_3配对样本 t 检验 **表 9-25**

配对变量	平均值 ± 标准差			t值	自由度	p值	Cohen's d值
	k_3	k_3'	k_3-k_3'				
k_3配对k_3'	−3215 ± 1266	−3228 ± 996	13 ± 270	−0.037	17	0.971	0.009

临界位移配对样本t检验的结果如表 9-26 所示，其显著性p值为 0.307，水平上不呈现显著性，不能拒绝原假设，因此临界位移试验值和预测值之间不存在显著性差异。另外，差异幅度 Cohen's d值为 0.248，差异幅度较小。临界位移试验值和预测值的对比图如图 9-49（d）所示。

临界位移配对样本 t 检验 **表 9-26**

配对变量	平均值 ± 标准差			t值	自由度	p值	Cohen's d值
	V_c	V_c'	V_c-V_c'				
V_c配对V_c'	0.013 ± 0.003	0.012 ± 0.002	0.001 ± 0.001	1.054	17	0.307	0.248

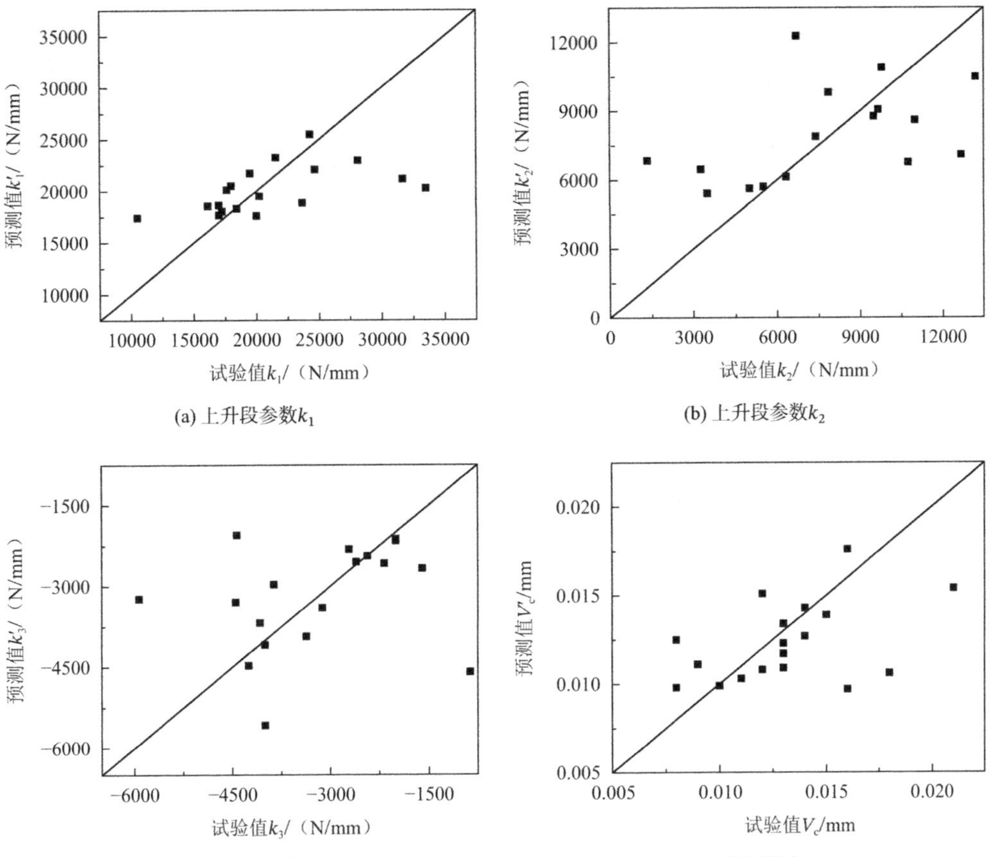

(a) 上升段参数k_1

(b) 上升段参数k_2

(c) 下降段参数k_3

(d) 临界位移V_c

图 9-49　荷载-位移曲线参数试验值和预测值

通过以上配对样本t检验，可以看出，模型 ITZ-3 荷载-位移曲线方程参数预测值和试验值之间不存在显著性差异，且差异幅度非常小，说明本研究提出的模型 ITZ-3 荷载-位移曲线方程具有较好的适用性。根据表 9-22 中得到的荷载-位移曲线参数预测值，可以得到荷载-位移曲线预测值，如图 9-50 所示。可以看出，本书提出的式(9-31)和式(9-32)所示的模型 ITZ-3 荷载-位移曲线方程，其预测值和试验值具有较好的吻合性。

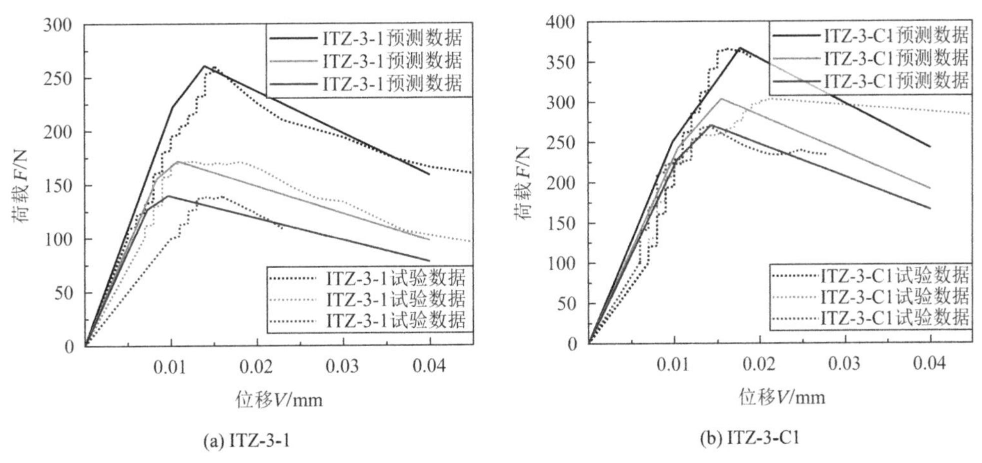

(a) ITZ-3-1

(b) ITZ-3-C1

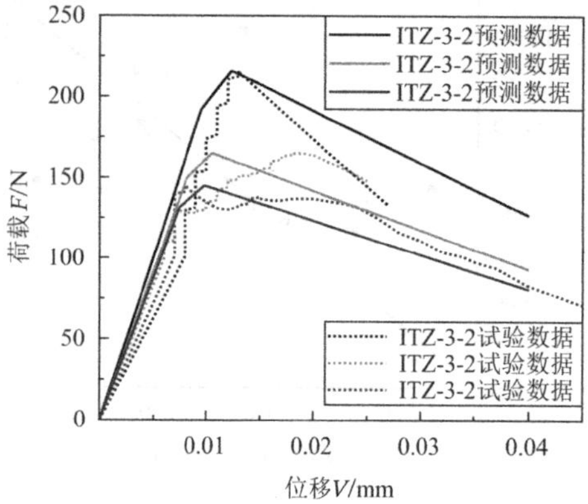

(c) ITZ-3-2

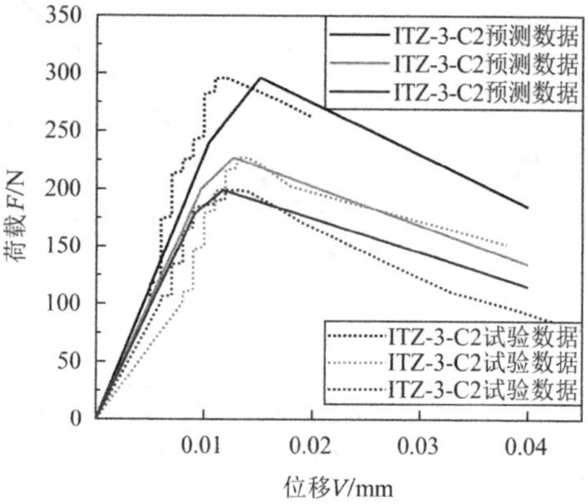

(d) ITZ-3-C2

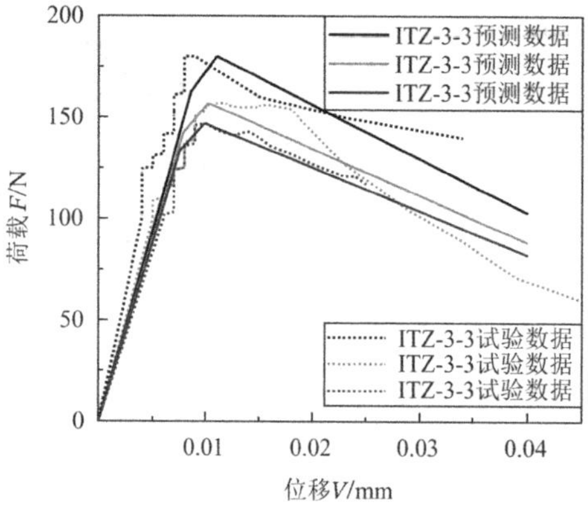

(e) ITZ-3-3

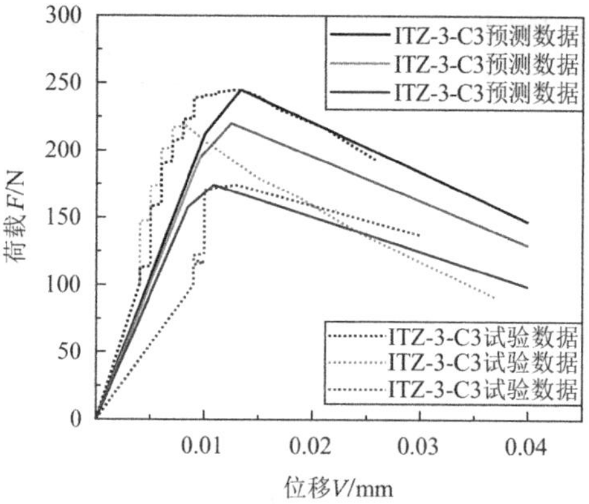

(f) ITZ-3-C3

图 9-50　荷载-位移曲线试验值和预测值

另外，从图 9-50 可以看出，模型 ITZ-3 的F_{max}试验值越大，k_1'和k_3'绝对值就越大，其粘结性能也就越好。随着水灰比逐渐增大，模型 ITZ-3 的k_1'和k_3'绝对值逐渐减小，说明模型 ITZ 的粘结性能逐渐降低。当旧砂浆经过加速碳化处理后，模型 ITZ-3-C 的k_1'和k_3'绝对值比模型 ITZ-3 都有所提高，这说明碳化骨料能够在一定程度上提升模型 ITZ-3 的粘结性能。

9.5.4　模型界面过渡区断裂行为指标

（1）最大荷载

根据图 9-47 中模型 ITZ-3 的荷载-位移曲线，可以得到模型 ITZ-3 最大荷载随水灰比变化的规律，如图 9-51 所示。可以看出，随着水灰比（0.40、0.45、0.50）逐渐增大，模型 ITZ-3 的最大荷载逐渐减小，呈现明显的线性负相关关系，这与水灰比定律相吻合。采用线性回归分析方法对试验数据进行拟合分析，得到最大荷载与水灰比之间的关系式为：$F_{max} = -290.33(W/C) + 306.45$，相关系数$R^2 = 0.99$。

当旧砂浆经过加速碳化处理后，模型 ITZ-3-C 的最大荷载比模型 ITZ-3 有所增大，当水灰比为 0.40、0.45、0.50 时，分别提高 64.40%、37.26%、32.02%，这说明碳化骨料能够在一定程度上提升 ITZ-3 的性能。另外，采用线性回归分析方法对试验数据进行拟合分析，可以得到模型 ITZ-3-C 最大荷载与水灰比之间的关系式为：$F_{\max} = -973.79(W/C) + 695.55$，相关系数$R^2 = 0.95$。

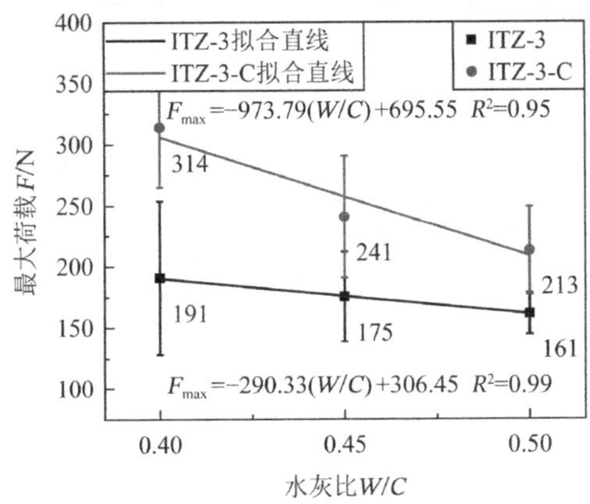

图 9-51　模型 ITZ-3 的最大荷载

（2）临界位移

根据图 9-47 中模型 ITZ-3 的荷载-位移曲线，可以得到模型 ITZ-3 临界位移随水灰比变化的规律，如图 9-52 所示。可以看出，随水灰比（0.40、0.45、0.50）逐渐增大，模型 ITZ-3 的临界位移逐渐减小。另外，当旧砂浆经过加速碳化处理后，模型 ITZ-3-C 的临界位移比模型 ITZ-3 有所增大，当水灰比分别为 0.40、0.45、0.50 时，临界位移分别提高 18.60%、0%、13.33%。这是因为碳化骨料在一定程度上提升了模型 ITZ-3-C 的最大荷载，而荷载-位移曲线上升段直线部分的斜率变化不大，因此临界位移有所增大。此外，从图 9-52 可以看出，式(9-32)计算得到的临界位移预测值与试验值具有较好的吻合性。

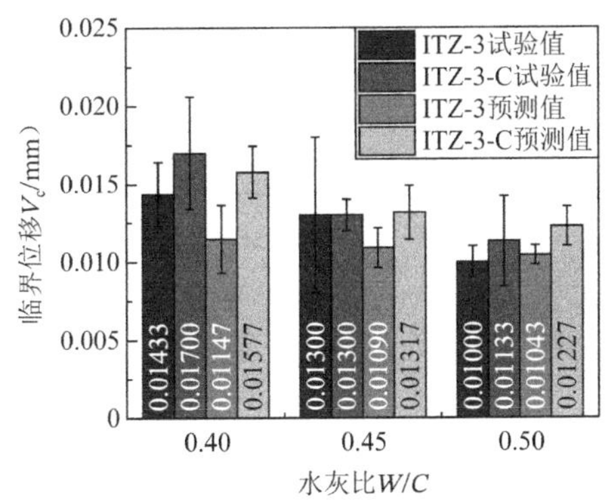

图 9-52　模型 ITZ-3 的临界位移

（3）失稳韧度

根据图 9-47 中模型 ITZ-3 的荷载-位移曲线，可以得到表 9-27 所示的失稳韧度计算参数。根据表 9-27 中的失稳韧度试验值，得到图 9-53（a）所示的模型 ITZ-3 失稳韧度随水灰比变化的趋势。可以看出，随水灰比增大，模型 ITZ-3 的失稳韧度基本上没有发生变化。

当旧砂浆经过碳化处理后，模型 ITZ-3-C 的失稳韧度有所提高，水灰比为 0.40、0.45、0.50 时，分别提高 76.43%、34.76%、67.31%。

失稳韧度的计算参数 **表 9-27**

试件编号	V_c/mm	F_{max}/N	c_i/（μm/kN）	E/GPa	a_c/m	α	$f(\alpha)$	K_{IC}^S/（MPa · m$^{1/2}$）
ITZ-3-1	0.015	261	51.28	1.82	0.001214	0.030350	1.930920	0.043816
ITZ-3-1	0.012	172	62.02	1.50	0.001267	0.031682	1.928591	0.030392
ITZ-3-1	0.016	140	95.24	0.98	0.002080	0.052007	1.895514	0.031787
ITZ-3-2	0.013	216	56.70	1.64	0.000358	0.008951	1.971318	0.020359
ITZ-3-2	0.018	165	54.26	1.72	0.006787	0.169673	1.772993	0.062262
ITZ-3-2	0.008	145	50.00	1.86	0.000991	0.024775	1.940896	0.023181
ITZ-3-3	0.009	180	42.25	2.20	0.001915	0.047874	1.901879	0.038403
ITZ-3-3	0.011	157	57.97	1.61	0.002163	0.054071	1.892400	0.035865
ITZ-3-3	0.010	147	58.82	1.58	0.001632	0.040792	1.913206	0.029683
ITZ-3-C1	0.016	367	41.18	2.26	0.000312	0.007795	1.973669	0.031355
ITZ-3-C1	0.021	304	46.41	2.01	0.004246	0.106139	1.826709	0.089512
ITZ-3-C1	0.014	271	40.54	2.30	0.002743	0.068587	1.871688	0.066145
ITZ-3-C2	0.012	296	35.56	2.62	0.001448	0.036210	1.920828	0.053606
ITZ-3-C2	0.014	227	55.56	1.68	0.001079	0.026986	1.936895	0.036373
ITZ-3-C2	0.013	199	49.38	1.89	0.003128	0.078189	1.859065	0.052603
ITZ-3-C3	0.013	245	31.58	2.95	0.005306	0.132655	1.801309	0.080535
ITZ-3-C3	0.008	220	29.85	3.12	0.002253	0.056322	1.889055	0.049778
ITZ-3-C3	0.013	174	58.82	1.58	0.002709	0.067721	1.872867	0.043607

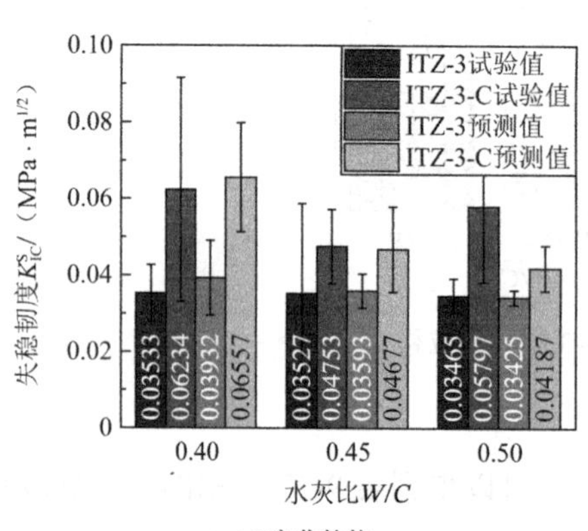

(a) 变化趋势

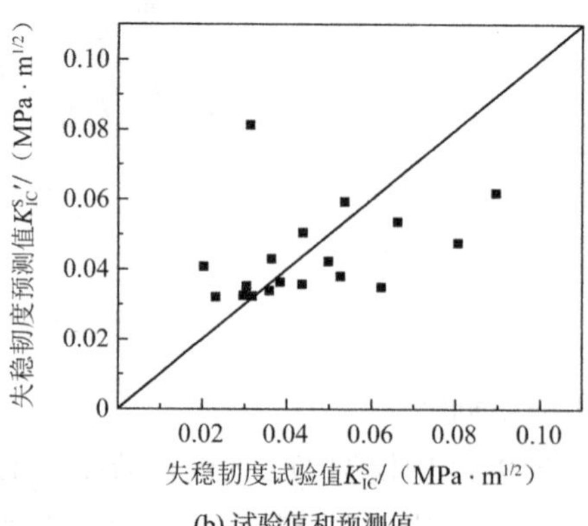

(b) 试验值和预测值

图 9-53 模型 ITZ-3 的失稳韧度

根据模型 ITZ-3 断裂行为荷载-位移曲线方程式(9-31)和式(9-32)，可以得到表 9-28 所示的失稳韧度预测参数。为了判断表 9-27 中失稳韧度试验值和表 9-28 中失稳韧度预测值之间是否存在显著性差异，对失稳韧度进行配对样本t检验。

失稳韧度的预测参数　　　　表 9-28

试件编号	V_c'/mm	F_{max}/N	c_i/（μm/kN）	E/GPa	a_c/m	α	$f(\alpha)$	$K_{IC}^{S}{}'$/（MPa · m$^{1/2}$）
ITZ-3-1	0.0139	261	46.02	2.02	0.001641	0.041022	1.912830	0.050463
ITZ-3-1	0.0108	172	53.85	1.73	0.001734	0.043351	1.909051	0.035191
ITZ-3-1	0.0097	140	57.37	1.62	0.002155	0.053871	1.892701	0.032303
ITZ-3-2	0.0123	216	49.67	1.88	0.001519	0.037984	1.917849	0.040801
ITZ-3-2	0.0106	165	54.59	1.71	0.001849	0.046230	1.904461	0.034910
ITZ-3-2	0.0098	145	56.79	1.64	0.001983	0.049583	1.899225	0.032089
ITZ-3-3	0.0111	180	53.04	1.76	0.001698	0.042456	1.910497	0.036328
ITZ-3-3	0.0103	157	55.45	1.68	0.001914	0.047846	1.901923	0.033907
ITZ-3-3	0.0099	147	56.56	1.65	0.001989	0.049726	1.899006	0.032529
ITZ-3-C1	0.0176	367	39.22	2.38	0.002295	0.057373	1.887508	0.081353
ITZ-3-C1	0.0154	304	43.00	2.17	0.001863	0.046570	1.903925	0.061798
ITZ-3-C1	0.0143	271	45.28	2.06	0.001729	0.043216	1.909269	0.053559
ITZ-3-C2	0.0151	296	43.53	2.14	0.001798	0.044954	1.906485	0.059282
ITZ-3-C2	0.0127	227	48.73	1.91	0.001540	0.038490	1.917007	0.042993
ITZ-3-C2	0.0117	199	51.21	1.82	0.001539	0.038471	1.917038	0.038048
ITZ-3-C3	0.0134	245	47.25	1.97	0.001642	0.041060	1.912768	0.047578
ITZ-3-C3	0.0125	220	49.32	1.89	0.001582	0.039539	1.915268	0.042286
ITZ-3-C3	0.0109	174	53.65	1.74	0.001752	0.043809	1.908315	0.035737

失稳韧度配对样本t检验的结果如表 9-29 所示，其显著性p值为 0.733，水平上不呈现显著性，不能拒绝原假设，因此失稳韧度试验值和预测值之间不存在显著性差异。另外，差异幅度 Cohen's d值为 0.082，差异幅度非常小。失稳韧度试验值和预测值的对比图如图 9-53（b）所示。可以看出，由荷载-位移曲线方程式(9-31)和式(9-32)计算得到的失稳韧度预测值与试验值具有较好的吻合性。

失稳韧度配对样本 t 检验　　表 9-29

配对变量	平均值 ± 标准差			t值	自由度	p值	Cohen's d值
	K_{IC}^{S}	$K_{IC}^{S}{}'$	$K_{IC}^{S}-K_{IC}^{S}{}'$				
K_{IC}^{S}配对$K_{IC}^{S}{}'$	0.046 ± 0.019	0.044 ± 0.013	0.002 ± 0.006	0.347	17	0.733	0.082

（4）砂浆抗压强度

在模型 ITZ-3 断裂试验完成后，对旧砂浆和新砂浆进行抗压强度测试，得到抗压强度如图 9-54 所示。从图 9-54（a）可以看出，旧砂浆碳化后，其抗压强度几乎没有发生任何变化，这是因为 3d 的压力碳化并没有使旧砂浆发生完全碳化，而仅仅使得其表层发生了碳化。另外，从图 9-54（b）可以看出，随水灰比增大，新砂浆的抗压强度逐渐减小，表现出明显的线性关系，符合水灰比定律。线性拟合关系式为：$f_m = 142.50 - 171.10(W/C)$，相关系数$R^2 = 0.93$。

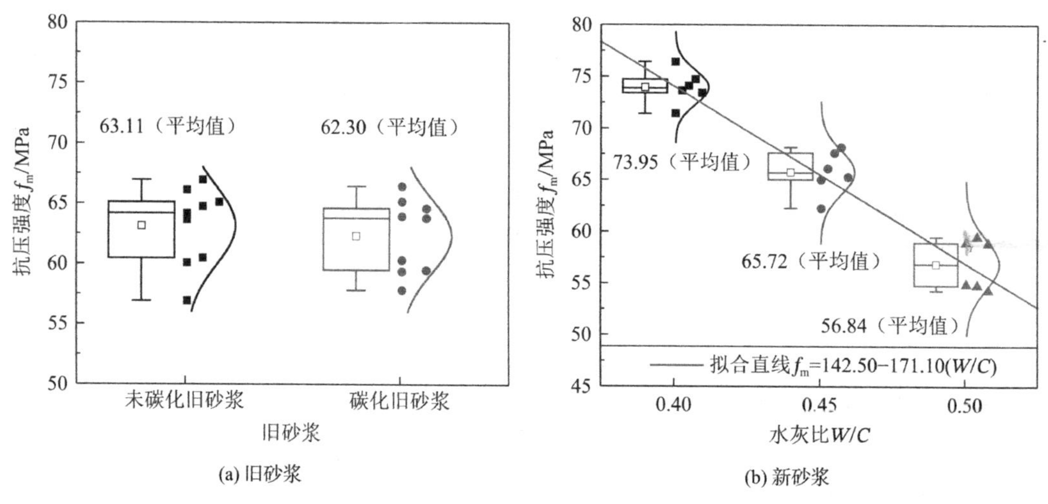

图 9-54　砂浆的抗压强度

9.6 模型界面过渡区微观性能

9.6.1 模型界面过渡区水化产物微观形貌

模型 ITZ-3 中水化产物的微观形貌如图 9-55 所示。从图 9-55（a）、（b）可以看出，ITZ-3-2 中主要有蜂窝状的 C-S-H，定向生长的六角形板状氢氧钙石以及针状钙矾石，这是典型的 ITZ 水化产物。对于 ITZ-3-C2 来说，从图 9-55（c）、（d）、（g）、（h）可以看出，ITZ-3-C2 中存在大量六角形片状单碳铝酸钙，这是由方解石和铝酸盐反应生成的。另外，图 9-55（e）中 C-S-H 上面覆盖着一层斜方六面体方解石，这是碳化旧砂浆表层残留下来的。此外，图 9-56 所示的能谱元素分析图谱证明了图 9-55（e）、（h）中点 1 和点 2 的矿物晶体分别为方解石和单碳铝酸钙。

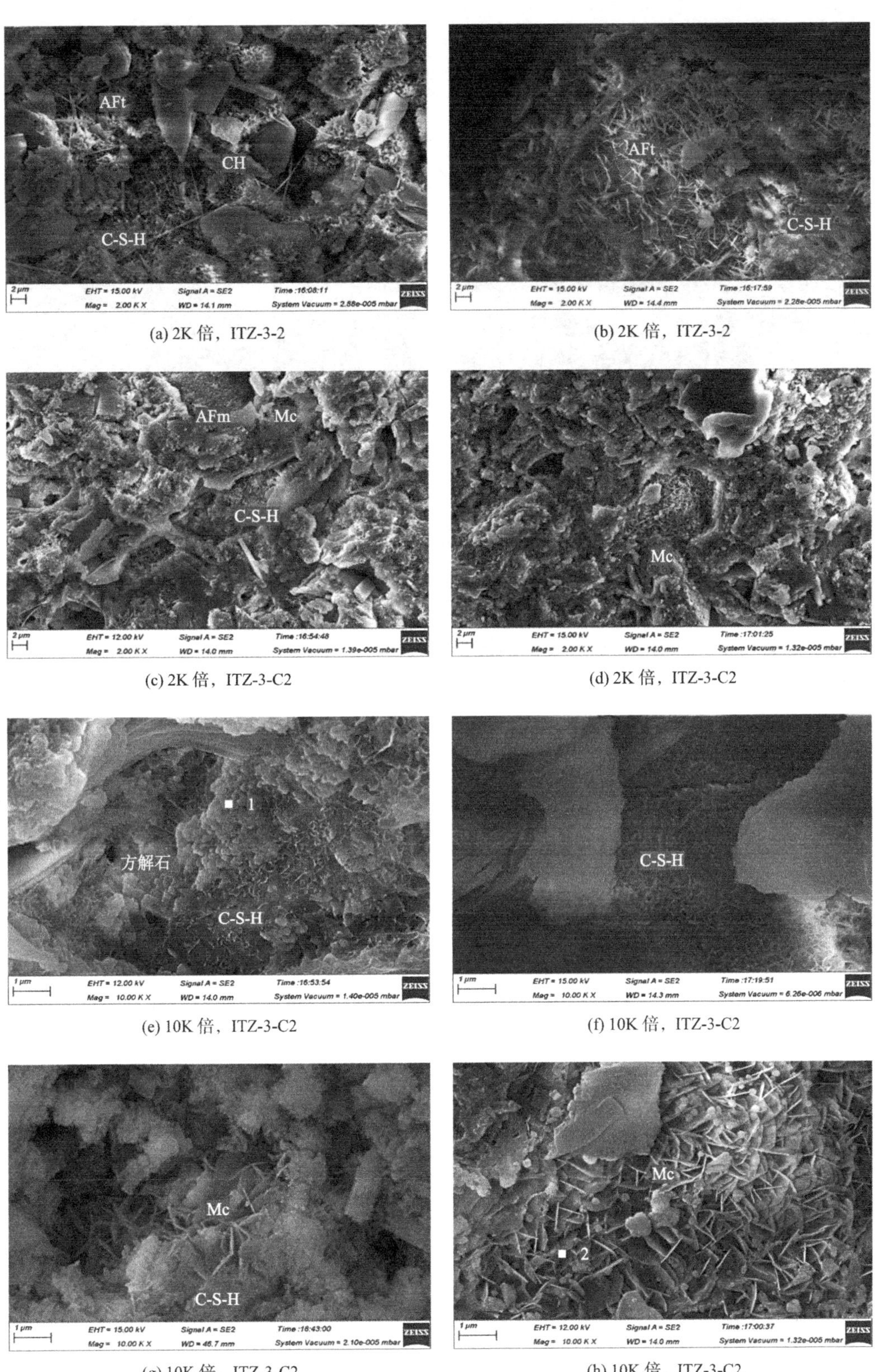

(a) 2K 倍，ITZ-3-2　(b) 2K 倍，ITZ-3-2

(c) 2K 倍，ITZ-3-C2　(d) 2K 倍，ITZ-3-C2

(e) 10K 倍，ITZ-3-C2　(f) 10K 倍，ITZ-3-C2

(g) 10K 倍，ITZ-3-C2　(h) 10K 倍，ITZ-3-C2

图 9-55　模型 ITZ-3 中水化产物的微观形貌

（AFm、AFt、CH、Mc 分别代表单硫铝酸钙、钙矾石、氢氧钙石、单碳铝酸钙）

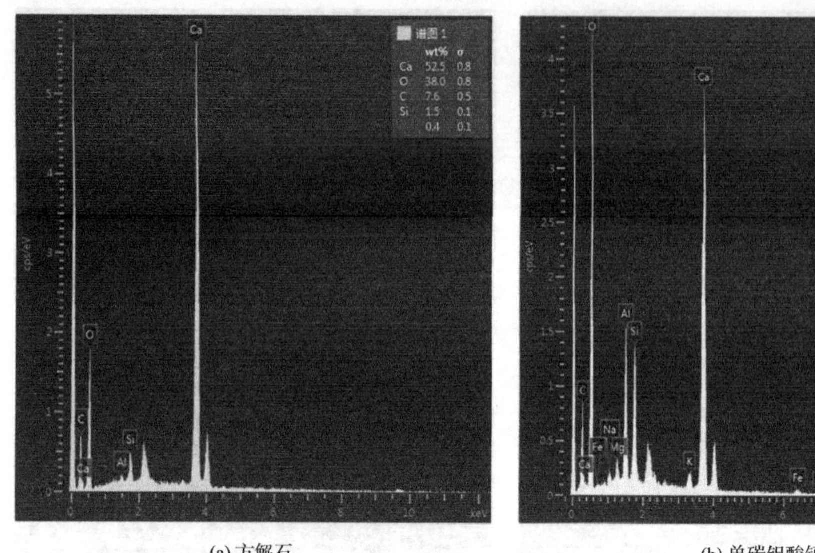

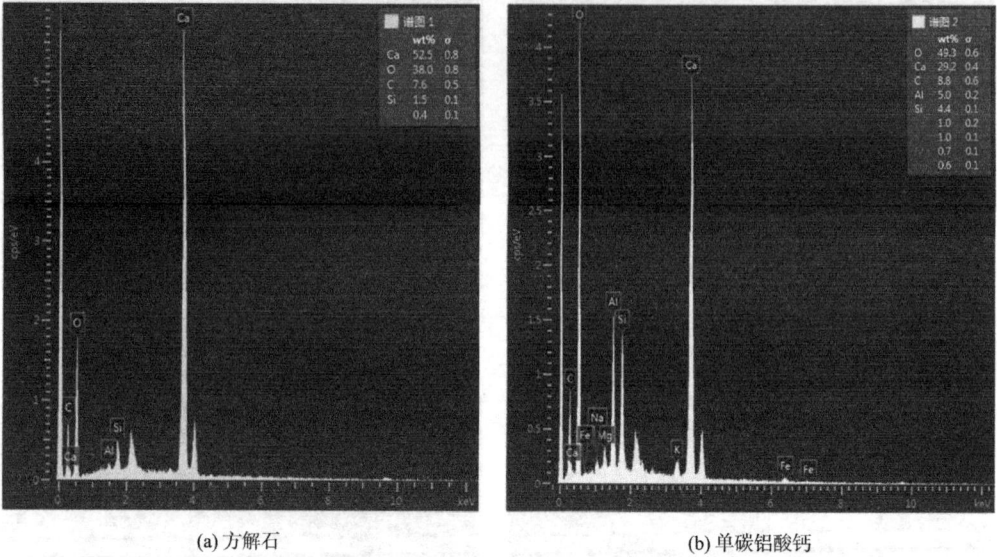

(a) 方解石　　　　(b) 单碳铝酸钙

图 9-56　模型 ITZ-3 水化产物的能谱元素分析图谱

9.6.2　模型界面过渡区水化产物矿物物相

模型 ITZ-3 水化产物的 X 射线衍射图谱如图 9-57 所示。可以看出，ITZ-3-2 中矿物晶体主要有氢氧钙石和钙矾石，这与图 9-55(a)、(b)的扫描电镜图像结果一致。另外，ITZ-3-2 中也存在方解石，这是因为旧砂浆和空气中的 CO_2 发生了反应。

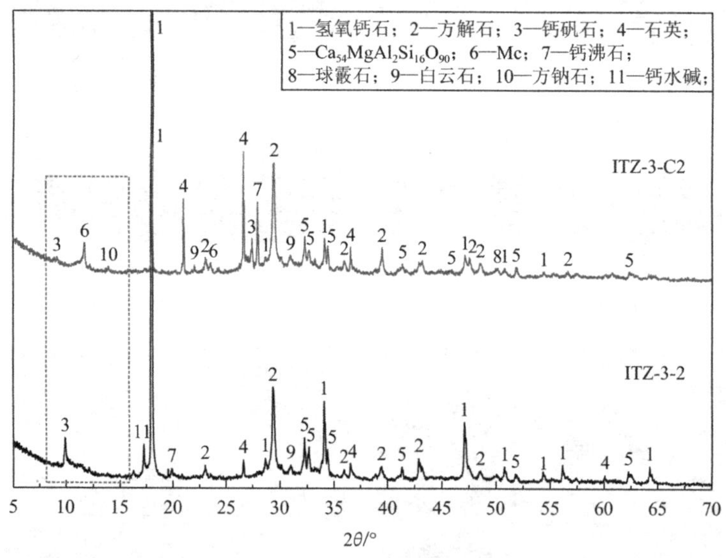

图 9-57　模型 ITZ-3 水化产物的 X 射线衍射图谱

与 ITZ-3-2 相比较，ITZ-3-C2 中矿物晶体主要有氢氧钙石、钙矾石、方解石以及石英。然而，ITZ-3-C2 中氢氧钙石的峰值明显低于 ITZ-3-2，这是因为氢氧钙石与方解石和硫铝酸盐反应生成了半碳铝酸钙。随着水化龄期的增长，半碳铝酸钙会逐渐转化成单碳铝酸钙[218]。另外，方解石作为 C-S-H 的成核位点，促进了 C-S-H 的生长。这些结果与图 9-55

（e）、（f）、（g）、（h）的扫描电镜图像相一致。

9.6.3　模型界面过渡区旧砂浆维氏硬度

旧砂浆碳化前后的维氏硬度如图 9-58 所示。可以看出，加速碳化前旧砂浆的维氏硬度平均值为 43.32，加速碳化后旧砂浆的维氏硬度平均值为 72.56。加速碳化后旧砂浆的维氏硬度提升了 67.50%，这是因为旧砂浆表面的水化产物发生碳化反应生成了方解石，使其微观结构变得更加致密。另外，方解石的维氏硬度高于水泥水化产物。最终，碳化旧砂浆的维氏硬度得到了一定程度的提升。

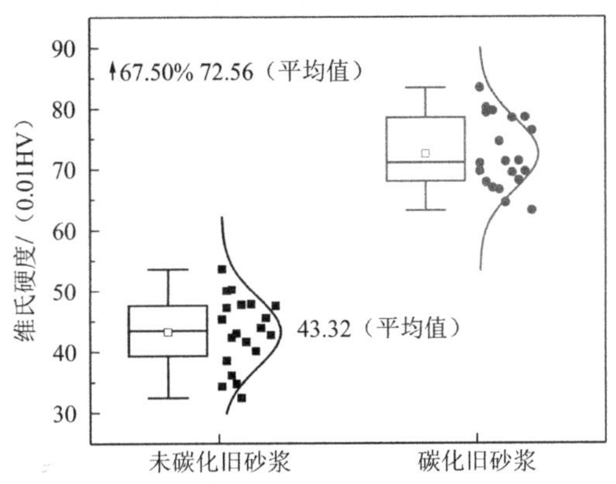

图 9-58　旧砂浆碳化前后的维氏硬度

9.6.4　碳化骨料对模型界面过渡区断裂行为的强化机理

以上研究表明，随着水灰比逐渐增大，图 9-51 中模型 ITZ-3 断裂破坏的最大荷载逐渐减小，这与图 9-54（b）中新砂浆的抗压强度随水灰比增大而减小的变化趋势相一致，符合水灰比定律。然而，由于图 9-52 中临界位移也随着水灰比的增大而减小，因此图 9-53 中失稳韧度随水灰比增大而基本保持恒定。

另外，当旧砂浆经过加速碳化处理后，其制备的模型 ITZ-3-C 的断裂行为比模型 ITZ-3 有所提升，最大荷载、临界位移以及失稳韧度都有所提升，其强化机理解释如图 9-59 所示。

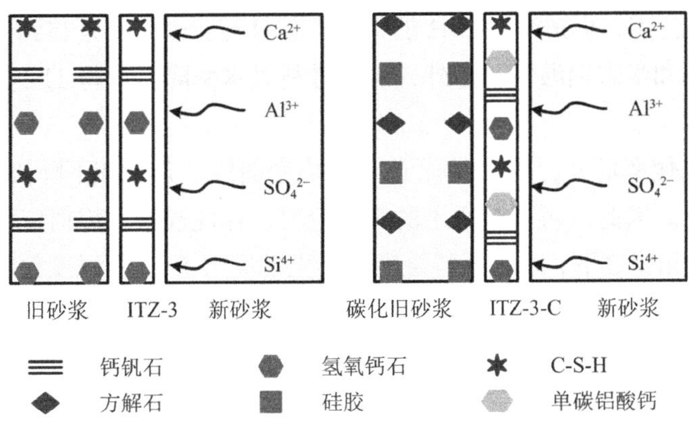

图 9-59　碳化骨料对模型 ITZ-3 断裂行为的强化机理

一方面，方解石具有成核效应。未碳化旧砂浆表面的主要成分是 C-S-H，其依靠相对较弱的静电相互作用来吸附钙离子。与此相比较，碳化旧砂浆表面生成的方解石依靠相对较强的酸碱相互作用来吸附钙离子，这为 C-S-H 的生长提供了成核位点，从而促进了 C-S-H 的成核与生长[201,214]，因此 ITZ-3-C 的微观结构变得更加致密，图 9-55（e）、（f）的扫描电镜图像证实了这一点。

另一方面，方解石具有化学效应。其能够与新砂浆中迁移到 ITZ-3 的铝酸盐反应，生成单碳铝酸钙和半碳铝酸钙[137]，图 9-55（g）、（h）的扫描电镜图像以及图 9-57 的 X 射线衍射图谱证明了这一现象。随水化龄期增长，半碳铝酸钙会逐渐转化成单碳铝酸钙[218]。研究表明，单碳铝酸钙和半碳铝酸钙抑制了钙矾石向单硫铝酸钙的转变，这有助于钙矾石的稳定和水泥浆体固相体积的增加[206]。总之，碳化旧砂浆表面生成的方解石，其具有的成核效应和化学效应使得模型 ITZ-3 的性能得到了提升，从而提升了断裂行为的最大荷载、临界位移以及失稳韧度。

9.7 本章小结

本章主要研究了碳化骨料对再生混凝土宏观力学性能及微观性能的影响规律，研究了碳化骨料对再生混凝土单轴受压应力-应变行为及界面过渡区的影响规律，揭示了碳化骨料对力学性能及微观界面过渡区的强化机理，得到的主要结论如下：

（1）随骨料取代率增大，再生混凝土的力学性能逐渐降低。与再生混凝土相比较，碳化骨料再生混凝土的力学性能有所升高，并且随骨料取代率增大，其升高程度逐渐增大。当骨料取代率分别为 30%、70%、100%时，碳化骨料再生混凝土与再生混凝土相比较，其 28d 抗压强度分别提高 3.21%、8.86%、12.54%，28d 劈裂抗拉强度分别提高 4.38%、5.38%、8.45%，28d 抗折强度分别提高 1.24%、3.05%、4.41%。

（2）与再生混凝土中的 ITZ-1、ITZ-2、新砂浆、旧砂浆相比较，ITZ-3 是再生混凝土中最弱的相，但是提升程度最高。这表明，ITZ 的性能越差，加速碳化处理和碳化骨料对其提升程度越高。碳化骨料对 ITZ-3 微观性能及再生混凝土力学性能的强化机理可以用方解石的成核效应和化学效应以及 ITZ 的微区泌水效应来解释：即碳化骨料表面的方解石为 C-S-H 提供了成核位点，促进了 C-S-H 的生长，并且与新砂浆中迁移到 ITZ-3 的铝酸盐反应生成单碳铝酸钙和半碳铝酸钙。另外，碳化骨料吸水率降低使得 ITZ-3 的微区泌水效应得到缓解。

（3）随骨料取代率增大，再生混凝土应力-应变曲线上升段和下降段的坡度逐渐减小，材料脆性有所减小。因此，再生混凝土的峰值应力、弹性模量、峰值应变不断降低，而极限应变不断增大。相比之下，碳化骨料再生混凝土的应力-应变曲线变化趋势与再生混凝土相似，但材料脆性比再生混凝土有所增大。因此，碳化骨料再生混凝土的峰值应力、弹性模量、峰值应变比再生混凝土有所增大，而极限应变比再生混凝土有所减小。

（4）随骨料取代率增大，再生混凝土的韧度和比韧度逐渐降低。与再生混凝土相比较，碳化骨料再生混凝土的韧度和比韧度有所增大，并且提升程度随骨料取代率增大而增大。

当骨料取代率为 100%时，与再生混凝土相比较，碳化骨料再生混凝土的韧度和比韧度分别增大 28.99%和 19.12%。

（5）碳化骨料再生混凝土的应力-应变行为和再生混凝土相似，其差异在于加速碳化提升了碳化骨料的性能，从而提升了碳化骨料再生混凝土的力学性能。

（6）模型 ITZ-3 断裂行为的荷载-位移曲线可以简化为三折线形式，基于线性回归分析方法提出的荷载-位移曲线方程具有较好的适用性。随水灰比逐渐增大，模型 ITZ-3 断裂行为的最大荷载和临界位移都逐渐减小，而失稳韧度则基本保持不变。

（7）当新砂浆水灰比为 0.40、0.45、0.50 时，旧砂浆经过碳化处理后，模型 ITZ-3 断裂行为的最大荷载分别提高 64.40%、37.26%、32.02%，临界位移分别提高 18.60%、0.00%、13.33%，失稳韧度分别提高 76.43%、34.76%、67.31%。随水灰比逐渐增大，新砂浆的抗压强度逐渐减小，表现出明显的线性关系，符合水灰比定律。而旧砂浆在碳化前后的抗压强度没有发生变化，这是因为旧砂浆仅在表层发生了碳化。

（8）碳化骨料对模型 ITZ-3 断裂行为的强化机理为：碳化旧砂浆表面形成的方解石具有成核效应和化学效应，其促进了 C-S-H 的成核与生长，并且和铝酸盐反应生成了单碳铝酸钙，稳定了钙矾石晶体并增加了水泥浆体的固相体积，从而提升了 ITZ-3 的性能。

第 10 章

CH 复合碳化再生砂浆力学性能

10.1 试验原材料及测试方法

10.1.1 试验材料

试验主要材料包括普通硅酸盐水泥、天然细骨料、再生细骨料、二氧化碳气体、氢氧化钠溶液、酒精酚酞溶液、氯化钠溶液和硝酸银溶液。

（1）水泥

本试验所用水泥为 P · O 42.5 普通硅酸盐水泥，如图 10-1 所示，由河南某公司提供，主要化学成分见表 10-1。

水泥主要化学成分　　表 10-1

氧化物	CaO	Al_2O_3	MgO	Fe_2O_3	SiO_2	SO_3
质量百分比/%	65.40	5.40	3.40	2.80	21.00	2.00

水泥的性能指标达到了《通用硅酸盐水泥》GB 175—2023 中所述要求，满足本试验使用。

（2）天然细骨料

天然细骨料为河南焦作产河砂，如图 10-2 所示，经检测细度模数为 2.85，属于中砂。

图 10-1　水泥

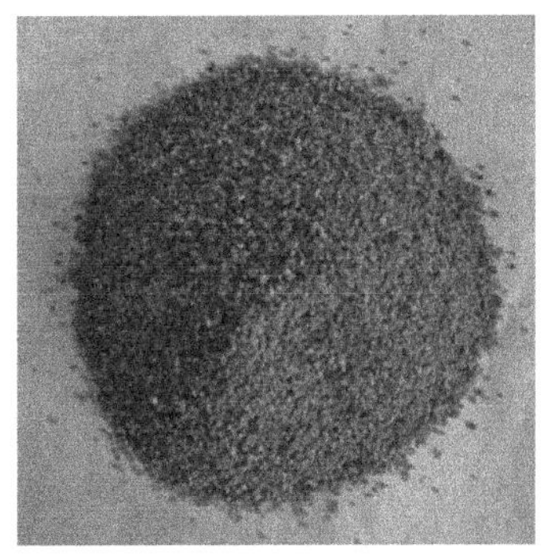

图 10-2　天然细骨料

（3）再生细骨料

再生细骨料性能同第 3 章。

（4）其他材料

二氧化碳气体产自河南焦作特种气体站，气体纯度 > 99%；本试验采用饱和氢氧化钙溶液；酒精酚酞溶液浓度为 1%；氯化钠溶液浓度为 10%；硝酸银溶液浓度为 0.1mol/L。

10.1.2 再生砂浆配合比设计

根据《砌筑砂浆配合比设计规程》JGJ/T 98—2010 进行砂浆配合比设计，设计强度为 15MPa，具体配合比见表 10-2。

再生砂浆配合比设计（单位：kg/m^3）　　表 10-2

组别	水泥	天然砂	再生砂	水
NM	3.354	24.057	0	3.324
RM30	3.354	16.840	7.217	3.324
RM50	3.354	12.029	12.029	3.324
RM70	3.354	7.217	16.840	3.324
RM100	3.354	0	24.057	3.324
CRM30	3.354	16.840	7.217	3.324
CRM50	3.354	12.029	12.029	3.324
CRM70	3.354	7.217	16.840	3.324
CRM100	3.354	0	24.057	3.324

注：以 CRM100 为例，C 代表碳化处理，RM 代表再生砂浆，100 代表取代率。

10.1.3 试件制作及养护

（1）再生细骨料的碳化处理

本试验采用二氧化碳碳化处理再生细骨料，碳化装置由反应釜、二氧化碳气瓶和压力表组成，如图 10-3 所示。碳化条件为：温度（20℃ ± 2℃）、湿度（60% ± 5%）、二氧化碳浓度（100%）、碳化压力（0.3MPa）。碳化 24h 后，随机抽取一定量的再生细骨料，用研钵研磨，喷洒浓度为 1%的酒精酚酞溶液，碳化完全的再生细骨料不变红，未经处理的再生细骨料变为红色，如图 10-4 所示。

图 10-3　碳化装置

(a) 碳化前

(b) 碳化后

图 10-4　再生细骨料样品

（2）砂浆试件成型及养护

根据《建筑砂浆基本性能试验方法标准》JGJ/T 70—2009，按照上述配合比对各材料进行称量。先将细骨料倒入搅拌锅中，然后倒入水泥干拌 12s，搅拌均匀后加水搅拌 120s。本试验根据不同处理方式和不同取代率共分 9 组，每组包含 12 个 70.7mm × 70.7mm × 70.7mm 抗压强度试块，12 个 40mm × 40mm × 160mm 抗折强度试块，6 个 70.7mm × 70.7mm × 70.7mm 抗冻性能试块，3 个直径为 100mm、高度为 50mm 抗氯离子渗透试块，共 297 块。

10.1.4　试验方法

1）再生砂浆稠度试验

按照《建筑砂浆基本性能试验方法标准》JGJ/T 70—2009 中所述方法进行砂浆稠度测试。使用少许润滑油，对稠度试验仪滑杆进行擦拭，除去多余的润滑油。用湿布擦净试锥和容器，将砂浆一次性装入容器内，并使其上表面低于容器口 10mm，然后用捣棒由中间到四周均匀捣插 25 次，敲击容器 5～6 下，之后把盛浆容器放于仪器底座。旋开制动螺栓，移动滑杆至试锥下端与砂浆表面接触时，旋紧制动螺栓，使齿条测杆下端刚好与滑杆上端接触，并将指针与零点对齐。打开制动螺栓，10s 后马上旋紧，并把齿条测杆下端与滑杆上端相接触，读取沉降深度（精确至 1mm），即为砂浆稠度值。相同样品只能测定一次，重复测量需要重新取样，同盘样品应计算两次试验结果的算术平均值，并应精确至 1mm。

2）再生砂浆抗压强度试验

按照《建筑砂浆基本性能试验方法标准》JGJ/T 70—2021 所述方法，进行了再生砂浆的抗压强度测试。将养护至相应龄期的再生砂浆试块从标准养护室内取出，用湿毛巾擦拭其表面直至干净。将试块放置在压力机的垫板上，调整位置直至中心对准，加荷速度为 1kN/s，记录试块破坏荷载。

砂浆立方体抗压强度按式(10-1)计算：

$$f_{\mathrm{m,cu}} = K\frac{N_{\mathrm{u}}}{A} \tag{10-1}$$

式中：$f_{\mathrm{m,cu}}$——砂浆立方体试块的抗压强度（MPa），精确至 0.1MPa；

N_u——试块破坏荷载（N）；

A——试块承压面积（mm^2）；

K——换算系数，取 1.35。

计算三个试块测值的算术平均值，用作砂浆立方体抗压强度。

3）再生砂浆抗折强度试验

按照《水泥胶砂强度检验方法（ISO 法）》GB/T 17671—2021 进行砂浆抗折强度测试。从标准养护室中取出试块，用湿毛巾将其表面擦干，将其置于图 10-5 所示的抗折夹具，加载速率为 50N/s。抗折强度按式(10-2)计算：

$$R_f = \frac{1.5F_f L}{b^3} \tag{10-2}$$

式中：R_f——试件抗折强度（MPa），精确至 0.1MPa；

F_f——试件破坏时的荷载（N）；

L——支撑圆柱之间的距离（mm）；

b——试件截面的边长（mm）。

计算三个棱柱体的抗折强度平均值，用作试验结果。

(a) 万能压力机

(b) 抗折夹具

图 10-5　万能压力机和抗折夹具

4）再生砂浆抗冻性能试验

按照《建筑砂浆基本性能试验方法标准》JGJ/T 70—2009 所述方法，对再生砂浆的抗冻性能进行了测试。在试验进行前两日，将被检试块从养护室内移除，置于 15～20℃的水中，并使其表面高于试块顶面 20mm。2d 后，取出试块之后用湿毛巾擦拭表面水分，称取其重量，之后进行冻融测试，对照试块放于养护室内养护。

冷冻室温度为−20～−15℃，当温度低于−15℃试块方可放入，试块放入后，待温度重新降至−15℃时，再开始计算冷冻时间，每次冷冻 4h。冷冻结束后，马上取出试块，置于 15～20℃的水槽中溶解，水面超出试块表面 20mm，融化时间不应低于 4h，融化结束后视为完成一次冻融循环。每组试块中有 2 块出现明显分层、开裂、管通缝时，试验停止。

在完成冻融试验后，用湿毛巾擦拭其表面水分，并称取重量，对照试块应提前两天浸水。将冻融试块和对照试块同时进行抗压强度试验。

砂浆试块的强度损失率计算如下：

$$\Delta f_{m} = \frac{f_{m1} - f_{m2}}{f_{m1}} \times 100\% \tag{10-3}$$

式中：Δf_{m}——经过n次冻融循环后砂浆试块的强度损失率（%），精确至 1%；

f_{m1}——对照试块的抗压强度平均值（MPa）；

f_{m2}——经过n次冻融循环后试块抗压强度算术平均值（MPa）。

砂浆试块的质量损失率计算如下：

$$\Delta m_{m} = \frac{m_{2} - m_{n}}{m_{2}} \times 100\% \tag{10-4}$$

式中：Δm_{m}——经过n次冻融循环后试块质量损失率，以每组试块的算术平均值计算（%），精确至 1%；

m_{2}——冻融循环试验前的试块质量（g）；

m_{n}——经过n次冻融循环后的试块质量（g）。

5）再生砂浆抗氯离子试验

采取《混凝土长期性能和耐久性能试验方法标准》GB/T 50082—2024 所述的快速氯离子扩散系数法（RCM 法）。氯离子渗透设备如图 10-6 所示，当试件达到养护龄期后，需进行清洁处理，之后将试块表面的水分擦干，以确保其表面洁净，如果试块表面比较粗糙，可进行打磨处理，将试件放入橡胶套中，使用不锈钢环箍对其固定，保证试块侧面处于密封状态不会被侵蚀，若无法满足要求，可在试件的侧面涂抹凡士林，再将提前 24h 配制好的 NaOH 碱性溶液倒入橡胶套内部，在橡胶套外注入一定量的 NaCl 溶液，使其内外溶液液面高度相同，同时保证试块表面被溶液浸泡，接着连接导线准备进行电迁移试验，试验前需确认初始电压和电流以及溶液内的温度是否满足试验要求，达到试验要求后进行氯离子渗透试验。

试验结束后取出试块，清洗干净表面的溶液和浮渣，用压力机从中间将试块劈开，然后在破坏面喷上 0.1mol/L 的 $AgNO_3$ 显色剂，待显色完毕，将试件的断面分成 10 等份，用记号笔标记测点随后用电子游标卡尺测量渗透深度，各测点取均值，测点渗透深度的测量应准确快速，其值精确至 0.1mm，然后将渗透深度值录入仪器，即可计算出该组试件的非稳态氯离子迁移系数。

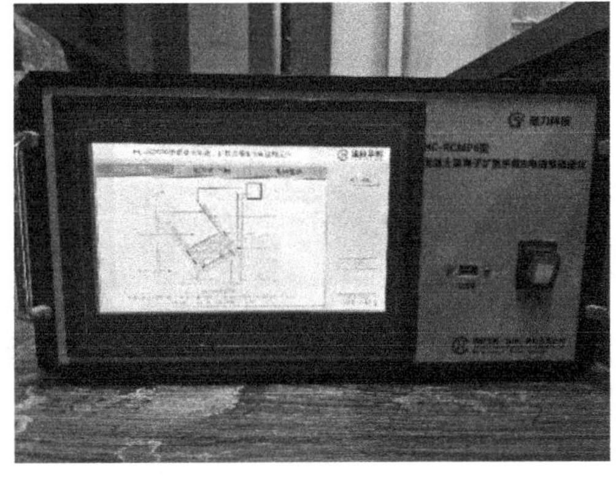

图 10-6　氯离子渗透设备

6）微观试验

（1）热重分析试验。将碳化前后的再生细骨料用研钵研磨使其附着砂浆脱落，使用 200 目方孔筛进行筛分，并将筛选后的试样置于 105℃的干燥箱内烘至恒重。采用 STA449F3-QMS403D 型程序控温热焓分析-质谱联用系统进行差热试验，升温速率为 10℃/min，升温范围为 25～900℃，N_2气氛，气体流速 50mL/min，分析碳化前后附着砂浆中 $Ca(OH)_2$和 $CaCO_3$等物质的质量变化，试验仪器如图 10-7（a）所示。

（2）转靶 X 射线衍射试验。将碳化前后的再生细骨料用研钵研磨使其附着砂浆脱落，过 360 目方孔筛并将筛下的试样放入 105℃干燥箱烘至恒重。待试样自然冷却后，取一定量粉末，采用 SmartLab 型 X 射线衍射仪（Cu 靶，扫描速率 10°/min，扫描范围 5°～70°）分析碳化处理前后附着砂浆的矿物组成，试验仪器如图 10-7（b）所示。

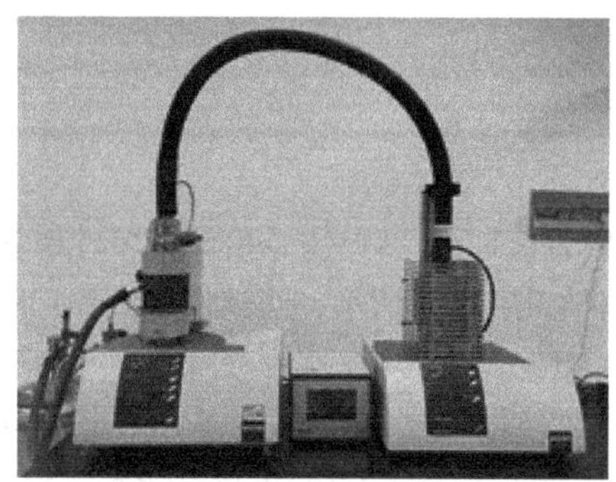
(a) 热重分析仪器

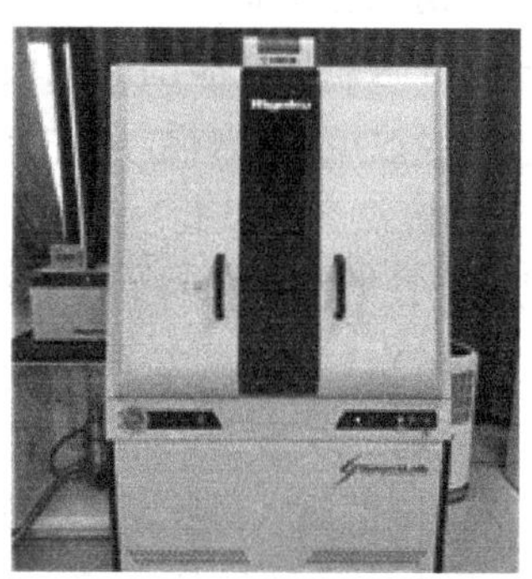
(b) X 射线衍射仪

图 10-7　热重分析仪器和 X 射线衍射仪

（3）扫描电子显微镜试验。试验采用德国某公司生产的型号为 Merlin Compact 的场发射扫描电子显微镜，放大倍数为（12～40）万倍，采用 Schottky 热场发射。从无水乙醇中取出试样在烘干箱中烘干，试样的表面应平整且具有代表性，将试样固定在小样品台上进行喷金处理形成导电层便于观察，随后按照使用说明进行试验，试验过程中应注意观察界面过渡区，以及不同颗粒物质的形态，截取图像时保持在相同放大倍数下，便于对比分析，如图 10-8 所示。

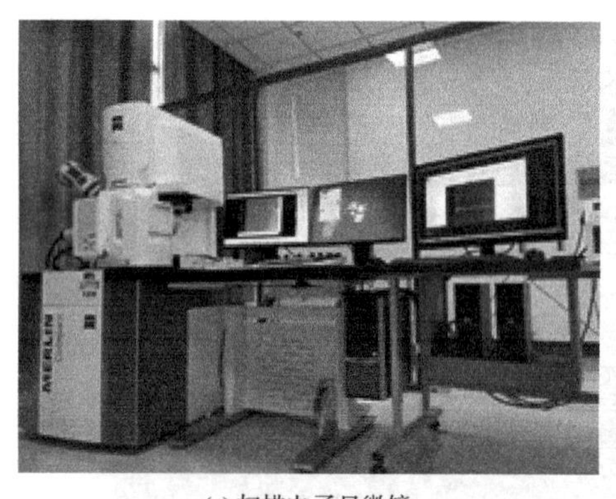

(a) 扫描电子显微镜

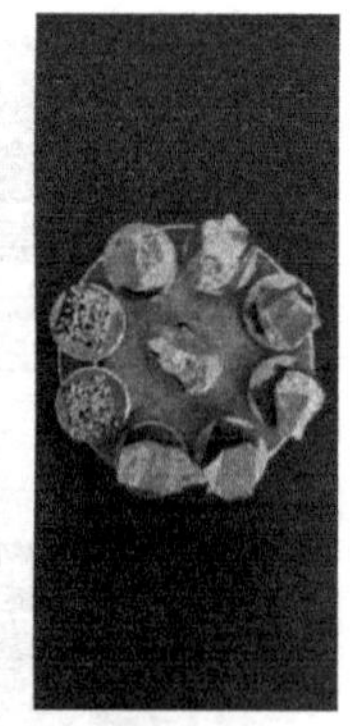
(b) 试样

图 10-8　扫描电子显微镜和试样

10.2　碳化再生细骨料对再生砂浆稠度的影响

砂浆稠度是衡量砂浆工作性能的重要指标，其大小直接影响新拌砂浆的实际应用。稠度过小，砂浆流动性不够，不利于施工作业；稠度过大，砂浆与工程构件的粘结性能降低，影响施工质量。为满足实际工程的需要，砂浆稠度应满足规范相应要求。本试验中，基准组稠度范围为 60～80mm，通过改变再生细骨料取代率，研究碳化前后不同取代率再生细骨料对再生砂浆稠度的影响，见表 10-3。

碳化前后不同取代率再生砂浆稠度　　表 10-3

试验编号	再生细骨料取代率/%	砂浆稠度/mm
NM	0	62
RM30	30	53
RM50	50	45
RM70	70	43
RM100	100	27
CRM30	30	49
CRM50	50	40
CRM70	70	34
CRM100	100	19

由表 10-3 可知，与天然砂浆相比，再生骨料取代率越大，再生砂浆稠度越小。当取代率为 100%时，RM100 砂浆稠度为 27mm，与天然砂浆相比，其稠度降低了 56.5%。可见再生砂浆的掺量降低了再生砂浆的流动性能，且随其掺量增加而逐渐降低。这是由于再生细骨料主要由高吸水率的附着砂浆和内部含有大量微裂缝的天然骨料构成，高孔隙率会使其吸水率显著增加；另外，与天然细骨料相比，再生细骨料表面粗糙、棱角多，导致新拌砂浆中骨料与水泥浆体之间摩擦力变大，使得再生砂浆稠度显著降低。

由图 10-9 可知，再生细骨料经碳化处理后其稠度显著降低，且取代率越大降幅越明显。当取代率为 70%和 100%时，与再生砂浆相比碳化再生砂浆稠度分别降低了 20.9%和 29.6%。然而 Pan 等[46]采用碳化再生细骨料制备再生砂浆，发现砂浆稠度明显降低，流动性能大幅增强。这是因为由于原始混凝土材料组成及强度等级存在差异，致使破碎得来的再生细骨料中微粉含量不同，参与碳化反应的 $Ca(OH)_2$ 与 C-S-H 成分出现差异。而 C-S-H 含量的增加会导致碳化产物硅胶的增长。Xiao 等[187]采用碳化微粉配制水泥浆体，研究结果表明由于碳化微粉含有大量高亲水性的硅胶，导致由其制备的水泥浆体流动性能大幅降低。在本试验中，一方面再生细骨料为连续级配，其中包括大量再生微粉；另一方面本试验采取加压碳化，对再生细骨料碳化处理更完全，因此在碳化过程中，生成大量 $CaCO_3$ 与无定形硅胶，而硅胶的强亲水性致使碳化再生砂浆的稠度明显降低。

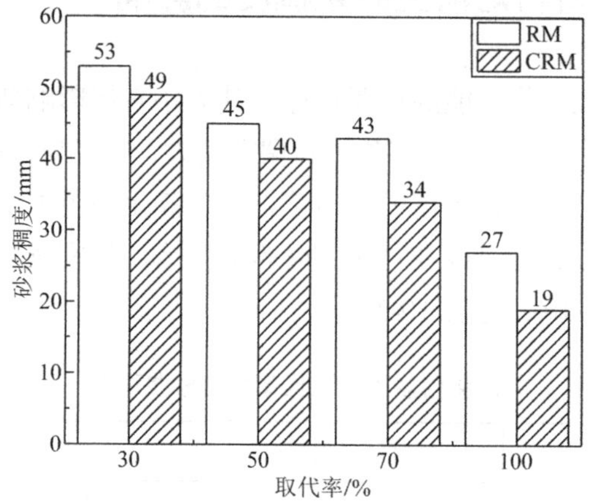

图 10-9　碳化前后不同取代率再生砂浆稠度

10.3　碳化再生细骨料对再生砂浆抗压强度的影响

不同取代率下，碳化前后再生细骨料对再生砂浆的抗压强度的影响见表 10-4，碳化前后砂浆试块的 28d 立方体受压破坏形态见图 10-10，可知碳化再生细骨料对再生砂浆受压破坏形态无明显影响。由表中数据可知，再生砂浆强度与再生细骨料的处理方式、取代率和养护龄期等因素密切相关。

(a) RM100 再生砂浆

(b) CRM100 再生砂浆

图 10-10　试块的 28d 立方体受压破坏形态

碳化前后不同取代率再生砂浆抗压强度　　**表 10-4**

试验编号	再生细骨料取代率/%	抗压强度/MPa			
		3d	7d	14d	28d
NM	0	11.03	14	14.8	17.1
RM30	30	10.04	12.9	14.85	17.8
RM50	50	8.65	10.8	12	15.1

续表

试验编号	再生细骨料取代率/%	抗压强度/MPa			
		3d	7d	14d	28d
RM70	70	8.47	8.8	11.4	15.05
RM100	100	9.57	10.37	12.3	15.3
CRM30	30	11.17	14.45	15.95	19
CRM50	50	9.83	12.43	15.05	17.3
CRM70	70	10.07	13.17	15.6	18.8
CRM100	100	7.73	11.13	12.5	15.8

10.3.1　不同取代率下再生细骨料对砂浆抗压强度的影响

由表 10-4 可知，与天然砂浆相比，当再生细骨料取代率为 30%时，再生砂浆抗压强度并无明显降低，在 3d 与 7d 龄期时分别降低了 9%与 7.9%，且随着水化反应的进行，在 14d 与 28d 龄期时抗压强度有所增高，分别提升了 0.3%与 4.1%；当取代率达到 50%时，RM50 的 3d、7d、14d 和 28d 抗压强度分别降低了 21.6%、22.9%、18.9%和 11.7%；当取代率达到 70%时，RM70 的 3d、7d、14d 和 28d 抗压强度分别降低了 23.2%、37.1%、23%和 12%，其抗压强度全龄期最低；当取代率为 100%时，RM100 的 3d、7d、14d 和 28d 抗压强度分别降低了 13.2%、25.9%、16.9%和 10.9%。

对于碳化再生细骨料而言，相较于天然砂浆，当取代率为 30%时，CRM30 的 3d、7d、14d 和 28d 抗压强度分别提高了 1.3%、3.2%、7.8%和 11.1%，其抗压强度为全龄期最高；当取代率为 50%时，CRM50 的 3d、7d 抗压强度分别降低 10.9%和 11.2%，14d 和 28d 抗压强度分别提高 1.7%和 1.2%；当取代率为 70%时，CRM70 的 3d、7d 抗压强度分别降低了 8.7%和 5.9%，14d、28d 抗压强度分别提高了 5.4%和 10%；当取代率为 100%时，CRM100 的 3d、7d、14d 和 28d 抗压强度分别降低了 30%、20.5%、15.5%和 7.6%，其抗压强度全龄期最低。

可见，对于再生细骨料而言，制备再生砂浆的最佳取代率为 30%。这与曾亮等[263]研究一致，在 28d 龄期时，与天然砂浆相比，取代率为 30%的再生砂浆抗压强度略有增加。Xuan 等[99]使用再生细骨料配制再生混凝土，研究发现再生细骨料取代率为 30%时，抗压强度并无明显下降。这是因为一方面再生细骨料中的再生微粉起到级配优化的作用，另一方面在配置砂浆时，再生细骨料的高吸水率造成砂浆局部水灰比降低，在二者共同作用下使再生砂浆强度较天然砂浆有所提高。

10.3.2　碳化处理对再生砂浆抗压强度的影响

图 10-11 为碳化前后不同取代率再生砂浆在 3d、7d、14d 和 28d 龄期下的抗压强度。

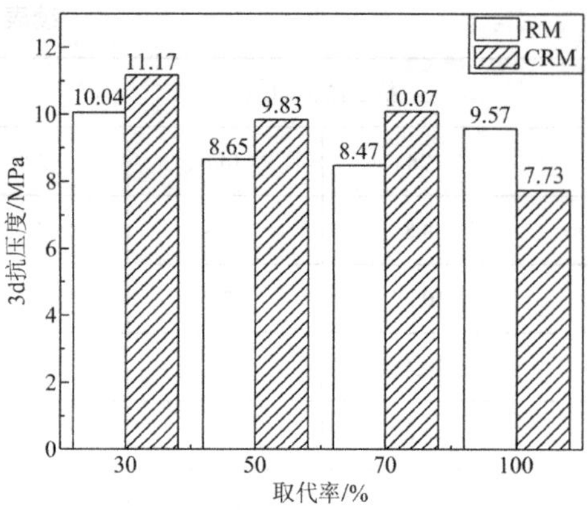

(a) 3d 抗压强度

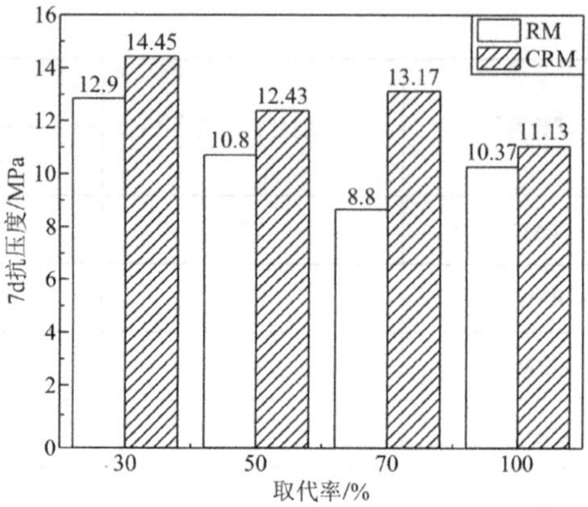

(b) 7d 抗压强度

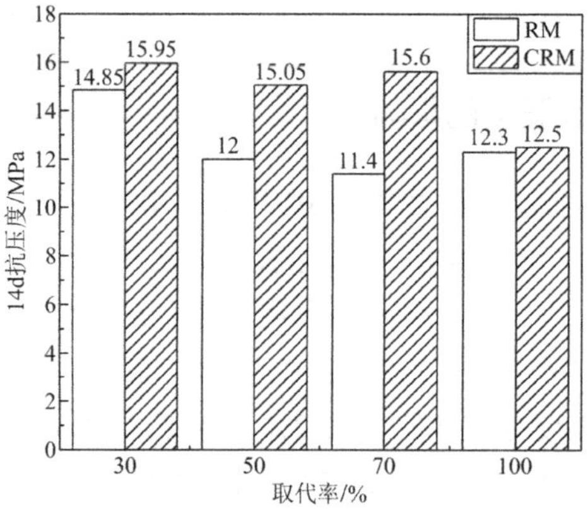

(c) 14d 抗压强度

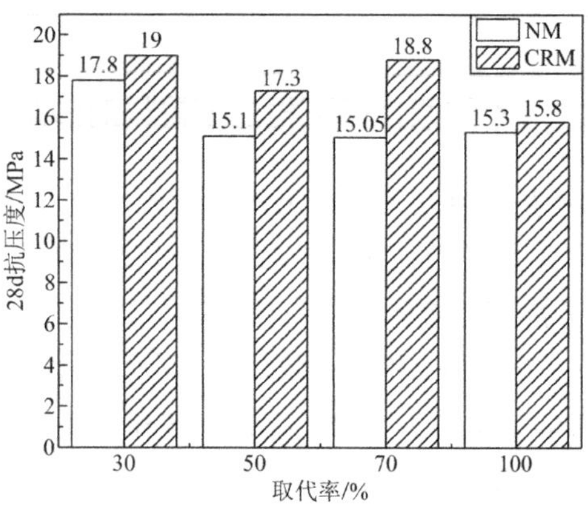

(d) 28d 抗压强度

图 10-11　碳化前后不同取代率再生砂浆在 3d、7d、14d 和 28d 龄期下的抗压强度

可知，与再生砂浆相比，碳化再生砂浆抗压强度具有普遍提高（3d、7d、14d、28d），且当取代率为 70%时，抗压强度提升最明显，7d 龄期时提升 49.7%。这与 Zhan 等[183]研究一致，其采用氯化钙、硝酸钙、氢氧化钙三种不同的钙源溶液对 RFA 进行预浸泡处理并碳化，发现 RFA 吸水率、粉含量和压碎值均有明显降低，再生砂浆抗压强度提升 56%。这是因为再生细骨料经碳化处理后，CO_2 与骨料内部 $Ca(OH)_2$ 和 C-S-H 发生反应，生成的 $CaCO_3$ 与硅胶堆积在骨料内部微裂缝与界面过渡区中，提高再生细骨料的力学强度；此外在配置砂浆过程中，硅胶由于其强亲水性吸水溶解造成局部水灰比的降低[201]，部分碳化产物 $CaCO_3$ 成为 C-S-H 的成核位点促进 C-S-H 的形成[225]，在上述因素的共同作用下，使得碳化再生砂浆的抗压强度得到改善。

10.3.3　水化龄期对不同处理方式再生砂浆抗压强度的影响

图 10-12 为碳化前后不同水化龄期对再生砂浆抗压强度，可知碳化前后各取代率再生砂浆抗压强度均随龄期增长而增加。对于再生砂浆，RM70 在各龄期的抗压强度均为最小；与之相反的是，对于碳化再生砂浆，CRM70 则得到极大改善，CRM100 在各龄期的抗压强度均为最小。

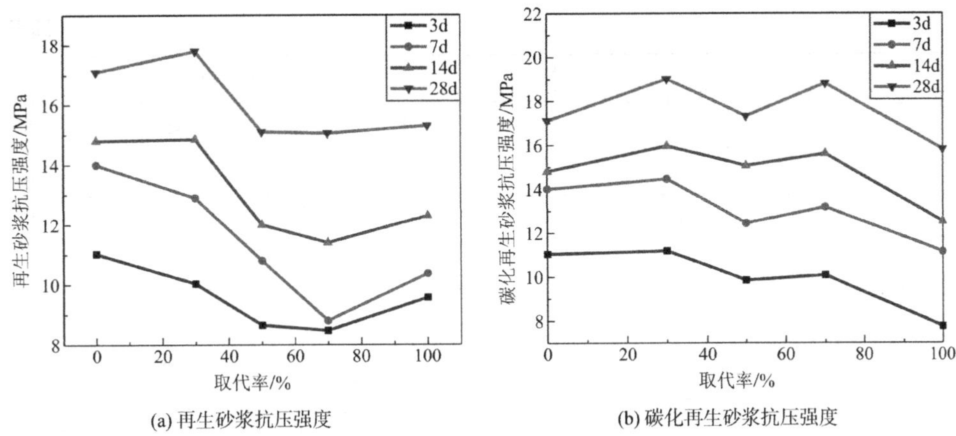

(a) 再生砂浆抗压强度　　(b) 碳化再生砂浆抗压强度

图 10-12　碳化前后不同水化龄期再生砂浆抗压强度

各取代率随龄期的变化呈现如下规律：对于再生砂浆，随着水化龄期的增长，RM30 的抗压强度逐渐赶超天然砂浆抗压强度，28d 龄期时相较于天然砂浆涨幅为 4.1%；RM70 的抗压强度全龄期最小，但随着水化反应的进行，其强度与 RM100、RM50 极为接近，分别相差了 1.6%、0.03%；对于碳化再生砂浆，CRM30 的抗压强度全龄期最大，CRM70 与 CRM50 的抗压强度逐渐超过天然砂浆抗压强度，28d 龄期时相较于天然砂浆三者涨幅分别为 11.1%、9.9%和 1.2%；CRM100 的抗压强度全龄期最小，但与天然砂浆抗压强度较为接近，相差 7.6%。

这是由于碳化再生细骨料含有大量具有亲水性的硅胶，在砂浆配置过程中吸收大量水分，随着养护龄期的延长，这些水分逐渐释放并与砂浆中的水泥熟料继续进行水化反应。此外，再生砂浆是一种复杂的非均质多相材料，随着取代率的增加，再生砂浆的性能越劣化，但由于高吸水率而造成的内养护作用就越强，可参与碳化反应的物质越多，因此在上述三种因素的耦合作用下，致使 RM70 力学性能全龄期最低，CRM70 则有较大提升，28d 龄期抗压强度较天然砂浆提升 9.9%。

10.4　碳化处理再生细骨料对再生砂浆抗折强度的影响

不同取代率下，碳化前后再生细骨料对再生砂浆的抗折强度的影响见表 10-5。碳化前后砂浆试块的 28d 立方体抗折破坏形态见图 10-13，可知碳化再生细骨料对再生砂浆受压破坏形态无明显影响。由表中数据可知，与抗压强度相似，再生砂浆抗折强度也和再生细骨料的处理方式、取代率等因素密切相关。

碳化前后不同取代率再生砂浆抗折强度　　表 10-5

试验编号	再生细骨料取代率/%	抗折强度/MPa			
		3d	7d	14d	28d
NM	0	3	2.94	3.28	3.58
RM30	30	2.73	3.36	3.48	3.54

续表

试验编号	再生细骨料取代率/%	抗折强度/MPa			
		3d	7d	14d	28d
RM50	50	2.08	2.27	2.49	2.55
RM70	70	2.43	2.95	3.29	4.5
RM100	100	2.38	2.44	2.7	3.4
CRM30	30	3.31	3.22	3.57	3.24
CRM50	50	2.79	3.14	3.24	3.36
CRM70	70	3.21	2.97	3.47	4.2
CRM100	100	2.88	3.18	3.35	4.29

(a) RM100 再生砂浆　　(b) CRM100 再生砂浆

图 10-13　碳化前后砂浆试块的 28d 立方体抗折破坏形态

10.4.1 不同取代率下再生细骨料对砂浆抗折强度的影响

由表 10-5 可知，与抗压强度类似，当再生细骨料取代率为 30%时，再生砂浆抗压强度并无明显降低，在 7d 龄期略有提高，分别增长 14.3%；当取代率达到 50%时，RM50 的 3d、7d、14d 和 28d 抗折强度分别降低了 30.7%、22.8%、24.1%和 28.7%，其抗折强度全龄期最低；当取代率达到 70%时，RM70 的 3d 抗折强度降低了 19%，14d 抗折强度略有增加，28d 的抗折强度有大幅增加，增长了 25.7%；当取代率为 100%时，RM100 的 3d、7d、14d 和 28d 抗折强度分别降低了 20.7%、17%、17.7%和 5%。

对于碳化再生细骨料而言，相较于天然砂浆，当取代率为 30%时，CRM30 的早期强度略有增长，3d 和 7d 的抗折强度分别增长了 10.3%和 9.5%，14d 与 28d 的抗折强度较同龄期天然砂浆略有降低，分别下降 8.8%和 9.5%；当取代率为 50%时，CRM50 的 3d、14d 和 28d 抗折强度分别降低了 7%、1.2%和 6.1%，7d 抗折强度提高 6.8%；当取代率为 70%时，CRM70 的抗折强度整体提升较大，3d、7d、14d 和 28d 的抗折强度分别增长了 7%、1%、5.8%和 17.3%；当取代率为 100%时，CRM100 的 3d 抗折强度降低了 4%，7d、14d 和 28d 抗折强度分别增长了 8.2%、2.1%和 30.8%。

可见，与天然砂浆相比，当再生细骨料取代率为 50%时，再生砂浆抗折强度全龄期最低；在 28d 时，70%取代率的再生砂浆抗折强度最高，相较同龄期天然砂浆增长 25.7%。与再生砂浆相比，碳化再生砂浆抗折强度具有普遍提高，且当取代率为 70%时，28d 抗折强度提升最明显，相较天然砂浆提升 28%。对于未经处理的再生砂浆而言，由于再生细骨料中含有大量老旧砂浆及内部微裂缝，由此引起的骨料高吸水率会降低再生砂浆的局部水灰比，提高再生砂浆力学性能；此外，再生细骨料表面粗糙，在一定程度上增强了再生细骨料与新拌砂浆之间的粘结性能。而碳化再生细骨料由于骨料物理性能的提升及碳化产物在新拌砂浆中继续参与反应，会增强二者共同作用，从而优化再生砂浆抗折强度。

10.4.2 碳化处理对再生砂浆抗折强度的影响

图 10-14 为碳化前后不同取代率再生砂浆在 3d、7d、14d 和 28d 龄期下的抗折强度。

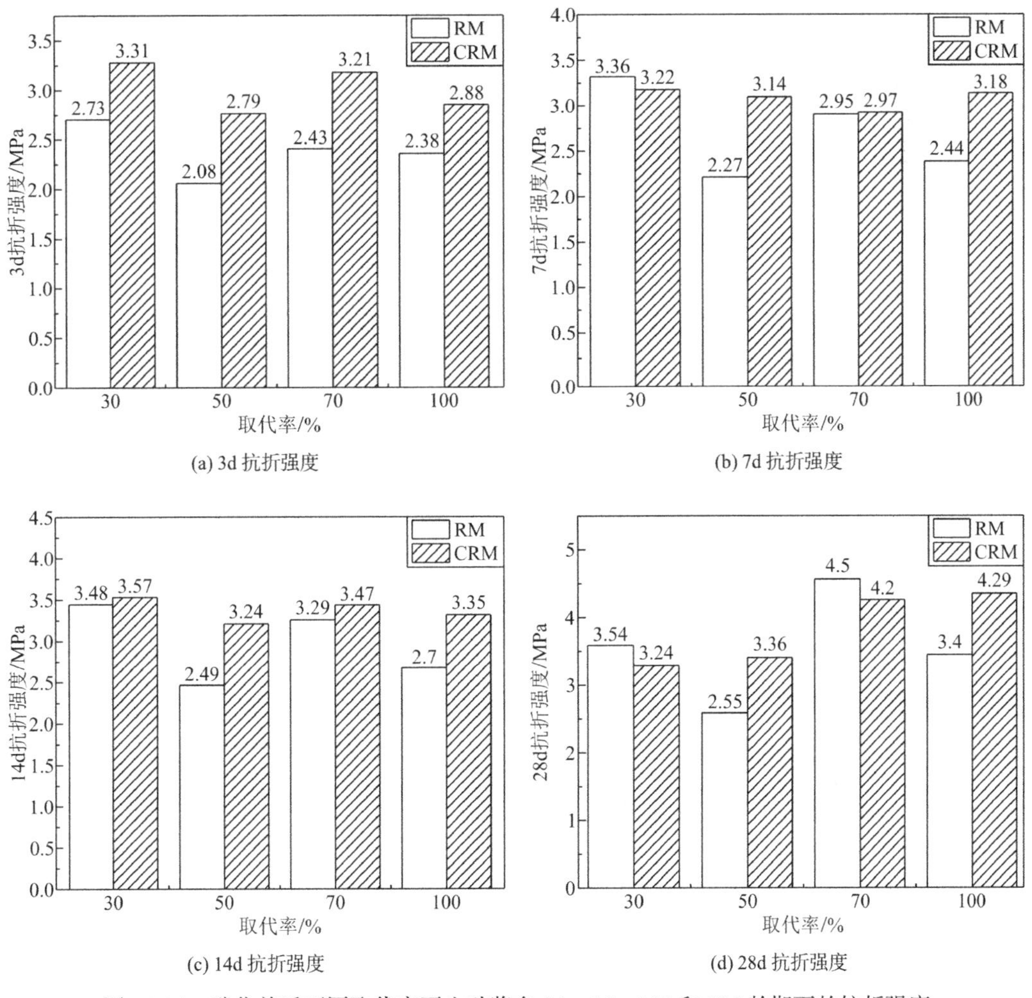

(a) 3d 抗折强度

(b) 7d 抗折强度

(c) 14d 抗折强度

(d) 28d 抗折强度

图 10-14 碳化前后不同取代率再生砂浆在 3d、7d、14d 和 28d 龄期下的抗折强度

可知，与再生砂浆相比，碳化再生砂浆抗折强度具有普遍提高（3d、7d、14d、28d），但当取代率为 70%时，二者强度差别并不明显，28d 龄期未经处理的再生砂浆略高。取代

率为 100%时，碳化再生砂浆抗折强度最明显，28d 龄期时提升 26.2%。

原因与抗压强度类似，再生细骨料经碳化处理后，碳化产物堆积在骨料内部微裂缝与界面过渡区中，提高再生细骨料的物理性能；在配置砂浆过程中，硅胶的存在会加剧局部水灰比的降低程度。此外，碳化产物 $CaCO_3$ 成为 C-S-H 的成核位点促进水泥水化，在上述因素的共同作用下，使得碳化再生砂浆的抗折强度具有普遍增长。

10.4.3 水化龄期对不同处理方式再生砂浆抗折强度的影响

图 10-15 为碳化前后不同水化龄期对再生砂浆抗折强度的影响，可知碳化前后各取代率再生砂浆抗折强度整体上随龄期增长而增加。对于再生砂浆而言，RM50 在各龄期的抗折强度最小，RM70 在各龄期的抗折强度最大；与抗压强度类似的是，对于碳化再生砂浆而言，CRM70 则得到极大改善，但是当取代率为 30%时出现了随着养护龄期增长，抗折强度下降的现象。

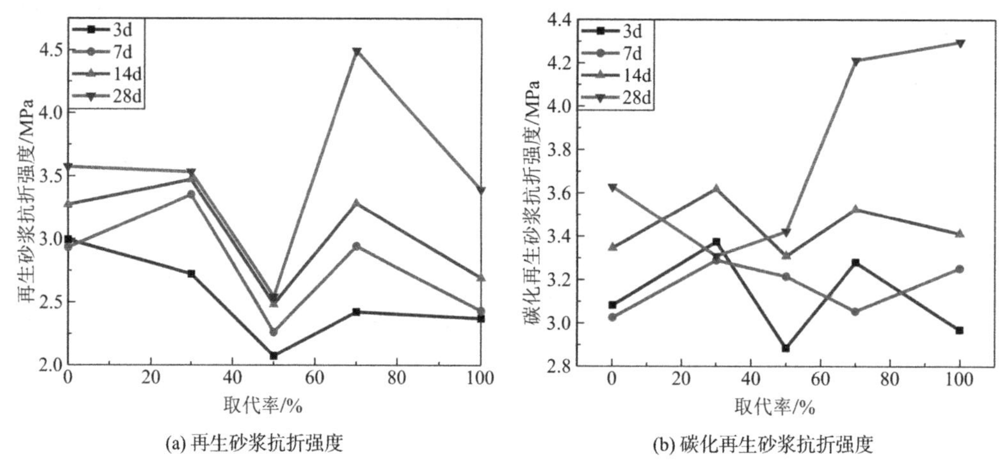

(a) 再生砂浆抗折强度　　(b) 碳化再生砂浆抗折强度

图 10-15　碳化前后不同水化龄期再生砂浆抗折强度

10.5 碳化对再生砂浆微观性能的影响

10.5.1 碳化再生砂浆物相定性分析

图 10-16 为采用不同取代率碳化前后再生细骨料配置的再生砂浆的 XRD 谱。从图中可知，本试验中不同取代率再生砂浆的主要矿物有方解石（Calcite）、氢氧化钙（Portland）、钙矾石（Ett）、硅酸三钙（C_3S）和单碳铝酸钙（Mc）。

由图可知，$Ca(OH)_2$ 对应的 2θ峰为 18.05°、34°、50.8°和 54.3°处，与天然砂浆相比，再生砂浆随取代率的增高，相应峰值逐渐减弱；与再生砂浆相比，再生细骨料经碳化处理的碳化砂浆，$Ca(OH)_2$ 峰值随取代率急剧减小，取代率为 100%时，$2\theta = 50.8°$、54.3°处，$Ca(OH)_2$ 峰消失；与未经碳化处理的再生砂浆相比，碳化再生砂浆的 C_3A（$2\theta = 12.9°$）略有降低，且随着碳化再生细骨料取代率的增加，在 CRM70 与 CRM100 两组碳化砂浆中出现 Mc（$2\theta = 11.2°$）。

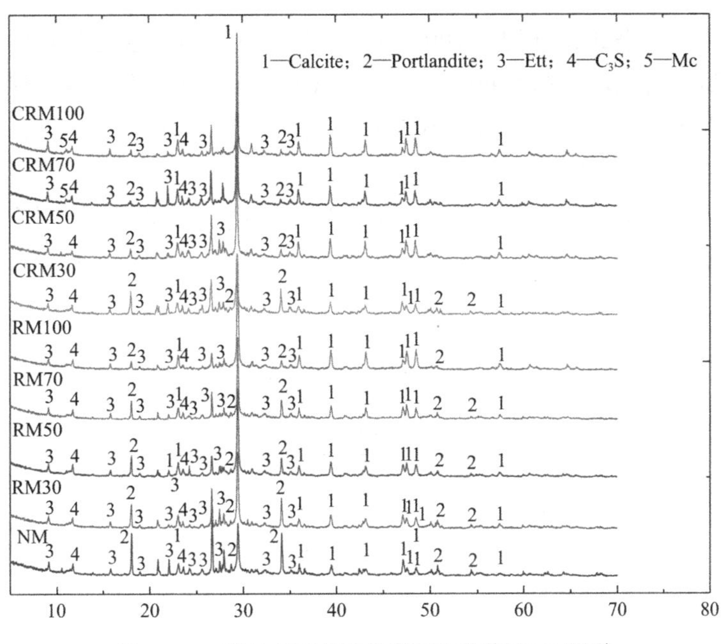

图 10-16　碳化前后各取代率再生砂浆 XRD 图谱

这是因为碳化再生细骨料在碳化处理阶段生成大量 $CaCO_3$ 与硅胶，而未经碳化处理的再生砂浆其再生细骨料在破碎堆放阶段也会与空气中的 CO_2 发生部分碳化反应。其中硅胶可与 $Ca(OH)_2$ 反应生成大量水化硅酸钙凝胶，但由于其无定形，难以在 XRD 中检测[226]。而碳化反应生成的 $CaCO_3$ 则会与 C_3A 发生反应生成碳铝酸钙水合物（Mc）[225-226]，这也是在 CRM70 与 CRM100 两组碳化砂浆中出现 Mc 的原因。

10.5.2　碳化再生砂浆物相定量分析

从 XRD 结果分析中，我们可以对各组砂浆的晶体水化产物进行定性分析，但对于它们的质量分数无法准确测定，为进一步研究碳化前后再生细骨料对再生砂浆化学成分的影响，对碳化前后不同取代率再生砂浆进行热重分析（TG），试验结果见图 10-17。

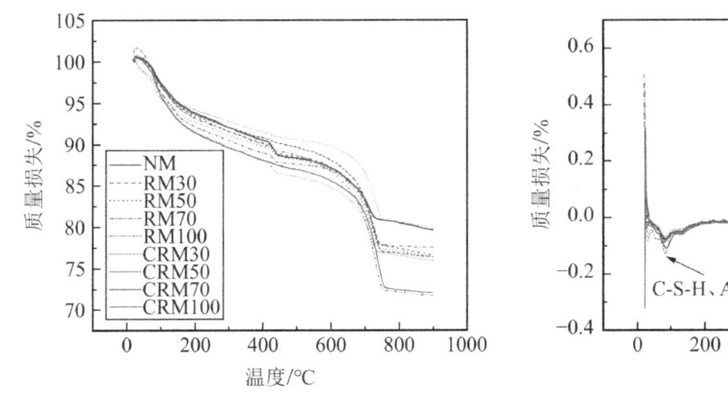

(a) 碳化前后各取代率再生砂浆 TG 曲线

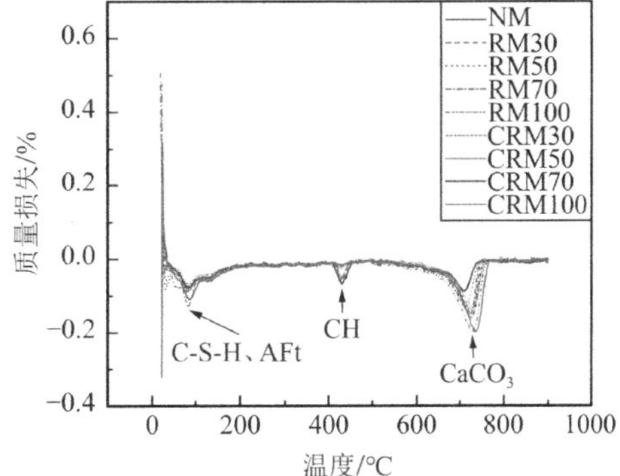

(b) 碳化前后各取代率再生砂浆 DTG 曲线

图 10-17　碳化前后各取代率再生砂浆 TG-DTG

由图 10-17 可知，各组试样均在 100～200℃出现质量损失，这是由于 C-S-H 和 AFt（钙矾石）脱水导致的；温度范围为 400～500℃时，CH 发生分解，且随着取代率的增加，CH 分解引起的质量损失逐渐减小；500～800℃时，$CaCO_3$ 发生脱碳反应，随着取代率的增加，$CaCO_3$ 分解引起的质量损失逐渐增大。

为便于定量分析，通过计算试样在不同温度范围内的质量损失，并利用相对原子质量将其转化为 CH 与 $CaCO_3$ 在再生砂浆中的相对含量，计算公式如下，各物质含量见表 10-6。

$$m_{CH} = \frac{m_{H_2O}}{M_{H_2O}} M_{CH} \tag{10-5}$$

$$m_{CaCO_3} = \frac{m_{CO_2}}{M_{CO_2}} M_{CaCO_3} \tag{10-6}$$

式中：m_{CH}——CH 的质量分数（%）；

m_{H_2O}——样品在 400～500℃脱水的质量分数（%）；

M_{CH}——CH 的相对分子质量；

M_{H_2O}——H_2O 的相对分子质量；

m_{CaCO_3}——$CaCO_3$ 的质量分数（%）；

m_{CO_2}——样品在 500～800℃脱碳的质量分数（%）；

M_{CaCO_3}——$CaCO_3$ 的相对分子质量；

M_{CO_2}——CO_2 的相对分子质量。

碳化前后各取代率再生砂浆强度 CH 和 $CaCO_3$ 含量 表 10-6

物质	NM	RM30	RM50	RM70	RM100	CRM30	CRM50	CRM70	CRM100
CH	9.11	6.97	6.81	5.56	5.50	8.14	3.87	4.69	4.79
$CaCO_3$	19.73	26.77	26.54	22.67	32.74	22.86	23.97	30.21	33.8

由表 10-6 可知，CH 的含量随再生细骨料取代率的增加而逐渐降低，这是因为碳化再生细骨料中的 $CaCO_3$ 与硅胶会在砂浆配置过程中与水泥水化产生的 CH 发生反应，生成碳铝酸钙和 C-S-H，这将消耗砂浆中 CH 的含量；此外碳化产物 $CaCO_3$ 由于成核效应，也会促进砂浆中水化反应的进行。CH 含量的减少，有利于再生砂浆的力学与耐久性能的提高，正是这种含量上的变化，由碳化再生细骨料配置得到的砂浆各项性能普遍优于再生砂浆。表中 CRM30 的 CH 在各组砂浆中含量最高，这也与在 XRD 图谱中的观测一致。

表中 $CaCO_3$ 的含量随再生细骨料取代率的增加而增加，与再生砂浆相比，CRM70 与 CRM100 的 $CaCO_3$ 含量明显增高，但其他取代率下 $CaCO_3$ 的含量反而略低于未经处理的再生砂浆。这是因为再生砂浆性能的优劣不仅与 $CaCO_3$ 的含量有关，更与 $CaCO_3$ 的结晶状态有关。与未经处理的再生细骨料相比，碳化再生细骨料中，方解石的含量有所增高，在配置再生砂浆过程中，这部分方解石为砂浆中的 Ca^{2+} 提供成核位点，加速水化反应的进行，形成结晶度良好的 $CaCO_3$，这也是碳化再生砂浆性能优于未经处理再生砂浆的原因。

10.5.3　碳化再生砂浆微观形貌分析

为了进一步了解碳化再生细骨料的掺入对再生砂浆微观形貌的影响，在 100%取代率下，对碳化再生砂浆及未经处理的再生砂浆的微观形貌进行 SEM 观察，结果如图 10-18 所示。

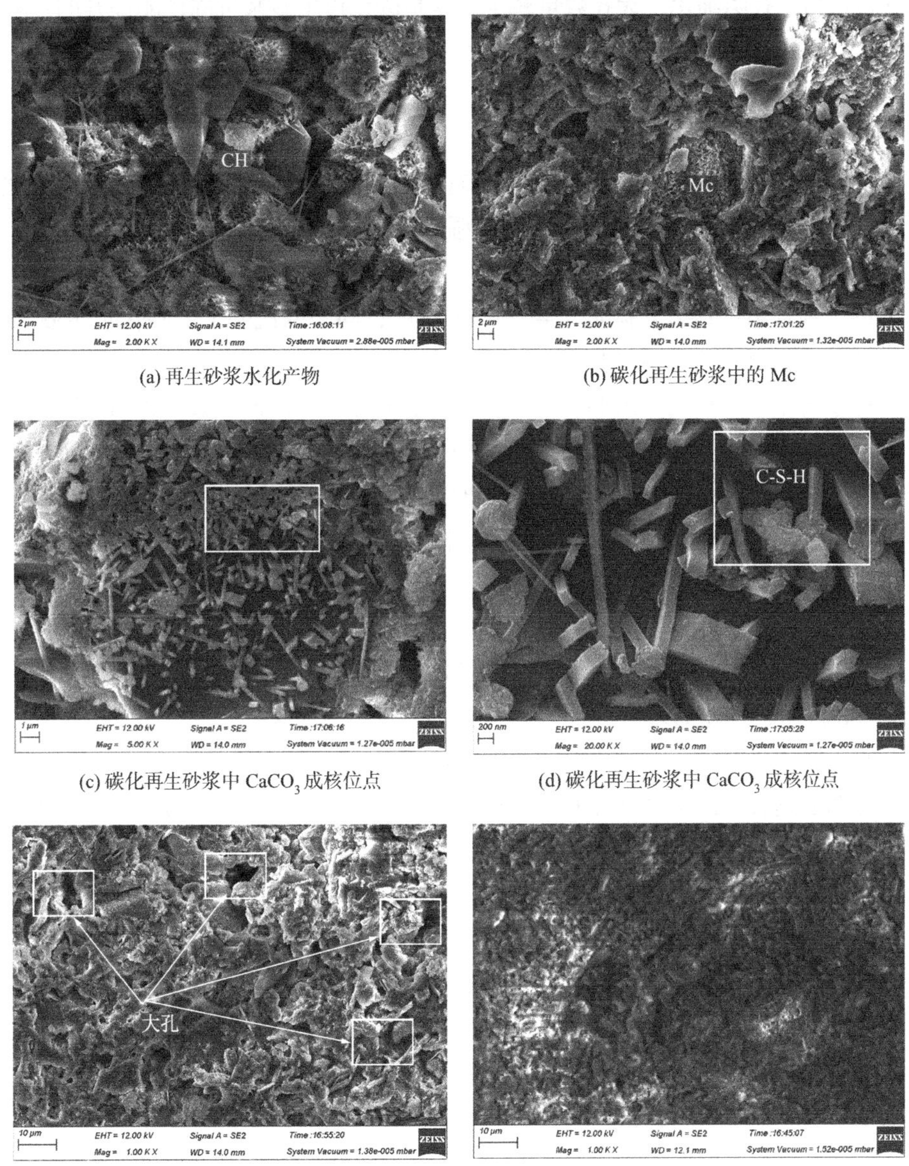

(a) 再生砂浆水化产物　　(b) 碳化再生砂浆中的 Mc

(c) 碳化再生砂浆中 $CaCO_3$ 成核位点　　(d) 碳化再生砂浆中 $CaCO_3$ 成核位点

(e) 再生砂浆微观形貌　　(f) 碳化再生砂浆微观形貌

图 10-18　SEM 图片

图 10-18（a）、（b）分别为碳化前后再生砂浆的砂浆形貌特征，未经碳化处理的再生砂浆中，除 C-S-H 外，还出现大量水泥水化产生的六角板状的 $Ca(OH)_2$；而在碳化再生砂浆中，由于碳化产物 $CaCO_3$ 的存在会促进水泥水化反应，因此没有观察到 $Ca(OH)_2$ 晶体，此外还出现了 Mc，这是因为部分 $CaCO_3$ 与 C_3A 反应引起的。图 10-18（c）、（d）为碳化再生砂浆的

水化产物，图 10-18（d）为图 10-18（c）的局部放大。从图中可以发现，部分 $CaCO_3$ 晶体表面附着大量水泥水化形成的 C-S-H，这是因为 $CaCO_3$ 晶体为 C-S-H 提供成核位点，促进了水泥水化的进行。图 10-18（e）为 1000 倍下未经处理再生砂浆的微观形貌，可以看到水化产物分布并不均匀，有大孔存在；图 10-18（f）为 1000 倍下碳化再生砂浆的微观形貌，水泥水化产物分布均匀，孔隙细化，大孔数量减少，这是碳化再生砂浆抗冻性能提升的主要原因。

10.6 本章小结

本章试验主要研究碳化前后再生细骨料对再生砂浆稠度、抗压强度、抗折强度的影响，并探讨了取代率和养护龄期对再生砂浆抗压强度和抗折强度的影响。基于上述研究，得出以下结论：

（1）再生细骨料的掺入，降低了再生砂浆稠度；同一取代率下，碳化再生砂浆均比未经处理的再生砂浆稠度低，流动性差。

（2）对于再生砂浆而言，RM30 抗压强度全龄期最佳，相较于天然骨料，28d 抗压强度提高 4.1%，当取代率超过 30%，抗压强度急剧下降，RM70 的抗压强度全龄期最低；对于碳化再生砂浆而言，CRM30 抗压强度全龄期最佳，相较于天然骨料，28d 抗压强度提高 11.1%，当取代率超过 70%，抗压强度出现小幅下降，CRM100 的抗压强度全龄期最低。

（3）采用碳化再生细骨料制备再生砂浆，可使再生砂浆抗压强度得到明显提高，CRM30、RM50、RM70 和 RM100 的 28d 抗压强度相较于未经处理的再生砂浆分别提升 6.7%、14.6%、24.9%和 3.3%，并且随着水化龄期的延长，碳化再生细骨料取代率可提升至 70%，而 28d 抗压强度略有增长，相较于天然砂浆提升了 9.9%。

（4）水化龄期对碳化前后再生砂浆均起到重要影响。对于未经处理的再生砂浆而言，随着养护龄期的延长，28d 时 RM50、RM70 和 RM100 的抗压强度差别较小，相较于天然砂浆，抗压强度分别降低 11.7%、12%和 10.9%；对于碳化再生砂浆而言，随着养护龄期的延长，28d 时 CRM30、CRM50 和 CRM70 的抗压强度差别较小，相较于天然砂浆，抗压强度分别提升 11.1%、1.2%和 9.9%，CRM100 较天然砂浆仅下降 7.6%。

（5）碳化处理前后再生砂浆的抗折强度呈现出与抗压强度类似的规律。未经处理的再生砂浆取代率为 50%时，抗折强度明显下降；而碳化再生砂浆相较于再生砂浆，抗折强度明显增高。此外，二者抗折强度都随着水化龄期的延长而增长。

（6）XRD 和 TG 结果表明碳化再生细骨料改变了再生砂浆的物相和成分。未经处理的再生砂浆 $Ca(OH)_2$ 峰值较碳化再生砂浆略高，而碳化再生砂浆中，CRM70 和 CRM100 出现 Mc。此外，$Ca(OH)_2$ 的含量随再生细骨料取代率的增加而逐渐降低，$CaCO_3$ 的含量随再生细骨料取代率的增加而增加，经碳化处理的再生砂浆具有更低的 $Ca(OH)_2$ 含量和更高的 $CaCO_3$ 含量。

（7）SEM 图片显示碳化再生砂浆较未经处理的再生砂浆具有更致密的微观形貌，$Ca(OH)_2$ 晶体数量大幅减少。此外，部分 $CaCO_3$ 晶体为 C-S-H 提供成核位点，表面被其覆盖。

第 4 篇

CH 复合碳化改性再生骨料混凝土/砂浆耐久性

第 11 章

CH 复合碳化改性再生骨料混凝土耐久性

11.1 试验原材料及测试方法

试验主要材料为 P · O 42.5 普通硅酸盐水泥、天然粗/细骨料、再生粗/细骨料、CO_2 气体、$Ca(OH)_2$ 溶液、酚酞溶液、氯化钠溶液、硝酸银溶液、石蜡和凡士林。

11.1.1 细骨料

天然细骨料采用焦作当地建材市场购买的天然河砂，使用前筛出粒径大于 4.75mm 的颗粒，根据《建设用砂》GB/T 14684—2022 测得颗粒级配曲线如图 11-1（a）所示，其细度模数为 2.80。实验室强度为 C40 的横梁，经过破碎筛分，得到 0～4.75mm 的再生细骨料，破碎筛分过程见图 11-2。测得 0%、30%、50%、70%、100%再生细骨料取代率下颗粒级配曲线如图 11-1（b）所示。天然河砂与再生细骨料的物理力学性能，如表 11-1 所示。

11.1.2 粗骨料

天然粗骨料与再生粗骨料如图 11-3 所示。天然粗骨料购买于本地建材市场，再生粗骨料取自实验室 C40 梁，采用颚式破碎机对其进行粉碎、筛分，得到粒度为 5～20mm 的粗骨料。根据《建设用卵石、碎石》GB/T 14685—2022 测得的粗骨料的物理力学性能如表 11-1 所示。粗骨料由粒径 5～10mm、10～20mm 按 1：2 比例制得。

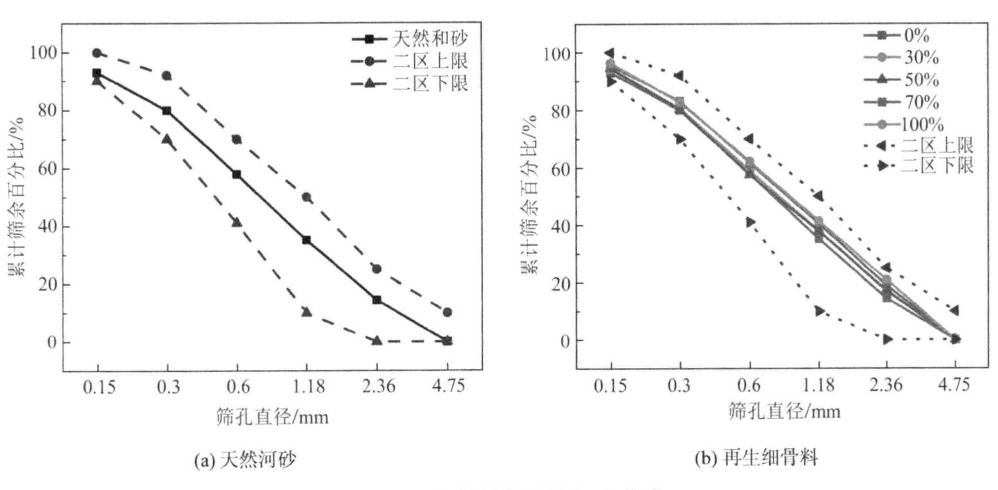

(a) 天然河砂 (b) 再生细骨料

图 11-1 细骨料的颗粒级配曲线

图 11-2　再生骨料破碎与筛分

骨料的物理力学性能　　表 11-1

	表观密度/（kg/m³）		压碎指标/%		吸水率/%	
	未碳化	碳化	未碳化	碳化	未碳化	碳化
天然粗骨料	2742	—	9.83	—	0.667	—
天然细骨料	2629	—	25.4	—	0.7	—
再生粗骨料	2640	2650	19.33	17.32	5.74	4.85
再生细骨料	2619	2658	32.32	26.99	9.72	7.85

(a) 天然粗骨料

(b) 再生粗骨料

图 11-3　天然碎石和再生粗骨料

11.1.3　胶凝材料

本试验所用水泥为焦作千业水泥有限公司生产的 P · O 42.5 普通硅酸盐水泥，见图 11-4，主要化学成分见表 11-2。水泥性能符合《通用硅酸盐水泥》GB 175—2023 中所述要求，拌合水采用试验场地自来水。

图 11-4　普通硅酸盐水泥

水泥化学成分表　　表 11-2

化学成分	CaO	SiO_2	Al_2O_3	Fe_2O_3	MgO	SO_3
质量百分比/%	65.67	22.35	5.42	3.56	1.54	0.65

11.2　碳化强化再生粗/细骨料

本试验采用预浸泡复合碳化法，试验前将再生骨料浸泡石灰水溶液 24h，然后处理至试验所需含水量后放入碳化反应釜中，碳化骨料反应釜为体积 50L 的密闭圆柱形容器，如图 11-5 所示。碳化釜内温度 20℃，湿度 70%，用真空泵将碳化装置抽至真空，之后充入 CO_2 气体至碳化反应釜内部压力为 0.3MPa，所采用的工业气体 CO_2 体积分数在 99%以上。

经预浸泡碳化强化处理后，制备浓度为 1%的酚酞酒精溶液喷涂在碳化强化前后的再生骨料表面，观察骨料颜色变化，如图 11-6 所示。酚酞指示剂由 1g 的酚酞粉末溶于体积分数为 95%的乙醇溶液中。碳化处理再生骨料后，根据《建设用卵石、碎石》GB/T 14685—2022 及《建设用砂》GB/T 14684—2022 标准测得碳化强化后再生骨料的物理性能，如表 11-1 所示。

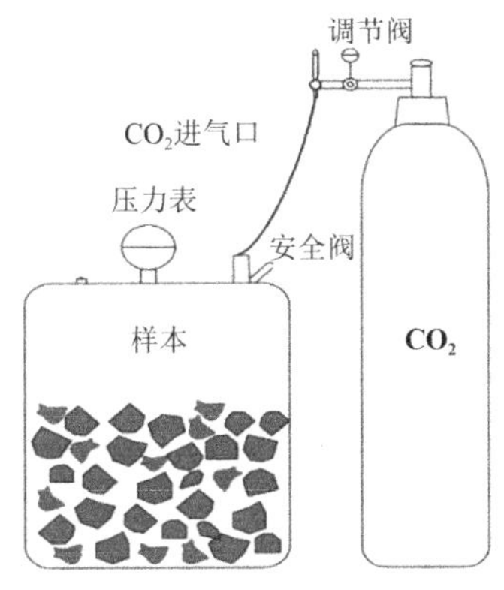

图 11-5　碳化反应釜

图 11-6　碳化强化处理前后再生骨料

11.3 配合比设计

根据《普通混凝土配合比设计规程》JGJ 55—2011 进行全再生混凝土配合比设计，混凝土设计强度为 C40，水胶比为 0.49。试验设计全再生混凝土系列与碳化强化全再生混凝土系列，其中再生粗骨料取代率为 100%时，再生细骨料取代率为 0%、30%、50%、70%、100%；再生细骨料取代率为 100%时，再生粗骨料取代率为 0%、50%、100%。为保证有效水灰比一定，将粗/细骨料均处理至饱和面干状态，其中细骨料采用饱和面干试模，分为两次将捣棒置于细骨料上方自由落体 13 次后，抬起试模呈现如图 11-7 所示形状，即为饱和面干，粗骨料使用毛巾擦拭其表面，至表面水分完全擦干。具体配合比如表 11-3 所示。

图 11-7　饱和面干状态和饱和面干试模

全再生粗/细混凝土配合比（单位：kg/m³）　表 11-3

项目	水泥	河砂	天然碎石	再生细骨料		再生粗骨料		水
				碳化前	碳化后	碳化前	碳化后	
NAC	378	680	1157	0	0	0	0	185
FRC（100，0）	378	680	0	0	0	1157	0	185
FRC（100，30）	378	476	0	204	0	1157	0	185
FRC（100，50）	378	340	0	340	0	1157	0	185
FRC（100，70）	378	204	0	476	0	1157	0	185
FRC（100，100）	378	0	0	680	0	1157	0	185
FRC（50，100）	378	0	578.5	680	0	578.5	0	185
FRC（0，100）	378	0	1157	680	0	0	0	185
CFRC（100，0）	378	680	0	0	0	0	1157	185
CFRC（100，30）	378	476	0	0	204	0	1157	185
CFRC（100，50）	378	340	0	0	340	0	1157	185
CFRC（100，70）	378	204	0	0	476	0	1157	185
CFRC（100，100）	378	0	0	0	680	0	1157	185

续表

项目	水泥	河砂	天然碎石	再生细骨料		再生粗骨料		水
				碳化前	碳化后	碳化前	碳化后	
CFRC（50，100）	378	0	578.5	0	680	0	578.5	185
CFRC（0，100）	378	0	1157	0	680	0	0	185

注：NAC 为天然骨料混凝土；FRC 为全再生混凝土；CFRC 为碳化强化骨料全再生混凝土；（*x*，*y*）其中*x*为全再生粗骨料取代率，*y*为再生细骨料取代率。

11.4　试块制备与养护

根据《普通混凝土配合比设计规程》JGJ 55—2011 和《混凝土长期性能和耐久性能试验方法标准》GB/T 50082—2024，按照上述配合比进行全再生混凝土的制作与养护。本研究中，抗压强度和抗碳化性能测试采用尺寸为 100mm × 100mm × 100mm 的立方体试块，抗氯离子渗透性能测试采用直径为 100mm、高为 50mm 的圆柱体试块，抗冻性能测试采用 100mm × 100mm × 400mm 的棱柱体试块。

本试验中全再生混凝土试块制备及流程如图 11-8 所示。由于再生骨料吸水率较高，因此全再生混凝土试块浇筑前预先将其浸泡在清水中 24h，处理至饱和面干状态后进行浇筑。浇筑过程采用二次搅拌法，先将再生粗/细骨料倒入混凝土搅拌锅中搅拌 30s，接着倒入 1/2 水搅拌 30s，随后加入水泥搅拌 60s，最后加入剩余 1/2 拌合水，得到新拌混凝土。待新拌全再生混凝土试样搅拌完成后，装入试模内，采用振动台振动 20s 后，抹平其表面，使用保鲜膜覆盖。在常温条件下静置 24h 后，做好标记并拆模，其中立方体试块与圆柱体试块放入标准养护箱中（温度 20℃，相对湿度 95%）养护至规定龄期，棱柱体试块采用水养护法养护至规定龄期。

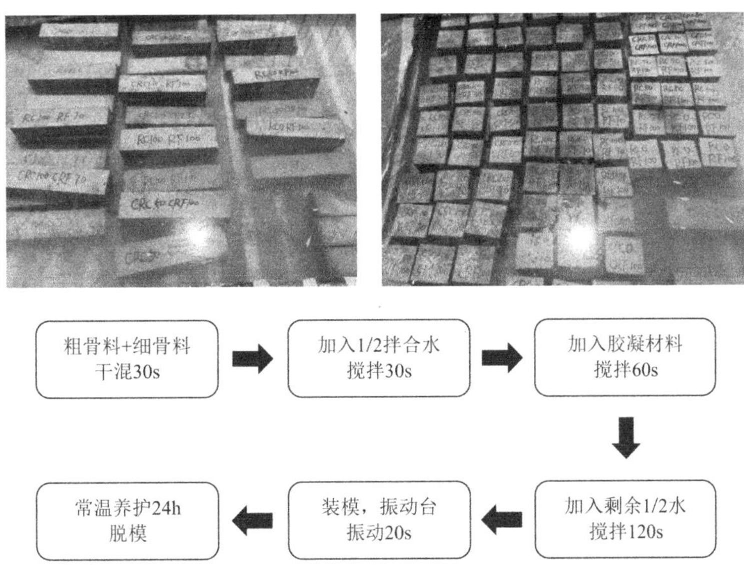

图 11-8　全再生混凝土试块制备及流程

11.5 试验方法

11.5.1 骨料物理性能测试

依据规范《建设用卵石、碎石》GB/T 14685—2022 与《建设用砂》GB/T 14684—2022 中有关规定，测试再生粗/细骨料在预浸泡碳化强化试验前后吸水率、压碎值、表观密度，试验方法如下。

（1）吸水率

测试细骨料吸水率时，采用四分法取样将细骨料缩分至 1100g，用实验室用水浸泡骨料，使水面没过骨料表面 20mm 左右，充分搅拌均匀，排净气泡后放置 24h。浸泡后将试样放于托盘上，用吹风机轻轻吹暖风，并不停地翻动，直到饱和面干，然后立即称取 500g（精确至 0.1g）饱和面干试样，放入 105℃干燥箱中烘干至恒重，称量该状态下试样质量记作m_0（精确至 0.1g）。根据式(11-1)计算吸收率，其精度为 0.01%。

$$Q = \frac{500 - m_0}{m_0} \times 100\% \tag{11-1}$$

测试粗骨料吸水率时，采用四分法取样称取 2kg 再生粗骨料试样，放入容器中，装水没过粗骨料表面约 5mm，搅拌均匀，排除气泡后，在室温下放置 24h 后，将粗骨料样品取出，用一块湿布将试样表面擦干，然后称重，记为M_1。接着，在 105℃的烘箱里放置饱和面干试样，直至其保持恒定，在室温下称其质量，记为M_2。则试样吸水率按式 (11-2) 计算：

$$\omega = \frac{M_1 - M_2}{M_1} \times 100\% \tag{11-2}$$

（2）压碎值

测试细骨料压碎值时，将四个粒级细骨料分别称取一定质量，置于 105℃的干燥箱中烘烤直至恒重，冷却至室温，取 1000g 备用。将样品称重 330g，每一份加入压力钢模具，放置压力块，旋转一圈，使其与样品均匀接触，以 500N/s 的速度加载到 25kN，然后继续 5s 卸载。取下模具倒出试样，使用该粒级的下限筛进行筛分，称量试样的筛余量G_1和通过量（均精确至 1g）G_2，按公式(11-3)计算，计算三次结果的算术平均值为该单粒级压碎指标，取最大单粒级压碎指标为样品的压碎值。

$$Y = \frac{G_2}{G_1 + G_2} \times 100\% \tag{11-3}$$

测试粗骨料压碎值时，称取 3kg 干燥的再生粗骨料试样（精确至 1g）。为使模具内骨料试样分布均匀，将试样在模具中装入一半，在模具底部放一根直径为 10mm 的钢棍，左右颠击 25 次。随后放入剩余试样，将试样颠击密实后，盖上钢制压头。将装有骨料的圆形测试模具放在压力机上，设定加载速度为 1kN/s，在加载到 200kN 时，持续 5s 后卸载。用 2.36mm 的方形筛网筛出破碎的微粒，称量出剩余的样品质量m_1，压碎值可由式(11-4)计算得出。压碎值试验仪器如图 11-9 所示。

$$q = \frac{3000 - m_1}{3000} \times 100\% \tag{11-4}$$

图 11-9　压碎值模具

（3）表观密度

测试细骨料表观密度时，将细骨料样品缩分约 120g，置于 105℃的烘箱中，烘干至恒重，然后冷却到室温，称出每一样品 50g，精确至 0.1g。李氏瓶中倒入一定刻度的实验室用水，记录其体积V_1，将 50g 样品倒入瓶中，倾斜李氏瓶旋转排除水中气泡，静置 24h 后记录体积V_2，按式(11-5)计算细骨料表观密度，α_t为温度修正系数，结果精确至 10kg/m^3，试验仪器如图 11-10 所示。

$$\rho = \left(\frac{50}{V_2 - V_1} - \alpha_t\right) \times 1000 \tag{11-5}$$

试验粗骨料的表观密度，用广口瓶方法，取干燥样品 4kg 左右，首先筛出 4.75mm 以下的微粒，将粗骨料浸湿，然后装入广口瓶，旋转广口瓶排尽气泡，用玻璃片覆盖瓶口，擦干广口瓶表面水分后称量其质量，精确至 1g，记为m_0。将瓶中试样倒入托盘中，在烘干箱中烘烤至恒重，称量其质量，精确至 1g，记为m_1。将广口瓶洗净，重新注入清水，排除气泡，用玻璃片紧贴瓶口水面，擦干表面水分，称量水、瓶和玻璃片质量，精确至 1g，记为m_2。粗骨料的表观密度用方程式(11-6)计算，其中，水温对表观密度的影响修正系数用 0.002 表示，水的密度为 1000kg/m^3。试验仪器如图 11-10 所示。

$$\rho_0 = \left(\frac{m_1}{m_1 + m_2 - m_0} - \alpha_t\right) \times \rho_{水} \tag{11-6}$$

图 11-10　李氏瓶和广口瓶

11.5.2 全再生混凝土立方体抗压强度测试

全再生混凝土试块的抗压强度按《混凝土物理力学性能试验方法标准》GB/T 50081—2019 测定。将待测混凝土立方体试块养护至 28d 龄期时，从养护场地取出擦干净表面后及时进行试验，将全再生混凝土放置在压力试验机垫板上（试块破坏荷载大于压力机全量程的 20%且小于压力机全量程的 80%，测量精度为±1%），将试样中心与试验台下压盘中心对齐（图 11-11），并在 0.5～0.8MPa/s 内连续均匀地加载，全再生混凝土的受压强度按照式 (11-7)进行计算，试验采取 100mm × 100mm × 100mm 非标准试块，混凝土试块的抗压强度应为以上计算值的 0.95 倍。

$$f=\frac{F}{A} \tag{11-7}$$

式中：f——混凝土立方体抗压强度（MPa）；

F——全再生混凝土破坏荷载（N）；

A——全再生混凝土承压面积（mm^2）。

图 11-11　抗压强度测试

11.5.3 全再生混凝土氯离子扩散系数测试

采用《混凝土长期性能和耐久性能试验方法标准》GB/T 50082—2024 中关于快速氯离子迁移（也称 RCM 法）进行测试。将养护至 28d 的高为 50mm、直径为 100mm 的试块自养护室中取出，擦干其表面后进行真空饱水［浸入 $Ca(OH)_2$ 溶液 18h］。真空饱水结束后，取出待测试块，风干其表面后，装入橡胶套，使用钢圈固定在试块上部和底部，放入容器内，容器中盛有 10%氯化钠溶液，为负极；橡胶套筒内放入 3mol/L 的氢氧化钠溶液，为正极，抗氯离子渗透测试如图 11-12 所示。套筒内部氢氧化钠溶液与容器内氯化钠溶液持平，通电后设置好时间与电压等参数，试验开始 24h 后取出，使用劈裂模具将氯离子试块劈分两半，喷上制备好的 0.1mol/L 浓度硝酸银溶液，待截面出现银白色沉淀后，使用游标卡尺测量出氯离子渗透的厚度，取 10 个测试点的平均值为该试块渗透深度值，代入式(11-8)，即可计算出所有样品的非稳态氯离子扩散系数。

$$D = 0.0239 \times \frac{(273+T)\times L}{(U-2)\times t} \times \left(X_d - 0.0238 \times \sqrt{\frac{(273+T)\times L \times X_d}{U-2}}\right) \tag{11-8}$$

式中：D——混凝土的非稳态氯离子扩散系数，精确到 $0.1\times10^{-12}\mathrm{m^2/s}$；

U——所用电压值（V）；

T——阳极溶液的初始温度和最终温度的平均值（℃）；

L——全再生混凝土的高度（mm）；

X_d——氯离子的平均渗透深度（mm）；

t——试验进行的时间（h）。

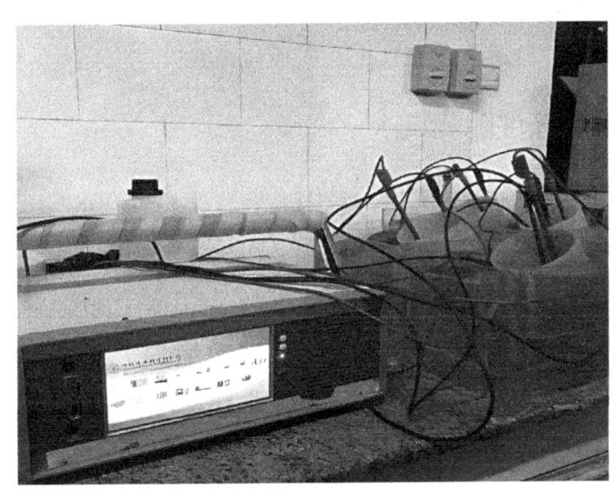

图 11-12　抗氯离子渗透测试

11.5.4　全再生混凝土抗碳化性能测试

根据规范《混凝土长期性能和耐久性能试验方法标准》GB/T 50082—2024，对每组 12 个 100mm × 100mm × 100mm 的立方体试块进行抗碳化性能试验。将试块养护至 26d 后，置于温度为 60℃烘箱中烘烤 48h，达到 28d 养护龄期，随后将碳化试块进行封蜡处理放入温度(20 ± 2)℃，湿度(70 ± 5)%以及 CO_2 浓度(20 ± 3)%的碳化箱内，各试块间的间距不应小于 50mm。抗碳化试验开始后应定时检查碳化箱内 CO_2 的浓度、温度和湿度是否在规定范围内。待测试块到了 3d、7d、14d 和 28d 时，将试样从碳化箱中取出，在压力试验机上用劈裂法将试样从中间剖开（图 11-13），刮除残留的粉末，喷洒 1%的酚酞乙醇溶液，经 30s 显色完成后沿着预先标记好的待测点使用电子游标卡尺进行碳化深度测量。

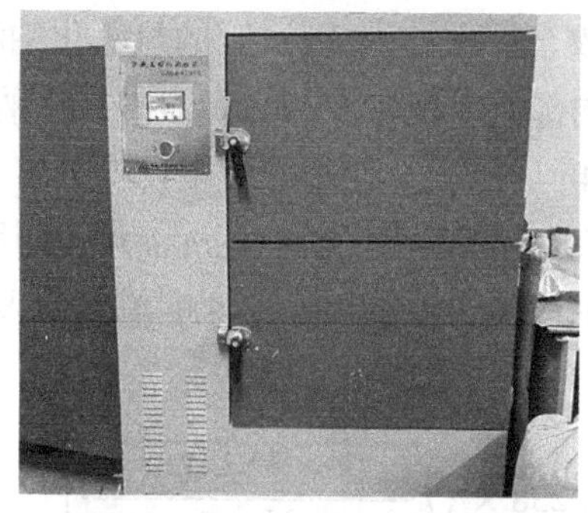

图 11-13　抗碳化试验

11.5.5　全再生混凝土抗冻性能测试

按《混凝土长期性能和耐久性能试验方法标准》GB/T 50082—2024 耐久性能试验方法中的快冻法，对全再生粗/细骨料混凝土进行抗冻性能测试，试验设备如图 11-14 所示。将每组三个 100mm × 100mm × 400mm 的棱柱体试块，在水中养护至 28d 后取出，用毛巾擦干表面水分后，对外观尺寸进行测量，观测试块表面是否平整，并称量试块的初始质量，然后利用非金属超声波测试仪将试样的声速转化为相对动态弹性模量，然后将其置于快速冻融循环箱中继续进行快速冻融试验，每一次的冻融循环时间为 2～4h，且试块中心最低温度为(−18 ± 2)℃，最高温度为(5 ± 2)℃，在任意时刻试块中心温度不能低于−20℃也不能高于 7℃。冻融试验每循环 25 次后取出，重复上次操作，测试完毕后，将试样调头再次放回试块箱中，用清水填满试块高于表面 5mm 左右，然后继续进行冻融试验。经受数次冻融循环的试块、当相对动弹性模量降低至 60%或试块的质量损失率为初始试块质量的 5%时，试验终止。

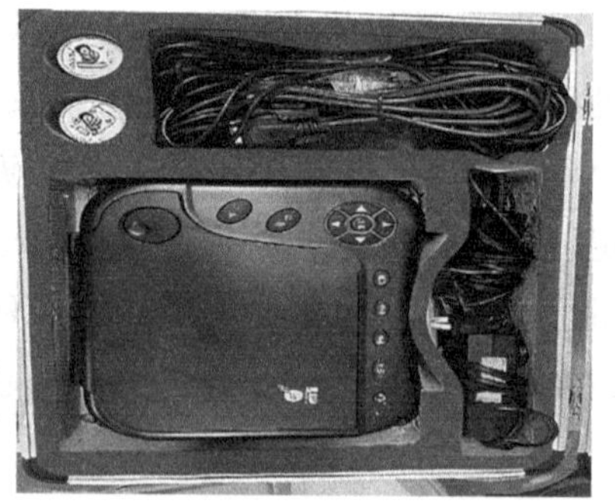

图 11-14　抗冻试验

11.5.6　微观测试

（1）XRD 测试

取一定量的试块粉末，用 200 目的筛子筛出，采用 D8ADVANCE 型 X 射线衍射仪（Cu 靶，扫描速率 5°/min，扫描范围 5°～70°）如图 11-15 所示，用来分析预浸泡碳化强化前后全再生混凝土粘结砂浆的矿物组成。

（2）TG 分析

取一定量的过 200 目筛的全再生混凝土粘结砂浆粉末，将其放入 105℃的真空干燥箱内进行烘干处理至恒重，采用 TG-DTA7300 热重分析仪对样品进行分析（图 11-16），试样在温度为 30～1000℃，氮气流量为 30mL/min，升温速率为 10℃/min 的环境下进行测试。研究样品在受热时的物理和化学变化，随着温度的不断升高，试样发生质量损失，对砂浆试样中的各种成分进行定性与定量分析，可测试出碳化前后全再生混凝土粘结砂浆中氢氧化钙与碳酸钙等成分质量的变化。

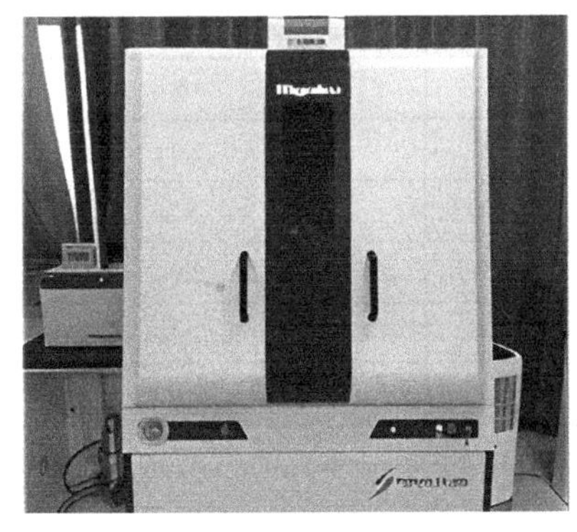
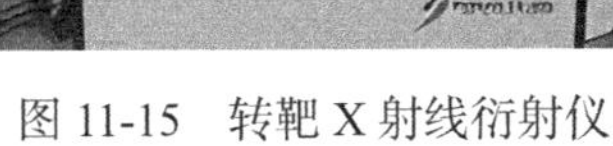

图 11-15　转靶 X 射线衍射仪

图 11-16　热重分析仪

（3）扫描电子显微镜（SEM）和能谱分析（EDS）

在 28d 抗压强度试验完成后，选择全再生混凝土进行研磨、修整，在 65℃下烘干直至恒重，用扫描电子显微镜（图 11-17）对其显微形态进行观察，采用能谱仪对矿物晶体进行化学元素分析。扫描电镜（SEM）是通过二次电子信号成像来测试试样的表面形貌，本研究中利用扫描电镜二次电子成像来观察碳化前碳化后全再生混凝土试样的界面过渡区，以及新旧砂浆的水化产物形貌。

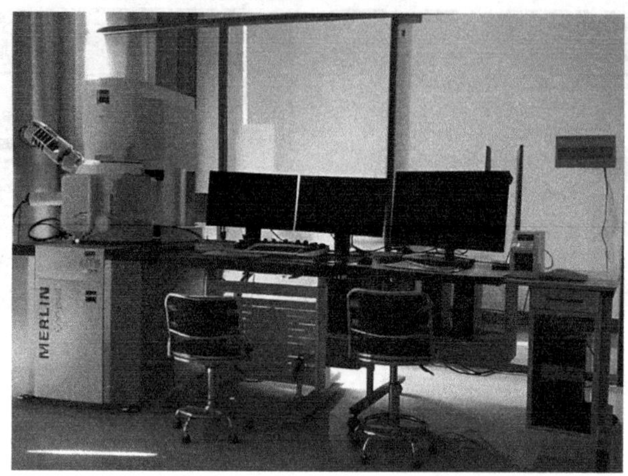

图 11-17　扫描电子显微镜

11.6 CH 复合碳化强化再生骨料对全再生混凝土氯离子扩散系数的影响

11.6.1 试验结果与分析

表 11-4 为预浸泡复合碳化强化前后全再生混凝土非稳态氯离子迁移系数实测值。

全再生混凝土非稳态氯离子迁移系数　　表 11-4

项目	非稳态氯离子迁移系数/（$10^{-12}m^2/s$）	项目	非稳态氯离子迁移系数/（$10^{-12}m^2/s$）
NAC	1.1	CFRC（100，0）	1.86
FRC（100，0）	2.20	CFRC（100，30）	1.72
FRC（100，30）	2.16	CFRC（100，50）	1.81
FRC（100，50）	2.37	CFRC（100，70）	2.08
FRC（100，70）	2.42	CFRC（100，100）	2.14
FRC（100，100）	2.58	CFRC（50，100）	2.04
FRC（50，100）	2.50	CFRC（0，100）	2.28
FRC（0，100）	2.60		

注：NAC 为天然骨料混凝土；FRC 为全再生混凝土；CFRC 为碳化强化骨料全再生混凝土；（x，y）其中x为全再生粗骨料取代率，y为全再生细骨料取代率。

图 11-18 为碳化强化前后再生骨料取代率对全再生混凝土非稳态氯离子迁移系数的影响，由图 11-18（a）可知，100%再生粗骨料取代率的全再生混凝土的非稳态氯离子迁移系数随再生细骨料取代率的增大先降后增。当再生细骨料取代率为 30%时，相对于未掺再生骨料的天然混凝土，氯离子迁移系数增幅最小。当再生细骨料取代率为 100%时，全再生混凝土的氯离子迁移系数最大，相较于天然混凝土约增大了 2.2 倍。与未经碳化强化的全再生混凝土相比，随着再生细骨料取代率的增加，100%碳化再生粗骨料取代率的全再生混凝土非稳态氯离子迁移系数分别降低了 15.32%、20.21%、23.49%、14.27%与 17.21%。由此

可见碳化再生骨料的掺入，能够有效改善全再生混凝土的抗氯离子渗透性能，碳化强化对50%再生细骨料取代率下的全再生混凝土改善效果最显著，但其氯离子迁移系数仍高于天然混凝土。这与 Xuan 等[47]的研究规律相一致，再生粗骨料取代率为 100%的再生混凝土经碳化强化后氯离子迁移系数降低了 36.4%，但仍为天然混凝土的 1.5 倍。

由图 11-18（b）可知，再生细骨料取代率为 100%，全再生混凝土的非稳态氯离子迁移系数随着再生粗骨料取代率的增加而增大。0%再生粗骨料取代率下全再生混凝土的非稳态氯离子迁移系数为 1.91，相较 50%再生粗骨料取代率的非稳态氯离子迁移系数 2.0 下降 5.26%，再生粗骨料取代率为 100%相较于 50%其非稳态氯离子迁移系数急剧增加至 2.58，升高 29%，抗氯离子渗透性能急剧降低。该数据表明当再生粗骨料取代率较小时，对 100%再生细骨料取代率的全再生混凝土的氯离子渗透性能影响较小。而碳化强化全再生混凝土的抗氯离子渗透性能优于未经碳化强化的全再生混凝土，非稳态氯离子迁移系数降低了 6.39%～12.77%。这说明了使用 $Ca(OH)_2$ 预处理碳化提高再生骨料的性能，石灰水浸泡法可提供额外的外来钙源，加压使 CO_2 更深层次地进入再生骨料内部以形成更多碳酸盐，这些碳化强化产物填充了再生骨料的孔隙与裂缝，从而提高了全再生混凝土的抗氯离子渗透性能，这与 Zhan 等[98]的研究结果相一致。而碳化强化再生骨料虽然增加了全再生混凝土的抗氯离子渗透性能，但相较于天然混凝土其非稳态氯离子迁移系数仍增大了约 1.5～2 倍。这说明当再生骨料取代率过大时，预浸泡复合碳化强化的方式对全再生混凝土耐久性的改善虽然显著但仍无法达到预期的使用目标，当再生骨料大批量取代时，应探索更有效的碳化方式，或将碳化强化与其余强化手段相结合，最大程度地改善全再生混凝土的耐久性能。

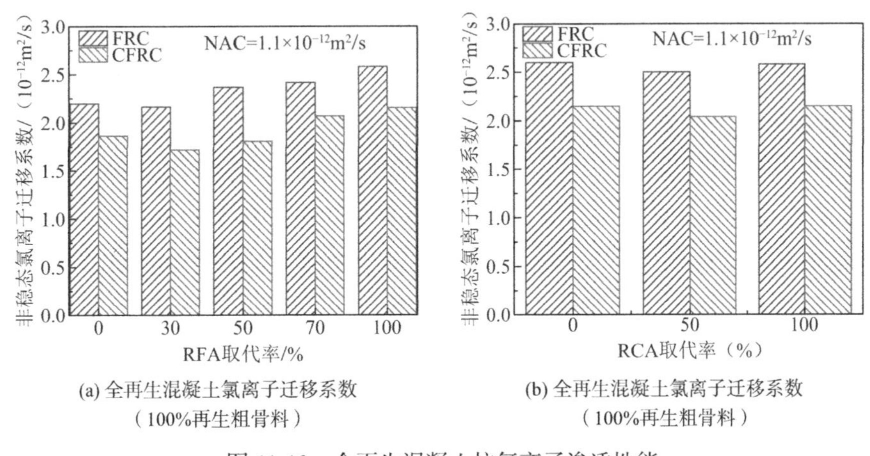

(a) 全再生混凝土氯离子迁移系数（100%再生粗骨料）

(b) 全再生混凝土氯离子迁移系数（100%再生粗骨料）

图 11-18　全再生混凝土抗氯离子渗透性能

Zhang 等[101]研究结果发现，提高抗压强度能够提高混凝土的耐氯性。探讨氯离子扩散系数与全再生混凝土抗压强度的关系，结果表明：氯化物扩散系数随抗压强度的增加呈线性减小，图 11-19 中给出了详细的线性方程，其中y为非稳态氯离子迁移系数；x为抗压强度（MPa）。通过对非稳态氯化物的迁移率和抗压强度的试验研究，发现全再生混凝土抗压强度越高其密实性越好，抗压强度的提高，致使氯离子的渗透速率减慢，抗氯离子渗透性能提升。

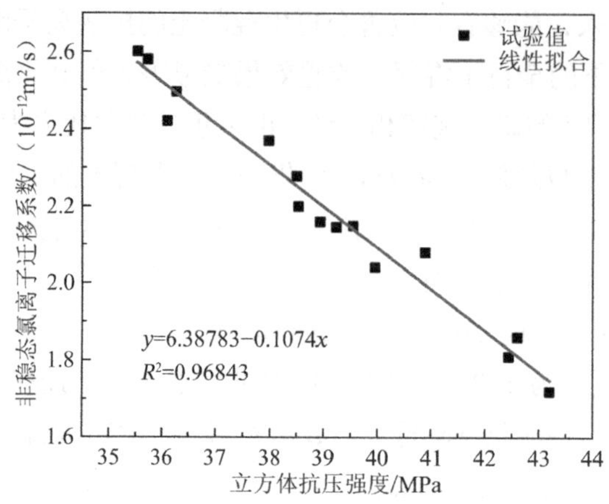

图 11-19　立方体抗压强度对氯离子扩散系数的影响

11.6.2　碳化强化再生骨料对全再生混凝土抗氯离子侵蚀机理

氯离子的传输是氯离子在混凝土内部扩散、水的迁移和毛细孔吸收的耦合效应，试验过程中试块内部溶液呈饱和状态，混凝土内部自由水在压力梯度下通过毛细孔传输氯离子。因此，氯离子的传输很大程度地依赖混凝土内部的密实度与孔隙结构。全再生混凝土中掺有大量再生骨料，这些骨料表面旧粘结砂浆的存在致使再生骨料疏松多孔，吸水率和压碎值高，且粘结砂浆与天然骨料之间的界面过渡区（ITZ-2）、与新拌砂浆之间的界面过渡区（ITZ-3）增加了氯离子扩散的通道，使得氯离子更易侵入混凝土内部，如图 11-20 所示。此时，氯离子在游离水的作用下被传输，一部分与混凝土内部存在的胶结材料结合，另一部分以自由氯离子的形态存在[233]。

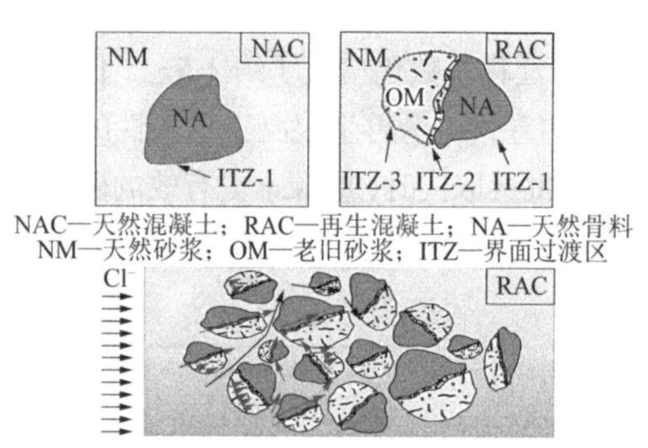

图 11-20　再生混凝土抗氯离子劣化示意图

预浸泡复合碳化再生骨料可有效地改善全再生混凝土的抗氯离子渗透性能，而碳化强化再生骨料对其抗氯离子渗透能力的影响利大于弊。氯离子的自由状态与结合状态在特定条件下能够相互转换，当回收的骨料被碳化时，碳化消耗了溶液中的 OH^-离子及 C-S-H 凝胶。孔隙液中的 pH 值下降至一定程度后，作为 Friedel 盐附着在水化产物上结合氯离子开始快速释放转变为自由氯离子，从而使再生骨料内部氯离子浓度梯度增大，碳化全再生混凝土内部氯离子迁移系数有增大的风险。然而，CO_2 与水化产物 $Ca(OH)_2$、水化硅酸钙（C-S-H）反应[102]，生成较稳定的碳酸盐，紧密地堆叠在砂浆孔隙内部，起到良好的填充作用；当砂浆未完全水化时矿物组成 C_2S 和 C_3S 也参与碳化反应，生成碳酸盐与无定型硅胶同样达到强化再生骨料的作用，如反应式(11-9)～式(11-12)所示[67]。碳化处理后，自由氯离子通过附着砂浆时受到阻挡和扭曲，碳化增加全再生混凝土的渗流路径[157]。此外，碳化后再生骨料表面生成大量的方解石，依靠酸碱相互作用吸附钙离子为 C-S-H 提供成核位点，使得全再生混凝土中最薄弱的相（ITZ-3）变得更加致密，从而提高了全再生混凝土的抗氯离子渗透性能[201,215]。

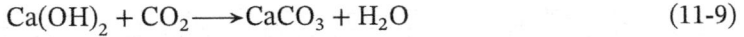

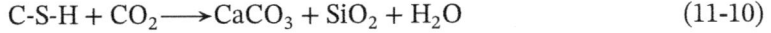

$$Ca(OH)_2 + CO_2 \longrightarrow CaCO_3 + H_2O \tag{11-9}$$

$$C\text{-}S\text{-}H + CO_2 \longrightarrow CaCO_3 + SiO_2 + H_2O \tag{11-10}$$

$$2CaO \cdot SiO_2 + 2CO_2 + nH_2O \longrightarrow 2CaCO_3 + SiO_2 \cdot nH_2O \tag{11-11}$$

$$3CaO \cdot SiO_2 + 3CO_2 + nH_2O \longrightarrow 3CaCO_3 + SiO_2 \cdot nH_2O \tag{11-12}$$

11.6.3　全再生混凝土抗氯离子侵蚀模型

将试验结果进行拟合，较好地反映了碳化强化前后全再生混凝土的非稳态氯离子迁移系数随再生细骨料取代率的变化关系，如图 11-21 所示。对比观察图 11-21（a）中回归曲线可知，碳化强化前后再生骨料取代率的增加均使得全再生混凝土的氯离子扩散系数先减小后增大。其中 100%再生粗骨料、30%再生细骨料取代率下全再生混凝土的抗氯离子渗透性能最好，这可能是由于该取代率下再生粗/细骨料之间具有良好的一致性。对比观察图 11-21（b）中回归曲线可知，碳化强化前后再生骨料取代率的增加均使得全再生混凝土的氯离子扩散系数逐渐减小，但曲线较为平缓，说明对于 100%再生细骨料取代率的全再生混凝土而言，再生粗骨料的取代率对全再生混凝土抗氯离子渗透性能影响较小。表 11-5 为预浸泡碳化强化再生骨料全再生混凝土的抗氯离子侵蚀模型。其中再生细骨料取代率为 100%时，由于设置的再生粗骨料取代率较少，拟合程度较差，有待进一步研究。

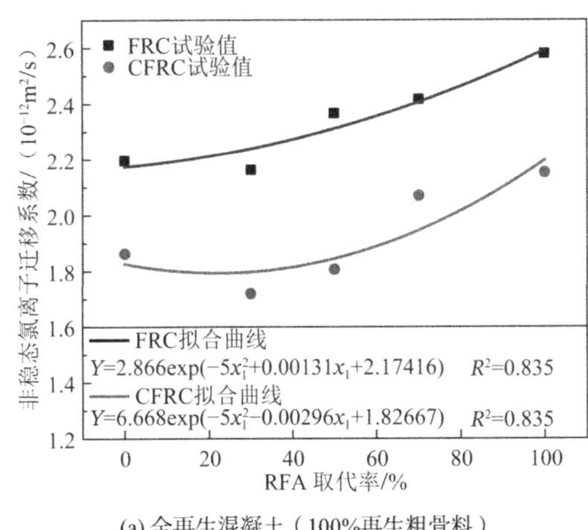

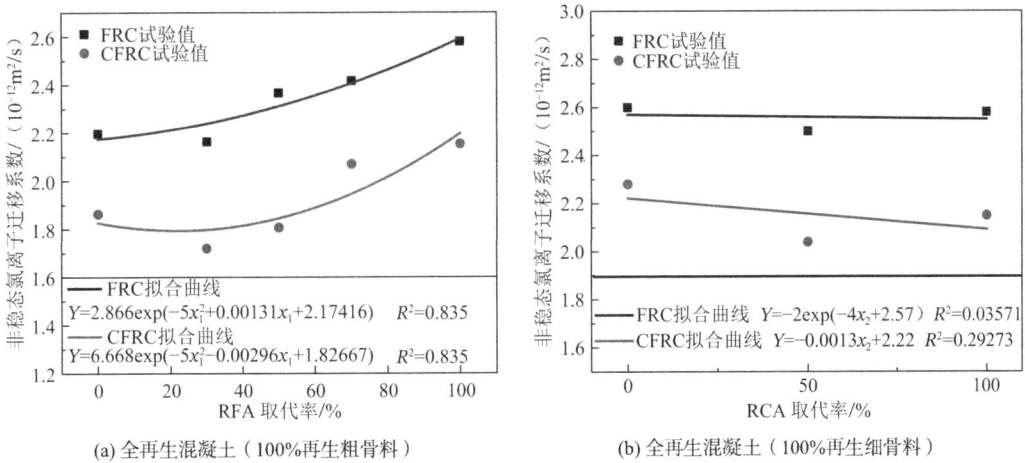

(a) 全再生混凝土（100%再生粗骨料）

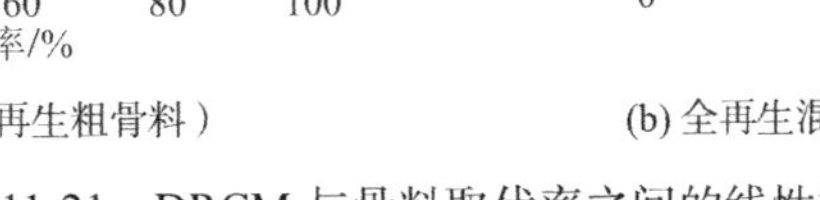

(b) 全再生混凝土（100%再生细骨料）

图 11-21　DRCM 与骨料取代率之间的线性拟合

全再生混凝土抗氯离子侵蚀模型　　表 11-5

分组	抗氯离子侵蚀模型	R^2
全再生混凝土（100%再生粗骨料）	$Y = 2.866\exp\left(-5x_1^2 + 0.00131x_1 + 2.17416\right)$	0.835
碳化强化全再生混凝土（100%再生粗骨料）	$Y = 6.668\exp\left(-5x_1^2 - 0.00296x_1 + 1.82667\right)$	0.835
全再生混凝土（100%再生细骨料）	$Y = -2\exp\left(-4x_2 + 2.57\right)$	0.03571
碳化强化全再生混凝土（100%再生细骨料）	$Y = -0.0013x_2 + 2.22$	0.29273

注：x_1为再生细骨料取代率，x_2为再生粗骨料取代率。

11.7 碳化强化再生骨料对全再生混凝土抗碳化性能的影响

11.7.1 试验结果与分析

全再生混凝土在不同的碳化龄期下平均碳化深度按下式计算：

$$\overline{d}_{\mathrm{t}}=\frac{1}{n}\sum_{i=1}^{n}d_i \tag{11-13}$$

式中：$\overline{d}_{\mathrm{t}}$——全再生混凝土碳化龄期为$t$天的平均碳化深度（mm）；

d_i——1～10 个测点的碳化深度（mm）；

n——取 10。

各个龄期下平均碳化深度见表 11-6。

碳化深度平均值 **表 11-6**

分组	碳化深度/mm			
	3d	7d	14d	28d
NAC	2.82	2.97	3.32	3.53
FRC（100，0）	2.68	3.39	4.13	4.58
FRC（100，30）	2.58	4.01	4.77	5.34
FRC（100，50）	2.97	4.23	5.01	5.64
FRC（100，70）	3.12	5.04	6.05	6.70
FRC（100，100）	3.38	5.12	6.11	6.77
FRC（50，100）	3.23	5.01	5.73	6.46
FRC（0，100）	3.06	4.66	5.47	6.27
CFRC（100，0）	2.55	3.21	3.88	4.33
CFRC（100，30）	2.69	3.79	4.46	4.76
CFRC（100，50）	2.77	4.05	4.67	5.08
CFRC（100，70）	2.89	4.77	5.61	5.94
CFRC（100，100）	2.06	4.92	5.54	5.97
CFRC（50，100）	3.03	4.89	5.21	5.71
CFRC（0，100）	3.92	4.79	5.00	5.57

注：NAC 为天然骨料混凝土；FRC 为全再生混凝土；CFRC 为碳化强化全再生混凝土；（x，y）其中x为再生粗骨料取代率，y为再生细骨料取代率。

（1）再生骨料取代率影响

全再生混凝土的碳化深度随着再生骨料取代率、碳化时长的变化如图 11-22 所示。如

图 11-22（a）、（b）所示，在再生粗骨料取代率 100%的情况下，随着再生细骨料取代率的增大，碳化强化前后全再生混凝土的碳化深度都增大。在碳化龄期为 3d 时，再生粗骨料取代率为 100%、再生细骨料取代率为 0、30%的全再生混凝土相较于天然混凝土碳化深度分别降低了 4.96%和 8.51%；再生粗骨料取代率为 100%、再生细骨料取代率为 50%、70%、100%的全再生混凝土相较于天然混凝土碳化深度分别升高了 5.32%、10.64%和 19.86%，这是由于再生骨料表面附着部分老旧砂浆，当再生细骨料取代率小于 30%时，这些砂浆内部未完全水化的 $Ca(OH)_2$ 与 CO_2 反应生成 $CaCO_3$，填补了混凝土砂浆中的部分孔隙，短暂地阻碍了 CO_2 的侵入，提高了 RAC 的抗碳化性能；而再生细骨料取代率大于 30%的全再生混凝土内部含有的旧砂浆过多，短时间内生成的 $CaCO_3$ 无法阻止 CO_2 进入混凝土内部，此时全再生混凝土内部孔隙相较于天然混凝土大且多，为 CO_2 进入基体创造了条件。当碳化龄期为 7d、14d、28d 时全再生混凝土与碳化强化全再生混凝土的碳化深度均高于天然混凝土且随再生骨料取代率的增长碳化速率逐渐加快，在碳化龄期为 28d 时比天然混凝土提升 29.89%～92.00%、26.66%～69.12%。碳化反应后期，由于再生细骨料的高空隙率，导致了全再生混凝土的抗碳化能力恶化，而随着取代率的提高，其抗碳化能力的降低程度也会明显增加。

由图 11-22（c）、（d）可知，在 100%的再生细骨料取代率下，普通全再生混凝土和碳化强化全再生混凝土的抗碳化能力均随着再生粗骨料取代率的提高而下降。在碳化龄期为 28d 时，再生细骨料取代率为 100%的全再生混凝土与碳化强化再生细骨料取代率为 100%全再生混凝土的碳化深度分别比天然混凝土提升 77.6%～92.00%、57.79%～69.31%。尽管碳化强化改善再生骨料表面附着旧砂浆的质量，但碳化强化全再生混凝土碳化深度仍高于天然混凝土。这是由于，老旧砂浆一部分附着在天然石子表面，一部分构成再生骨料本身，伴随着碳化强化再生骨料取代率的增加，碳化强化后全再生混凝土与天然混凝土相比部分天然石子被硬化砂浆取代，砂浆抵抗 CO_2 侵蚀的能力远低于天然石子，因此强化后全再生粗/细骨料混凝土的抗碳化性能仍低于天然混凝土。

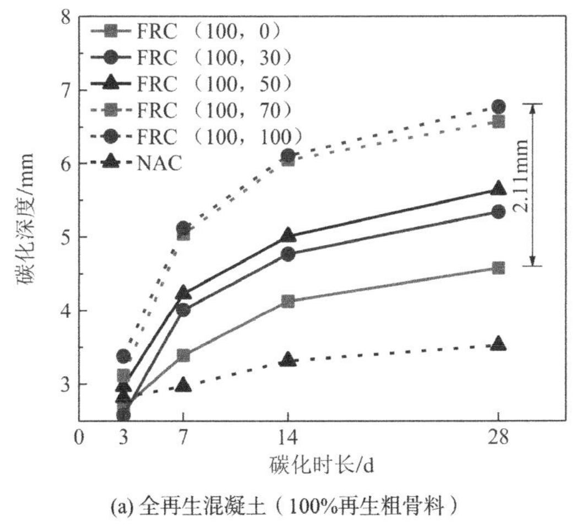

(a) 全再生混凝土（100%再生粗骨料）

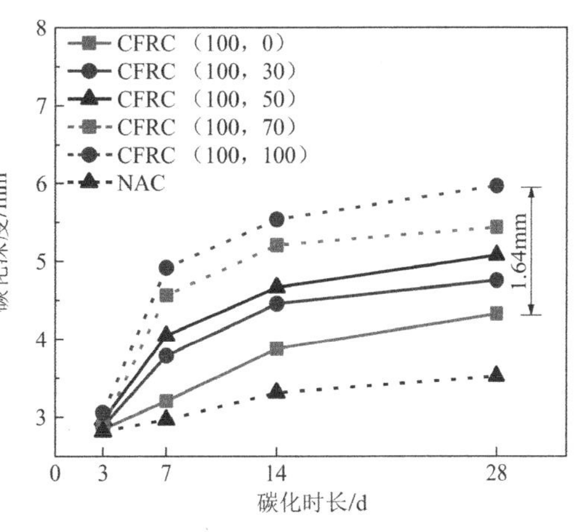

(b) 碳化强化全再生混凝土（100%再生粗骨料）

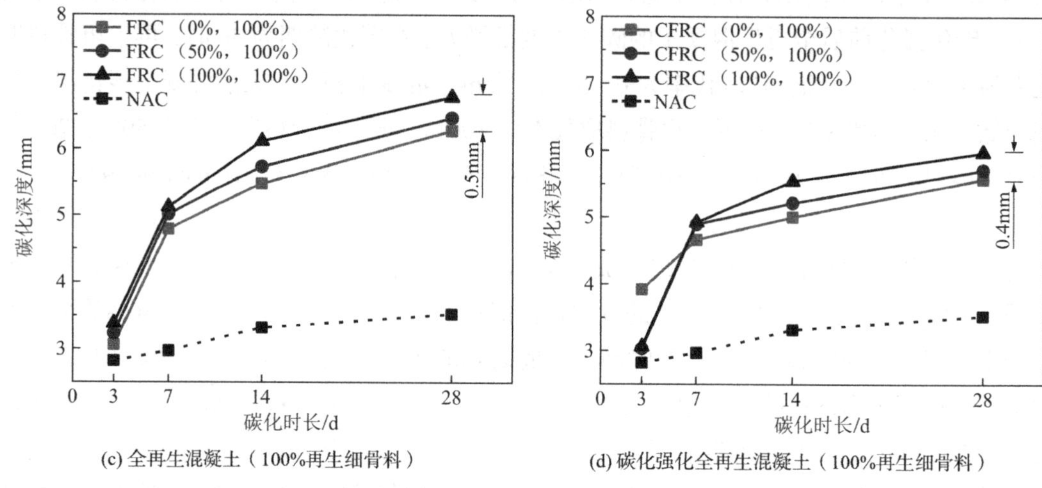

(c) 全再生混凝土（100%再生细骨料）　　(d) 碳化强化全再生混凝土（100%再生细骨料）

图 11-22　碳化深度随碳化时间的变化关系

采用正交方法对比再生骨料取代率以及碳化强化再生骨料对全再生粗/细骨料混凝土 28d 抗碳化性能的影响，正交分组如表 11-7 所示，对比如图 11-23 所示。当再生骨料取代率均从 0%增至 100%时，计算全再生粗/细骨料混凝土碳化深度的极差分别为 2.11mm、0.5mm，碳化强化再生骨料后全再生粗/细骨料混凝土的极差分别为 1.64mm、0.4mm。由此可见全再生混凝土耐久性的劣化主要由再生细骨料决定，受再生粗骨料取代率的变化影响相对较小。这是由于再生骨料表面粘结砂浆的含量与骨料粒径成负相关，再生骨料粒径越小，表面黏附的废旧砂浆越多，这与 Li 等[257]研究一致。且从图 11-23 中能够看出，100%再生细骨料取代率的全再生混凝土的碳化深度远大于 100%再生粗骨料取代率的全再生混凝土。50%碳化再生粗骨料、100%碳化再生细骨料取代率下的全再生混凝土与未经碳化强化处理的 100%再生粗骨料取代率、50%再生细骨料取代率下的全再生混凝土碳化深度接近。伴随着再生骨料取代率的增加，碳化强化后 100%再生细骨料取代率的全再生混凝土的抗碳化性能优于未经碳化强化的 100%再生粗骨料取代率的全再生混凝土，碳化强化能够在一定程度上弥补再生骨料粒径所引起的全再生混凝土抗碳化性能的劣化。

正交分组　　表 11-7

取代率/%		28d 碳化深度/mm			
		A1：再生细骨料取代率 100%	A2：再生粗骨料取代率 100%	A3：再生细骨料取代率 100%	A4：再生粗骨料取代率 100%
B1：再生细骨料	0	—	4.58	—	4.33
	50	—	5.64	—	5.08
	100	—	6.77	—	5.97
B2：再生粗骨料	0	6.27	—	5.57	—

续表

取代率/%		28d 碳化深度/mm			
		A1：再生细骨料取代率 100%	A2：再生粗骨料取代率 100%	A3：再生细骨料取代率 100%	A4：再生粗骨料取代率 100%
B2：再生粗骨料	50	6.46	—	5.71	—
	100	6.77	—	5.97	—

注：A1 × B2 与 A2 × B1 中再生骨料未经碳化强化处理；A3 × B2 与 A4 × B1 中再生骨料均经过碳化强化处理。

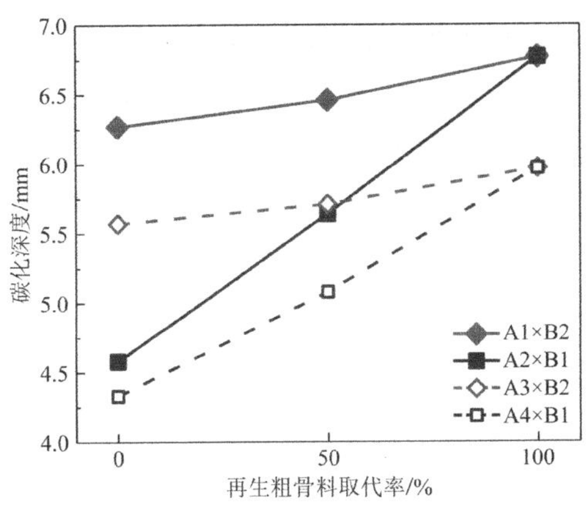

图 11-23　A × B 二元图

（2）碳化时长影响

全再生混凝土的碳化深度均随碳化时长的增加而增加。结合图 11-22 可知在试验前期全再生混凝土碳化深度发展较快，碳化前 3d 时全再生混凝土的碳化深度已经达到最终碳化深度的 50%，此后碳化深度的变化速率随着时间的增长逐渐减慢，将全再生混凝土 28d 碳化深度与 14d 碳化深度比较，全再生混凝土加速碳化 14～28d 碳化深度的增加量仅为最终碳化深度的 10%左右。这是由于全再生混凝土硬化后吸附碳化箱内部的 CO_2 到达其表面，CO_2 气体由表面向内部缓慢渗透，当全再生混凝土表面有限深度范围内被碳化时，碳化箱内的 CO_2 迅速与混凝土中的碱性物质发生反应，生成粒径较大且难溶于水的碳酸盐逐渐在材料内部沉积，降低了材料内部的孔隙率，细化了孔隙大小，在一定程度上减缓了 CO_2 向混凝土内部的扩散速度。由此可见碳化过程使全再生混凝土更加密实，随着加速碳化时间的增长全再生混凝土的抗碳化性能逐渐增强。

（3）碳化强化再生骨料影响

图 11-24 为不同碳化龄期下 RAC 碳化深度与 RA 取代率的关系。混凝土的抗碳化能力与其内部的碱成分及孔隙的分布密切相关，碳化作用的早期阶段，碳化强化处理再生骨料对混凝土的碳化深度影响不大。图 11-24（a）中再生粗骨料取代率为 100%，碳化龄期为 3d，当再生细骨料取代率为 0%、30%和 50%时，碳化强化全再生混凝土相较于普通全再生混凝土其碳化深度分别增大了 6.34%、15.12%和 0%，这是由于碳化处理再生骨料时，CO_2 与砂浆中 $Ca(OH)_2$ 之间的中和反应降低了全再生粗骨料内部的碱度，增加了全再生混凝土

的碳化风险[234-235]；当再生细骨料取代率为 70%和 100%时，碳化强化使全再生混凝土的碳化深度分别减少 7.37%和 9.47%。图 11-24（a）中再生细骨料取代率为 100%，碳化龄期为 3d，当再生粗骨料取代率为 0%、50%和 100%时，碳化强化使其碳化深度分别降低了 8.59%、9.07%和 9.33%。这说明，尽管碳化强化处理减少了再生骨料内部的碱性物质，降低了全再生混凝土的抗碳化能力，然而，随着再生骨料取代率的提高，再生砂浆的掺入比也相继增多，碳化强化处理再生骨料对全再生混凝土抗碳化性能的增强效果更加显著，全再生混凝土的碳化深度降低。

图 11-24（b）可知，加速碳化试验龄期为 7d 时，观察到碳化强化对全再生混凝土的改善效果先增后降，预浸泡复合碳化对再生粗骨料取代率为 100%、再生细骨料取代率为 70% 的全再生混凝土的改善效果最为明显，碳化深度降低 9.33%；碳化强化对全再生的改善效果较为平稳，改善效果随再生粗骨料取代率的变化不显著。图 11-24（c）、（d）中，预浸泡复合碳化处理的全再生混凝土的抗碳化性能也均优于未经强化的全再生混凝土，且与图 11-24（b）碳化深度增长趋势大致相同，碳化龄期为 14d、28d 时，再生粗骨料取代率为 100%，再生细骨料取代率为 70%的全再生混凝土碳化深度分别减小 13.88%、17.2%，碳化对该取代率下的全再生混凝土改善最好。这可能是由于该取代率下碳化再生骨料在混凝土拌合时吸收部分水分，而这些水分在水化过程中起到了内养护的作用，使粘结砂浆中未水化的水泥熟料颗粒继续水化，且该水分被逐渐释放出来，用于进一步的水泥水化，从而增加了基体的总水化进程，增强了全再生混凝土密度，因此抗碳化强度提高最显著。

碳化强化全再生混凝土在碳化试验后期展现出了更好的抗碳化性能，碳化深度差值逐渐增大。一方面是由于再生骨料破碎时表面黏附石粉含量较高，阻碍其与水泥之间粘结；另一方面再生骨料棱角较多且旧砂浆表面疏松多孔，再生骨料的加入对全再生混凝土耐久性影响较大[236]。预浸泡复合碳化强化使再生骨料表面附着砂浆的微观结构致密化，再生骨料的性能以及全再生混凝土中新的界面过渡区（ITZ）相应提高[101]，碳化生成的碳酸化产物封堵了再生骨料孔隙，同时增加了全再生混凝土的孔隙曲折度，阻碍 CO_2 进一步渗透[237]，随着加速碳化试验的进行，强化效果逐渐显著。

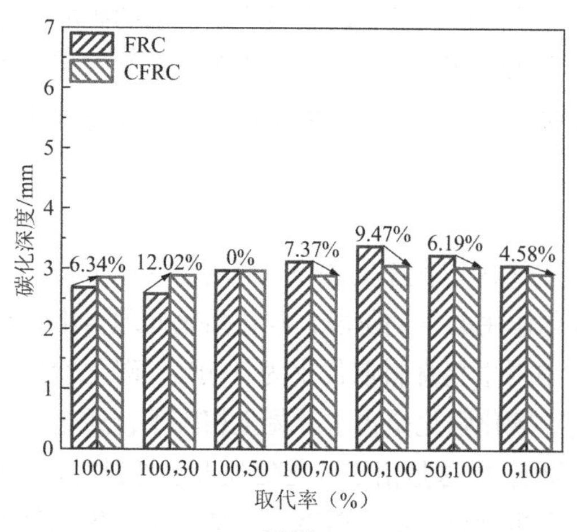

(a) 3d

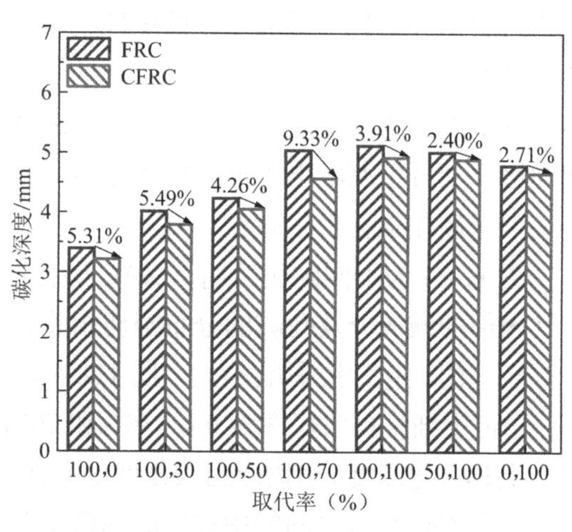

(b) 7d

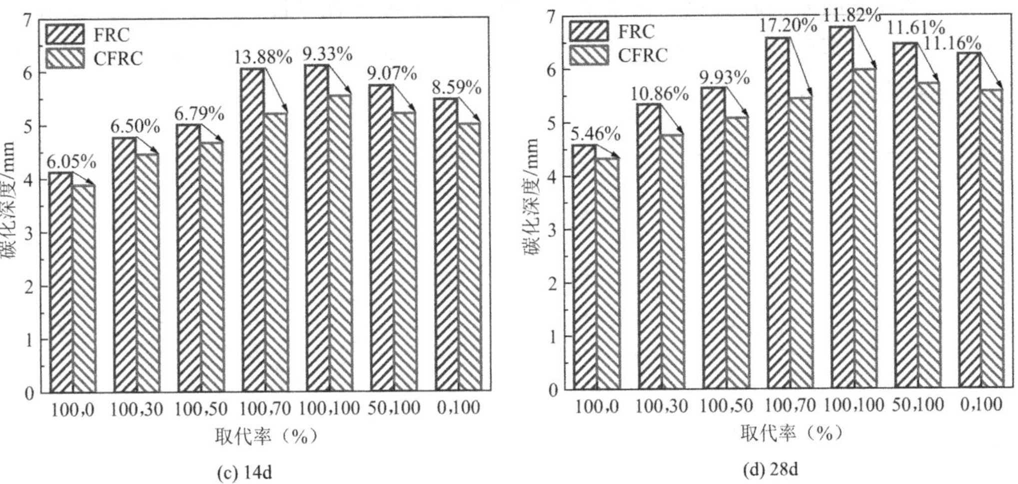

(c) 14d

(d) 28d

图 11-24　不同碳化龄期下 RAC 碳化深度与 RA 取代率的关系

11.7.2　碳化强化全再生混凝土碳化破坏机理

碳化侵蚀过程中，空气中的二氧化碳与混凝土中的自由水混合而产生碳酸，碳酸与混凝土中的水化产物发生化学反应，形成的碳酸盐和其他碳化物，消耗混凝土中的碱性物质。当混凝土内部 pH 值低于 9.88 时，混凝土内部钢筋锈蚀，致使结构发生破坏。与天然混凝土比较，由再生骨料替代天然骨料，由于其孔隙率高，导致了全再生混凝土的内部密实度下降，抗碳化性能减弱。然而再生骨料取代率的增加，致使全再生混凝土内部水泥砂浆的含量增大，可碳化的水化产物增加，碳化生成的碳酸盐填堵在孔隙内部，阻止 CO_2 气体的渗入，有利于全再生混凝土的抗碳化性能，然而碳酸盐的体积较大，当生成的固体体积大于再生混凝土内部孔隙时，会加速孔结构劣化。碳化强化全再生混凝土的抗碳化性能是各种效应耦合的结果。

11.7.3　全再生混凝土碳化模型

混凝土碳化深度随时间平方根的增加呈幂函数增加，在本节中全再生混凝土也存在类似的规律[264]。将本试验数据代入混凝土基本碳化模型中如式(11-14)和式(11-15)所示，基于 Fick 第一定律所得混凝土碳化的理论模型，采用碳化深度和碳化系数衡量全再生混凝土抗碳化性能，建立全再生混凝土碳化深度模型[123]。

$$d = k\sqrt{t} \tag{11-14}$$

$$k = \sqrt{2DC_0} \tag{11-15}$$

式中：d——碳化深度（mm）;

t——碳化时间（d）;

D——CO_2 气体在混凝土中的扩散系数；

C_0——环境中 CO_2 浓度（加速碳化时 CO_2 浓度为 20%，自然环境中 CO_2 浓度为 0.3%）;

k——碳化速率系数。

对碳化强化前后不同骨料取代率下全再生粗/细混凝土在 3d、7d、14d、28d 碳化深度按方程式(11-14)拟合，拟合结果见图 11-25。得出碳化速率系数k，按式(11-15)计算扩散系数D，结果见表 11-8。

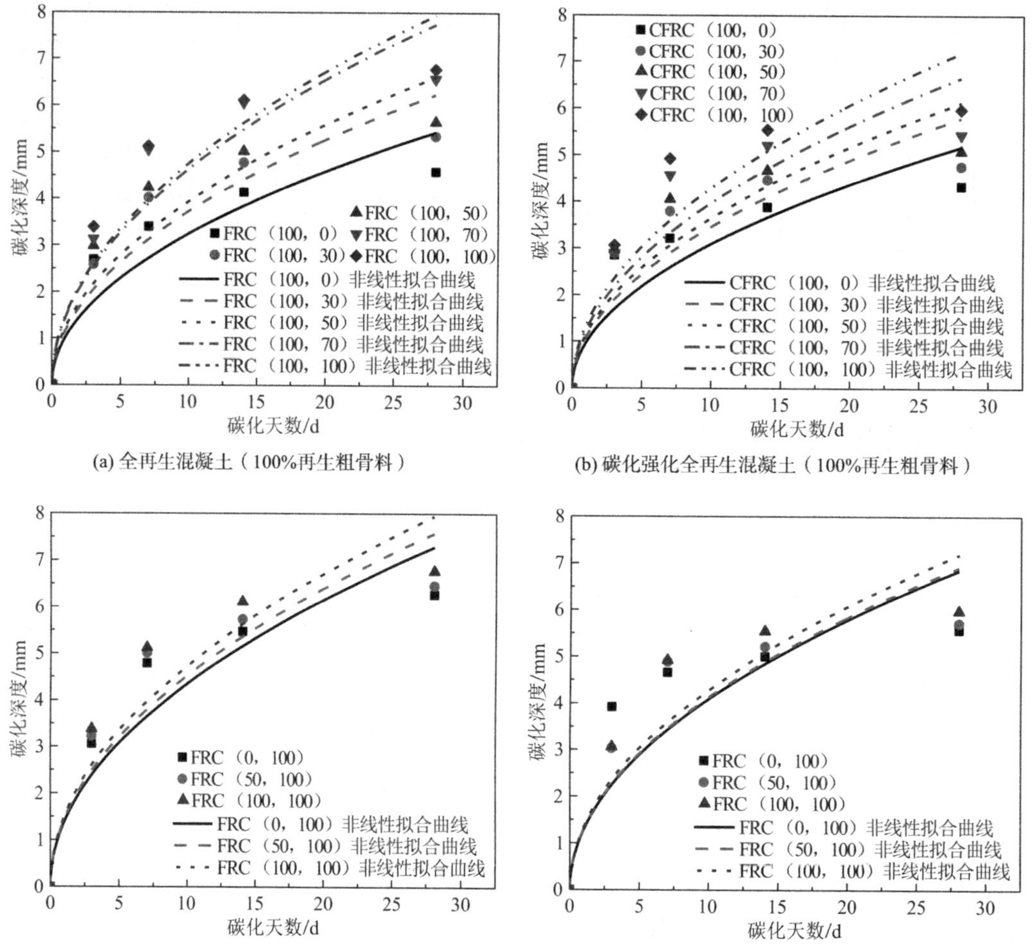

(a) 全再生混凝土（100%再生粗骨料）

(b) 碳化强化全再生混凝土（100%再生粗骨料）

(c) 全再生混凝土（100%再生细骨料）

(d) 碳化强化全再生混凝土（100%再生细骨料）

图 11-25　全再生混凝土碳化深度拟合曲线

RAC 碳化深度拟合参数　　表 11-8

项目	k	R^2	D
FRC（100，0）	1.025	0.84	2.627
FRC（100，30）	1.177	0.889	3.463
FRC（100，50）	1.249	0.871	3.900
FRC（100，70）	1.464	0.88	5.358
FRC（100，100）	1.502	0.879	5.640
FRC（50，100）	1.432	0.871	5.127
FRC（0，100）	1.377	0.883	4.740

续表

项目	k	R^2	D
CFRC（100，0）	0.978	0.784	2.391
CFRC（100，30）	1.094	0.797	2.992
CFRC（100，50）	1.158	0.812	3.352
CFRC（100，70）	1.257	0.814	3.950
CFRC（100，100）	1.358	0.845	4.610
CFRC（50，100）	1.306	0.808	4.264
CFRC（0，100）	1.294	0.696	4.186

注：NAC 为天然骨料混凝土；FRC 为全再生混凝土；CFRC 为碳化强化全再生混凝土；（x，y）其中x为再生粗骨料取代率，y为再生细骨料取代率。

由表 11-8 可知，再生骨料取代率对D值影响较大，为了使建立的模型简单实用，利用一次线性公式对 CO_2 扩散系数D进行拟合，拟合结果如图 11-26 所示，拟合参数如表 11-9 所示。

由表 11-6 可知，CO_2 气体在全再生混凝土中的扩散系数D与再生骨料取代率x之间存在良好的线性关系。基于此建立全再生混凝土、碳化强化再生骨料全再生混凝土的碳化深度预测模型，其中d为碳化深度（mm），x为再生骨料取代率（%），C_0为 CO_2 浓度（%），t为碳化天数，碳化深度预测模型见表 11-10。

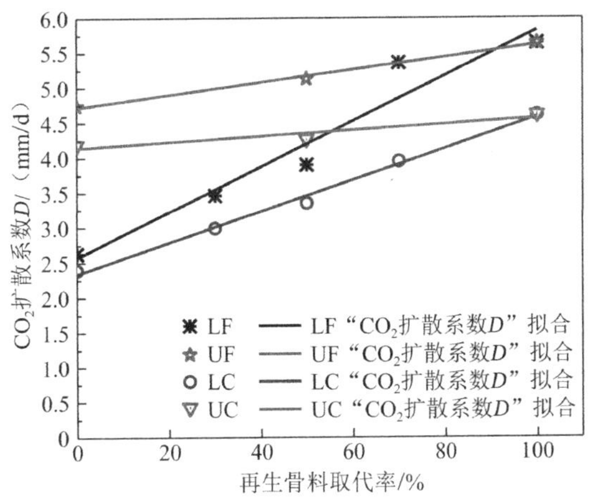

图 11-26　全再生混凝土扩散系数D值的拟合曲线

全再生混凝土扩散系数 D 值的拟合参数　　表 11-9

项目	a	b	R^2
全再生混凝土（100%再生粗骨料）	0.03251	2.5722	0.9398
碳化强化全再生混凝土（100%再生粗骨料）	0.02243	2.3374	0.9941
全再生混凝土（100%再生细骨料）	0.009	4.719	0.9935
碳化强化全再生混凝土（100%再生细骨料）	0.0042	4.14133	0.76496

碳化深度预测模型　　表 11-10

项目	碳化深度模型
全再生混凝土（100%再生粗骨料）	$d=\sqrt{2(0.03251x_1+2.5722)C_0}\times\sqrt{t}$
碳化强化全再生混凝土（100%再生粗骨料）	$d=\sqrt{2(0.02243x_1+2.3374)C_0}\times\sqrt{t}$
全再生混凝土（100%再生细骨料）	$d=\sqrt{2(0.009x_2+4.719)C_0}\times\sqrt{t}$
碳化强化全再生混凝土（100%再生细骨料）	$d=\sqrt{2(0.00420x_2+4.14133)C_0}\times\sqrt{t}$

注：x_1为再生细骨料取代率，x_2为再生粗骨料取代率。

对全再生混凝土碳化深度预测的计算结果与实测数据进行比较，结果表明：全再生混凝土的碳化深度测试结果与计算结果有很好的一致性。计算值与试验值的比值如图 11-27 所示，结果表明：全再生混凝土的碳化深度模型的预测准确率较高，其结果与实测值的比值的平均值（AVE）为 0.905，方差（VAR）为 0.034。说明该模型能够较好地预测全再生混凝土的碳化深度。

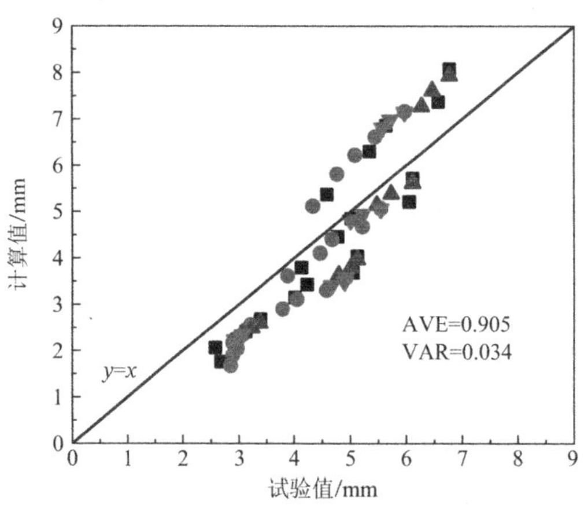

图 11-27　碳化深度计算值与试验值对比

11.8　碳化强化再生骨料对全再生混凝土抗冻性能的影响

11.8.1　试验结果与分析

（1）破坏形态

按照第 2 章试验方案中的冻融循环操作步骤进行试验，试块在进行冻融循环试验时，设定其单次冻融循环在 2～4h 内完成。采用非金属超声波探伤分析仪，在 25 个冻融周期后，测定了各样品的声速，并按相关公式求出了其相对动弹性模量。试验之前，清除试样表面的浮渣，并擦干表面水分。然后称量全再生混凝土质量。在冻融循环称量过程中仔细观察全再生混凝土的外观是否出现破损、缺角的情况，如图 11-28、图 11-29 所示。

图 11-28 为再生粗骨料取代率为 100%时，全再生混凝土试块 50 次冻融循环后的外观，能够看出，伴随着再生细骨料取代率的增加，全再生混凝土表层砂浆脱落程度逐渐显著，

全再生混凝土内部的粗骨料逐渐显露，全再生混凝土表面有明显凸起，不再平滑。当再生细骨料取代率达到 50%时棱角也有部分脱落，不再呈现直角。全再生混凝土整体结构变得松散，取代率高达 100%时，全再生混凝土已完全碎裂，不再成形。当再生骨料经过碳化强化后，全再生粗骨料试块表层的砂浆小部分脱落，表面形似鱼鳞，砂浆脱落导致出现一些肉眼可见的孔隙分布在全再生混凝土中部，当再生细骨料取代率至 70%时全再生混凝土的棱角有部分脱落变得不规则，全再生混凝土仍能保持整体性，仅 100%再生细骨料取代率下全再生混凝土表层砂浆脱落部分再生粗骨料开始显露。碳化强化显著改善了全再生混凝土冻融循环 50 次后外观形貌。

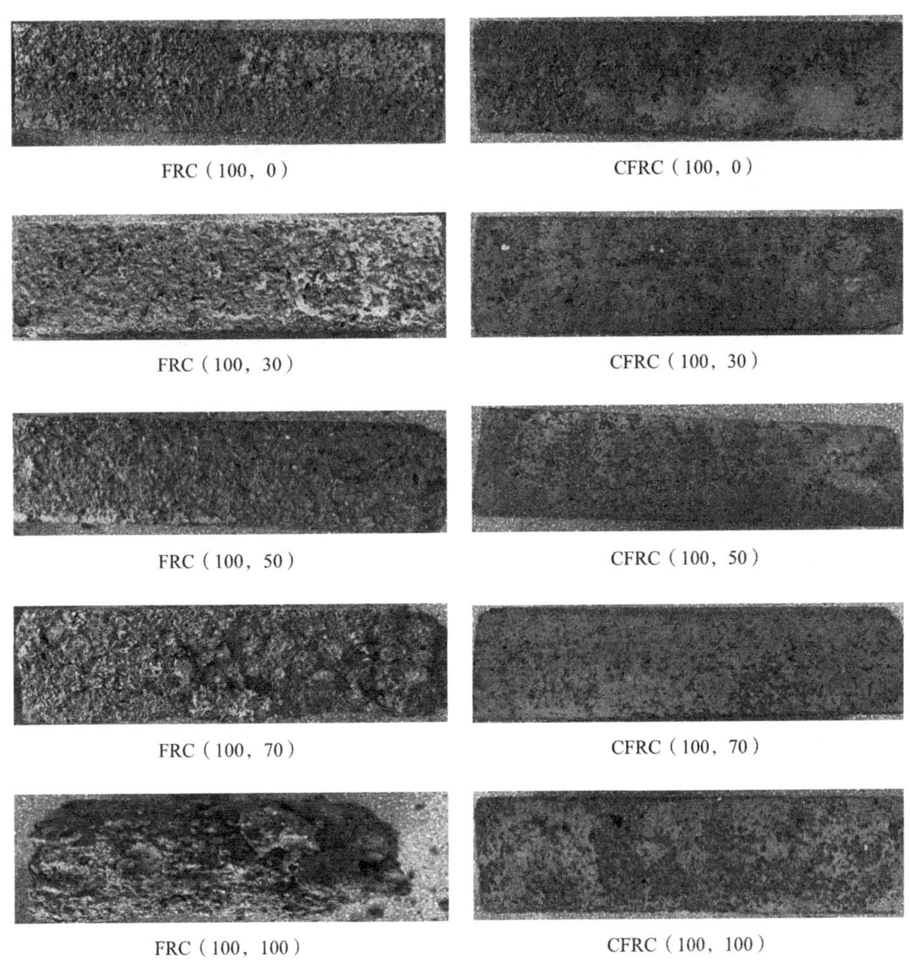

图 11-28 100%再生粗骨料取代率的全再生混凝土冻融 50 次后外观

图 11-29 为再生细骨料取代率为 100%时，全再生混凝土冻融循环 50 次外观。再生粗骨料取代率为 0%时未经碳化强化的全再生混凝土表层砂浆全部脱落，全再生混凝土发生了明显的膨胀变形，使全再生混凝土产生了角部缺失和骨料脱落，严重时试块从中心处断裂。这是由于在冻融循环作用下，初始孔隙的存在致使全再生混凝土中的微裂缝在膨胀压作用下不断扩展。再生粗骨料取代率为 50%时全再生混凝土的外观形貌具有较好的整体性，

未经碳化强化的全再生混凝土表层砂浆全部脱落，粗骨料明显暴露于表面。取代率达到100%时，全再生混凝土已完全碎裂，不再成形。经碳化强化后的全再生混凝土仍能维持原形态，全再生混凝土表层砂浆部分脱落，再生粗骨料取代率高达100%时全再生混凝土出现缺角。

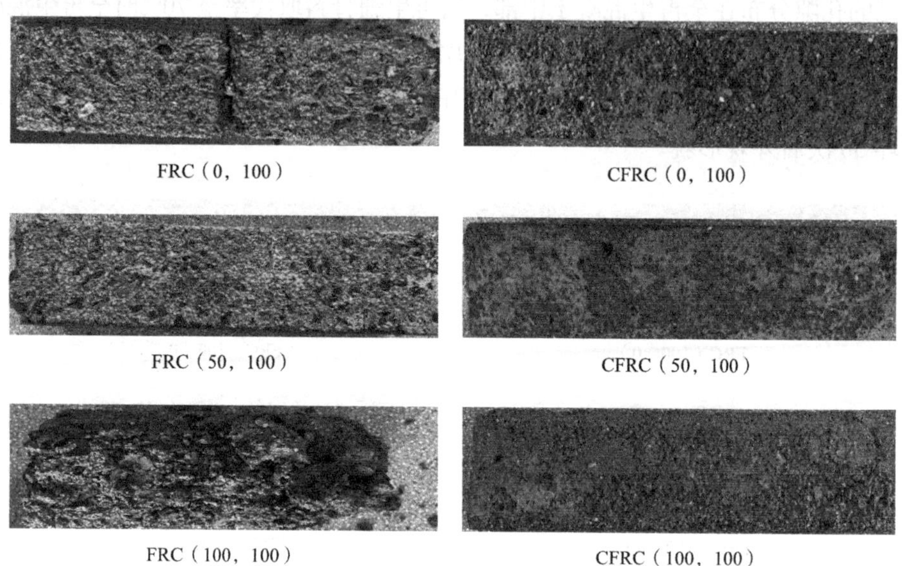

图 11-29　100%再生细骨料取代率的全再生混凝土冻融 50 次后外观

混凝土是由水泥、骨料等多种材料构成的非均质结构，粗骨料密度高自重较大，振捣过程中向下部沉积，细骨料与水泥浆体混合形成顶部的浮浆层。在冻融破坏过程中，由于冻融次数的增多，其表层浆体逐渐脱落。结果表明，碳化强化再生骨料能够明显改善全再生混凝土外观损伤。

（2）质量损失率

分别测定各个全再生混凝土的重量，将数据进行记录，按公式(11-16)计算每 25 次冻融循环试验后的质量损失率，如表 11-11 所示。

$$\Delta W_{\mathrm{n}i}=\frac{W_{\mathrm{o}i}-W_{\mathrm{n}i}}{W_{\mathrm{o}i}}\times 100\% \tag{11-16}$$

式中：$\Delta W_{\mathrm{n}i}$——次冻融循环后第i个全再生混凝土的质量损失率（%），精确至 0.01；

$W_{\mathrm{o}i}$——冻融循环试验前第i个全再生混凝土的质量（g）；

$W_{\mathrm{n}i}$——次冻融循环后第i个全再生混凝土的质量（g）。

全再生混凝土质量损失率　　表 11-11

项目	25 次质量损失率/%	50 次质量损失率/%	项目	25 次质量损失率/%	50 次质量损失率/%
NAC	−0.22	−0.24	CFRC（100，0）	0.67	2.71
FRC（100，0）	0.83	2.91	CFRC（100，30）	0.59	3.14
FRC（100，30）	0.87	3.35	CFRC（100，50）	0.67	3.56

续表

项目	25 次质量损失率/%	50 次质量损失率/%	项目	25 次质量损失率/%	50 次质量损失率/%
FRC（100，50）	0.95	3.94	CFRC（100，70）	0.90	3.81
FRC（100，70）	1.10	4.21	CFRC（100，100）	0.95	4.59
FRC（100，100）	1.32	5.06	CFRC（50，100）	0.87	4.54
FRC（50，100）	1.23	4.87	CFRC（0，100）	0.90	4.36
FRC（0，100）	1.21	4.77			

注：NAC 为天然骨料混凝土；FRC 为全再生混凝土；CFRC 为碳化强化全再生混凝土；（x，y）其中x为再生粗骨料取代率，y为再生细骨料取代率。

图 11-30 是碳化强化前后冻融循环 25 次和 50 次全再生混凝土的质量损失与再生骨料取代率之间的关系，图 11-30（a）为再生粗骨料取代率 100%、再生细骨料取代率 0%、30%、50%、70%、100%的全再生混凝土的质量损失率；图 11-30（b）为再生细骨料取代率 100%、再生粗骨料取代率 0%、50%、100%的全再生混凝土的质量损失率。

由折线趋势可知，在经过冻融循环作用 25 次后，未经碳化强化的全再生混凝土试块的质量呈现出逐渐降低的趋势，即各组试块的质量损失率随着再生骨料取代率的增加逐渐增加。25 次冻融循环后，各试块的质量损失率没有显著性差异，在 0.8%～1.4%之间，而天然混凝土则为−0.22。这是由于在冻融循环试验初期，混凝土内部新裂缝的生成以及旧裂纹的扩展会使水分经由孔隙进入全再生混凝土内部，致使试块质量增加，而经过冻融循环试块表面的砂浆逐渐剥落会致使试块质量降低，二者耦合作用下，在试验初期可能会出现质量损失率为负的情况。而天然混凝土质量损失率呈现负值，并不代表其性能更差，而是由于全再生混凝土内部废旧砂浆较多，自身结构较为松散，经冻融循环后孔隙与裂缝较大，表面砂浆大量脱落，质量损失率是正数。经过 25 次的冻融循环，全再生混凝土对水分的吸收达到了饱和状态。但在多次冻结、融化的过程中，由于孔隙水的存在，会使试样内的膨胀压力不断累积，试样表面剥落、掉渣等，造成试样质量下降。此时，各组混凝土试块均处于损伤状态。

在冻融循环 50 次时，测试试块质量损失发现该组试块表面出现了严重的破损情况，边角缺损，粗骨料暴露在外。经测定，未经碳化强化的全再生混凝土其质量损失率约为 2.5%～5.0%，各组混凝土试块仍处于损伤状态。小于可继续进行冻融循环试验时质量损失率小于 5%的规定。这是因为在 50 次循环后，再生骨料中的微细裂缝会随着冻融循环次数的增大而不断扩大，而空隙中的自由水热胀冷缩则会在一定程度上引起新的裂纹。经 50 次冻融循环，使得全再生混凝土表面以及内部裂缝不断增加，试块表面砂浆剥落，细骨料流失，但松散的结构致使试块内部储存大量的水，试块虽已发生断裂无法继续试验，但其质量损失率仍处于损伤状态，未达到失效状态。与其他组相比，再生粗细骨料取代率均为 100%时，试块由于初始孔隙的大量存在，导致全再生混凝土更容易因冻融损伤而发生断裂，致使其质量损失率显著增加。由于质量损失率受影响因素较多，因此采用质量损失率表征全再生混凝土的抗冻损伤存在较大误差。

碳化强化再生骨料制备的全再生混凝土试块经过 50 次冻融循环后，当碳化再生粗骨料取代率为 100%、碳化再生细骨料取代率为 0%时，碳化强化全再生混凝质量损失率最小，该组试块的质量损失率为 2.71%。当碳化再生粗/细骨料取代率均为 100%时，碳化强化全再生混凝土质量损失率最大，该组试块的质量损失率为 4.59%。碳化强化再生骨料能够降低经过冻融循环后全再生混凝土的质量损失率。这是由于全再生混凝土的耐冻性受再生骨料品质的影响，追其本质就是改变了全再生混凝土的孔隙结构，孔隙较大时，孔隙中的水冰点较低，孔隙较小时孔隙中的水冰点较高。相互连通的毛细孔冰点高容易结冰，因此孔隙内的渗透压与静水压力相对较大，当其内部应力超过其抗拉强度极限，就会导致全再生混凝土结构变形、开裂[238]。而碳化强化处理对再生骨料孔结构的改善作用，提升再生骨料品质，从而提高全再生混凝土的抗冻性能。

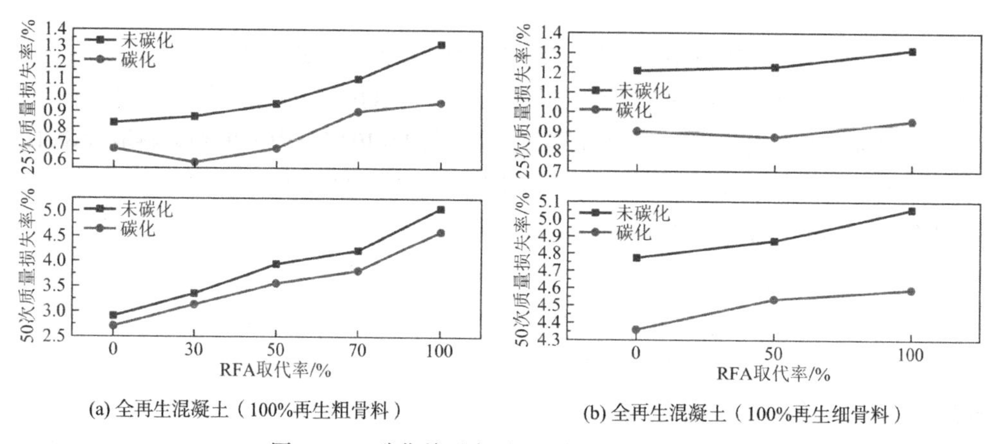

(a) 全再生混凝土（100%再生粗骨料）　(b) 全再生混凝土（100%再生细骨料）

图 11-30　碳化前后全再生混凝土质量损失率

（3）相对动弹性模量

分别使用非金属超声波检测分析仪测试全再生混凝土的波速根据公式(11-17)计算其动弹性模量（DEM）。

$$E = \frac{\rho(1+\gamma)(1-2\gamma)}{1-\nu}V^2 \tag{11-17}$$

式中：ρ——材料密度；

ν——材料泊松比。

按公式(11-17)计算全再生混凝土的相对动弹性模量（RDEM），如表 11-12 所示。

$$E_r = \frac{E_t}{E_0} = \frac{V_t^2}{V_0^2} \tag{11-18}$$

式中：E_t——经历 7 次冻融循环后全再生混凝土的 DEM；

E_0——全再生混凝土的初始弹性模量；

V_t——经历第t次冻融循环后全再生混凝土声速。

25 次冻融循环后全再生混凝土相对动弹性模量　　**表 11-12**

项目	相对动弹性模量/%	项目	相对动弹性模量/%
NAC	0.85	CFRC（100，0）	0.66
FRC（100，0）	0.48	CFRC（100，30）	0.69

续表

项目	相对动弹性模量/%	项目	相对动弹性模量/%
FRC（100，30）	0.58	CFRC（100，50）	0.47
FRC（100，50）	0.37	CFRC（100，70）	0.43
FRC（100，70）	0.29	CFRC（100，100）	0.39
FRC（100，100）	0.25	CFRC（50，100）	0.37
FRC（50，100）	0.26	CFRC（0，100）	0.45
FRC（0，100）	0.31		

注：NAC 为天然骨料混凝土；FRC 为全再生混凝土；CFRC 为碳化强化全再生混凝土；（x，y）其中x为再生粗骨料取代率，y为再生细骨料取代率。

冻融循环后，全再生混凝土的 RDEM 随再生骨料取代率的变化如图 11-31 所示。图 11-31（a）为 100%再生粗骨料取代率的全再生混凝土伴随再生细骨料取代率从 0%～100%时的 RDEM。其中，普通全再生混凝土在冻融循环 25 次后，RDEM 均下降至 60%以下发生破坏，碳化强化全再生混凝土的相对动弹性模量均高于普通全再生混凝土，当碳化再生细骨料取代率小于 30%时，碳化强化全再生混凝土的 RDEM 大于 60%。这表明，碳化再生骨料对全再生混凝土的冻融破坏具有一定的抑制作用，当再生细骨料取代率为 0%、30%、50%、70%、100%时，碳化强化全再生混凝土的 RDEM 相对于普通全再生混凝土分别提升 36.95%、19.48%、27.22%、45.05%、60%。并且随着再生细骨料取代率的增加，碳化对全再生混凝土抗冻性能的改善效果呈上升趋势。虽然碳化对 30%再生细骨料取代率下的全再生混凝土改善效果最小，而在此取代率下，全再生混凝土的抗冻性最佳。这是由于再生混凝土的抗冻性能受再生骨料取代率、孔结构、表面形态和颗粒级配等多种因素共同影响。一方面再生骨料表面附着的废旧砂浆存在大量裂缝与孔隙，吸水率较高，使再生骨料与新拌水泥砂浆之间的局部水灰比降低；另一方面再生骨料形状不规则，棱角较多，也增加了与新拌水泥砂浆的锚固强度，在此替代速率下，全再生混凝土的抗冻性稍高。但由于再生细骨料存在天然缺陷，全再生混凝土的抗冻性随再生细骨料取代率的提高而下降。因此，其余取代率下，再生混凝土的相对动弹性模量显著降低。

图 11-31（b）表示全再生混凝土中，再生细骨料取代率为 100%，再生粗骨料取代率为 0%～100%时的 RDEM。在再生粗骨料取代率为 0%、50%、100%的情况下，碳化强化再生混凝土的 RDEM 相对于普通全再生混凝土分别提升 44.69%、41.06%、60%。在相同再生骨料取代率下碳化强化全再生混凝土相对动弹性模量的下降幅度小于未经碳化强化的再生混凝土。但与天然混凝土相比其相对动弹性模量损失仍较大，无法满足使用。这是因为相较于未经处理的再生骨料，碳化反应改善了再生细骨料表面砂浆的孔隙结构，使得新拌砂浆与再生骨料之间的握裹能力增强，强化了界面过渡区，使得全再生混凝土抵抗冻融循环冻胀作用的能力变强。然而再生骨料表面的旧砂浆在混凝土内部形成的三种界面过渡区：新砂浆-旧砂浆界面、天然骨料-新砂浆界面、天然骨料-旧砂浆界面。而天然混凝土中仅存在较为致密的天然骨料-新砂浆界面。当全再生混凝土经受冻融作用时，界面过渡区种类的增

加会影响全再生混凝土的抗冻性能。因此无论是否进行碳化强化再生骨料，天然混凝土的抗冻性能均优于全再生混凝土[228-229]。

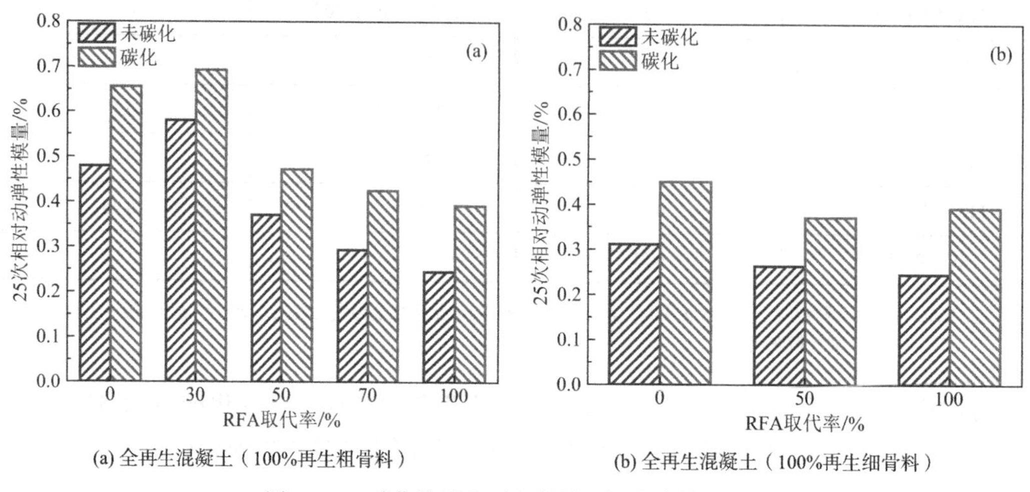

(a) 全再生混凝土（100%再生粗骨料）

(b) 全再生混凝土（100%再生细骨料）

图 11-31 碳化前后全再生混凝土相对动弹性模量

11.8.2 全再生混凝土冻融损伤机理

再生混凝土的冻融损伤与天然混凝土相似，主要是一种物理变化过程，可用静水压理论与渗透压理论解释这一现象。静水压理论中指出，混凝土在低温状态时冻结区域由外向内延伸，混凝土外层冻结致使其内部液态水被封存于孔隙中，对孔隙壁产生静水压力，在冻融循环过程中致使混凝土发生破坏[239]。渗透压理论指出，不同大小的孔隙冻结顺序不同，大孔中的水先发生冻结，与小孔产生浓度差，大孔中的液体压力致使混凝土产生损伤[240]。因此，较多学者指出，再生混凝土抗冻性能劣于未经碳化强化的混凝土，这是由于再生骨料外部包裹老旧砂浆，这些砂浆本身结构疏松外加破碎过程中外部挤压造成的微裂缝，使再生混凝土内部结构相较于未经碳化强化的混凝土更加复杂。并且与天然混凝土相比，再生混凝土内部存在更多的旧砂浆与旧骨料、新砂浆与旧砂浆之间的界面过渡区，这些界面过渡区比较薄弱，并随着再生骨料取代率的增加界面过渡区与孔隙也随之增加。再生混凝土在受冻过程中吸水速率大，并且临界饱和度也低于天然混凝土，在同等冻融环境下，再生混凝土内部结构更易发生破坏[241]。而碳化反应优化了再生细骨料的孔隙结构，强化了界面过渡区，使其内部不易形成微裂缝，显著地降低了再生混凝土毛细孔的吸水量，提高再生混凝土在遭受冻融循环过程中抵抗冻胀作用的能力。

11.8.3 全再生混凝土冻融损伤模型

全再生混凝土的冻融损伤与天然混凝土类似，都是由混凝土结构内部微裂缝的增多和扩展引起的，而全再生混凝土性能劣化的实质是其表面和界面间损伤逐渐累积的过程，而材料的微观损伤起到重要的作用，大量学者认为混凝土的 RDEM 能够更好地从宏观反映混凝土的内部损伤，因此能够用 RDEM 表征全再生混凝土内部损伤，根据试验数据利用回归分析的方法建立全再生混凝土的冻融损伤模型。

$$D = 1 - \frac{E_t}{E_0} \tag{11-19}$$

$$E_r = \frac{E_t}{E_0} \tag{11-20}$$

$$D = 1 - E_r \tag{11-21}$$

其中，D为全再生混凝土的损伤度，依据规范，当损伤度达到 40%时试块已破坏，因此，定义损伤度为 40%时对应的冻融次数即为全再生混凝土的最终冻融循环次数。然而在全再生混凝土中当试块经历 25 次冻融循环后，损伤度几乎均达到 40%，作出相对应的曲线如图 11-32 所示。通过分析可知，伴随着再生骨料取代率的变化，100%再生粗骨料取代率的全再生混凝土数据与三次函数的变化趋势类似；100%再生细骨料取代率的全再生混凝土数据与一次函数的变化趋势类似，如图 11-33 所示，拟合得到全再生混凝土冻融损伤模型如表 11-13 所示。

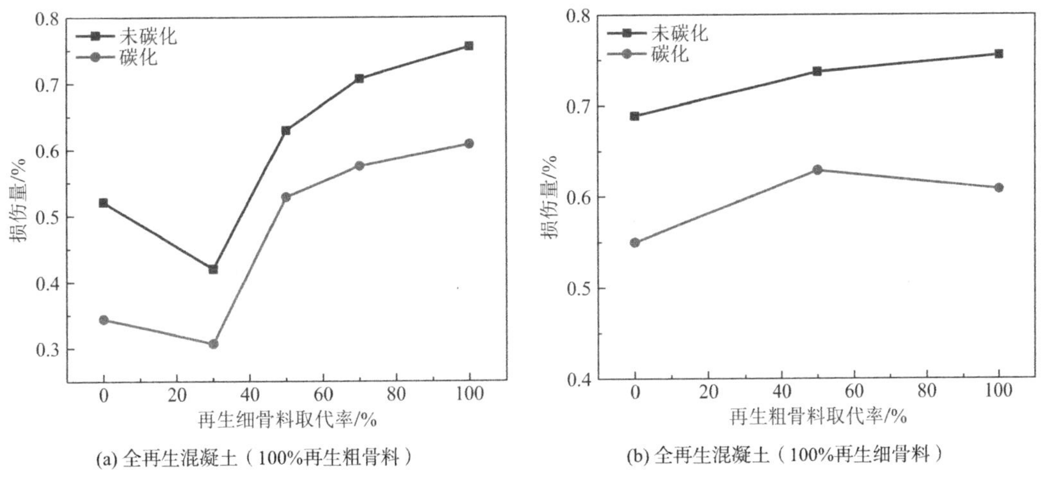

(a) 全再生混凝土（100%再生粗骨料） (b) 全再生混凝土（100%再生细骨料）

图 11-32 不同再生粗骨料取代率下全再生混凝土损伤度变化规律

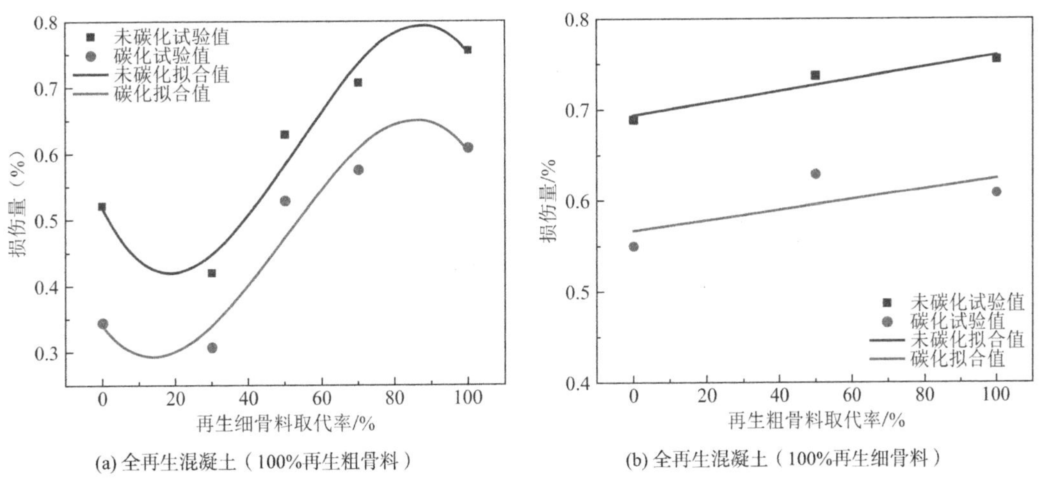

(a) 全再生混凝土（100%再生粗骨料） (b) 全再生混凝土（100%再生细骨料）

图 11-33 不同取代率下全再生混凝土随再生骨料取代率的变化及拟合曲线

全再生混凝土冻融损伤模型　　表 11-13

分组	冻融损伤模型	R^2
全再生混凝土（100%再生粗骨料）	$(-2.30238E-6)x_1^3+(3.65659E-4)x_1^2-0.0112x_1+0.52$	0.951
碳化强化全再生混凝土（100%再生粗骨料）	$(-1.93333E-6)x_1^3+(2.88831E-4)x_1^2-0.00691x_1+0.34$	0.933
全再生混凝土（100%再生细骨料）	$6.6E-4x_2+0.3694$	0.936
碳化强化全再生混凝土（100%再生细骨料）	$5.8E-4x_2+0.5667$	0.502

注：x_1为再生细骨料取代率，x_2为再生粗骨料取代率。

11.9 本章小结

通过对碳化强化前后，不同再生骨料取代率下的全再生混凝土进行抗氯离子渗透、抗碳化以及抗冻试验，实测了不同再生骨料取代率下全再生混凝土的氯离子迁移系数，碳化深度以及冻融循环后全再生混凝土质量损失率与相对动弹性模量。具体结论如下：

（1）再生粗骨料取代率为 100%时，全再生混凝土中的氯离子迁移系数随再生细骨料取代率的增大而减小；再生细骨料取代率为 100%时，非稳态氯离子的迁移系数随再生粗骨料取代率的增大先增加后减小。碳化强化再生骨料显著提高其抗氯离子渗透性能。利用试验数据进行拟合，建立了碳化强化前后全再生混凝土抗氯离子侵蚀模型。

（2）碳化深度均随着碳化天数的增加而增加，随着再生骨料取代率的增加而增加。碳化强化再生骨料能够提高全再生混凝土的抗碳化性能，但不是再生骨料取代率越大改善效果越显著，其中再生粗骨料取代率为 100%、再生细骨料取代率为 70%时，碳化对全再生混凝土改善效果最显著。基于二次多项式，结合天然混凝土的碳化模型，建立了全再生混凝土的碳化深度预测模型。

（3）与天然混凝土相比全再生混凝土表现出较差的抗冻性能，随着冻融循环次数增加，全再生混凝土试块在冻融早期样品的边缘和角部就已经发生破坏，经历 50 次冻融循环后外观损伤加剧，100%再生细骨料取代率下的全再生混凝土试块已从中部断裂损坏；随着再生骨料取代率的增加，全再生混凝土的质量损失率逐渐增加且远大于天然混凝土；再生粗骨料取代率为 100%时，全再生混凝土经受 25 次冻融循环时其 RDEM 随再生细骨料取代率的增加先增后降，当再生细骨料取代率为 30%时，RDEM 最高，体现出最好抗冻性能。本试验中，使用碳化强化再生骨料制备全再生混凝土的抗冻性能明显优于未经碳化强化的全再生混凝土，当再生粗骨料、再生细骨料取代率均为 100%时，全再生混凝土的 RDEM 提升高达 60%。根据试验数据进行拟合分析，以 RDEM 定义损伤变量，基于再生骨料取代率建立全再生混凝土冻融损伤模型。

第 12 章 CH 复合碳化改性再生砂浆耐久性

12.1 试验概况

试验原材料及测试方法、再生砂浆配合比设计、试验制作及养护与试验方法同第 10.1 节。

12.2 碳化处理再生细骨料对再生砂浆抗氯离子渗透性能的影响

不同取代率碳化再生细骨料对再生砂浆抗氯离子渗透性能的影响见表 12-1，碳化前后再生砂浆氯离子渗透深度见图 12-1。

碳化前后不同取代率再生砂浆氯离子迁移系数　　表 12-1

试验编号	细骨料取代率/%	氯离子迁移系数
NM	0	21
RM30	30	22.3
RM50	50	26.9
RM70	70	22.7
RM100	100	25.7
CRM30	30	21.3
CRM50	50	26.0
CRM70	70	19.7
CRM100	100	17.1

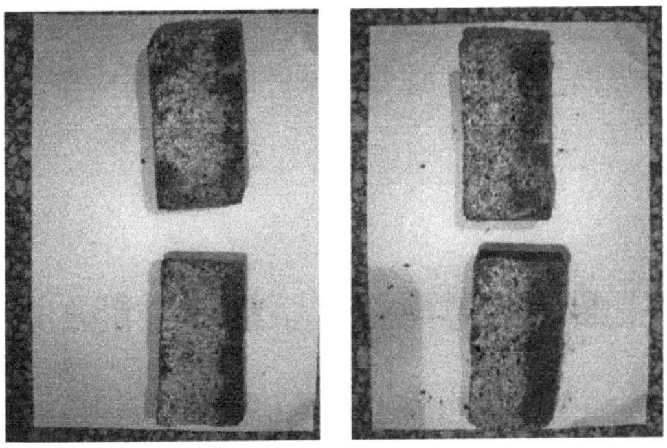

(a) RM100 氯离子渗透深度　(b) CRM100 氯离子渗透深度

图 12-1　碳化前后再生砂浆氯离子渗透深度

由表 12-1 可知，再生细骨料的掺入增大了砂浆的抗氯离子迁移系数。当取代率为 30%时，再生砂浆抗氯离子迁移系数增幅较小，增大 6.2%；当取代率为 50%时，再生砂浆抗氯离子迁移系数最大，相较于天然砂浆增大了 28.1%；当取代率继续增加时，抗氯离子迁移系数先减小后增大，RM70 和 RM100 的氯离子迁移系数分别增长 8.1%和 22.4%。而相同取代率下的碳化再生砂浆 CRM30 与 CRM50 分别增长了 1.4%和 23.8%，CRM70 与 CRM100 则分别减小了 6.2%与 18.6%。由图 12-2 可知，当再生细骨料取代率为 30%、50%、70%和 100%时，与再生砂浆相比，碳化再生砂浆抗氯离子迁移系数分别降低了 4.5%、3.3%、13.2%与 33.5%。可见碳化再生细骨料的掺入，能够有效改善再生砂浆的氯离子迁移系数，且细骨料掺量越大改善效果越明显，在高取代率下（CRM70，CRM100）抗氯离子迁移系数低于天然砂浆。Zhang 等[101]也发现类似现象，在取代率为 100%时，研究了再生碎石砂浆与再生卵石砂浆的抗氯离子迁移系数，实验结果表明使用两种不同碳化再生细骨料所配置的再生砂浆均有明显提高。Xuan 等[47]则在养护龄期为 56d 时，对取代率为 100%的再生混凝土进行检测，经碳化后的再生混凝土抗氯离子迁移系数降低了 36.4%。

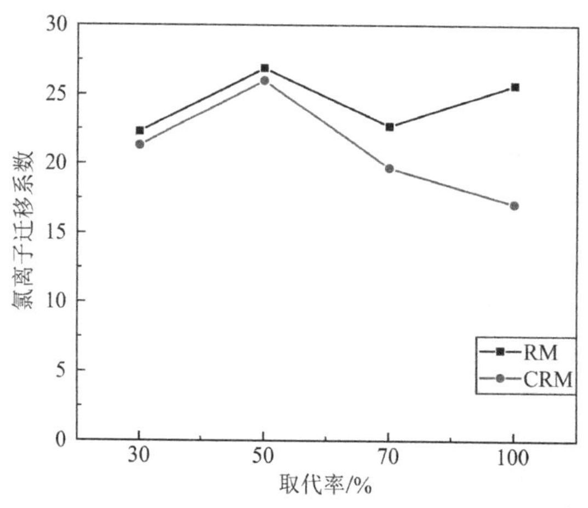

图 12-2　碳化前后各取代率再生砂浆氯离子迁移系数

这是因为再生细骨料表面具有大量附着砂浆同时内部存在破碎产生的微裂缝，其制备的再生砂浆含有大量界面过渡区，使其具有高孔隙率，易被氯离子侵蚀。而再生细骨料经碳化处理后，可改善骨料界面过渡区，降低砂浆孔隙率，从而显著减小抗氯离子迁移系数。因此，对再生细骨料进行碳化处理可以有效提高再生砂浆的抗氯离子侵蚀能力，增大再生细骨料在砂浆中的利用率。

12.3 碳化处理再生细骨料对再生砂浆抗冻性能的影响

目前，有关不同取代率下，碳化再生细骨料对再生砂浆抗冻性能的影响研究较少。不同取代率下，再生砂浆和碳化再生砂浆强度损失与质量损失见表 12-2，再生砂浆冻融外观见图 12-3。

碳化前后不同取代率再生砂浆强度损失率和质量损失率　　表 12-2

试验编号	骨料取代率/%	强度损失率/%	质量损失率/%
NM	0	17.7	0.8
RM30	30	16.3	0.2
RM50	50	27.9	−0.9
RM70	70	31.8	−0.1
RM100	100	26.4	0.4
CRM30	30	14.6	0.2
CRM50	50	12.9	1.3
CRM70	70	24	−0.2
CRM100	100	19.8	0.2

(a) RM100 冻融外观　　(b) CRM100 冻融外观

图 12-3　再生砂浆冻融外观

由表 12-2 可知，无论再生细骨料是否经过碳化处理，再生砂浆的质量损失近乎消失，部分取代率甚至出现负增长。这是由于在冻融循环影响下，再生砂浆内部会逐渐产生微裂缝，而再生细骨料较高的吸水率及碳化产物硅胶的高亲水性，导致再生砂浆的吸水量逐渐增大。此外，由前文力学性能可知，由于再生细骨料的高吸水性，及碳化产物对水化反应的促进作用，致使再生砂浆在冻融过程中继续进行水化反应。再加上再生砂浆的剥落量较少，导致了碳化处理前后的再生砂浆质量损失率接近消失甚至出现负增长。

由图 12-4 可知，当取代率为 30%时，再生砂浆强度损失率最低为 16.3%，略低于天然砂浆，降低了 7.9%；当取代率为 70%时，再生砂浆强度损失率最高为 24%，相较于天然砂浆增长了 35.6%；取代率为 50%和 100%时，再生砂浆强度损失率相差不大，分别较天然砂浆增长 57.6%和 49.2%。未经碳化处理的再生砂浆呈现出与抗压强度类似的规律，当再生细骨料取代率超过 30%时，抗冻性能急剧下降。这与孙家瑛等[265]的研究一致，结果显示当再生细骨料取代率超过 40%时，再生混凝土抗冻性能急剧下降。

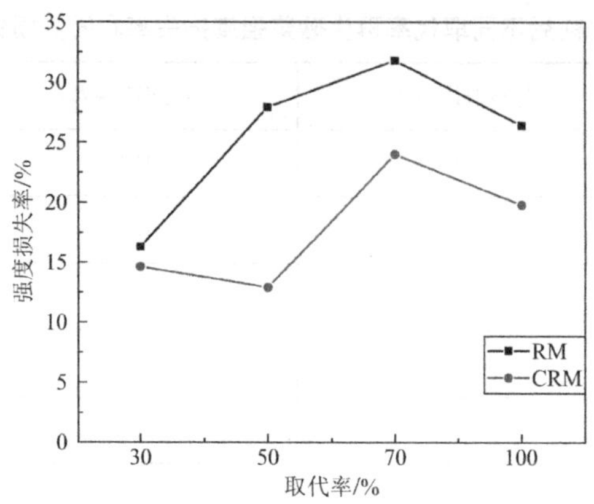

图 12-4 碳化前后各取代率再生砂浆强度损失率

这是因为再生砂浆的抗冻性能受再生细骨料取代率、孔结构、表面形态和颗粒级配的影响。一方面再生细骨料内部存在微裂缝同时含有大量老旧砂浆，这导致由其制备的再生砂浆局部水灰比降低；另一方面再生细骨料表面粗糙，增加了与水泥砂浆的粘结强度；此外，再生细骨料中含有部分再生微粉，起到了优化颗粒级配的作用，这三者是 RM30 的强度损失率略优于天然砂浆的原因。但由于再生细骨料存在天然缺陷，大量使用势必会造成砂浆的快速劣化。因此，当取代率超过 30%时，再生砂浆强度损失率急剧增加。

与未经处理的再生砂浆相比，使用碳化再生细骨料拌制的砂浆强度损失率下降明显，且当取代率超过 50%时，强度损失率才有显著提高。当碳化再生细骨料取代率为 30%、50%、70%和 100%时，相较于未经处理的再生砂浆，强度损失率分别降低 10.4%、53.8%、24.5%和 25%。与再生砂浆类似，碳化再生砂浆强度损失率在取代率为 70%时，达到最大值为 24%。

这是因为相较于未经处理的再生砂浆，碳化反应优化了再生细骨料的孔隙结构，强化了界面过渡区，抵抗冻融循环冻胀作用的能力变强，砂浆与骨料的握裹能力增强，内部不易形成微裂缝。因此，再生细骨料取代率增至 50%时，强度损失甚至略低于天然砂浆。

12.4 本章小结

经碳化处理的再生细骨料，能使氯离子迁移系数明显降低，且再生细骨料取代率越高，降幅越明显，高取代率下，CRM70 和 CRM100 抗氯离子迁移系数较天然砂浆分别降低 6.2%和 18.6%。

未经处理的再生细骨料取代率超过 30%会导致砂浆抗冻性能降低，强度损失率大幅增高；碳化处理后，再生砂浆抗冻性能明显增高，取代率可增至 50%，CRM30 和 CRM50 的强度损失率较天然砂浆分别降低 17.5%和 27.1%。

第 13 章

结论及展望

13.1 结论

本书针对碳化对再生骨料混凝土/砂浆力学性能及耐久性能的影响，系统地开展了相关研究。首先，通过直接碳化和预浸泡 CH 碳化两种强化再生粗细骨料/再生微粉方式，探索了碳化前后再生粗骨料的物理性能、微观性能以及再生粗骨料混凝土的力学性能和微观结构变化规律，探究了碳化前后再生细骨料的性能及其配制的再生砂浆的性能，测试了碳化前后再生微粉性能、活性指数及其胶砂强度指标，分析了 CH 复合碳化对再生骨料/再生微粉的强化机理；其次，采用宏观试验手段和微观测试技术，开展了不同压力加速碳化提升再生骨料性能、碳化骨料再生混凝土力学性能及界面过渡区微观性能、碳化骨料再生混凝土单轴受压应力-应变行为、碳化骨料模型再生混凝土界面过渡区断裂行为等系列研究，揭示了加速碳化对再生骨料性能的强化机理以及碳化骨料对界面过渡区微观性能的强化机理；最后，系统研究了预浸泡 CH 复合碳化强化再生粗骨料/细骨料以及全再生混凝土/砂浆耐久性能影响。主要结论如下：

（1）碳化能够有效改善再生粗骨料品质，直接碳化和预浸泡 CH 碳化处理后，再生粗/细骨料的物理性能得到有效改善，但预浸泡 CH 碳化强化效果更显著。直接碳化后，再生粗骨料吸水率降低 8.7%～14.6%，压碎值降低 10.1%～13.4%，表观密度提升 1.7%～2.3%；预浸泡 CH 碳化后再生粗骨料吸水率降低 15.2%～22.9%，压碎值降低 15.2%～17.7%，表观密度提升 3.5%～4.1%。而再生细骨料吸水率降低了 3.1%～18.4%，压碎值降低 5.8%～17.9%，表观密度略有提升。

（2）再生粗骨料粒径越小，砂浆含量越高，比表面积越大，碳化反应效率越高，强化后骨料品质提升效果越明显。碳化处理能够提高 $CaCO_3$ 衍射峰强度，CO_2 与水泥水化产物中定向分布的 $Ca(OH)_2$ 发生反应，碳化产物 $CaCO_3$ 和无定形硅胶填充在再生粗骨料的孔隙和裂纹中，有效增强了骨料与旧砂浆间 ITZ 的粘结强度。热重分析数据表明，预浸泡 CH 碳化再生粗骨料的 $CaCO_3$ 质量损失量高于直接碳化，表明预浸泡 CH 碳化能够生成更多的 $CaCO_3$，增加固体产物的摩尔体积，形成更密实的微观结构。随着骨料粒径减小，再生细骨料压碎值与表观密度明显减小，吸水率显著增大。除最小粒径范围 0.3～0.6mm 外，碳化效果整体上随粒径减小而增加。小粒径 RFA 在破碎过程中混杂有部分天然骨料小粒径碎屑，会影响 CO_2 质量吸收率。此外，在高 CO_2 浓度、长时间碳化处理条件下，碳化产物

$CaCO_3$的主要晶相为方解石。

（3）与再生混凝土相比，直接碳化和预浸泡 CH 碳化制备的混凝土力学性能有明显提高。随取代率增大，7d 和 28d 立方体抗压强度、劈裂抗拉强度和抗折强度降低，但提高幅度随取代率的增加而增大。相同取代率下，预浸泡 CH 碳化制备的混凝土抗压强度、抗折强度和劈裂抗拉强度均高于直接碳化。取代率为 50%时，预浸泡 CH 碳化 28d 立方体抗压强度和抗折强度与普通混凝土强度相当。

（4）再生混凝土单轴受压应力-应变全曲线的整体形状与普通混凝土相似，但特征点有所不同。与未经处理的再生混凝土相比较，碳化骨料再生混凝土的应力-应变全曲线上升段的斜率更大。随着再生粗骨料取代率增大，再生混凝土的峰值应力逐渐降低、峰值应变逐渐变大；当取代率为 100%时，未处理再生混凝土的 28d 峰值应力仅能达到普通混凝土的 70%，28d 峰值应变增加了 21%。碳化后，再生混凝土的性能得到明显提高，相比于未经处理的再生混凝土，当碳化再生粗骨料取代率为 100%时，直接碳化再生混凝土和预浸泡 CH 碳化再生混凝土的峰值应力分别提高了 19.3%和 34%，峰值应变减小了 5.6%和 9.1%。

（5）掺入再生粗骨料对混凝土造成损伤，并会加速损伤变量的累积。基于 Weibull 分布理论和 Lemaitre 等效应变假定原理，推导出碳化再生粗骨料混凝土单轴受压损伤本构模型，根据试验数据，确定了模型参数，建立了碳化再生粗骨料混凝土的单轴受压损伤本构方程。总损伤变量随应变增加呈 S 形单调递增，损伤发展速率随应变的增加先增大后减小，最终趋近于 1。

（6）随碳化压力增大，再生骨料的碳化程度逐渐升高。当碳化压力分别为 0.05MPa、0.15MPa 和 0.30MPa 时，试样中碳酸钙的质量分别达到 69.98%、71.41%和 72.09%。当碳化压力为 0.30MPa 时，粒径范围为 5～10mm 再生骨料的表观密度、吸水率和压碎值分别改善 0.26%、18.97%和 4.44%，而粒径范围为 10～20mm 再生骨料分别改善 0.37%、10.70%和 7.32%；再生骨料粒径越小，其表观密度越小，而吸水率和压碎值越大。表观密度与吸水率呈线性负相关关系，而压碎值与吸水率呈线性正相关关系；界面过渡区是再生骨料中最弱的相，加速碳化对界面过渡区维氏硬度的提升程度高于旧砂浆，二者分别提高 20.34%和 14.98%；加速碳化对再生骨料性能的强化机理为：再生骨料内部自身水化产物以及外部 CH 碳化生成的方解石填充了旧砂浆和界面过渡区的孔隙，使得再生骨料微观结构变得更加致密，因此其表观密度增大、吸水率和压碎值减小。

（7）随再生骨料取代率增大，再生混凝土的力学性能逐渐降低；碳化骨料再生混凝土的力学性能高于再生混凝土，并且提升程度随骨料取代率增大而增大。当骨料取代率为 30%、70%、100%时，碳化骨料再生混凝土 28d 抗压强度分别提高 3.21%、8.86%、12.54%，28d 劈裂抗拉强度分别提高 4.38%、5.38%、8.45%，28d 抗折强度分别提高 1.24%、3.05%、4.41%；再生混凝土力学性能之间的关系符合普通混凝土力学性能之间的关系，二者具有较高的吻合性；再生骨料与新砂浆形成的界面过渡区是再生混凝土中最弱的相，然而碳化骨料对其提升程度最高，达到 39.02%；碳化骨料对界面过渡区的强化机理为：方解石的成核效应，即碳化骨料表面的方解石促进了水化硅酸钙的成核与生长，使界面过渡区变得更加致密；方解石的化学效应，即碳化骨料表面的方解石与新砂浆中迁移到界面过渡区的铝酸盐反应生成了单碳铝酸钙和半碳铝酸钙，抑制了钙矾石向单硫铝酸盐的转变，有利于水泥浆体固相体积的增加；界面过渡区微区泌水效应，即碳化骨料吸水率降低使界面过渡区微区泌水效应得到缓解，从而其性能得到提升。

（8）棱柱体试件单轴受压破坏模式均为剪切破坏，再生混凝土的破坏倾角比普通混凝土有所增大，二者破坏倾角分别为 63°～75°和 58°～64°；随再生骨料取代率增大，再生混凝土的材料脆性有所减小，应力-应变曲线上升段和下降段的坡度逐渐减小；碳化骨料再生混凝土的材料脆性比再生混凝土有所增大，应力-应变曲线上升段和下降段的坡度有所增大；基于线性回归分析方法，提出了再生混凝土应力-应变曲线指标预测模型，构建了再生混凝土单轴受压本构模型。

（9）随水灰比增大，模型界面过渡区的最大荷载和临界位移逐渐减小，而失稳韧度基本保持不变；旧砂浆经过碳化处理后，模型界面过渡区的最大荷载、临界位移、失稳韧度都得到了提升。当水灰比为 0.40、0.45、0.50 时，最大荷载分别提升 64.40%、37.26%、32.02%，临界位移分别提升 18.60%、0.00%、13.33%，失稳韧度分别提升 76.43%、34.76%、67.31%；随水灰比增大，新砂浆的抗压强度逐渐减小，表现出明显的线性关系，遵循水灰比定律；基于线性回归分析方法，建立了模型界面过渡区断裂行为荷载-位移曲线方程；碳化骨料对模型界面过渡区断裂行为的强化机理为：方解石的成核效应及化学效应提升了其断裂行为。

（10）碳化强化能够提高再生骨料的物理性质，对再生细骨料的改善作用更为明显。经过碳化强化再生骨料处理后，全再生混凝土抗压强度明显提高，而采用 100%再生粗骨料取代率的全再生混凝土，其抗压强度均能满足设计要求。

（11）XRD 图谱和 TG 图像显示，碳化反应生成 $CaCO_3$。如 SEM 测试所示，由于生成的 $CaCO_3$ 填充了再生骨料的孔隙，再生骨料和相应全再生混凝土的结构更加致密，全再生混凝土的性能得到了改善。

（12）与天然骨料混凝土相比，全再生混凝土的耐久性存在相似的变化规律，并随碳化时间的延长，再生骨料取代率的增加，碳化深度逐渐增大。碳化强化再生骨料对全再生混凝土的抗碳化能力有较大的影响，再生粗骨料取代率为 100%，再生细骨料取代率为 70%时，碳化处理对全再生混凝土的改善作用最为明显。

（13）再生粗骨料取代率为 100%时，全再生混凝土中的氯离子迁移系数随再生细骨料取代率的增大而减小；再生粗骨料取代率为 100%时，非稳态氯离子的迁移系数随再生粗骨料取代率的增大先增大后减小。碳化强化再生骨料能够有效地减小非稳态的氯离子在全再生混凝土中的迁移率，从而提高了混凝土的耐氯性。

（14）与天然混凝土相比，全再生混凝土表现出较差的抗冻性能。随着冻融循环次数增加，全再生混凝土试块在冻融早期样品的边缘和角部就已经发生破坏；经过 50 次冻融循环后，全再生混凝土试块表面破坏程度明显增加；而全再生的混凝土在 100%再生细骨料取代率下，已经从中间破坏。全再生混凝土的质量损失率随再生骨料取代率的增大而增大，并且其损失比天然混凝土要大得多。在 100%再生粗骨料取代率下，经过 25 次冻融循环，RDEM 随着再生骨料取代率的增大先增大后减少，再生粗骨料取代率 100%，再生细骨料取代率 30%时，RDEM 最高表现出最佳的抗冻性。在此基础上，碳化强化全再生混凝土与普通全再生混凝土相比，其抗冻性有显著提高，碳化再生粗骨料和碳化再生细骨料取代率 100%时，其 RDEM 提高 60%以上。

（15）碳化处理对再生砂浆宏观性能、物相组成及微观形貌的研究表明，再生细骨料的掺入，降低了再生砂浆稠度；同一取代率下，碳化再生砂浆均比未经处理的再生砂浆稠度低，流动性差。碳化处理再生细骨料可有效提高再生砂浆抗压强度与抗折强度，且取代率提升至 70%时，28d 抗压强度较天然骨料增长 9.9%。水化龄期的延长可有效提升碳化再生砂浆的力学性能，CRM30、CRM50 和 CRM70 的 28d 抗压强度较天然砂浆分别提升 11.1%、1.2%和 9.9%，CRM100 仅降低 7.6%。碳化处理再生细骨料，能有效降低氯离子迁移系数，且降幅随取代率的增大而增大，CRM70 和 CRM100 抗氯离子迁移系数较天然砂浆分别降低 6.2%和 18.6%；碳化处理后，再生砂浆抗冻性能明显增强，取代率增至 50%时，仍具有较低的强度损失，CRM30 和 CRM50 的强度损失率较天然砂浆分别降低 17.5%和 27.1%。XRD 和 TG 结果表明碳化再生细骨料改变了再生砂浆的物相和成分。消耗了砂浆中的 $Ca(OH)_2$，生成 Mc；SEM 显示碳化再生砂浆具有更致密的微观形貌，部分 $CaCO_3$ 晶体为 C-S-H 提供成核位点，且表面被其覆盖。

13.2 展望

本书系统研究了 CH 复合碳化再生粗骨料、再生细骨料、再生微粉及其改性再生混凝土/再生砂浆力学性能及耐久性，揭示了 CH 复合碳化再生骨料/再生微粉性能的强化机理以及碳化骨料对界面过渡区微观性能的强化机理，厘清了 CH 复合碳化再生骨料/再生微粉对再生骨料混凝土/再生砂浆力学性能及耐久性能影响规律。

本书研究也表明，再生骨料的强化方法主要为物理强化和化学强化。大量学者研究表明，无论是采用物理还是化学方法均能改善再生骨料的性能，但每种强化方法都会存在一部分弊端，阻碍了再生混凝土在工程中的应用。因此，用单一的方法很难得到满意的结果，复合强化是再生骨料强化技术的发展方向。

从改善效果、环境影响和经济效益而言，碳化强化在目前强化再生骨料的方法中更有前景，但利用该技术强化再生骨料多以来源单一、成分均匀的再生骨料为基础。然而，在实际工程应用中回收的废弃混凝土来源广泛，无法快速有效地识别骨料的性能。而骨料来源的不均匀性很大程度上影响了再生骨料的整体强化效果。因此，采用复合强化法提高来源复杂、质量多变的再生骨料性能是当前提高再生骨料质量的发展方向。但在以下几个方面还存在一些问题，有待进一步开展深入研究：

（1）目前，提升再生骨料性能的加速碳化方式有四种，分别为标准碳化、压力碳化、流通式碳化、水-CO_2 结合式碳化。本书仅局限于压力碳化，没有对四种碳化方式关于以下几个方面进行对比研究，例如：再生骨料性能提升程度、碳化产物种类与形态、碳化产物参与水泥水化反应对界面过渡区性能的影响、碳化处理效率、工业化应用前景等。

（2）通过喷洒酚酞指示剂发现，本书中加速碳化没有使再生骨料发生完全碳化，而只是在表层一定深度范围内发生了碳化。因此，再生骨料内部未发生碳化的界面过渡区有可能成为再生混凝土中最弱的相，成为再生混凝土力学性能的决定性因素。总之，关于不同粒径的再生骨料以及再生粉体，加速碳化对于它们的提升效果和处理效率还有待开展深入研究。

（3）在现实的服役环境中，建筑结构同时面临多种有害物质侵蚀，以及复杂的环境因素，而本书中由于试验条件等各方面的限制，只考虑单一因素，碳化强化再生骨料对全再生混凝土是否能够在复杂的环境中起到预期效果，还值得进一步探讨。另外，除了在材料层次上的研究之外，碳化骨料对再生混凝土在结构与构件层次上的影响还有待进一步开展深入研究。

（4）基于对 100%再生骨料取代率下的全再生混凝土耐久性能研究，碳化强化再生骨料虽然提升全再生混凝土的耐久性能，但经改善后仍无法达到预期使用效果，阻碍了全再生混凝土在实际工程中的应用。因此，用单一的强化方法很难得到满意的结果，使碳化强化与其余强化方式相结合是有效提高全再生混凝土品质的发展方向。

（5）再生细骨料的 CO_2 吸收能力，整体上随骨料粒径的减小而增加，再生微粉相比于再生细骨料具有更小的粒径和更高的砂浆含量，因此可以加强碳化再生微粉对混凝土材料性能影响的研究。

（6）CO_2 气体强化再生细骨料的同时，残留了部分 CO_2 气体，降低了骨料碱度，若用于钢筋混凝土构件，碳化再生细骨料是否会加速钢筋腐蚀，以及对混凝土材料力学与耐久性能的长期影响，需要后续研究。

参考文献

[1] 陆宁, 张琼莉, 张焕芳, 等. 建筑垃圾资源化的经济效益研究[J]. 价值工程, 2013, 32(18): 90-92.

[2] 戴显明. 积极促进绿色建筑发展努力践行砼业低碳理念——中国建筑业协会混凝土分会五届二次理事会工作报告[J]. 混凝土, 2012(1): 1-3.

[3] 骆艳杰, 赵薇. 建筑垃圾资源化利用及其生命周期评价的研究进展[J]. 环境污染与防治, 2024, 46(6): 901-907.

[4] Delongui L, Matuella M, Nunez W P, et al. Construction and demolition waste parameters for rational pavement design [J]. Construction and Building Materials, 2018, 168: 105-112.

[5] 邱怀中, 何雄伟, 万惠文, 等. 改善再生混凝土工作性能的研究[J]. 武汉理工大学学报, 2003, (12): 34-37.

[6] 李佳彬, 肖建庄, 黄健. 再生粗骨料取代率对混凝土抗压强度的影响[J]. 建筑材料学报, 2006(3): 297-301.

[7] Chakradhara R M, Bhattacharyya S K, Barai S V. Influence of field recycled coarse aggregate on properties of concrete [J]. Materials and Structures, 2011, 44(1): 205-220.

[8] Poon C S, Kou S C, Lam L. Use of recycled aggregates in molded concrete bricks and blocks [J]. Construction & building materials, 2002, 16(5): 281-289.

[9] Al-bayati H K A, Das P K, Tighe S L, et al. Evaluation of various treatment methods for enhancing the physical and morphological properties of coarse recycled concrete aggregate [J]. Construction and Building Materials, 2016, 112: 284-298.

[10] Lu B, Shi C J, Cao Z J, et al. Effect of carbonated coarse recycled concrete aggregate on the properties and microstructure of recycled concrete [J]. Journal of Cleaner Production, 2019, 233: 421-428.

[11] Djerbi A. Effect of recycled coarse aggregate on the new interfacial transition zone concrete [J]. Construction and Building Materials, 2018, 190: 1023-1033.

[12] Ismail S, Ramli M. Engineering properties of treated recycled concrete aggregate (RCA) for structural applications [J]. Construction and Building Materials, 2013, 44: 464-476.

[13] Moon D J, Moon H Y. Effect of pore size distribution on the qualities of recycled aggregate concrete [J]. KSCE journal of civil engineering, 2002, 6(3): 289-295.

[14] Shannag M J. High strength concrete containing natural pozzolan and silica fume[J]. Cement and concrete composites, 2000, 22(6): 399-406.

[15] Tam V W Y, Tam C M, Wang Y. Optimization on proportion for recycled aggregate in concrete using two-stage mixing approach[J]. Construction and Building Materials, 2007, 21(10): 1928-1939.

[16] Bui N K, Satomi T, Takahashi H. Mechanical properties of concrete containing 100% treated coarse recycled concrete aggregate[J]. Construction and Building Materials, 2018, 163: 496-507.

[17] Mukharjee B B, Barai S V. Influence of Nano-Silica on the properties of recycled aggregate concrete [J]. Construction and Building Materials, 2014, 55: 29-37.

[18] Qiu J, Tng D Q S, Yang E H. Surface treatment of recycled concrete aggregates through microbial carbonate precipitation[J]. Construction and Building Materials, 2014, 57: 144-150.

[19] Bru K, Touze S, Bourgeois F, et al. Assessment of a microwave-assisted recycling process for the recovery of high-quality aggregates from concrete waste [J]. International Journal of Mineral Processing, 2014, 126: 90-98.

[20] Katz A. Treatments for the improvement of recycled aggregate[J]. Journal of materials in civil engineering, 2004, 16(6): 597-603.

[21] Saravanakumar P, Abhiram K, Manoj B. Properties of treated recycled aggregates and its influence on concrete strength characteristics[J]. Construction and Building Materials, 2016, 111: 611-617.

[22] Tam V W Y, Soomro M, EVANGELISTA A C J. A review of recycled aggregate in concrete applications (2000—2017) [J]. Construction and Building Materials, 2018, 172: 272-292.

[23] Kang H, Kee S H. Improving the quality of mixed recycled coarse aggregates from construction and demolition waste using heavy media separation with Fe_3O_4 suspension [J]. Advances in Materials Science and Engineering, 2017, 2017(1): 8753659.

[24] Akbarnezhad A, Ong K C G, Tam C T, et al. Effects of the parent concrete properties and crushing procedure on the properties of coarse recycled concrete aggregates[J]. Journal of Materials in Civil Engineering, 2013, 25(12): 1795-1802.

[25] Ulsen C, Tseng E, Angulo S C, et al. Concrete aggregates properties crushed by jaw and impact secondary crushing[J]. Journal of Materials Research and Technology, 2019, 8(1): 494-502.

[26] Pedro D, De Brito J, Evangelista L. Performance of concrete made with aggregates recycled from precasting industry waste: influence of the crushing process[J]. Materials and Structures, 2015, 48: 3965-3978.

[27] Yonezawa T, Kamiyama Y, Yanagibashi K, et al. A study on a technology for producing high quality recycled coarse aggregate[J]. Zairyo, 2001, 50(8): 835-842.

[28] Nawa T, Ogawa H. Improving the quality of recycled fine aggregates by selective removal of brittleness defects [J]. Journal of Advanced Concrete Technology, 2012, 10: 395-410.

[29] Noguchi T, Kitagaki R, Tsujino M. Minimizing environmental impact and maximizing performance in concrete recycling[J]. Structural Concrete, 2011, 12(1): 36-46.

[30] Tam V W Y, Tam C M, Le K N. Removal of cement mortar remains from recycled aggregate using pre-soaking approaches[J]. Resources, Conservation and Recycling, 2007, 50(1): 82-101.

[31] Wang L, Wang J, Qian X, et al. An environmentally friendly method to improve the quality of recycled concrete aggregates[J]. Construction and Building Materials, 2017, 144: 432-441.

[32] Kazemian F, Rooholamini H, Hassani A. Mechanical and fracture properties of concrete containing treated and untreated recycled concrete aggregates[J]. Construction and Building Materials, 2019, 209: 690-700.

[33] Kazemian F, Rooholamini H, Hassani A. Mechanical and fracture properties of concrete containing treated and untreated recycled concrete aggregates[J]. Construction and Building Materials, 2019, 209: 690-700.

[34] Kou S C, Poon C S. Properties of concrete prepared with PVA-impregnated recycled concrete aggregates[J]. Cement and Concrete Composites, 2010, 32(8): 649-654.

[35] 鲍玖文，李树国，张鹏，等. 再生粗骨料硅烷浸渍处理对混凝土介质传输性能的影响[J]. 复合材料学报. 2020, 37(10): 2602-2609.

[36] Santos W F, Quattrone M, John V M, et al. Roughness, wettability and water absorption of water repellent treated recycled aggregates[J]. Construction and Building Materials, 2017, 146: 502-513.

[37] Santos W F, Quattrone M, John V M, et al. Roughness, wettability and water absorption of water repellent treated recycled aggregates[J]. Construction and Building Materials, 2017, 146: 502-513.

[38] Li J, Xiao H, Zhou Y. Influence of coating recycled aggregate surface with pozzolanic powder on properties of recycled aggregate concrete[J]. Construction and Building Materials, 2009, 23(3): 1287-1291.

[39] Zhang H, Zhao Y, Meng T, et al. Surface treatment on recycled coarse aggregates with nanomaterials[J]. Journal of Materials in Civil Engineering, 2016, 28(2): 04015094.

[40] Singh L P, Bisht V, Aswathy M S, et al. Studies on performance enhancement of recycled aggregate by incorporating bio and nano materials[J]. Construction and Building Materials, 2018, 181: 217-226.

[41] Younis K H, Mustafa S M.Feasibility of using nanoparticles of SiO_2 to improve the performance of recycled aggregate concrete [J]. Advances in Materials Science and Engineering, 2018, 2018(1): 1512830.

[42] Wu C R, Hong Z Q, Zhang J L, et al. Pore size distribution and ITZ performance of mortars prepared with different bio-deposition approaches for the treatment of recycled concrete aggregate[J]. Cement and Concrete Composites, 2020, 111: 103631.

[43] 徐培蓁，陈发滨，李泉荃，等. 微生物矿化沉积对再生骨料界面过渡区的影响[J]. 材料导报, 2020, 34(6): 6095-6099.

[44] 朱亚光，戎丹萍，徐培蓁，等. 供氧剂浓度和浸泡位置对 MICP 再生骨料性能的影响[J]. 材料导报, 2021, 35(4): 4074-4078+4087.

[45] Zhan B J, Xuan D X, Poon C S, et al. Characterization of interfacial transition zone in concrete prepared with carbonated modeled recycled concrete aggregates[J]. Cement and Concrete Research, 2020, 136: 106175.

[46] Pan G, Zhan M, Fu M, et al. Effect of CO_2 curing on demolition recycled fine aggregates enhanced by calcium hydroxide pre-soaking[J]. Construction and Building Materials, 2017, 154: 810-818.

[47] Xuan D, Zhan B, Poon C S. Durability of recycled aggregate concrete prepared with carbonated recycled concrete aggregates[J]. Cement and Concrete Composites, 2017, 84: 214-221.

[48] Ryu J S. Improvement on strength and impermeability of recycled concrete made from crushed concrete coarse aggregate[J]. Journal of Materials Science Letters, 2002, 21(20): 1565-1567.

[49] Tam V W Y, Gao X F, Tam C M. Microstructural analysis of recycled aggregate concrete produced from two-stage mixing approach[J]. Cement and concrete research, 2005, 35(6): 1195-1203.

[50] 索伦，彭鹏，赵燕茹. 再生粗集料强化试验研究[J]. 材料导报. 2015, 29(25): 362-365.

[51] Pawluczuk E, Kalinowska-Wichrowska K, Bołtryk M, et al. The influence of heat and mechanical treatment of concrete rubble on the properties of recycled aggregate concrete[J]. Materials, 2019, 12(3): 367.

[52] Pawluczuk E, Kalinowska-Wichrowska K, Bołtryk M, et al. The influence of heat and mechanical treatment of concrete rubble on the properties of recycled aggregate concrete[J]. Materials, 2019, 12(3): 367.

[53] Touzé S, Bru K, Ménard Y, et al. Electrical fragmentation applied to the recycling of concrete waste−Effect on aggregate liberation[J]. International Journal of Mineral Processing, 2017, 158: 68-75.

[54] Byeon M W, Kim J W, Ahn J H. Mechanism and Reaction Characteristics for Adhered Mortar Removal of Recycled Aggregate using Microwave and Mixed Solution of HCl and H_2O_2[J]. Journal of Korea Society of Waste Management, 2016, 33(4):383-390.

[55] Santha Kumar G, Minocha A K. Studies on thermo-chemical treatment of recycled concrete fine aggregates for use in concrete[J]. Journal of Material Cycles and Waste Management, 2018, 20: 469-480.

[56] Kim H S, Kim J M, Kim B. Quality improvement of recycled fine aggregate using steel ball with the help of acid treatment[J]. Journal of Material Cycles and Waste Management, 2018, 20: 754-765.

[57] Song I H, Ryou J S. Hybrid techniques for quality improvement of recycled fine aggregate[J]. Construction and Building Materials, 2014, 72: 56-64.

[58] Ismail S, Ramli M. Mechanical strength and drying shrinkage properties of concrete containing treated coarse recycled concrete aggregates[J]. Construction and Building Materials, 2014, 68: 726-739.

[59] Bui N K, Satomi T, Takahashi H. Enhancement of recycled aggregate concrete properties by a new treatment method[J]. GEOMATE Journal, 2018, 14(41): 68-76.

[60] Wu J, Zhang Y, Zhu P, et al. Mechanical properties and ITZ microstructure of recycled aggregate concrete using carbonated recycled coarse aggregate[J]. Journal of Wuhan University of Technology-Mater. Sci. Ed., 2018, 33(3): 648-653.

[61] Liang Y, Ye Z, Vernerey F, et al. Development of processing methods to improve strength of concrete with 100% recycled coarse aggregate[J]. Journal of Materials in Civil Engineering, 2015, 27(5): 04014163.

[62] Dimitriou G, Savva P, Petrou M F. Enhancing mechanical and durability properties of recycled aggregate concrete[J]. Construction and Building Materials, 2018, 158: 228-235.

[63] Nagataki S, Gokce A, Saeki T, et al. Assessment of recycling process induced damage sensitivity of recycled concrete aggregates[J]. Cement and concrete research, 2004, 34(6): 965-971.

[64] Tsujino M, Noguchi T, Tamura M, et al. Application of conventionally recycled coarse aggregate to concrete structure by surface modification treatment[J]. Journal of Advanced Concrete Technology, 2007, 5(1): 13-25.

[65] Pandurangan K, Dayanithy A, Prakash S O. Influence of treatment methods on the bond strength of recycled aggregate concrete[J]. Construction and Building Materials, 2016, 120: 212-221.

[66] Purushothaman R, Amirthavalli R R, Karan L. Influence of treatment methods on the strength and performance characteristics of recycled aggregate concrete[J]. Journal of Materials in Civil Engineering, 2015, 27(5): 04014168.

[67] Kim H S, Kim B, Kim K S, et al. Quality improvement of recycled aggregates using the acid treatment method and the strength characteristics of the resulting mortar[J]. Journal of material cycles and waste management, 2017, 19: 968-976.

[68] Güneyisi E, Gesoğlu M, Algın Z, et al. Effect of surface treatment methods on the properties of self-compacting concrete with recycled aggregates[J]. Construction and Building Materials, 2014, 64: 172-183.

[69] Zhao Z, Wang S, Lu L, et al. Evaluation of pre-coated recycled aggregate for concrete and mortar[J]. Construction and Building Materials, 2013, 43: 191-196.

[70] Radević A, Despotović I, Zakić D, et al. Influence of acid treatment and carbonation on the properties of recycled concrete aggregate[J]. Chemical Industry and Chemical Engineering Quarterly/CICEQ, 2018, 24(1): 23-30.

[71] Spaeth V, Tegguer A D. Improvement of recycled concrete aggregate properties by polymer treatments[J]. International Journal of Sustainable Built Environment, 2013, 2(2): 143-152.

[72] Spaeth V, Djerbi Tegguer A. Polymer based treatments applied on recycled concrete aggregates[J]. Advanced Materials Research, 2013, 687: 514-519.

[73] Wang F X, Lv Y, Li G Z. Study on the microstructure of RFA cement mortar after modification[J]. Applied Mechanics and Materials, 2014, 540: 229-232.

[74] Yaowarat T, Horpibulsuk S, Arulrajah A, et al. Compressive and flexural strength of polyvinyl alcohol–modified pavement concrete using recycled concrete aggregates[J]. Journal of Materials in Civil Engineering, 2018, 30(4): 04018046.

[75] Huiwen W, Liyuan Y, Zhonghe S. Modificatin of ITZ structure and properties of regenerated concrete[J].

Journal of Wuhan University of Technology (Materials Science Edition), 2006, 21: 128-132.

[76] Hwang E H, Ko Y S, Jeon J K. Effect of ploymer cement modifiers on mechanical and physical properties of polymer-modified mortar using recycled artificial marble waste fine aggregate[J]. Journal of Industrial and Engineering Chemistry, 2008, 14(2): 265-271.

[77] Ryou J S, Lee Y S. Characterization of recycled coarse aggregate (RCA) via a surface coating method[J]. International Journal of Concrete Structures and Materials, 2014, 8: 165-172.

[78] Junak J, Sicakova A. Effect of surface modifications of recycled concrete aggregate on concrete properties[J]. Buildings, 2017, 8(1): 2.

[79] Ting D, Huiqiang L, Xianguo W, et al. The compression-deformation behaviour of concrete with various modified recycled aggregates[J]. Journal of Wuhan University of Technology-Mater. Sci. Ed., 2005, 20: 127-129.

[80] Lee C H, Du J C, Shen D H. Evaluation of pre-coated recycled concrete aggregate for hot mix asphalt[J]. Construction and Building Materials, 2012, 28(1): 66-71.

[81] 李文贵, 龙初, 罗智予, 等. 纳米改性再生骨料混凝土破坏机理研究[J]. 建筑材料学报. 2017, 20(5): 685-691.

[82] 陈旭勇, 程子扬, 詹旭, 等. 纳米 SiO_2-橡胶粉再生混凝土力学性能试验研究及数值模拟[J]. 材料导报, 2021, 35(23): 23235-23240+23245.

[83] 王永贵, 牛海成, 范玉辉. 改性再生混凝土抗压性能与微观结构[J]. 中国矿业大学学报, 2019, 48(5): 1012-1019.

[84] De Muynck W, De Belie N, Verstraete W. Microbial carbonate precipitation in construction materials: a review[J]. Ecological engineering, 2010, 36(2): 118-136.

[85] Vijay K, Murmu M, Deo S V. Bacteria based self healing concrete－A review[J]. Construction and building materials, 2017, 152: 1008-1014.

[86] Seifan M, Berenjian A. Application of microbially induced calcium carbonate precipitation in designing bio self-healing concrete[J]. World Journal of Microbiology and Biotechnology, 2018, 34: 1-15.

[87] Joshi S, Goyal S, Mukherjee A, et al. Microbial healing of cracks in concrete: a review[J]. Journal of Industrial Microbiology and Biotechnology, 2017, 44(11): 1511-1525.

[88] Sahoo K K, Arakha M, Sarkar P, et al. Enhancement of properties of recycled coarse aggregate concrete using bacteria[J]. International journal of smart and nano materials, 2016, 7(1): 22-38.

[89] García-González J, Rodríguez-Robles D, Wang J, et al. Quality improvement of mixed and ceramic recycled aggregates by biodeposition of calcium carbonate[J]. Construction and Building Materials, 2017, 154: 1015-1023.

[90] Wong L S. Microbial cementation of ureolytic bacteria from the genus Bacillus: a review of the bacterial application on cement-based materials for cleaner production[J]. Journal of Cleaner Production, 2015, 93: 5-17.

[91] Siddique R, Chahal N K. Effect of ureolytic bacteria on concrete properties[J]. Construction and building materials, 2011, 25(10): 3791-3801.

[92] Pan Z Y, Li G, Hong C Y, et al. Modified recycled concrete aggregates for asphalt mixture using microbial calcite precipitation[J]. RSC Advances, 2015, 5(44): 34854-34863.

[93] Wang J, Vandevyvere B, Vanhessche S, et al. Microbial carbonate precipitation for the improvement of quality of recycled aggregates[J]. Journal of Cleaner Production, 2017, 156: 355-366.

[94] Grabiec A M, Klama J, Zawal D, et al. Modification of recycled concrete aggregate by calcium carbonate

biodeposition[J]. Construction and Building Materials, 2012, 34: 145-150.

[95] Wu C R, Zhu Y G, Zhang X T, et al. Improving the properties of recycled concrete aggregate with bio-deposition approach[J]. Cement and Concrete Composites, 2018, 94: 248-254.

[96] Urban K, Sicakova A. The influence of kind of coating additive on the compressive strength of RCA-based concrete prepared by triple-mixing method[C]//IOP Conference Series: Earth and Environmental Science. IOP Publishing, 2017, 92(1): 012069.

[97] Luo S, Ye S, Xiao J, et al. Carbonated recycled coarse aggregate and uniaxial compressive stress-strain relation of recycled aggregate concrete[J]. Construction and Building Materials, 2018, 188: 956-965.

[98] Zhan B J, Xuan D X, Poon C S. Enhancement of recycled aggregate properties by accelerated CO2 curing coupled with limewater soaking process[J]. Cement and concrete composites, 2018, 89: 230-237.

[99] Xuan D, Zhan B, Poon C S. Assessment of mechanical properties of concrete incorporating carbonated recycled concrete aggregates[J]. Cement and Concrete Composites, 2016, 65: 67-74.

[100] Li L, Xiao J, Xuan D, et al. Effect of carbonation of modeled recycled coarse aggregate on the mechanical properties of modeled recycled aggregate concrete[J]. Cement and Concrete Composites, 2018, 89: 169-180.

[101] Zhang J, Shi C, Li Y, et al. Influence of carbonated recycled concrete aggregate on properties of cement mortar[J]. Construction and Building Materials, 2015, 98: 1-7.

[102] Zhan B, Poon C S, Liu Q, et al. Experimental study on CO_2 curing for enhancement of recycled aggregate properties[J]. Construction and Building Materials, 2014, 67: 3-7.

[103] Zhan B J, Xuan D X, Poon C S, et al. Effect of curing parameters on CO_2 curing of concrete blocks containing recycled aggregates[J]. Cement and Concrete Composites, 2016, 71: 122-130.

[104] Tam V W Y, Butera A, Le K N. Carbon-conditioned recycled aggregate in concrete production[J]. Journal of cleaner Production, 2016, 133: 672-680.

[105] Zhan B J, Poon C S, Shi C J. Materials characteristics affecting CO_2 curing of concrete blocks containing recycled aggregates[J]. Cement and Concrete Composites, 2016, 67: 50-59.

[106] Zhan B, Poon C, Shi C. CO_2 curing for improving the properties of concrete blocks containing recycled aggregates[J]. Cement and Concrete Composites, 2013, 42: 1-8.

[107] Otsuki N, Miyazato S, Yodsudjai W. Influence of recycled aggregate on interfacial transition zone, strength, chloride penetration and carbonation of concrete[J]. Journal of materials in civil engineering, 2003, 15(5): 443-451.

[108] Ryu J S. An experimental study on the effect of recycled aggregate on concrete properties[J]. Magazine of concrete research, 2002, 54(1): 7-12.

[109] 陈欣, 郑建岚, 王国杰. 预处理方法对再生混凝土收缩性能的影响[J]. 建筑材料学报. 2016, 19(5): 909-914.

[110] Rajhans P, Gupta P K, Kumar R R, et al. EMV mix design method for preparing sustainable self compacting recycled aggregate concrete subjected to chloride environment[J]. Construction and Building Materials, 2019, 199: 705-716.

[111] Tam V W Y, Tam C M. Assessment of durability of recycled aggregate concrete produced by two-stage mixing approach[J]. Journal of Materials Science, 2007, 42: 3592-3602.

[112] Tam V W Y, Tam C M. Diversifying two-stage mixing approach (TSMA) for recycled aggregate concrete: TSMAs and TSMAsc[J]. Construction and building Materials, 2008, 22(10): 2068-2077.

[113] Liu K, Yan J, Hu Q, et al. Effects of parent concrete and mixing method on the resistance to freezing and

thawing of air-entrained recycled aggregate concrete[J]. Construction and Building Materials, 2016, 106: 264-273.

[114] Ménard Y, Bru K, Touzé S, et al. Innovative process routes for a high-quality concrete recycling[J]. Waste management, 2013, 33(6): 1561-1565.

[115] Lippiatt N, Bourgeois F. Investigation of microwave-assisted concrete recycling using single-particle testing[J]. Minerals Engineering, 2012, 31: 71-81.

[116] Akbarnezhad A, Ong K C G, Zhang M H, et al. Microwave-assisted beneficiation of recycled concrete aggregates[J]. Construction and Building Materials, 2011, 25(8): 3469-3479.

[117] Shi C, Li Y, Zhang J, et al. Performance enhancement of recycled concrete aggregate – a review[J]. Journal of cleaner production, 2016, 112: 466-472.

[118] 冯春花，黄益宏，崔卜文，等. 建筑再生骨料强化方法研究进展[J]. 材料导报, 2022, 36(21): 84-91.

[119] Bertos M F, Simons S J R, Hills C D, et al. A review of accelerated carbonation technology in the treatment of cement-based materials and sequestration of CO_2[J]. Journal of hazardous materials, 2004, 112(3): 193-205.

[120] Kou S C, Zhan B, Poon C S. Use of a CO_2 curing step to improve the properties of concrete prepared with recycled aggregates[J]. Cement and Concrete Composites, 2014, 45: 22-28.

[121] Liang C, Pan B, Ma Z, et al. Utilization of CO_2 curing to enhance the properties of recycled aggregate and prepared concrete: A review[J]. Cement and concrete composites, 2020, 105: 103446.

[122] 赵增丰，姚磊，肖建庄，等. 再生骨料 CO_2 碳化强化技术研究进展[J]. 硅酸盐学报, 2022, 50(8): 2296-2304.

[123] 张令茂，江文辉. 混凝土自然碳化及其与人工加速碳化的相关性研究[J]. 西安建筑科技大学学报(自然科学版), 1990, 22(3): 207-214.

[124] 中华人民共和国住房和城乡建设部. 混凝土长期性能和耐久性能试验方法标准：GB/T 50082—2024 [S]. 北京：中国建筑工业出版社, 2024.

[125] Han J, Sun W, Pan G, et al. Monitoring the evolution of accelerated carbonation of hardened cement pastes by X-ray computed tomography[J]. Journal of materials in civil engineering, 2013, 25(3): 347-354.

[126] 朱跃斌. 超细碳酸钙碳化反应条件的选取[J]. 无机盐工业, 1998(2): 30-32+4.

[127] Pu Y, Li L, Wang Q, et al. Accelerated carbonation technology for enhanced treatment of recycled concrete aggregates: A state-of-the-art review[J]. Construction and Building Materials, 2021, 282: 122671.

[128] Pu Y, Li L, Wang Q, et al. Accelerated carbonation treatment of recycled concrete aggregates using flue gas: A comparative study towards performance improvement[J]. Journal of CO_2 Utilization, 2021, 43: 101362.

[129] Zhan B J, Xuan D X, Zeng W, et al. Carbonation treatment of recycled concrete aggregate: Effect on transport properties and steel corrosion of recycled aggregate concrete[J]. Cement and Concrete Composites, 2019, 104: 103360.

[130] Fang X, Zhan B, Poon C S. Enhancing the accelerated carbonation of recycled concrete aggregates by using reclaimed wastewater from concrete batching plants[J]. Construction and Building Materials, 2020, 239: 117810.

[131] Fang X, Zhan B, Poon C S. Enhancement of recycled aggregates and concrete by combined treatment of spraying Ca^{2+} rich wastewater and flow-through carbonation[J]. Construction and Building Materials, 2021, 277: 122202.

[132] Pu Y, Li L, Shi X, et al. Improving recycled concrete aggregates using flue gas based on multicyclic accelerated carbonation: Performance and mechanism[J]. Construction and Building Materials, 2022, 361:

129623.

[133] Fang X, Xuan D, Zhan B, et al. Characterization and optimization of a two-step carbonation process for valorization of recycled cement paste fine powder[J]. Construction and Building Materials, 2021, 278: 122343.

[134] Li L, Xuan D, Sojobi A O, et al. Efficiencies of carbonation and nano silica treatment methods in enhancing the performance of recycled aggregate concrete[J]. Construction and Building Materials, 2021, 308: 125080.

[135] Kashef-Haghighi S, Ghoshal S. CO_2 sequestration in concrete through accelerated carbonation curing in a flow-through reactor[J]. Industrial & engineering chemistry research, 2010, 49(3): 1143-1149.

[136] Xuan D, Zhan B, Poon C S. A maturity approach to estimate compressive strength development of CO_2-cured concrete blocks[J]. Cement and Concrete Composites, 2018, 85: 153-160.

[137] Liu S, Shen P, Xuan D, et al. A comparison of liquid-solid and gas-solid accelerated carbonation for enhancement of recycled concrete aggregate[J]. Cement and Concrete Composites, 2021, 118: 103988.

[138] Zajac M, Skibsted J, Skocek J, et al. Phase assemblage and microstructure of cement paste subjected to enforced, wet carbonation[J]. Cement and Concrete Research, 2020, 130: 105990.

[139] Fang X, Xuan D, Shen P, et al. Fast enhancement of recycled fine aggregates properties by wet carbonation[J]. Journal of Cleaner Production, 2021, 313: 127867.

[140] 高越青，潘碧豪，梁超锋，等. CO_2 强化再生骨料的特性及其对再生混凝土性能的影响[J]. 土木与环境工程学报（中英文), 2021, 43(6): 95-102.

[141] Jiang Y, Li L, Lu J, et al. Mechanism of carbonating recycled concrete fines in aqueous environment: The particle size effect[J]. Cement and Concrete Composites, 2022, 133: 104655.

[142] Corinaldesi V. Mechanical and elastic behaviour of concretes made of recycled-concrete coarse aggregates [J]. Construction and Building Materials, 2010, 24(9): 1616-1620.

[143] 岳公冰. 再生混凝土多重界面结构与性能损伤机理研究[D]. 青岛：青岛理工大学, 2018.

[144] 林桂华. 碳化再生骨料对再生混凝土应力-应变全曲线的影响[D]. 福州：福州大学, 2017.

[145] Kazmi S M S, Munir M J, Wu Y, et al. Influence of different treatment methods on the mechanical behavior of recycled aggregate concrete: A comparative study [J]. Cement and Concrete Composites, 2019, 104: 103398.

[146] Wang C, Xiao J, Zhang G, et al. Interfacial properties of modeled recycled aggregate concrete modified by carbonation[J]. Construction and Building Materials, 2016, 105: 307-320.

[147] Choi H, Lim M. Evaluation on the mechanical performance of low-quality recycled aggregate through interface enhancement between cement matrix and coarse aggregate by surface modification technology[J]. International Journal of Concrete Structures and Materials, 2016, 10: 87-97.

[148] Li W, Xiao J, Sun Z, et al. Interfacial transition zones in recycled aggregate concrete with different mixing approaches[J]. Construction and Building Materials, 2012, 35: 1045-1055.

[149] Oliver W C, Pharr G M. Measurement of hardness and elastic modulus by instrumented indentation: Advances in understanding and refinements to methodology[J]. Journal of Materials Research, 2004, 19(1): 3-20.

[150] Xiao J, Li W, Sun Z, et al. Properties of interfacial transition zones in recycled aggregate concrete tested by nanoindentation[J]. Cement and Concrete Composites, 2013, 37: 276-292.

[151] Del Bosque I F S, Zhu W, Howind T, et al. Properties of interfacial transition zones (ITZs) in concrete containing recycled mixed aggregate[J]. Cement and Concrete Composites, 2017, 81: 25-34.

[152] Medina C, Zhu W, Howind T, et al. Influence of interfacial transition zone on engineering properties of the concrete manufactured with recycled ceramic aggregate[J]. Journal of Civil Engineering and Management, 2015, 21(1): 83-93.

[153] Wilbert D G B, Kazmierczak C S, Kulakowski M P. Análise da interface entre agregados reciclados de concreto e argamassas de concretos com cinza de casca de arroz e fíler basáltico por nanoindentação[J]. Ambiente Construído, 2017, 17: 253-268.

[154] Lee G C, Choi H B. Study on interfacial transition zone properties of recycled aggregate by micro-hardness test[J]. Construction and Building Materials, 2013, 40: 455-460.

[155] Du T, Wang W H, Lin H L, et al. Experimental study on interfacial strength of the high performance recycled aggregate concrete[C]//Earth and Space 2010: Engineering, Science, Construction, and Operations in Challenging Environments,2010: 2821-2828.

[156] Yue G, Zhang P, Li Q, et al. Performance analysis of a recycled concrete interfacial transition zone in a rapid carbonization environment[J]. Advances in materials science and engineering, 2018(1): 1962457.

[157] Wang J, Zhang J, Cao D, et al. Comparison of recycled aggregate treatment methods on the performance for recycled concrete[J]. Construction and Building Materials, 2020, 234: 117366.

[158] Liu Z, Peng H, Cai C S. Mesoscale analysis of stress distribution along ITZs in recycled concrete with variously shaped aggregates under uniaxial compression[J]. Journal of Materials in Civil Engineering, 2015, 27(11): 04015024.

[159] Xiao J, Li W, Corr D J, et al. Effects of interfacial transition zones on the stress–strain behavior of modeled recycled aggregate concrete[J]. Cement and Concrete Research, 2013, 52: 82-99.

[160] Evangelista L, De Brito J. Durability performance of concrete made with fine recycled concrete aggregates[J]. Cement and Concrete Composites, 2010, 32(1): 9-14.

[161] 金立兵，余化龙，王振清，等．再生混凝土抗氯离子渗透的五相细观数值模拟[J]. 郑州大学学报（工学版), 2022, 43(1): 83-89.

[162] 陈春红，刘荣桂，朱平华，等．黏附砂浆含量对再生混凝土抗氯离子侵蚀性能影响[J]. 建筑材料学报, 2021, 24(6): 1216-1223.

[163] 肖开涛．再生混凝土的性能及其改性研究[D]. 武汉：武汉理工大学, 2004.

[164] 高嵩，班顺莉，郭嘉，等．硅灰对再生混凝土界面过渡区的影响[J]. 材料导报, 2023(11): 1-12.

[165] 魏康，李犇，孙峤．玄武岩纤维改善再生混凝土抗氯离子渗透性能研究[J]. 硅酸盐通报, 2022, 41(5): 1656-1662.

[166] Evangelista L, De Brito J. Durability performance of concrete made with fine recycled concrete aggregates[J]. Cement and Concrete Composites, 2010, 32(1): 9-14.

[167] Levy S M, Helene P. Durability of recycled aggregates concrete: a safe way to sustainable development [J]. Cement and Concrete Research, 2004, 34(11): 1975-1980.

[168] Silva R V, Neves R, de Brito J, et al. Carbonation behaviour of recycled aggregate concrete [J]. Cement and Concrete Composites, 2015, 62: 22-32.

[169] 元成方，罗峥，丁铁锋，等．再生骨料混凝土碳化性能正交试验研究[J]. 武汉理工大学学报, 2010, 32(21): 9-12.

[170] Shayan A, Xu A. Performance and properties of structural concrete made with recycled concrete aggregate [J]. Materials Journal, 2003, 100(5): 371-380.

[171] 肖琦，郝帅，宁喜亮，等．纤维对混凝土抗冻耐久性的影响研究综述[J]. 混凝土, 2018(6): 68-71.

[172] Zhu P H, Hao Y L, Liu H, et al. Durability evaluation of recycled aggregate concrete in a complex environment [J]. Journal of Cleaner Production, 2020, 273: 122569.

[173] Xiao Q H, Liu X L, Qiu J S, et al. Capillary water absorption characteristics of recycled concrete in Freeze-Thaw environment [J]. Advances in Materials Science and Engineering, 2020(1): 1-12.

[174] 王晨霞, 张铎, 曹芙波, 等. 冻融循环后再生混凝土的力学性能及损伤模型研究[J]. 工业建筑, 2022, 52(5): 199-207.

[175] 王建刚, 张金喜, 党海笑, 等. 碳化、干湿与冻融耦合作用下再生混凝土耐久性能[J]. 北京工业大学学报, 2021, 47(6): 616-624.

[176] 周宇, 郑秀梅, 李广军, 等. 再生骨料混凝土抗冻性能试验研究[J]. 低温建筑技术, 2013, 35(12): 14-16.

[177] 邓祥辉, 高晓悦, 王睿, 等. 再生混凝土抗冻性能试验研究及孔隙分布变化分析[J]. 材料导报, 2021, 35(16): 16028-16034.

[178] 李卫宁. 再生骨料取代率对再生混凝土路面抗冻性的影响研究[J]. 西部交通科技, 2017(10): 1-3.

[179] 赵飞, 周志云, 陈新星, 等. 再生粗骨料和矿物掺合料对再生混凝土抗冻性影响的研究[J]. 水资源与水工程学报, 2015, 26(4): 183-186.

[180] 张浩博, 任慧超, 寇佳亮. 粉煤灰对再生混凝土抗压及耐久性能试验研究[J]. 西安理工大学学报, 2016, 32(4): 410-415.

[181] 何晓莹, 王瑞骏, 陶喆, 等. 低掺量粉煤灰再生混凝土抗冻耐久性试验研究[J]. 硅酸盐通报, 2018, 37(11): 3522-3527.

[182] Fang X, Xuan D, Poon C S. Empirical modelling of CO_2 uptake by recycled concrete aggregates under accelerated carbonation conditions [J]. Materials & Structures, 2017, 50(4): 200-201.

[183] Zhan M, Pan G, Wang Y, et al. Effect of presoak-accelerated carbonation factors on enhancing recycled aggregate mortars [J]. Magazine of Concrete Research, 2017, 69(16): 838-849.

[184] Hu H, He Z, Fan K, et al. Properties enhancement of recycled coarse aggregates by pre-coating/pre-soaking with zeolite powder/calcium hydroxide [J]. Construction and Building Materials, 2021, 286: 122888.

[185] Bai G, Zhu C, Liu C, et al. An evaluation of the recycled aggregate characteristics and the recycled aggregate concrete mechanical properties [J]. Construction and Building Materials, 2020, 240(2): 117978.

[186] Shi C, Wu Z, Cao Z, et al. Performance of mortar prepared with recycled concrete aggregate enhanced by CO_2 and pozzolan slurry [J]. Cement and Concrete Composites, 2018, 86: 130-138.

[187] Xiao J Z, Li J B, Zhang C. Mechanical properties of recycled aggregate concrete under uniaxial loading [J]. Cement and Concrete Research, 2005, 35: 1187-1194.

[188] Gholizade-vayghan A, Bellinkx A, Snellings R, et al. The effects of carbonation conditions on the physical and microstructural properties of recycled concrete coarse aggregates [J]. Construction and Building Materials, 2020, 257: 119486.

[189] 王吉云. 再生骨料碳化处理对再生混凝土渗透性和界面的影响[D]. 长沙: 湖南大学, 2017.

[190] Li Y, Fu T, Wang R, et al. An assessment of microcracks in the interfacial transition zone of recycled concrete aggregates cured by CO_2[J]. Construction and Building Materials, 2020, 236: 117543.

[191] 郭晖. 碳化处理再生骨料的特性及其对再生混凝土微观结构与性能的影响[D]. 焦作: 河南理工大学, 2020.

[192] Fang Y F, Chang J. Microstructure changes of waste hydrated cement paste induced by accelerated

carbonation [J]. Construction and Building Materials, 2015, 76: 360-365.

[193] Quattrone M, Cazacliu B, Angulo S C, et al. Measuring the water absorption of recycled aggregates, what is the best practice for concrete production? [J]. Construction and Building Materials, 2016, 123: 690-703.

[194] Jang J G, Lee H K. Microstructural densification and CO_2 uptake promoted by the carbonation curing of belite-rich Portland cement [J]. Cement and Concrete Research, 2016, 82: 50-57.

[195] Abate S Y, Song K, Song J, et al. Internal curing effect of raw and carbonated recycled aggregate on the properties of high-strength slag-cement mortar [J]. Construction and Building Materials, 2018, 165: 64-71.

[196] 应姗姗，钱晓倩，詹树林. 纳米碳酸钙对蒸压加气混凝土性能的影响[J]. 硅酸盐通报, 2011, 30(6): 1254-1259.

[197] Medina C, Zhu W, Howind T, et al. Influence of mixed recycled aggregate on the physical-mechanical properties of recycled concrete [J]. Journal of Cleaner Production, 2014, 68: 216-225.

[198] Ouyang X, Koleva D A, Ye G, et al. Understanding the adhesion mechanisms between C-S-H and fillers [J]. Cement and Concrete Research, 2017, 100: 275-283.

[199] Liu S H, Zhang H B, Wang Y L, et al. Carbon-dioxide-activated bonding material with low water demand [J]. Advances in Cement Research, 2021, 33(5): 193-196.

[200] 李林坤，刘琦，黄天勇，等. 基于水泥基材料的CO_2矿化封存利用技术综述[J]. 材料导报, 2022, (19): 1-16.

[201] Ouyang X W, Wang L Q, Xu S D, et al. Surface characterization of carbonated recycled concrete fines and its effect on the rheology, hydration and strength development of cement paste [J]. Cement and Concrete Composites, 2020, 114: 103809.

[202] 过镇海，张秀琴，张达成，等. 混凝土应力-应变全曲线的试验研究[J]. 建筑结构学报, 1982(1): 1-12.

[203] Ding Y, Wu J, Xu P, et al. Treatment methods for the quality improvement of recycled concrete aggregate (RCA)-a review[J]. Journal of Wuhan University of Technology (Materials Science Edition), 2021, 36(1): 77-92.

[204] Miyazaki T, Arii T, Shirosaki Y. Control of crystalline phase and morphology of calcium carbonate by electrolysis: Effects of current and temperature[J]. Ceramics International, 2019, 45(11): 14039-14044.

[205] Choi H, Inoue M, Sengoku R. Change in crystal polymorphism of $CaCO_3$ generated in cementitious material under various pH conditions[J]. Construction and Building Materials, 2018, 188: 1-8.

[206] Liu B, Qin J, Shi J, et al. New perspectives on utilization of CO_2 sequestration technologies in cement-based materials[J]. Construction and Building Materials, 2021, 272: 121660.

[207] 肖建庄，马旭伟，刘琼，等. 全再生混凝土概念的衍化与研究进展[J]. 建筑科学与工程学报, 2021, 38(2): 1-15.

[208] 史才军，何平平，涂贞军，等. 预养护对二氧化碳养护混凝土过程及显微结构的影响[J]. 硅酸盐学报, 2014, 42(8): 996-1004.

[209] Shah V, Scrivener K, Bhattacharjee B, et al. Changes in microstructure characteristics of cement paste on carbonation [J]. Cement and Concrete Research, 2018, 109: 184-197.

[210] Lagerblad B. Carbon dioxide uptake during concrete life cycle: State of the art[M]. Stockholm: Swedish Cement and Concrete Research Institute, 2005.

[211] 康晓明，李滢，樊耀虎. 再生微粉基本性能及对胶砂性能的影响[J]. 青海大学学报, 2019, 37(1): 18-23.

[212] 吕林女，赵晓刚，何永佳，等. 钙硅比对水化硅酸钙形貌和结构的影响[C]//中国硅酸盐学会，中国建筑材料科学研究总院. 中国硅酸盐学会水泥分会首届学术年会论文集. 武汉理工大学理学院；武汉理工大学硅酸盐材料工程教育部重点实验室, 2009:372-379.

[213] Yue Y, Zhou Y, Xing F, et al. An industrial applicable method to improve the properties of recycled aggregate concrete by incorporating nano-silica and micro-$CaCO_3$[J]. Journal of Cleaner Production, 2020, 259: 120920.

[214] Ouyang X, Koleva D A, Ye G, et al. Insights into the mechanisms of nucleation and growth of C–S–H on fillers[J]. Materials and Structures, 2017, 50: 1-13.

[215] Lothenbach B, Le Saout G, Gallucci E, et al. Influence of limestone on the hydration of Portland cements[J]. Cement and Concrete Research, 2008, 38(6): 848-860.

[216] Kakali G, Tsivilis S, Aggeli E, et al. Hydration products of C_3A, C_3S and Portland cement in the presence of $CaCO_3$[J]. Cement and concrete Research, 2000, 30(7): 1073-1077.

[217] De Weerdt K, Haha M B, Le Saout G, et al. Hydration mechanisms of ternary Portland cements containing limestone powder and fly ash[J]. Cement and Concrete Research, 2011, 41(3): 279-291.

[218] Zajac M, Rossberg A, Le Saout G, et al. Influence of limestone and anhydrite on the hydration of Portland cements[J]. Cement and Concrete Composites, 2014, 46: 99-108.

[219] Bonavetti V L, Rahhal V F, Irassar E F. Studies on the carboaluminate formation in limestone filler-blended cements[J]. Cement and concrete research, 2001, 31(6): 853-859.

[220] Gao D, Zhang L, Nokken M. Compressive behavior of steel fiber reinforced recycled coarse aggregate concrete designed with equivalent cubic compressive strength[J]. Construction and Building Materials, 2017, 141: 235-244.

[221] Belén G F, Fernando M A, Diego C L, et al. Stress–strain relationship in axial compression for concrete using recycled saturated coarse aggregate[J]. Construction and Building materials, 2011, 25(5): 2335-2342.

[222] Tang Z, Hu Y, Tam V W Y, et al. Uniaxial compressive behaviors of fly ash/slag-based geopolymeric concrete with recycled aggregates[J]. Cement and Concrete Composites, 2019, 104: 103375.

[223] 陈杰，耿悦，王玉银,等. 含碎红砖再生混凝土基本力学性能及其应力-应变关系[J]. 建筑结构学报,2020, 41(12): 184-192.

[224] Chen A, Han X, Chen M, et al. Mechanical and stress-strain behavior of basalt fiber reinforced rubberized recycled coarse aggregate concrete[J]. Construction and Building Materials, 2020, 260: 119888.

[225] 涂贞军，史才军，何平平，等. 掺 $CaCO_3$ 粉及后续水养护对 CO_2 养护混凝土强度和显微结构的影响[J]. 硅酸盐学报, 2016, 44(8): 1110-1119.

[226] Lu B, Shi C, Zhang J, et al. Effects of carbonated hardened cement paste powder on hydration and microstructure of portland cement [J]. Construction and Building Materials, 2018, 186: 699-708.

[227] Chen X, Li Y, Bai H L, et al. Utilization of recycled concrete powder in cement composite: Strength, microstructure and hydration characteristics [J]. Journal of Renewable Materials, 2021, 9(12): 2189.

[228] 赵世颖，李滢，代大虎，等. 废弃混凝土再生微粉对混凝土抗冻性能及气孔结构的影响[J]. 粉煤灰综合利用, 2022, 36(1): 76-81.

[229] 肖建庄，马旭伟，段珍华，等. 再生粉体取代率对全再生混凝土力学性能的影响[J]. 建筑技术, 2021, 52(7): 785-789.

[230] 王佃超，肖建庄，夏冰，等. 再生骨料碳化改性及其减碳贡献分析[J]. 同济大学学报（自然科学版）, 2022, 50(11): 1610-1619.

[231] Cui H Z, Tang W C, Liu W, et al. Experimental study on effects of CO_2 concentrations on concrete carbonation and diffusion mechanisms [J]. Construction and Building Materials, 2015, 93: 522-527.

[232] Zhu Y, Kou S, Poon C, et al. Influence of silane-based water repellent on the durability properties of recycled

aggregate concrete [J]. Cement and Concrete Composites, 2013, 35(1): 32-38.

[233] 薛鹏飞，项贻强. 修正的氯离子在混凝土中的扩散模型及其工程应用[J]. 浙江大学学报（工学版），2010, 44(4): 831-836.

[234] Moreno M, Morris W, Alvarez M G, et al. Corrosion of reinforcing steel in simulated concrete pore solutions: Effect of carbonation and chloride content [J]. Corrosion Science, 2004, 46(11): 2681-2699.

[235] Stefanoni M, Angst U, Elsener B. Corrosion rate of carbon steel in carbonated concrete-A critical review [J]. Cement and Concrete Research, 2018, 103: 35-48.

[236] 王震，王新杰，朱平华，等. 基于力学性能的吸附砂浆界限含量分析[J]. 建筑材料学报，2021, 24(3): 483-491.

[237] Russo N, Lollini F. Effect of carbonated recycled coarse aggregates on the mechanical and durability properties of concrete [J]. Journal of Building Engineering, 2022, 51: 104290.

[238] 武海荣，金伟良，张锋剑，等. 关注环境作用的混凝土冻融损伤特性研究进展[J]. 土木工程学报，2018, 51(8): 37-46.

[239] Powers T C. A working hypothesis for further studies of frost resistance of concrete[C]//Journal Proceedings, 1945, 41(1): 245-272.

[240] Powers T C, Helmuth R A. Theory of volume changes in hardened portland-cement paste during freezing[C]//Highway research board proceedings, 1953: 32.

[241] Ding Y, Guo S, Zhang X, et al. Effect of basalt fiber on the freeze-thaw resistance of recycled aggregate concrete [J]. Computers and Concrete, 2021, 28(2): 115-127.

[242] Linß E, Mueller A. High-performance sonic impulses—an alternative method for processing of concrete[J]. International Journal of Mineral Processing, 2004, 74: 199-208.

[243] 王永贵，李帅鹏，HUGHES Peter，等. 改性再生混凝土高温性能[J]. 浙江大学学报（工学版），2020, 54(10): 2047-2057.

[244] Noguchi T, Kitagaki R, Nagai H, et al. Completely recyclable concrete of aggregate-recovery type by using microwave heating technology[C]//Proceedings of the 2nd International RILEM Conference on Progress of Recycling in the Built Environment, Sao Paulo, Brazil. 2009: 2-4.

[245] Tsujino M, Noguchi T, Kitagaki R, et al. Completely recyclable concrete of aggregate-recovery type by a new technique using aggregate coating[J]. Architectural Institute of Japan, 2010, 75(647): 17-24.

[246] Choi H, Kitagaki R, Noguchi T. Effective recycling of surface modification aggregate using microwave heating[J]. Journal of Advanced Concrete Technology, 2014, 12(2): 34-45.

[247] Choi H, Lim M, Choi H, et al. Using microwave heating to completely recycle concrete[J]. Journal of Environmental Protection, 2014, 5(7): 583-596.

[248] Katkhuda H, Shatarat N. Improving the mechanical properties of recycled concrete aggregate using chopped basalt fibers and acid treatment[J]. Construction and Building Materials, 2017, 140: 328-335.

[249] Kim Y, Hanif A, Kazmi S M S, et al. Properties enhancement of recycled aggregate concrete through pretreatment of coarse aggregates–Comparative assessment of assorted techniques[J]. Journal of cleaner production, 2018, 191: 339-349.

[250] Katkhuda H, Shatarat N. Shear behavior of reinforced concrete beams using treated recycled concrete aggregate[J]. Construction and Building Materials, 2016, 125: 63-71.

[251] Ismail S, Ramli M. Influence of surface-treated coarse recycled concrete aggregate on compressive strength of concrete[J]. World Academy of Science, Engineering and Technology International Journal of Civil,

Environmental, Structural, Construction and Architectural Engineering, 2014, 8: 862-866.

[252] Kim S S, Lee J B, Ko J S, et al. A study on the nano silica-sol coating for improving performance of recycled aggregate[J]. Journal of the Korea institute for structural maintenance and inspection, 2013, 17(4): 84-90.

[253] Li Y, Wang R, Li S, et al. Assessment of the freeze–thaw resistance of concrete incorporating carbonated coarse recycled concrete aggregates[J]. Journal of the Ceramic Society of Japan, 2017, 125(11): 837-845.

[254] Li L, Poon C S, Xiao J, et al. Effect of carbonated recycled coarse aggregate on the dynamic compressive behavior of recycled aggregate concrete[J]. Construction and Building Materials, 2017, 151: 52-62.

[255] Kim H, Park S, Kim H. The optimum production method for quality improvement of recycled aggregates using sulfuric acid and the abrasion method[J]. International Journal of Environmental Research and Public Health, 2016, 13(8): 769.

[256] Ren X, Zhang L. Experimental study of interfacial transition zones between geopolymer binder and recycled aggregate[J]. Construction and Building Materials, 2018, 167: 749-756.

[257] Li Y, Zhang S, Wang R, et al. Effects of carbonation treatment on the crushing characteristics of recycled coarse aggregates [J]. Construction and Building Materials, 2019, 201: 408-420.

[258] Xuan D, Zhan B, Poon C S. Development of a new generation of eco-friendly concrete blocks by accelerated mineral carbonation[J]. Journal of Cleaner Production, 2016, 133: 1235-1241.

[259] 杨南如. 碱胶凝材料形成的物理化学基础（Ⅰ）[J]. 硅酸盐学报, 1996(2): 209-215.

[260] Wang J, Xu H, Xu D, et al. Accelerated carbonation of hardened cement pastes: Influence of porosity[J]. Construction and Building Materials, 2019, 225: 159-169.

[261] Kaddah F, Ranaivomanana H, Amiri O, et al. Accelerated carbonation of recycled concrete aggregates: Investigation on the microstructure and transport properties at cement paste and mortar scales[J]. Journal of CO_2 Utilization, 2022, 57: 101885.

[262] Wang R, Yu N, Li Y. Methods for improving the microstructure of recycled concrete aggregate: A review[J]. Construction and Building Materials, 2020, 242: 118164.

[263] 曾亮, 符子安, 康文文. 建筑垃圾制备再生砂浆的试验研究[J]. 江西建材, 2015(12): 75-78.

[264] Liang C, Lu N, Ma H, et al. Carbonation behavior of recycled concrete with CO_2-curing recycled aggregate under various environments[J]. Journal of CO_2 Utilization, 2020, 39: 101185.

[265] 孙家瑛, 耿健. 再生细骨料粒径及掺量对混凝土抗冻性能的影响[J]. 建筑材料学报, 2012, 15(3): 382-385.